재난 미생물

Natural Disaster Microbiology

| 저자소개 가나다순 |

권요셉 박사 | 한국기초과학지원연구원 생명과학연구부
김두운 교수 | 전남대학교 농업생명과학대학 식품공학과
김영철 교수 | 전남대학교 식물생명공학부 친환경농업연구소
김정호 교수 | 강릉원주대학교 해양자원육성학과
노성운 박사 | 한국기초과학지원연구원 제주센터 해양바이오연구팀
박 현 교수 | 원광대학교 의과대학 감염생물학교실
엄치용 박사 | 한국기초과학지원연구원 서울서부센터
오명주 교수 | 전남대학교 수산생명의학과
이계승 박사 | 한국기초과학지원연구원 첨단장비개발사업단
이승재 교수 | 전북대학교 자연과학대학 화학과
이하나 교수 | 고려대학교 보건과학대학 환경보건학과
조경오 교수 | 전남대학교 수의과대학
조명제 교수 | 경상대학교 의학전문대학원 미생물학교실
최종순 박사 | 한국기초과학지원연구원 생명과학연구부

재난 미생물
Natural Disaster Microbiology

지 은 이 | 권요셉, 김두운, 김영철, 김정호, 노성운, 박 현, 엄치용, 오명주, 이계승, 이승재, 이하나, 조경오, 조명제, 최종순
발 행 일 | 2014년 2월 28일
발 행 인 | 장석태
발 행 처 | 도서출판 여문각
주 소 | 서울시 서대문구 충정로 4길 10 도서출판 여문각
전 화 | 02) 362-2927, 363-6145
팩 스 | 02) 393-3323
등록번호 | 9-62, 1975.5.7
홈페이지 | www.rmgp.co.kr
I S B N | 978-89-85176-83-5

도서가격 **20,000원**

재난 미생물이 우리의 삶을 위협하고 있다!

인류의 역사는 미생물과의 끊임없는 전쟁의 역사라고도 할 수 있습니다. 인류의 삶을 위협해 오던 각종 전염성 질병을 해결할 수 있는 백신을 에드워드 제너(Edward Jenner)가 18세기에 개발하면서 인류의 의료복지에 커다란 진전이 있었습니다. 19세기 말에는 상하수도 시설을 개량하면서 각종 전염성 질병으로부터 해방되는 전기를 맞이하기도 하였습니다. 그러나 20세기 들어 폭발적인 인구증가와 산업발전의 영향으로 무분별한 자연환경 파괴가 이어지면서 우리가 예측하지 못한 새로운 재난 관련 미생물들이 복병처럼 나타나기 시작하였습니다.

현재 인류를 괴롭히고 있는 대표적인 재난 미생물로는 겨울철에 찾아오는 노로바이러스와 전 세계인을 공포로 몰아넣는 사스와 신종플루, 인수공통 바이러스, 구제역 그리고 한국인 위암의 주요 원인균인 헬리코박터 등이 있습니다. 또한, 수산자원에도 재난 미생물들이 포진해 있습니다. 물고기 폐사를 유발하는 어류 질병과 해산어류 기생충 등은 우리의 먹을거리를 빼앗아 갑니다. 우리의 주식용 작물의 식물병 미생물들은 우리 식탁을 위협하며 한반도의 강과 바다에는 녹조와 적조가 창궐하면서 삶을 위협합니다.

이제 세계의 무역장벽이 무너지면서 외국산 농·축·수산물들이 국내로 밀물 듯이 밀려들고 있습니다. 그 와중에 전혀 예상하지 못한 재난 미생물들도 같이 유입되고 있지만, 현실은 이런 미생물 종에 대비하기에는 매우 미약한 수준입니다. 이에 우리 집필진은 이러한 시대적 흐름에 맞추어 우리의 삶을 위협하고 삶의 질을 떨어뜨리는 대표적인 재난 관련 미생물들과 이러한 미생물학 연구에 필수적인 첨단 분석과학 방법들을 소개하고자 합니다.

재난 미생물은 아직 국내에서 소개되지 않은 생소한 분야입니다. 이제 질병미생물에서 재난 미생물이 우리를 위험에 빠뜨리는 존재로 부각되고 있습니다. 따라서 이제 이들 성가신 존재들에 대해서 좀 더 정확히 알아보고 방재대책을 세워야 할 시점에 있다고 생각합니다. 본서가 재난 미생물 관계자와 일반인들에게 참고서이자 지침서가 되기를 희망합니다.

2014년 2월

집필진 일동

생물학적 재난에 대한 분석과학기술의 대응

전 세계적으로 매일매일 환경재앙에 대한 소식과 우리 주변 먹거리의 오염에 관한 소식들이 끊이질 않습니다. 이제 우리는 불안 속에서 하루하루의 삶을 영위해 가고 있습니다.

2007년 서해에서 발생한 원유유출사고로 서해안 생태계가 황폐화되었고, 2008년 광우병 파동과 2009년 구제역 확산으로 전국에서 수백만 마리의 가축이 살처분되었습니다. 2011년 일본 동해상의 지진과 이에 따른 해일로 인한 후쿠시마 원전사고는 주변국의 안전한 삶까지 위협하고 있습니다. 또한, 구미 불산 유출사고, 한반도의 호수와 강, 바다를 위협하는 녹조와 적조의 피해, 어류 질병으로 인한 수산양식업의 피해, 그리고 겨울철에 찾아오는 노로바이러스 등 국가적 재난은 계속되고 있습니다.

생물학적 재난은 국가 아젠다로 선정되었으며, 출연연과 대학의 과학자들이 적극적으로 나섬으로써, 불안해하는 국민을 안심시켜야 할 것입니다. 재난분석과학은 생물학적 재난에 대한 해답이 될 수 있으며, 현장에서 적용할 수 있는 기술개발이 시급합니다.

한국기초과학지원연구원도 이에 대하여 깊은 관심을 가지고서 2012

년 재난분석과학연구단을 발족하여 국가적 재난에 선제적으로 대응하고 있습니다. 국가적 환경재난에 대해서는 첨단 분석과학을 더욱 발전시키고, 창의적인 과학기술개발의 공익적 역할은 보다 확대되어야 할 것입니다.

따라서 이러한 생물재난에 대해서 알아보고 관련 분석기술들을 소개하는 본 책자는 시기적절하다고 할 수 있겠습니다.

집필에 혼신의 힘을 다해주신 한국기초과학지원연구원의 연구자분들과 대학교에 계신 전문가 교수님들의 노고에 다시 한 번 감사 드리며, 본서가 세상에 나오게 된 것을 진심으로 축하합니다.

한국기초과학지원연구원 원장

정광화

| 목차 contents |

제 1부

재난 미생물

1장 노로바이러스
Norovirus

서론

"인간의 역사는 곧 화장실의 역사이다"라고 프랑스의 대문호 빅토르 위고가 말했을 정도로 화장실의 역사는 인간문명 발달사와 함께하고 있습니다. 16세기 후반 영국의 해링턴 경(Sir John Harington)은 엘리자베스 여왕을 위해 오늘날 화장실을 표시하는 W.C.인 워터 클로지트(Water Closet, 수세식 변소)를 리치먼드 궁에 처음으로 설치하였습니다. 그 후 1851년 조지 제닝스(George Jennings)는 영국 대박람회 기간에 하이드파크에 공용 수세식 변소를 설치하여 무려 82만 7,000명의 방문객이 일생에 처음으로 수세식 변소를 체험하였습니다. 그러나 당시 하수 체계는 재앙 수준에 가까웠기에 이 수세식 변소에서 나온 엄청난 양의 오염된 물과 분변은 근처 웅덩이로 쓸려가 주변 도시의 위생문제를 한층 심각하게 만드는 골칫거리가 되었다고 합니다.[1)]

1) 감염지도, 스티븐 존슨(김명남 옮김), 김영사. 2008.

역사적으로 비브리오나 콜레라와 같이 분변오염에 따른 세균 유래 질병에 대한 기록은 오래전부터 전해졌으나, 분변오염물에 포함된 바이러스의 실체나 이에 따른 질병에 대해서는 근세기에 들어와서야 과학적으로 인지되기 시작하였습니다. 따라서 바이러스연구는 미생물학 연구와 비교하면 비교적 젊은 학문에 속한다고 할 수 있습니다. 이러한 바이러스의 영향은 단순히 역사적 교훈과 지식으로 끝나지 않고 오늘날에도 우리 생활 속 깊숙이 영향을 미치고 있지만, 안타깝게도 식품의 안전성을 규정하는 국내 시험법의 기준은 바이러스가 아닌 세균에만 집중되어 관리되고 있는 실정입니다. 더욱이 국내외적으로 가장 흔한 위장관염의 원인 병원체로 알려진 노로바이러스에 대한 위생관리 기준은 노로바이러스가 아닌 유사 바이러스(surrogate)를 대상으로 한 설정 조건을 사용하고 있어서 그 실효성에 한계가 있습니다.

일 년 중 전체 설사 환자의 10%가 감염되는 노로바이러스는 특히 겨울철에 그 피해가 급증하는데, 오염된 물이나 조개류, 야채류를 통해 주로 발생하며 60℃ 미만의 열에서도 생존할 수 있는 것으로 알려졌습니다. 노로바이러스에 의한 장염은 대부분 자연 치유되지만, 구토와 설사를 동반합니다.

이번 장에서는 최근 그 위험성이 더욱 증폭되고 있는 노로바이러스에 대해 알아보고 국내외 노로바이러스 발생현황, 진단 및 제어방법에 관한 내용을 소개하고자 합니다.

노로바이러스의 첫 발견과 그 후 이야기

질병사에서 최초로 보고된 바이러스 유래 식중독은 1914년 영국에서 생우유를 마신 아이에게서 발생한 4건의 마비성 질병(소아마비)이었습니다.[2] 그러나 이 소아마비 원인체 바이러스는 그 후로 오랜 시간이 지난 1949년에 비로소 배양되었을 뿐 본격적인 바이러스 동정, 진단기술과 원인체에 대한 연구는 1960년대가 되어서야 비로소 시작하였습니다.

노로바이러스는 1968년 미국 오하이오주 노워크(Norwalk) 초등학교에서 발생한 집단식중독 사건을 계기로 처음 분리되었습니다. 이후 1969년~1983년 사이에 "노로바이러스"와 유사한 식중독 발생에 관한 여러 논문이 소개되었고 1972년에 노로바이러스가 급성 감염원인체임이 확인되어 면역전자현미경을 통한 바이러스의 형태가 처음으로 보고되었습니다.[3] 이는 1675년 레이우엔훅(Anton Van Leeuwenhoek)이 현미경을 통해 처음 미생물을 관찰하기 시작한 지 약 3세기가 지난 후에 일어난 일로서 식중독 바이러스사가 한 걸음을 옮긴 일대 사건이라 할 수 있습니다.

노로바이러스가 최초로 분리된 지 반세기가 넘은 지금, 전 세계적으로 노로바이러스는 식품과 관련하여 가장 빈번하게 인체에 질병을 유발하는 원인체로 보고되고 있습니다. 미국에서는 연간 9백만 건 이상의 노로바이러스 감염 발생 건수가 보고되고 있는데 일례로 미네소타주에서 2011년 10월부터 2013년 1월까지 노로바이러스 감염을 조사한 결과 설사 혹은 구토를 경험한 241명 대상자 중에서 127명(52.7%)이 노로바이러스 양성 결과를 보였습니다.[4]

미국 외에도 중남미 니카라과에서는 5세 미만 설사 환자의 11%, 정

2) Marion P.G. et al., 2008. Food-Borne Viruses, Progress and Challenges, Emerging Issues in Food Safety, ASM Press, Washington, DC.
3) Albert Z. et al., 1972. Visualization by immune electron microscopy of a 27-nm particel associated with acute infectious nonbacterial gastroenteritis. Journal of Virology. 10:1075-1081.
4) Saupe A.A. et al., 2013. Norovirus surveillance among callers to foodborne illness complaint hotline, Minnesota, USA, 2011-2013. Emerg Infect Dis. 19(8):1293-1296.

맥주사로 수분공급이 필요한 중증 환자의 15%가 노로바이러스에 감염된 것으로 보고되었습니다.[5] 아시아 국가에서는 중국 광동 지방의 충화, 광저우에서는 2010년 11월에만 429건의 노로바이러스 감염사례가 발생하였습니다. 유럽에 위치한 영국의 경우, 2000년~2012년 사이에 노로바이러스가 대표적인 식중독 발병 원인체인 것으로 분석되었는데 특히 2010년에는 노로바이러스에 의한 식중독이 12,000건까지 발생하였습니다.[6]

국내의 경우 2006년에 31개 학교급식소에서 노로바이러스로 인해 2,400여 명의 환자가 발생하였고, 2010년에는 31건의 식중독 사고로 1,994명의 환자가 발생하여 단일 병원체로는 발생빈도와 환자 수가 가장 많은 원인체로 보고되었습니다.[7]

국내외적으로 노로바이러스에 의한 피해는 1981년 이래로 해마다 꾸준히 증가하여 2013년까지 3,338편의 국제학술논문이 발표되었습니다. 현재 전 세계적으로 노로바이러스를 진단하는 기술이 많이 연구되고 있지만 지난 10년을 뒤돌아보면, 경제적이면서 실용적인 진단기술이나 이 바이러스를 배양할 수 있는 시스템 연구가 한계점에 부딪혔다는 것을 알 수 있습니다. 또한, 노로바이러스를 제어할 수 있는 항바이러스제에 대한 개발도 아직도 초보단계에 머물고 있습니다.

노로바이러스의 국내외 발생현황

식품 관련 위해요소로 발생한 사건 사고들은 국민건강에 심각한 영향을 미칩니다. 특히 적절한 조기 검출방법이나 제도의 부재는 엄청난

5) Bucardo F. et al., 2008. "Pediatric norovirus diarrhea in Nicaragua", J. Clin. Microbiology, 46:2573-80.

6) http://www.hpa.org.uk/Topics/InfectiousDiseases/InfectionsAZ/Norovirus/EpidemiologicalData

7) 식품의약품안전처 식중독 통계시스템

사회적 파문을 일으킬 뿐 아니라 이에 따른 경제적 손실 역시 막대한데, 국내에서만 한 해 식중독과 관련한 피해로 1조 3,000억 원이 넘는 손실이 발생하는 것으로 보고되고 있습니다. 인간의 장염을 유발하는 Calicivirus과는 노로바이러스, 사포바이러스, 로타바이러스 등과 함께 바이러스성 구토 설사병의 주요 인자입니다. 이러한 바이러스는 의료 시스템의 미비한 후진국에서뿐만 아니라 선진국에서도 매우 빈번하게 출현하는 전염병 인자입니다. 이 중에서 노로바이러스에 의한 피해는 매우 두드러지는데 1996~2000년 5년 동안 미국질병관리국(CDC)에서 파악한 노로바이러스의 발병은 무려 348회에 이르며, 2000년 이후에는 일본, 유럽 등 위생 선진국에서도 이 병원체가 식중독을 제일 많이 유발하는 것으로 보고되었습니다.

국내 집단식중독 발생 추이를 살펴보면 2001년 93건에 6,406명(건당 68.9명)이던 것이 2002년 78건에 2,980명(건당 38.2명)으로 줄었으나 이후 2003년 135건에 7,909명(건당 58.6명), 2004년 10월 말 147건에 9,566명(건당 65.1명) 2005년 109건 5,711명, 2006년 259건 10,833명, 2007년, 510건 9,686명, 2008년 254건, 2009년은 228건, 2010년은 271건, 2011년은 249건 7,105명으로 추산되었습니다. 이 중 바이러스가 원인물질인 비율은 2011년의 경우 249건 중 31건에 1,524명이고 그 가운데 노로바이러스가 원인물질로 밝혀진 것은 총 21건에 931명으로서 전체 발병환자 75,275명 중 1.23%를 차지하였습니다. 최근 발생한 노로바이러스는 계절과 관계없이 대규모로 일어난다는 점에서 모든 사람을 긴장시키고 있습니다. 식약청 집단식중독 발생현황에 의하면 2004년에는 165건에 10,388명의 환자가 발생하여 전년대비 환자 수로는 31%, 발생 건수로는 22%가 증가하였는데 특히, 전체 식중독

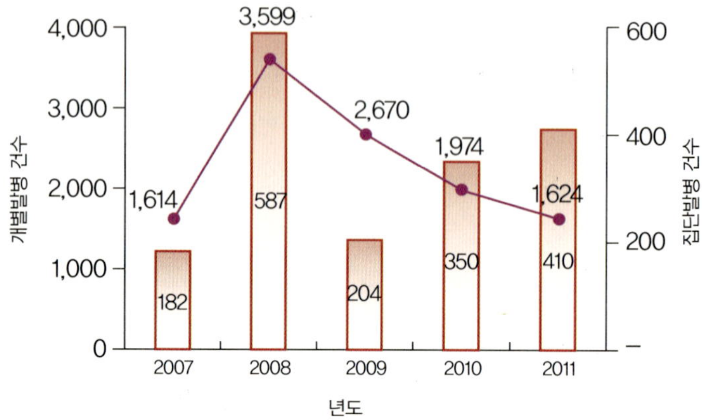

그림 1-1. 연도별 국내 노로바이러스 발생현황(출처: 2011년도 질병관리백서)

환자의 74%(7,738명)가 집단급식소에서 발생하였고, 이중 학교급식소가 64%(6,673명)를 차지하였습니다. 질병관리본부(2011년도 질병관리백서)의 연도별 노로바이러스 유전자 데이터베이스 구축 현황에 따르면 2007년도에서 2011년까지 개별발병 건수는 줄어들지만, 집단발병 건수는 증가하는 추세를 나타내고 있습니다(그림 1-1).

미국의 경우 1993년부터 1997년 사이에 발생한 2,571건의 식중독 사건 중 세균성으로 밝혀진 것은 655건으로 전체의 23.8%에 불과하지만, 나머지 68.1%는 미확인으로 보고되었습니다. 그러나 섭취부터 발병까지의 시간, 수일간 계속되는 구토 또는 설사, 높은 감염률, 높은 이차 감염률 등의 증세를 고려하면 이중 약 32~42% 정도(미확인의 약 50~60%)가 바이러스성 식중독으로 추정하고 있습니다. 우리나라에서도 미확인 비세균성으로 밝혀진 것 중 적어도 50~60%는 바이러스성일 것으로 추정하고 있으며 이러한 상황을 고려할 때 바이러스성 식중독의 발생률은 미국과 비슷한 34~40%에 이를 것으로 예상하고 있습니다.

노로바이러스 식중독 발생이 사회에 미치는 측면

2003년 최초 국내 보고된 노로바이러스에 의한 식중독 사고는 2007년에는 전체 식중독 사고의 19%를 차지할 만큼 큰 비중을 차지하고 있습니다.[8] 현재 1만여 개에 달하는 학교급식은 직영급식과 위탁급식 방식으로 운영되고 있는데 이 중 86%가 직영급식으로 운영되고 있습니다. 이런 급식 운영 체계가 정착된 것은 2003년 3월 서울지역 13개 학교에서 동시 다발로 발생한 급식사고 때문이었습니다. 이 사고에서 9개 학교의 환자 가검물에서 노로바이러스가 검출되자 이에 정부는 당시 국무조정실, 교육인적자원부를 중심으로 관계장관회의를 거쳐 「학교급식개선종합대책」을 발표하여 그중 위탁급식을 직영으로 전환하는 조치를 단행하였습니다.

연구결과 2003년 발생한 급식사고는 단순히 급식종사자의 취급 부주의나 관리소홀이 아닌 식재료 공급상의 위생관리체계에 심각한 허점이 있다는 것이 최종적인 결론이었습니다. 따라서 식재료 관리체계개선 및 식재료의 위생 안전성 확보를 위한 제도적 장치와 시스템 구축을 꾸준히 요구되고 있습니다. 다음 해인 2004년은 식중독 발생이 특히 증가한 해로서, 동절기인 11월에도 연이어 발생사례가 보고되어 사회적인 큰 파문을 일으켰습니다. 특히, 노로바이러스에 의한 피해는 계절과 관계없이 대규모로 일어난다는 점에서 사람들을 긴장시키고 있습니다. 노로바이러스는 어린이뿐만 아니라 어른들에게도 식중독을 유발하며 특히 겨울철에 구토를 동반하는 식중독의 원인바이러스입니다. 노로바이러스는 병원, 유람선, 병영, 양로원 등 다소 폐쇄된 공간에서 퍼지기가 쉽습니다. 그러나 이렇게 높은 감염률에도 건장한 성인에게는 그 증세가 아주 미미하며, 면역력이 떨어지는 노약자나 어린이에게는

8) 겨울철 식중독 예방 관리 방향, 식품의약품안전청, 2008

비록 증상은 쉽게 나타나지만, 세균성 감염보다는 매우 미미한 증세를 보입니다. 그러나 면역능이 짧아(6개월~1년 미만) 재감염될 수 있으니 주의해야 합니다.

지금까지 알려진 노로바이러스를 일으키는 원인 식품으로는 가열하기 곤란한 신선채소류, 음용수, 조개류가 있으며 주로 수질 등의 환경오염과 조리 종사원의 개인위생과 밀접히 연관된 것으로 추정하고 있습니다. 이에 관계 당국에서는 식중독을 일으킨 원인 식품에 대한 역학조사를 장기간에 걸쳐 시행하겠다고 공헌하였으나 아쉽게도 현재의 과학기술로는 이를 수행하기가 결코 쉬워 보이지 않습니다. 따라서 정부나 급식 운영 주체가 포괄적인 책임을 지지 않는다면, 이 바이러스에 의한 피해는 결국 피해자는 있으나 가해자는 없는 상황이 반복될 확률이 높아 보입니다.

이러한 바이러스의 피해를 방지하기 위해서는 세균이 아닌 바이러스도 어디서나 병을 일으킬 수 있음을 널리 알리고 이를 제어할 수 있는 기술개발에 더욱 적극적으로 나서야 할 것입니다. 또한, 발병한 후에는 국가적으로 관리하는 전염병처럼 신속하게 현장을 격리하고 정보를 공개하여 2차 감염이나 추가 감염에 신속히 대응할 수 있는 식품안전 기술을 개발하고 과학적인 안전관리체계를 구축할 필요가 있습니다.

노로바이러스라는 이름을 얻기까지의 과정

노로바이러스는 RNA 바이러스로, 칼리시바이러스(caliciviruses)에 속하며 한동안 그 이름이 여러 번 변경되었습니다. 1968년 미국 오하이오주 노워크(Norwalk) 초등학교에서 발생한 집단식중독 사건 때 그 존재가 처음 발견되자 이를 노워크바이러스(Norwalk viruses)라고 불렀습니다. 그 후에도 발견된 지역의 이름을 따서 하와이바이러스, 몽고메리바이러스, 타운톤바이러스, 스노우마운틴바이러스, 토론토바이러스 등으로 불렀고, 1990년 걸프전 당시 사우디아라비아에 주둔한 미군 환자에서 검출되자 당시의 작전명을 따라 사막 방패바이러스(Desert Shield virus)라고도 하였습니다.

노로바이러스는 1972년 전자현미경 하에서 그 형태가 처음 밝혀졌는데 당시에는 그 크기가 바이러스 중에서도 작고 구형이었던 점에 착안하여 원형소체바이러스(small round-structured virus)라고 부르다가 그 후에 비세균성 급성위장염의 환자에게서 Norwalk virus와 닮은 소형구형 바이러스가 잇달아 발견되자 한때 유사노워크바이러스(Norwalk-like virus)라고도 하였습니다.

이후 이 바이러스의 유전자를 상세하게 조사한 결과 두 종류로 구분되었고 그 대부분이 지금까지 Norwalk형 바이러스였다는 것이 판명되자 2002년 8월 국제 바이러스 분류 위원회(International Committee on Taxonomy of Viruses; ICTV)에서는 이를 '노로바이러스'로 통일하였습니다.[9)]

노로바이러스의 다양한 유전형

현재는 노로바이러스의 구조단백질(VP1)의 아미노산 서열 상동성에 따라 5가지 유전형(GI~GV)의 노로바이러스가 존재합니다(그림

9) CDC. 2001. Norwalk-like Viruses: Public health consequences and outbreak management. MMWR. 50:1-17.

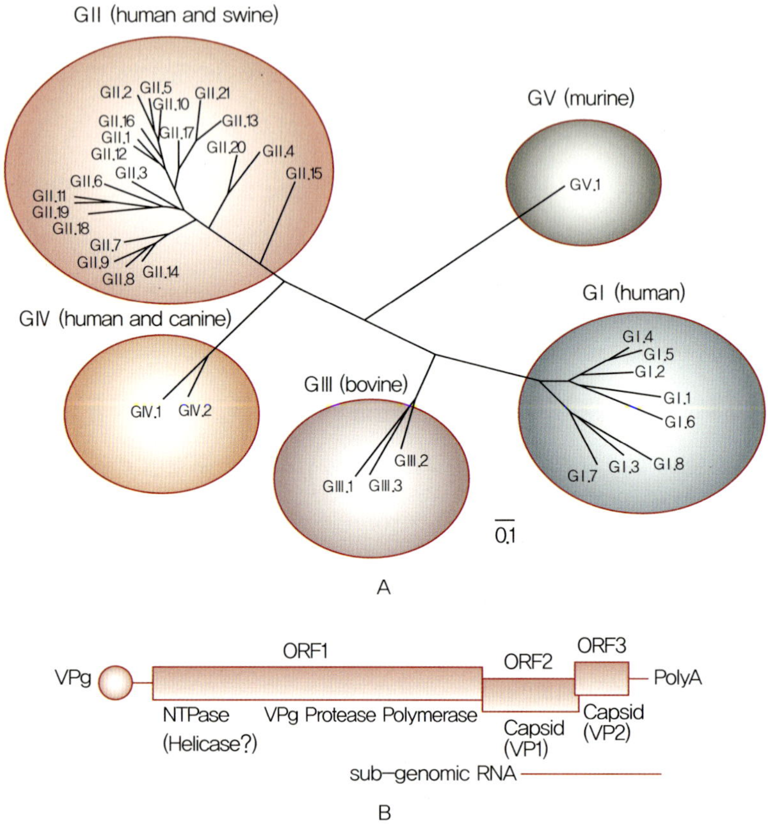

그림 1-2. 노로바이러스의 유전자형별 분류(A) 및 유전자 구성(B)
(출처: MMWR / March 4, 2011 / Vol.60 / No.3)(출처: Safe food / 2013/ Vol.8 / No.1)

1-2). 이 중 인체감염성이 있는 노로바이러스(human norovirus)에는 3가지(GI, GII, 그리고 GIV) 형이 있고, 이 중 2가지 유전형(GII형-돼지, GIV형-개)이 인수공통감염성 노로바이러스로 분류됩니다. 나머지 GIII형은 소를, GV형은 쥐를 감염시키는 노로바이러스로 분류됩니다. GI형은 VP1 단백질 서열상 약 8개의 유전형으로 분류되고, GII는

21개의 세부 유전형으로 분류됩니다. 2001년 이후로 GII.4 형이 전 세계적으로 빈번히 발생하는 질병원인체로 보고되고 있으나 노로바이러스는 VP1 유전자서열의 변화를 통해 기존에 없던 변종이 등장하면서 감염숙주의 면역 방어체계와 무한한 경쟁구도를 유지하며 진화하고 있습니다.[10] 그 예로 2012년 3월 호주에서는 변종 노로바이러스인 GII.4 Sydney가 최초로 보고되었는데 이후 2012년 겨울 미국, 영국, 네덜란드, 일본에서 발생한 노로바이러스 감염사례를 분석한 결과 호주 시드니에서 발생한 변종 노로바이러스 GII.4 Sydney-2012 strain으로 확인되었습니다.[11]

3대 주요 식중독 바이러스의 주요 특징 비교

인체에서 장염을 일으키는 식중독 바이러스인 노로바이러스, 로타바이러스, 간염 A형 바이러스에 대하여 알아봅시다.

노로바이러스(그림 1-3a)의 GI과 GII 형은 감염 및 분자생물학적, 역학적, 및 계통학적으로도 매우 상이하며, 현재까지 노로바이러스(GI 및 GII)의 capsid 유전자의 염기서열에 따라 31가지 이상의 유전자타입(genotype)으로 분류되고 있어[12] 다양한 변이 양상을 보이고 있습니다.

로타바이러스(그림 1-3b)는 family reoviridae에 속하며 2겹의 단백외각(Capsid)으로 싸여 있습니다. 직경은 약 70 nm이며, 막이 없고 3가지 종류의 단백질과 11개의 분절로 된 이중가닥 RNA (18,550 bp)를 가지고

---

10) CDC. 2011. Updated norovirus outbreak management and disease prevention guidelines. MMWR. 60:1-11.

11) van Beek J. et al., 2012. Indications for worldwide increased norovirus activity associated with emergence of a new variant genotype II.4, 2012. Euro Surveillance. 18:8-9.

12) Kageyama, T., Shinohara, M., Uchida, K., Fukushi, S. Hoshino, F. B., Kojima, S., Takai, R., Oka, T., Takeda, N., and K. Katayama, 2004, Coexistence of multiple genotypes, including newly identified genotypes, in outbreaks of gastroenteritis due to Norovirus in Japan, J. Clin. Microbiol. 42(7)2988-95.

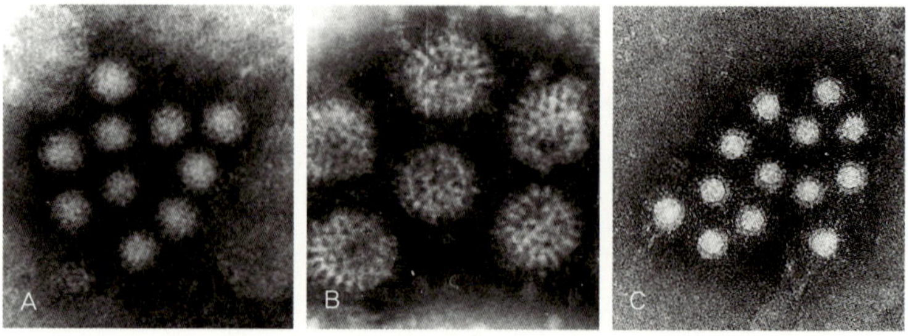

그림 1-3. (A) 노로바이러스, (B) 로타바이러스, (C) 간염 A형 바이러스

있습니다. 로타바이러스 진단에 사용되는 혈청형 결정에 관여하는 구조 단백질에는 두 종류(VP4, VP7)가 있는데, VP4 유전자형은 7가지 유전자형 중 P8과 P4형이 흔히 검출되며, 10가지 VP7 유전자형 중 주로 검출되는 네 가지형은 G1-4의 로타바이러스 혈청형입니다. Inner capsid를 구성하는 VP6 부위가 로타바이러스의 주요 항원검출진단 부위로 사용됩니다. 장염을 유발하는 로타바이러스는 1973년 호주에서 급성 설사증으로 입원한 어린이의 십이지장에서 처음 발견됐으며 전자현미경 상 수레바퀴 모양이어서 "로타"라는 이름이 붙여졌습니다. 현재 로타바이러스 장염은 신생아 및 영유아의 급성 설사의 주요한 원인으로 잘 알려져 있습니다.[6] 이 바이러스는 국내 법정 전염병에는 속하지 않으나 전 세계적으로 매년 약 1억 3,800만 건의 소아 위장염의 원인이 되고 있으며 약 1,200여 명의 개발도상국 어린이들이 매일 로타바이러스에 의한 질병으로 사망하는 것으로 보고되고 있습니다. 또한, 성인까지 포함하면 이 바이러스로 인한 전 세계 사망자 수는 매년 약 60만 8,000명에 이르는 것으로 보고되고 있습니다.[7-9] 임상증상으로는 무증상 감염에서 심한 탈수까지 다양하게 나타나고 있습니다.[10]

간염 A형 바이러스(그림 1-3c)는 Picornavirus로 분류되며 직경은 약 27 nm이고, 막이 없으며, 네 개의 capsid 단백질로 구성되고, 7.5-kb의 single-stranded RNA 바이러스입니다. 유전자 구조는 VP1, VP2, VP3, putative VP4로 구성된 P1 region이 있고, 복제와 관련된 P2와 P3 region, 그리고 noncoding region (NCR)으로 구성됩니다.[11] 간염을 일으키는 바이러스에는 A형, B형, C형, D형(delta), E형 등 여러 종류가 있으며 이들은 크게 오염된 물이나 음식물을 섭취함으로써 전파되는 A형, E형 간염바이러스와 혈액을 매개로 전파되는 B형, C형 및 D형 바이러스로 구분할 수 있습니다. A형 간염은 대개 1개월 정도의 잠복기를 거친 후에 급성 간염을 일으키지만 만성 간염을 유발하거나 보균자가 되는 일은 없습니다. 감염 연령에 따라 임상적 증세가 다른데 나이가 많을수록 증세가 심하며 주요 임상증상으로는 피로감, 식욕부진, 진한 소변 색, 두통, 무력감, 근육통, 복통 등이 있으며 소아에서는 설사와 구토가 주 증상으로 나타납니다.

노로바이러스 감염에 따른 임상적 증상

노로바이러스 감염의 주 증상은 오심, 구토, 설사, 복통 등이나 대부분 경미한 증상만 나타나며 1~2일 후에는 자연 회복됩니다. 잠복기는 24~48시간이며 감염자의 대변 혹은 구토물에 있는 바이러스가 음식이나 물을 오염시키는데 이러한 것에 접촉하거나 섭취함으로써 전염됩니다. 노로바이러스는 소량의 바이러스(10~100개 바이러스 입자)만 있어도 쉽게 2차 감염이 유발되므로 특히, 식품 조리자에 대한 위생감시가 중요합니다. 전염성은 증상의 발현기에 가장 심하며, 회복 후 3일에서 최장 2주일까지도 바이러스가 배출되므로 초기 감염자나 회복기에 있는 환자에 대한 위생관리가 지속적으로 필요합니다. 노로바이러스에 대한 면역은 단기로만 유지되므로 장기적인 면역성을 유지하는 백신 개발이 어렵습니다.[13]

13) CDC. 2011. Updated norovirus outbreak management and disease prevention guidelines. MMWR. 60:1–11.

노로바이러스를 불활성화시키는 방법

노로바이러스는 실온에서 산성(pH 2.7), 유기용매(20% 에테르), 일정 시간 건조 및 가열(60℃)에서도 감염력이 유지되므로 비교적 환경에서 안정하다고 할 수 있습니다. 현재 차염소산나트륨(NaOCl)을 기준으로 노로바이러스 소독에 관한 기준을 보면 스테인리스 스틸 재질, 식품, 장난감 등의 표면에 존재하는 노로바이러스를 불활성화시키기 위해서 200 ppm의 표백제가, 화장실과 바닥 그리고 조리대의 표면에는 1,000 ppm의 표백제가 필요합니다.[14] 그러나 이러한 소독제 연구는 인체감염성을 지닌 노로바이러스가 세포에서 배양되지 않기 때문에 murine norovirus 또는 feline calicivirus 같은 유사 바이러스(surrogates)를 이용하여 간접적으로 수행하고 있을 뿐입니다. 또한, 소독제 처리 후 불활성화된 노로바이러스는 감염성이 상실되어 식중독을 유발하지 못하지만, 노로바이러스의 특정 유전자증폭산물이 전기영동에 의해 바이러스 양성반응으로 나타나므로 감염력이 상실된 바이러스를 구분하는 방법을 연구할 필요가 있다.

노로바이러스에 의한 식중독 예방법

아직 노로바이러스의 항바이러스 백신이 개발되어 있지 않기 때문에 이로 인한 피해를 방지하기 위해서는 철저한 개인위생관리와 식음료 관리를 통한 예방 노력이 중요합니다.[15]

이를 위해 다음과 같은 방법을 실천할 수 있습니다.

14) http://www.michigan.gov/documents/Guidelines_for_Environmental_Cleaning_125846_7.pdf
15) KFDA 식중독 예방 대국민 홍보사이트, http://fm.kfda.go.kr/

1) 오염이 의심되는 지하수 등은 사용을 자제하고 식수나 세척용으로 사용이 불가피한 경우에는 반드시 끓여서 사용한다.
2) 가열·조리한 음식물은 맨손으로 만지지 않도록 주의한다.
3) 과일이나 채소류는 흐르는 물에서 깨끗이 씻어서 섭취한다.
4) 오염 지역에서 채취한 어패류 등은 85℃에서 1분 이상 가열하여 섭취한다.
5) 2차 감염을 막기 위하여 노로바이러스 환자의 변, 구토물에 접촉하지 않으며, 부득이 오물 등 처리 시에는 반드시 일회용 비닐장갑 등을 착용하고, 오물은 비닐봉지에 넣은 후 차아염소산 나트륨액(200 ppm)을 스며들 정도로 뿌리고 밀봉하여 폐기한다. 또한, 손을 충분히 씻고, 주변을 철저하게 소독한다.
6) 노로바이러스 식중독 발생 시설의 경우는 다음과 같이 소독하여 2차 감염을 방지한다.

- 칼, 도마, 행주 등은 85℃에서 1분 이상 가열하여 사용함
- 바닥, 조리대 등은 물과 염소계 소독제를 이용하여 철저히 세척·살균함
- 오염된 옷이나 이불 등은 비누와 뜨거운 물로 가열 세탁함

식품에서 노로바이러스 검출이 어려운 이유

2005년부터 2008년까지 식품의약품안전청에서는 식품에서 노로바이러스의 신속검출법 최적화 연구지원사업을 수행하였습니다. 그러나 현장에서 시료 전처리에서 급식 전 2시간 이내에 이를 검출하는 진단방법은 아직 개발하지 못하였습니다. 또한, 인체감염성이 있는 노로바이러스를 체외에서 배양하는 조건 역시 일부 연구에서만 성공했다는

보고만 있을 뿐 현재까지 일반 실험실에서 사용할 수 있는 바이러스 감염성을 지닌 숙주세포가 없는 실정입니다. 이에 따라 바이러스 제어물질이나 바이러스 병원성 인자 규명 등에 관한 구체적인 연구는 전혀 없는 상황입니다.

노로바이러스는 환경매체의 다양한 물리화학적 요인들에 대하여 저항성이 매우 큰 바이러스입니다. 이처럼 높은 감염성과 환경에서의 강한 저항성이 있는 노로바이러스를 임상 샘플과 환경 샘플에서 신속하고 민감하게 진단하거나 바이러스를 typing 하는 방법은 질병예방에서 핵심적인 사항이 될 수 있습니다. 그러나 이러한 점이 실용화되기 위해서는 다음과 같은 단점을 극복할 수 있는 대안이 필요합니다.[16)]

1) 일반적으로 식품 중에는 오염된 바이러스의 양이 극미량이므로 많은 양의 식품을 사용해서 분석할 수 있는 기술이 요구되는데 이를 위한 식품 추출물의 농축기술이 미비하다.
2) 식품 중에는 다양한 물질이 존재하고 이들 중 일부는 RT-PCR을 위한 중합효소의 방해물질로 작용하므로 실제로 바이러스가 존재함에도 유전자증폭을 방해하여 바이러스가 오염되지 않은 것으로 잘못 판정하는 경우가 많을 수 있으므로 RT-PCR을 하기 전에 식품 중의 PCR 방해물질을 제거해야 하는데 이들의 제거가 쉽지 않다.
3) 노로바이러스의 경우 염기서열의 변이가 극심하여 노로바이러스 간에 염기서열이 많이 다르므로 모든 노로바이러스를 증폭할 수 있는 일반적인 primer가 개발되어 있지 않다.
4) RT-PCR 등을 이용한 분자생물학적 방법이 가장 흔하게 사용되는 바이러스 진단법이다. 그러나 분자생물학적 방법은 수질 등에

16) 고상무 등. 2013. 수산식품안전성 확보를 위한 노로바이러스 검출 및 제어기술 현황. Safe Food. 8:18-23.

낮은 농도로 바이러스가 존재하면 바이러스의 감염성을 알 수가 없다는 단점이 있고 바이러스 농축과정에서 생기는 중금속 및 각종 유기물질에 의하여 반응이 저해되기 때문에 신속하고 민감도가 높아 저농도로 존재하는 바이러스 검출법의 개발이 공중보건학적으로 시급하다.

노로바이러스의 최근 진단동향

노로바이러스의 진단방법으로는 전자현미경을 이용한 방법, 인체항체 등을 이용한 EIA 등의 면역학적 방법, RT-PCR 등을 이용한 분자생물학적 방법 등이 있습니다. 일반적으로 EIA를 이용하는 경우에는 민감도가 떨어져서, RT-PCR 등을 이용한 분자생물학적 방법이 가장 흔하게 사용됩니다. 그러나 분자생물학적 방법은 바이러스가 수질 등에서 낮은 농도로 존재할 경우에는 그 감염성을 알 수가 없는 단점이 있으며 바이러스를 농축하는 과정에서 생기는 중금속이나 각종 유기물질에 의해 반응이 저해되기도 합니다. 최근에는 항체 등을 이용한 immunomagnetic separation 방법으로 바이러스를 농축하여 식품 등에서의 바이러스를 검출하는데 응용되기도 하였는데[17] 결국, 신속하고 민감도가 높아 저농도로 존재하는 바이러스를 검출하는 방법을 개발하는 것이 공중보건학적으로 시급한 과제라고 할 수 있습니다. 또한, 노로바이러스가 패류 내 축적되는 기전이 패류의 탄수화물 잔기와의 특이적 결합력을 통해 이뤄지고 바이러스가 탄수화물 특이적 렉틴단백질과 반응 시 바이러스의 결합력이 저하됨을 보고하였으나,[18] 이를 이용한 고민감/저가 진단개발은 보고된 바 없습니다.

17) Park, Y. B. et al., 2006
18) Guyader F.S. et al., 2006. Emerging Infectious Diseases. 12(6): 931-936

미국에서는 CaliciNet에서 미국 내에서 발견한 노로바이러스의 염기서열을 DB화하여 분리주간의 상관성을 신속 평가하고 있습니다. 또한, 미국 CDC는 1993년 RT-PCR법을 이용하여 노로바이러스를 검출하기 시작하였으며, 최근에는 Real Time PCR을 이용한 검사법을 확립하여 적용하고 있습니다. Real Time PCR은 primer뿐 아니라 probe인 quencher dye와 reporter dye를 이용하고 기존의 PCR (Polymerase Chain Reaction)에 비하여 DNA 증폭시간이 짧고 전기영동에 의한 확인 절차가 없으므로 그 결과를 신속히 확인할 수 있습니다. NASBA는 3종의 enzyme인 AMV Reverse Transcriptase, T7 RNA polymerase와 RNAse H의 작용으로 RNA를 증폭시키는 isothermal method인데 캐나다에서는 NASBA를 이용한 검출법을 확립하여 사용합니다. 미국 일리노이주에 있는 킴래보라토리스는 노로바이러스 표지인자(항원)와 이에 반응하는 단일항체를 사용해 한번에 모든 종류의 노로바이러스를 검색하는 검출 기술을 보유하고 있습니다.

2007년부터 2012년까지 식품군별 식중독 유발 바이러스 검출에 관한 식품안전관리지침 마련 시기를 살펴보면 2007년에 식품용수, 패류, 채소류, 과일류, 식육에 대한 지침이 마련되었으며, 2011년에 김치류에 대한 기준이 마련되었습니다(그림 1-4). 식품 중에서 노로바이러스의 효율적인 진단을 위한 실험방법의 개요는 다음과 같습니다(그림 1-5). 먼저 분석시료에 부착된 바이러스를 효율적으로 탈리하는 방법을 확립한 후 다량의 탈리액에서 농축용액을 이용하여 대상 바이러스를 최소한 시간에 최대로 농축하고, 농축된 용액에서 PCR 반응저해제를 제거하여 동시에 핵산을 추출합니다. 그리고 PCR을 통하여 특정 유전자증폭산물의 크기 및 증폭산물의 염기서열 분석을 통하여 분석시료 내 바이러스를 최종 진단합니다.

그림 1-4. 식품군별 식중독 유발 바이러스검출에 관한 식품안전관리지침 마련 시기

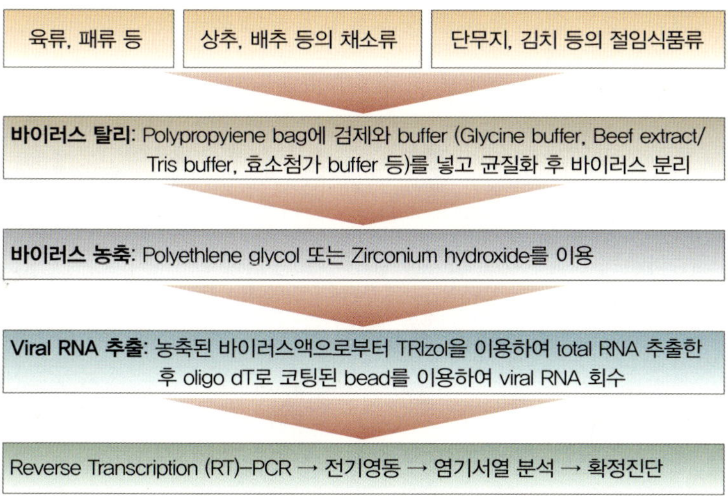

그림 1-5. 식중독 유발 바이러스의 진단방법 개념도

노로바이러스 제어기술인 청정(depuration)

수산물은 국내에 소비되는 전체 동물성 단백질의 40% 이상을 공급하는 중요한 식량자원입니다. 특히 우리나라는 세계 4위의 패류생산국으로서 2009년 한 해에 생산한 패류는 42만 톤으로 총 수산물생산량의 15.9%를 차지합니다. 품종별 생산량에서 굴은 26.5만 톤으로 63%, 바지락은 4만 톤으로 9.6%를 차지합니다. 패류는 주로 연안에서 서식하기 때문에 주거지, 가축 사육지, 야생동물서식지, 선박계류장 등에서 발생하는 각종 분변에 오염되기 쉬운데 특히, 인축의 분변에는 전염병이나 세균성 식중독 등 감염증을 유발하는 병원균이 함유되어 있을 우려가 있습니다. 이러한 배설된 분변 등의 오염원이 강우나 하천을 통하여 해상으로 유입됨으로써 하천 및 연안 해역 등의 환경오염에 영향을 주기도 합니다(그림 1-6).

국내 굴 생산해역에 대한 위생 안전성 평가 결과에 의하면 대형 하천과 인구가 밀집된 지역의 인근 해역에서는 도시연안의 영향을 받아 세

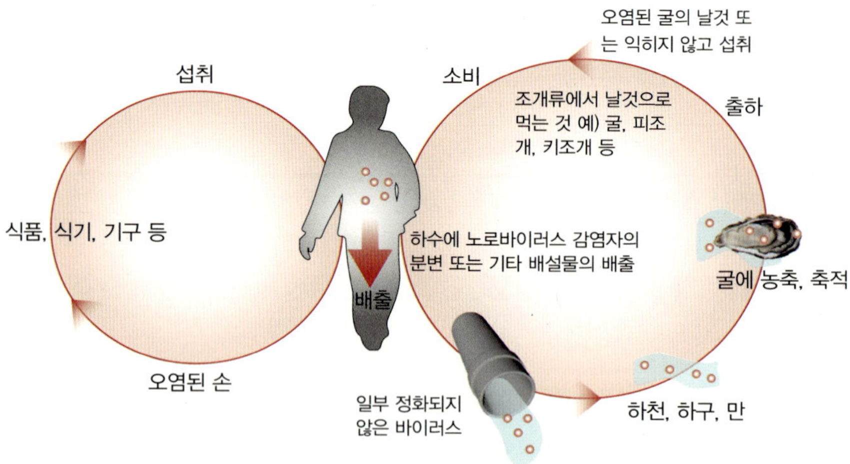

그림 1-6. 노로바이러스의 감염경로

균 함량이 높은 것으로 보고되고 있습니다. 또한, 강우로 육상에서 발생한 분변성 오염물질이 해역으로 유입되어 만 내부의 대부분 수역이 육수의 영향을 받았다는 보고도 있습니다. 특히 굴의 경우는 가열 조리하지 않고 날것으로 섭취하는 경우가 많아서 생산단계에서 오염되는 여러 식품위생안전 위해로 인해 인체에 직접적인 위해를 미칠 수 있습니다. 이에 따라 선진국에서는 지난 수십 년 동안 자국민의 건강보호를 위하여 패류 생산해역에 대한 위생기준을 마련하여 대응하고 있습니다. 미국은 분변오염지표로 해수 중의 분변계대장균(fecal coliform) 함량에 따라 허가해역, 제한해역, 금지해역 등으로 구분하고 있으며(US FDA, 2007), 또는 유럽연합에서는 패류 중 대장균(*Escherichia coli*) 함량에 따라 A, B 및 C등급으로 패류생산해역을 분류하고 있습니다(European Commission, 2004). 그리고 날것으로 섭취할 수 있는 패류의 미생물기준으로 분변계대장균(*E. coli*) 230 MPN/100 g 이하로 규정하고 있으며, 기준치를 초과하는 패류의 경우 자연정화(relaying) 또는 인공정화(depuration)를 하고 있습니다.

특히 미국, EU 등에서는 오염해역에서 생산된 패류에 대하여 위생학적으로 안전성을 확보하기 위하여 오래전부터 이러한 정화과정을 거쳐서 판매하고 있으며, 살균해수를 이용한 인공정화방법이 굴을 비롯한 대합, 진주담치 등의 이매패류에 널리 이용되고 있습니다. 이처럼 외국에서는 패류에 대한 분변계대장균 또는 대장균의 기준을 설정하여 기준에 맞추어 relaying 또는 depuration으로 처리한 후 출하하고 있어 안전성을 확보하고 있지만, 우리나라는 오염된 해역에서 생산된 패류에 대한 특별한 규정이나 오염해역에서 생산된 패류의 정화효과에 대한 연구가 없어 향후 이에 대한 연구가 절실한 실정입니다.

그림 1-7. 이탈리아의 기계화된 실내 청장시설

청장(정화)과정은 미생물에 오염된 패류를 깨끗한 해수의 수조에 수 시간에서 수일간 보관하여 해로운 오염물질 및 미생물을 제거하는 일종의 정화기술입니다(그림 1-7).[19] 유럽에서는 연안지역의 높은 인구밀도, 집약적인 축산 및 기타 각종 인간 활동에 기인한 배설물 및 오염물질에 의한 식용 이매패류에 축적된 오염원을 소비자들이 구매 전에 제거하기 위한 청장제도를 오래전부터 실시하고 있습니다. 청장의 기본원리는 체내에 축적되거나 유입된 오염물질 및 세균을 체외로 배출하는 이매패류의 생리적인 특성을 활용한 것인데 이러한 배출은 생리적인 조건에 따라 일어나지 않을 수도 있습니다. 미생물의 최대 배출 특히 바이러스인 경우에는 일반적인 배출조건의 범위보다 좁은 범위에서 일어납니다. 문헌 등에 수록된 온도와 용존산소 등과 같은 변화요인들의 한계가 병원균의 최적 배출조건이 되지 않을 수도 있습니다. 예를 들어 태평양 굴(Pacific oysters, Crassostrea gigas)인 경우 바이러스의 배출은 북부 온대지역 국가들에서는 18℃가 아닌 8℃입니다. 일반적으로 식용으로 안전한 이매패류는 인간이나 가축

19) FAO Fisheries Technical paper, 2008, Bivalve depuration: fundamental and practical aspects, . ftp://ftp.fao.org/docrep/fao/011/i0201e/i0201e.pdf

배설물에 의한 오염이 되지 않은 지역에서 수확하거나 양식하는 것이 최상의 방안입니다. 미국에서는 패류의 채취 및 양식장소를 법규로 "허가지역(Approved areas), 한정지역(Restricted areas), 금지지역(Prohibited areas)"으로 구분하고 허가지역의 이매패 채취와 양식만 허용합니다. 노로바이러스는 개인위생문제뿐만 아니라 우리 사회에 경제적 피해를 제공하는 원인으로 작용한 예도 있습니다. 2012년 5월 미국 식품의약품안전청(FDA)은 우리나라에서 미국에 수출하는 굴을 양식하는 통영·거제 지역에 대한 바이러스 위생검사를 시행하여 노로바이러스가 확인되자 이매패류를 취급하는 관련 어업인들의 수출 자격을 박탈하고 통조림을 제외한 한국에서 수입하는 냉동패류제품의 유통을 금지하였습니다. 이 때문에, 2012년 한 해에만 국내 굴 수산업에 600만 달러에 달하는 피해가 발생하였습니다.[20] 이후 2013년 3월에 한국산 냉동 굴의 재수출이 허용되자 미국 FDA 실사팀은 한국정부가 약속한 이행사항을 확인하려고 거제바다를 다시 조사하기도 하였습니다.

유럽연합에서는 "A, B, C 및 금지"의 4 지역으로 구분하고 A 지역에서의 이매패의 채취와 양식만 허용합니다.

청정지역에서 수확하여 청장과정을 거친 이매패류는 열을 가지지 않았어도 인간과 축산 배설물에 기원한 질병이 없음을 보장합니다. 식용으로 안전한 패류 생산과 관련된 또 다른 고려사항은 자연에 존재하고 있는 병원성 비브리오, 식물플랑크톤과 관련된 독성물질 그리고 중금속 및 유기화합물 등과 같은 오염원을 들 수 있습니다. 현재 청장제도를 채택하고 있는 국가 및 방법은 표 1-1과 같습니다.

20) 김석렬. 2013. 이매패류와 노로바이러스. Safe Food. 8:12-17.

표 1-1. 청장제도를 채택하고 있는 국가 및 청장방법

국가	청장시설	주 청정 대상종	체계 유형	용수 멸균
중국	7	굴 및 대합 조개류	재순환; 유수	자외선; 오존
프랑스	1,422	Crassostrea gigas; Mytiulus edulis; Mytilus galloprovincialis; Ostrea edulis; cerastoderma edule; Ruditapes decussates; Tapes phillippinarum	정수: 재순환; 유수	자외선; 오존 염소; 기폭
아일랜드	20	Crassostrea gigas; Mytilus edulis; Ostrea edulis	재순환	자외선; 지하수
이태리	114	Tapes philippinarum; Mytilus galloprovincialis; Chamlea gallina	재순환; 유수	자외선; 오존 염소
말레이시아	2	Crassostrea iredalei; Crassostrea belcheri	재순환	자외선
모로코	2	Crassostrea gigas; Ruditpes decussates; Mytilus galloprovincialis; Perna perna	정수: 재순환	자외선; 염소
네덜란드	10	Mytilus edulis; Crassostrea gigas; Ostrea edulis	재순환; 유수	자외선 또는 멸균치 않음
필리핀	1	Crassostrea iredalei; perna virdis	정수; 유수	자외선, 오존 PVP-idoine
포르투갈	22	Ruditapes decussates; Ostrea spp; Crassostrea angulata; Mytilus spp	정수; 재순환; 유수	자외선; 염소
영국	82	Mytilus spp.,; Crassostrea gigas; Ostrea edulis; Tapes philippinarum; Rudipes decussates; Cerastoderma edule	재순환; 유수	자외선
일본	>1,000	굴 및 가리비	정수; 유수; 재순환	자외선; 오존 염소; 전해
스페인-갈리시아	60	담치, 대합, cockles 및 굴	재순환; 유수	염소

(출처: Bivalve depuration: fundamental and practical aspects. FAO Fisheries Technical paper. ISSN 0429-9345. ftp://ftp.fao.org/docrep/fao/011/i0201e/i0201e.pdf)

맺음말

지구온난화로 해수면 온도가 높아지고 인구증가에 따른 해양환경오염의 급속한 심화로 해양생물에 바이러스성 구토 설사병의 주요 인자

인 노로바이러스와 간염 A 바이러스 같은 장내바이러스에 대한 노출이 증가하고 있습니다. 이러한 경향은 결국 비세균성 식중독의 발생빈도를 계속 증가시키고 있습니다. 현대도시환경의 위생상태가 많이 개선되고 있음에도 불구하고 최근 청장년층에서는 간염 A형 바이러스에 대한 항체 보유율이 낮아지고 있고 이로 인해 바이러스 감염사례가 증가하는 추세가 보고되고 있으며, 과일류 및 채소류를 포함한 농산물 검체에서 노로바이러스 및 간염 A형 바이러스의 검출사례 또한 국내외에서 보고되고 있으나 현재까지 개발된 노로바이러스 및 간염 A형 바이러스의 진단법은 주로 단클론 또는 다클론 항체를 이용한 효소면역법, 분자생물학적 검사를 통한 검사법 개발에 국한되며 검사시간이 길어(2~3일) 최종 사용자가 현장에서 사용하기에 부적합한 현실이며, 지하수, 어패류 및 식육제품과 채소류를 대상으로 현장에서 전문가의 도움이 없이 적용할 수 있는 저가의 고민감 신속진단법 및 키트 개발이 필요합니다.

현재까지 많은 최첨단 진단법이 상용화되어 출시되고 있지만, 분자생물학적/면역학적 진단법이 지니는 다음과 같은 현실적인 문제점을 고려하여 민감성과 특이성이 높은 진단키트가 요구되고 있습니다. 첫째, 일반적으로 농수산물 식품 중에는 오염된 바이러스의 양이 극미량 존재하므로 많은 양의 농산물 검체에서 초미량 존재하는 바이러스를 효과적으로 탈리하고 회수할 수 있는 기술에 따라 현재 개발될 진단법의 민감도와 정확도가 결정된다는 점입니다. 결론적으로, 바이러스와 농수산물 검체 사이의 결합능에 대한 정보를 바탕으로 효과적인 바이러스 탈리를 유도할 수 있는 기술을 최적화하여 적용한다면 최종 노로바이러스 진단 시 바이러스 회수율 저하로 인한 진단법의 오류음성판정을 최소화할 수 있습니다. 둘째, 식품 중에서 탈리된 노로바이러스를 검출하는데 기존 항체 기반 키트는 고가여서 전수 조사에 적합하지 않으며 그 민감도를 향상시키기 위해서는 항체가 많이 필요한데 이는 가격을 상승시키는 요인이 됩니다.

분자생물학적 진단기술 등의 발전으로 과거에 원인체가 규명되지 않은 많은 역학조사의 상당 부분이 노로바이러스에 의하여 발생하는 것으로 나타나고 있습니다. 환경에서의 강한 저항성과 in vitro 배양법 등이 개발되어있지 않아 노로바이러스의 공중보건학적 중요성에 비하여 미생물의 인체 위해성 평가 및 감염요인, 면역반응 등에서 많은 연구가 이루어지지 않고 있습니다. 앞으로는 노로바이러스의 분자생물학적 특성을 규명하고, 인체감염의 유전적 요인 및 면역반응을 규명하는 것이 공중보건학적으로 매우 중요하며 또한, 이를 바탕으로 하여 노로바이러스의 배양기술 및 백신을 개발하여 질병의 진단 및 예방을 수행될 것으로 기대합니다.

전문가의
Field Interview

광주광역시 보건환경연구원
원장 김은선

집단식중독이 발생하면 그 원인병원체와 원인식품을 찾기 위해서 환자와 종사자의 대변을 비롯해 제공됐던 음식 등에 대한 광범위한 조사가 이루어집니다. 환자 대변은 검출이 쉬운 편이나, 식품에서는 병원체를 찾아내기가 매우 어렵습니다. 특히 노로바이러스의 경우에는 전처리에만 2~3일이 걸리고 있어, 식중독 확산을 조기에 차단하려면 전처리 방법을 획기적으로 단축해야 할 필요가 있습니다. 다행히 전처리 시간을 2시간 이내로 단축시킬 수 있는 신속전처리법에 관한 연구가 완성단계에 있습니다. 이 연구가 성공하면 현재의 사후검사가 사전예방검사로 진일보할 수 있을 것입니다.

2장
구제역
Foot-and-mouth disease

구제역은 빠른 전파와 높은 발병률에 의해 국제수역사무국(OIE)에서 지정한 가축전염병 중 가장 위험한 A급 바이러스성 전염병입니다. 국내에서는 구제역을 가축전염병예방법상 제1종 법정 전염병으로 지정하고 있는데 2000년대에 들어서 10년 동안 5차례나 발생하였습니다. 특히 2010년 11월에서 2011년 3월까지 발생한 구제역으로 348만 마리의 소와 돼지가 살처분 당해 무려 10조 원 이상의 경제적 피해를 주었을 뿐만 아니라 이로 인해 국내 축산업의 기반이 흔들리는 위기를 맞이하기도 하였습니다. 또한, 살처분을 직간접적으로 경험한 국민들은 그 잔혹함에 치를 떨었으며, 살처분 매몰지에서 침출수의 누출로 인한 하천오염 등의 공중보건학적인 문제가 나타났습니다. 이처럼 구제역은 축산업에 막대한 경제적 피해를 일으킬 뿐만 아니라 사회적으로나 공중보건학적으로 매우 중요한 질병이라 할 수 있습니다.

이번 장에서는 구제역에 대하여 자세히 살펴보도록 하겠습니다.

구제역이란?

구제역은 소, 돼지, 멧돼지, 염소, 양, 사슴 등과 같이 발굽이 갈라진 동물(우제류)에서 발생하는 급성 전염병입니다. 감염증상이 주로 입(口)과 발굽(蹄)에서 물집이 생기는 돌림병(역병(疫病))이라 하여 口蹄疫이란 한자 이름과 foot-and-mouth disease라는 영어 이름을 얻게 되었습니다.

구제역의 원인

구제역은 생명체와 비생명체의 경계에 속하는 바이러스에 의해 전파되는 악성 전염병입니다. 구제역 바이러스가 속해 있는 피코르나바이러스科(Picornaviridae) 내에는 현재까지 17개의 다양한 바이러스 속(genus)이 있습니다(그림 2-1). 또한, 9개의 속이 추가적으로 비준을 기다리고 있습니다.[1] 이 중 대표적으로 잘 알려진 것이 어린아이에게 소아마비를 일으키는 폴리오바이러스(poliovirus)와 손, 발, 입 등에 물집을 일으키는 수족구병 바이러스(hand, foot and mouth disease virus; Coxsackie A virus)가 엔테로바이러스속(genus Enterovirus)에, 사람에 A형 간염을 일으키는 A형 간염바이러스가 헤파토바이러스속(genus Hepatovirus)에 속해 있습니다. 구제역 바이러스는 이 중 압토바이러스속(genus Aphthovirus; 그리스어로 aphtha-는 입에 발생

1) Adams, M.J., King, A.M.Q., Carstens, E.B., 2013. Ratification vote on taxonomic proposals to the International Committee on Taxonomy of Viruses. Arch. Virol. 158, 2023–2030.

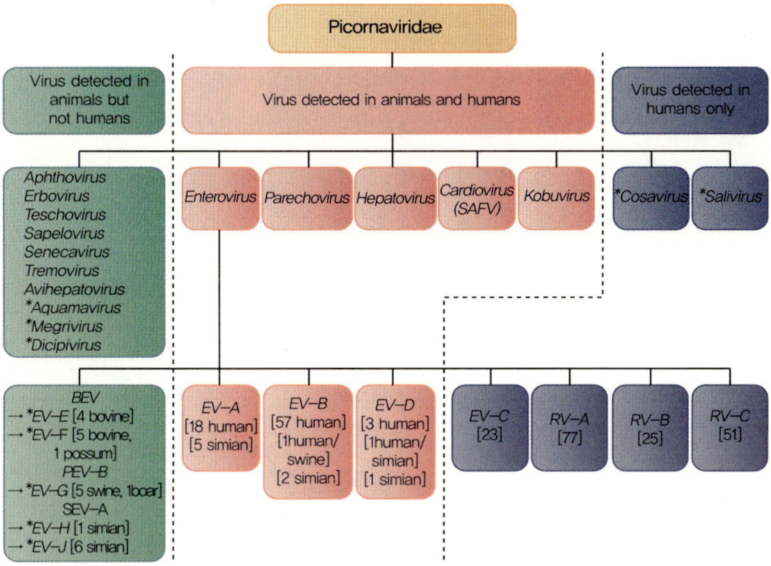

그림 2-1. 피코나바이러스과 내 다양한 바이러스속

초록 상자는 오직 동물에서만, 빨강 상자는 동물과 사람 모두에서, 보라색 상자는 오직 사람에게서만 검출된 바이러스속이다. 새로운 종과 속은 그 이름 앞에 별표 표시를 하였다. 화살표는 다른 종에서 새로 대체 된 종이다. 엔테로바이러스속은 각종마다 분류를 나누었으며 괄호 안의 숫자는 유전자형의 종류이다.[2)]

한 물집이라는 뜻임)에 속해 있는 바이러스입니다.[2)]

구제역 바이러스의 특징

바이러스는 그 모양, 크기, 핵산의 종류가 다양합니다. 구제역 바이러스는 외피(envelop)가 없고, 직경이 약 30 nm 크기인 정이십면체의 캡시드로 구성되어 있습니다. 이 캡시드는 외부에 VP1, VP2, VP3 단

2) Racaniello, V.R., 2007. Picronaviridae: The Viruses and Their Replication. In: Fields VIROLOGY, (Knipe, D.M., Howley, P.M., Griffin, D.E., Lamb, R.A., Martin, M.A., Roizman, B., Straus, S.E., eds), 5th ed., pp795-838. Lippincott Williams & Wilkins. PA, USA.

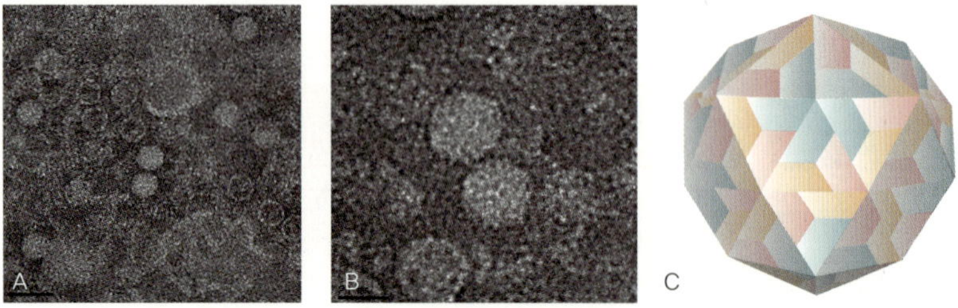

그림 2-2. 피코나바이러스 구조

(A) 전자현미경으로 관찰한 피코르나바이러스의 구조 (B) 확대된 피코르나바이러스의 구조 (C) 피코르나바이러스 캡시드 모식도. 바이러스 단백질인 VP1, VP2 및 VP3 단백질이 캡시드 외부구조를 만듦

백질로 구성되어 있고, 내부에 VP4라는 단백질이 붙어있습니다(그림 2-2). 같은 피코르나바이러스과 내의 폴리오바이러스와 리노바이러스는 캡시드 표면에 협곡(canyon)이라 불리는 깊은 고랑이 파여 있어, 이 부분이 세포 수용체와 결합하는 부위로 작용합니다. 그러나 구제역 바이러스는 이러한 고랑이 없습니다. 캡시드라는 구조체 내에는 한 가닥의 양성가닥 RNA (single strand positive sense RNA) 바이러스 게놈이 들어있습니다. 다른 많은 바이러스와 달리 구제역 바이러스가 속해 있는 피코르나바이러스과의 바이러스들은 모두 VPg (viral genome linked protein)라는 단백질이 게놈의 5' 말단에 붙어 있는데, 이 VPg라는 단백질은 피코르나바이러스의 RNA 복제가 될 수 있도록 합니다. 또한, 일반 세포의 전사 RNA 혹은 다른 바이러스의 핵산 구조와 달리, 구제역 바이러스를 포함한 모든 피코르나바이러스의 게놈 5' 말단의 핵산들이 3차원적으로 꼬아져 있으며, 이 부분이 리보솜 안쪽으로 들어가는 부위(internal ribosome entry site; IRES)으로서 바이러스 단백질을 만들게 합니다.[2] 이와 같은 구제역 바이러스의 특징에 따른 바이러스 복제기전은 아래에서 자세히 설명하겠습니다.

구제역의 역사

구제역은 선사시대 이전부터 발생하였을 것으로 추정되고 있으며, 문서로는 1546년 이탈리아에서 입과 발굽 등에 물집이 발생하는 질병이 소들 사이에 전파된다는 것이 처음 보고되었습니다. 구제역이 전 세계로 확산된 것은 19세기 후반 운송수단의 급격한 발전에 의해 동물의 교역이 증가하였기 때문입니다. 이때 까지만 해도 구제역이 넓은 지역의 많은 소와 돼지에 질병을 일으켜 문제를 일으키고 있었지만, 무엇이 원인인지는 알 수 없었습니다. 이에 독일에서는 1897년 Prussian 농업성에서 구제역에 관한 위원회가 설립되었으며, 1년 후 독일의 세균학자인 Friedrich Loeffler와 Paul Frosch에 의해 구제역의 원인은 세균이나 독소가 아니며 보이지 않고 여과되는 물질인 바이러스에 의한 것이라고 세계에서 처음으로 보고되었습니다. 1919년에 독일에서 처음으로 구제역 연구소가 Riems 섬에 설립된 후, 영국에서는 1925년에 Pirbright에, 덴마크에서는 1926년 Lindholm 섬에 설립되었습니다.

우리나라에서도 구제역은 예전부터 발생하였을 것으로 추정되고 있으나 일제 강점기 시절인 1911년에 일본인들에 의해 최초 보고된 이후 1933년까지 지속적으로 발병 사례가 알려져 있습니다. 1935년 이후 1999년까지 남한에서는 구제역 발생이 없었지만, 2000년도 처음 발병 이후 2011년까지 4차례 더 발생하였습니다. 그러다 2010년 말에 전국적인 구제역 백신접종 정책을 펼친 결과 2014년 1월까지 추가적인 발병은 보고되지 않았습니다.[3–4]

초기 구제역 연구에서 획기적인 결과는 실험동물로서 기니아 피그를

3) Domingo, E., Baranowski, E., Escarmis, C., Sobrino, F., 2002. Foot-and-mouth disease virus. Comp. Immunol. Microbiol. Infect. Dis. 25:297–308.

4) 조경오. 국내 구제역 발생현황과 대책. 2011년 농림수산식품위원회 정책연구용역과제.

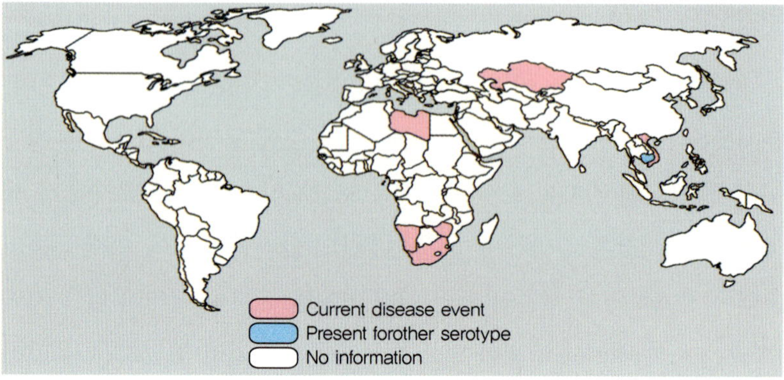

그림 2-3. 2013년 전 세계 구제역 발생현황
동남아시아에서는 베트남과 태국, 중동에서는 카자흐스탄, 아프리카에서는 리비아, 짐바브웨, 남아프리카공화국, 나미비아에서 발생이 보고(OIE 홈페이지 질병정보란에서 발췌).

사용하여 구제역에 대하여 많은 사실을 알 수 있었던 것과 1937년 구제역 백신을 개발한 것입니다. 2차 세계대전 이후 구제역 백신이 유럽 모든 국가에서 사용할 수 있게 되어, 1991년 유럽연합이 백신 무접종 정책으로 돌아서기 전까지 구제역을 퇴치하는데 크게 기여하였습니다. 현재 구제역 백신은 후진국을 중심으로 사용 중이며, 그 덕분에 전 세계적으로 구제역의 발생은 매우 낮게 유지되고 있습니다. 국제수역사무국(OIE)에 따르면 2013년 구제역은 중동 일부 국가, 동남아시아 일부 국가, 아프리카 일부 국가에서만 발생 중입니다(그림 2-3).[5-6]

구제역 바이러스

구제역은 단일 종(species)의 바이러스에 의해 발생합니다. 사람도

5) OIE. 2013년 구제역 발생현황.

6) Paton, D.J., Sumption, K.J., Charleston, B., 2009. Options for control of foot-and-mouth disease: knowledge, capability and policy. Philos. trans. R. Soc. Lond. B Biol. Sci. 364:2657-2667.

피부색에 의해 황인종, 백인종, 흑인종 등으로 나누는 것과 같이, 구제역 바이러스도 약간씩 그 유전자 및 단백질이 달라 그 종류만 다르게 분류한 것입니다. 이렇듯 같은 구제역 바이러스라 하더라도 그 유전자 및 단백질이 다른 이유는 앞에서 기술한 바와 같이 구제역 바이러스 게놈이 RNA로 구성되었기 때문입니다. RNA 바이러스는 바이러스가 가지고 있는 RNA 의존성 RNA 중합효소에 의해 바이러스 RNA를 복제합니다. 하지만 동물이나 식물 혹은 심지어 DNA 바이러스와 달리 RNA 바이러스의 RNA 의존성 RNA 중합효소는 RNA를 복제시킬 때 발생하는 돌연변이를 교정하는 기능이 없습니다. 이로 인해 RNA 바이러스가 한 번의 증식과정 동안에 0.2~1개의 뉴클레오타이드 돌연변이가 발생하게 됩니다. 이렇게 돌연변이가 차츰 누적된 결과 단일종의 바이러스 내에 다양한 바이러스가 존재하게 됩니다.[2)]

현재까지 알려진 구제역 바이러스는 총 7개의 혈청형(O, A, C, Asia 1, SAT1, SAT2, SAT3)이 있습니다. 이렇게 7개의 혈청형으로 분류한 이유는 각각의 혈청형에 속해 있는 바이러스로 제작한 백신은 같은 혈청형 내에 속해 있는 바이러스는 예방할 수 있지만, 혈청형이 다른 바이러스는 전혀 예방할 수 없기 때문입니다. 지금까지 6개의 구제역 혈청형(O, A, C, SAT-1, SAT-2, SAT-3)이 아프리카에서, 4개의 혈청형(O, A, C, Asia 1)이 아시아에서, 3개의 혈청형(O, A, C)이 유럽과 남미에서 보고되었습니다.[2)]

그렇다면 구제역 바이러스의 혈청형을 결정하는 것은 무엇일까요? 그것은 바로 구제역 바이러스의 캡시드 단백질입니다. 앞서 기술한 바와 같이 구제역 바이러스 캡시드 외부는 VP1, VP2, VP3 단백질로 구성되어 있습니다. 구제역 바이러스 VP1 단백질에는 βG-βH loop로 불리는 표면이 매끄러운 돌출부가 있어 세포 표면의 intergrin 수용체와 결합합니다. 또한, VP1 단백질의 카르복시 말단부위에 site C라는 부위가 βG-βH loop와 연결되어 있습니다. VP1 단백질의 카르복시 말단, VP3 단백질의 BB- knob 및 VP2의 B-C loop의 아미노산들이 3차원적으로 서로 엮여 형성한 site D라는 부위가 있습니다. βG-βH loop, site C 및 site D는 중화항원으로서, 이들 세 개의 항원 차이에 의해 현재까지 총 7개의 혈청형으로 나뉘어 있습니다.[2)]

같은 혈청형 내에서도 일부분만 방어할 수 있는 것이 있으며, 완벽하게 방어할 수 없는 것은 같은 혈청형 내에서도 혈청아형으로 분류합니다. 하지만 혈청형 혹은 혈청아형에 의한 구제역 바이러스의 분류는 시간이 많이 필요하고, 특수한 시설과 각각의 바이러스를 가지고 있어야 하는 단점이 있습니다. 이에 최근에는 구제역 바이러스 캡시드 단백질의 일부분인 VP1 단백질 유전자를 증폭시킨 후, 증폭된 유전자의 염기

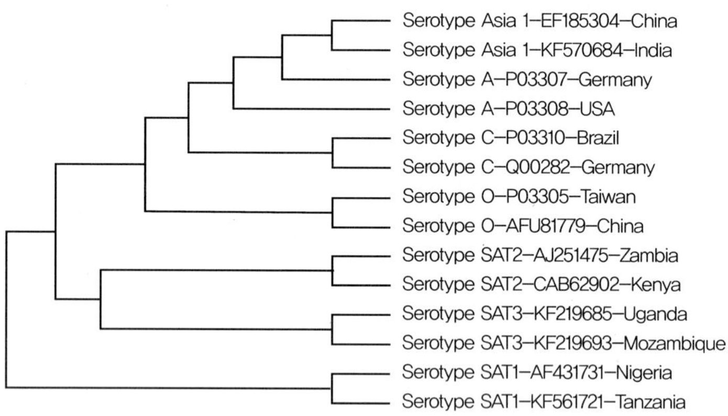

그림 2-4. 구제역 바이러스 캡시드 단백질인 VP1 단백질의 유전자 염기서열에 의한 구제역 바이러스의 계통학적 분류

7개의 혈청형(serotype)이 Serotype Asia1, Serotype A, Serotype C, Serotype O, Serotype SAT2 및 Serotype SAT3로 표시되어 있음

서열을 분석한 다음, 계통학적으로 분류하는 방법이 많이 사용되고 있습니다(그림 2-4). 위에서 기술한 바와 같이 구제역 바이러스 게놈은 돌연변이가 빈번히 발생한 결과, 현재 7개의 혈청형 내에서 총 80개 이상의 혈청아형이 보고되었으며, 이 중에서 O 혈청형의 경우 43개의 혈청아형이 있다고 알려져 있습니다.[2-3]

구제역 바이러스의 전파, 잠복 기간 및 지속감염

구제역 바이러스는 감염동물과의 접촉, 구제역 바이러스에 오염되어 있거나 감염된 동물의 내용물이 들어있는 사료, 감염동물과 접촉한 사람, 차량, 기구, 야생동물에 의해 전파됩니다. 또한, 공기전파가 가능하여 가까운 거리에서는 전파될 가능성이 높습니다. 구제역에 걸린 돼지는 바이러스의 배출이 특히 높아, 충분한 습도가 있는 경우에는 멀리 전파될 수 있습니다.

잠복감염이란 바이러스가 숙주(동물)에 감염된 후 임상증상이 나오기 전까지의 감염을 의미합니다. 구제역 바이러스의 잠복 기간은 매우 다양하며, 바이러스의 종류, 바이러스 수, 전파경로, 동물의 종류 및 사양 환경에 따라 다릅니다. 잠복감염 기간은 보통 2~14일 정도이며, 돼지의 경우 농장 안에서 감염된 동물로부터 직접접촉에 의한 경우 잠복 기간이 24시간 이내로 매우 짧을 수 있습니다. 농장 안에서 축사와 축사 간의 전파인 경우에는 잠복감염 기간이 대체로 2~6일 정도이며, 이보다 짧거나 길 수도 있습니다.[7]

축산농가에서 구제역에 걸린 가축이 회복된 후에도 침에서 수 주간 바이러스가 배출됩니다. 침을 통해서 배출되는 바이러스는 감염된 동물

7) Aalexandersen, S., Zhang, Z., Donaldson, A.I., 2002. Aspects of the persistence of foot-and-mouth disease virus in animals-the carrier problem. Micr. Infect. 4:1099-1110.

의 구강 내 인두에서 증식한 것입니다. 이와 같은 상태의 감염을 지속감염이라 하며, 이렇게 구제역 바이러스를 배출하는 동물을 보균자라고 합니다. 소, 양, 염소는 구제역에서 회복된 후 최소한 28일간 바이러스가 침을 통해 배출되지만, 돼지의 경우에는 3~4주 이내에 바이러스가 제거된 후, 지속감염에 의한 보균자로 남지 않는다고 합니다. 소나 염소와 같은 반추류에 비해 돼지가 지속감염이 짧은 이유는 아마도 구강 내 바이러스가 증식할 수 있는 연구개의 면적이 돼지는 소에 비해 100배 이하여서, 바이러스가 증식할 부위가 그만큼 낮기 때문이라고 추정되고 있습니다. 또한, 아프리카 야생 들소의 경우 5년 이상 보균자로 남을 수 있으며, 이 외의 동물에서 보균자로 남을 수 있는 최장의 기간으로는 소는 3.5년, 양은 9개월, 염소는 4개월이라고 합니다. 이처럼 우제류의 경우 장기간에 걸쳐 보균자로 남아 구제역 전파의 온상이 될 수 있으므로, 구제역이 발생한 지역에서의 감염된 동물의 관리를 철저히 하여야 합니다. 특히 이러한 보균자에 의해 구제역이 1982~1983년 덴마크에서 발생하는 등 여러 나라에서 보고되었습니다. 아프리카 야생 들소의 경우 50~70%가 보균자이며, 터키의 경우 15~20%의 소와 양이 보균자로 남아있다고 합니다. 또한, 브라질의 경우 백신정책의 실패로 구제역 발생의 50%가 보균자 때문이라고 합니다.[8)]

구제역 바이러스의 증식

바이러스는 오직 살아있는 세포에서만 증식할 수 있습니다. 구제역 바이러스도 앞서 말한 소, 돼지, 염소와 같은 우제류에서 증식합니다. 이 외에도 기니아 피그와 같은 실험동물에서도 증식이 가능합니다. 구

8) Thomson, G.R., Vosloo, W., Bastos, A.D.S., 2003. Foot and mouth disease in wildlife. V. Res. 91:145-161.

제역 바이러스가 공기나 사료 등에 의해 몸 안에 들어오면 제일 먼저 구강 내 인두, 연구개, 편도 및 폐에서 증식합니다. 이 부위에서 1~3일간 증식을 한 후, 증식된 바이러스는 혈관 내로 들어가 혈액을 타고 구강, 발굽, 유두표면의 상피세포로 이동하여 증식을 합니다. 결과적으로 상피세포는 죽게 되고, 죽은 부위에 물집이 만들어집니다. 구제역 바이러스의 증식에 관한 자세한 것은 아래에 서술하였습니다.[9-10]

구제역 감염에 따른 임상증상과 병변(그림 2-5)

구제역에 걸린 동물은 40℃ 이상의 고열, 침울 및 유량감소를 보인 후 24시간 이내에 과도한 타액분비, 보행 장애 등을 보입니다. 앞서 기

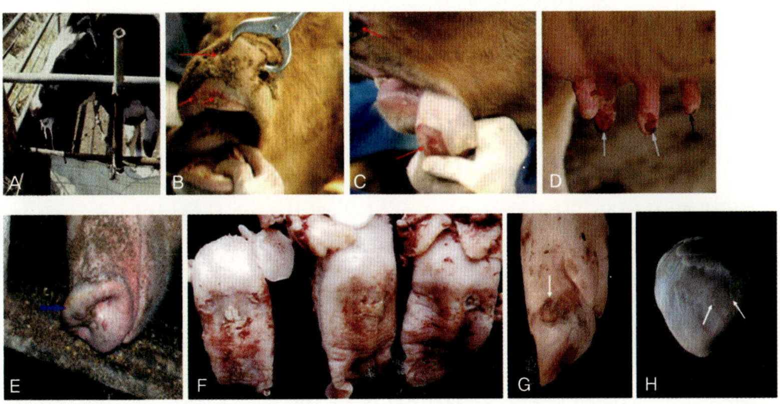

그림 2-5. 구제역에 걸린 소와 돼지의 병변 및 임상증상

(A) 과도한 침 흘림, (B) 콧구멍 주위 및 잇몸의 궤양(화살표), (C) 혀의 궤양(화살표), (D) 유두 피부에 생긴 수포(검은 화살표)와 수포 파열에 의한 궤양(흰 화살표), (E) 돼지 콧등에 생긴 대수포(화살표), (F) 돼지 혀에 생긴 궤양, (G) 돼지 발굽에 생긴 궤양(화살표), (H) 돼지 심장에 생긴 괴사반점(화살표) (농림축산검역본부 사진 제공)

---

9) Alexandersen, S., Zhang, Z., Donaldson, A.I., Garland, A.J.M., 2003. The pathogenesis and diagnosis of foot-and-mouth disease. J. Com. Pathol. 129:1-36.

10) Sellers, R., Gloster, J., 2008. Foot-and-mouth disease: A review of intranasal infection of cattle, sheep and pigs. Vet. J. 177:159-168.

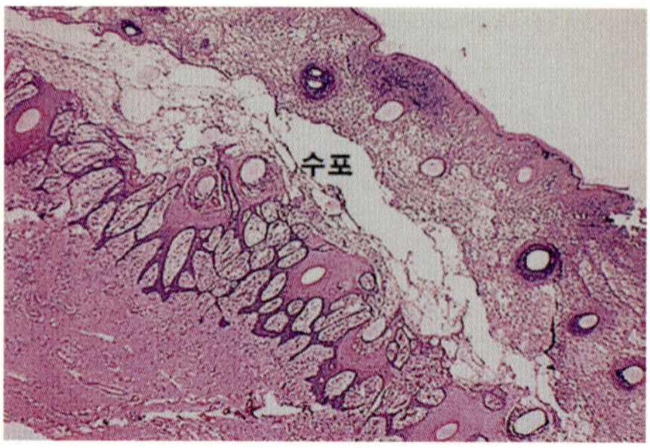

그림 2-6. 구제역에 걸려 생긴 수포의 현미경 소견 피부 표피 내 유극층의 세포들이 괴사되어 물집(수포)이 형성되어 있음. (농림축산검역본부 사진 제공)

술한 것과 같이 구제역 바이러스는 최종적으로 상피세포로 덮여 있는 구강, 발굽, 유두, 콧잔등 등에서 증식하므로 결과적으로 입술, 혀, 잇몸, 경구개와 같은 구강, 발굽 위, 유두의 표피에 물집이 생깁니다(그림 2-6). 이러한 물집은 이후 기계적인 자극으로 터진 후 궤양이 형성됩니다. 간혹 구제역으로 죽은 어린 동물의 심장에서 호랑이 피부와 같은 다양한 크기의 창백한 괴사 부위가 보일 수 있습니다. 이 외에도 구제역은 췌장염을 일으킬 수 있습니다.[9-10]

구제역 바이러스에 의해 만들어진 수포 부위를 현미경으로 관찰하면, 표피의 유극세포층이 괴사되고 탈락되어 이 부위에 수분이 모아져 수포가 형성되어 있는 것이 보입니다. 또한, 수포 주위에는 세포가 부종되어 있고 세포 사이에 물이 고여 있어 마치 스펀지처럼 보입니다.[8-9]

구제역의 인체 전염

매우 드물지만 사람도 구제역에 걸릴 수 있습니다.[11] 구제역에 걸린 사람도 소나 돼지에서처럼 체온 상승, 구토, 및 구강 및 피부에 물집 및 궤양이 발생할 수 있습니다. 하지만 지금까지 발생한 예는 매우 드물고 인간 사이에서도 전파가 되지 않아 국제동물보건기구(World Organization for Animal Health)를 비롯하여 미국 농무부, 한국 농림

11) Bauer, K., 1997. Foot-and-mouth disease as zoonosis. Arch. Virol. 13, 95-97.

축산부, 대한수의사회 등 국내외 다양한 기관에서는 “구제역은 인간에 위해를 끼치지 않는 가축의 전염병”이라고 하여 인수공통감염병의 원인체에서 제외하였습니다.[1] 뿐만 아니라 구제역 바이러스는 56℃에서 30분, 76℃에서 약 7~10초 사이에 사멸하기 때문에 조리한 음식을 통해서는 절대 감염되지 않습니다.

구제역 바이러스의 증식

바이러스가 세포에서 증식하기 위해서는 외부에서 들어온 바이러스는 먼저 세포 표면의 수용체와 결합한 후, 엔도솜에 의해 세포 내로 이동하여, 엔도솜에서 바이러스 껍질의 탈피 및 바이러스 게놈이 세포질 내로 방출된 후, 바이러스 단백질합성 및 바이러스 게놈 복제, 새로운 자손 바이러스 생성, 자손 바이러스의 방출이라는 단계를 거쳐야 합니다. 일반적으로 바이러스가 증식되기 위해서는 바이러스 제일 겉층에 있는 단백질이 세포 표면의 수용체와 결합을 하여야 합니다. 따라서 바이러스 제일 겉층의 단백질의 종류에 따라서 감염될 수 있는 세포가 결정됩니다. 이를 바이러스의 세포 친화성이라 하며, 병변의 발생부위를 결정하는 중요 요소 중 하나입니다.[2] 구제역 바이러스는 캡시드 단백질 중에서 VP1 단백질에 βG–βH loop 구조가 있으며, 여기에 있는 아르기닌–글리신–아스파르트산이 세포 표면의 수용체와 결합합니다. 최근의 연구동향에 따르면 바이러스가 세포에 접착하기 위해 사용되는 세포 수용체는 2개 이상이며, 이러한 2개 이상의 수용체와 연속적인 반응을 통해 바이러스가 세포 내로 이동합니다. 구제역 바이러스의 경우에도 세포 표면에 있는 최소한 4가지 종류의 인테그린이 세포 수용체로 사용되며, 바이러스의 종류에 따라서도 결합하는 세포 표면의 인테그린의 종류가 다릅니다. 예를 들어 구제역 바이러스 A 혈청형의 경우 세포 표면의 인테그린 αvβ3 및 αvβ6와 결합하지만, 구제역 바이러스 O 혈청형의 경우 인테그린 αvβ6와 결합합니다.[12-14)]

일단 구제역 바이러스가 세포 표면의 수용체와 결합하면, 바이러스

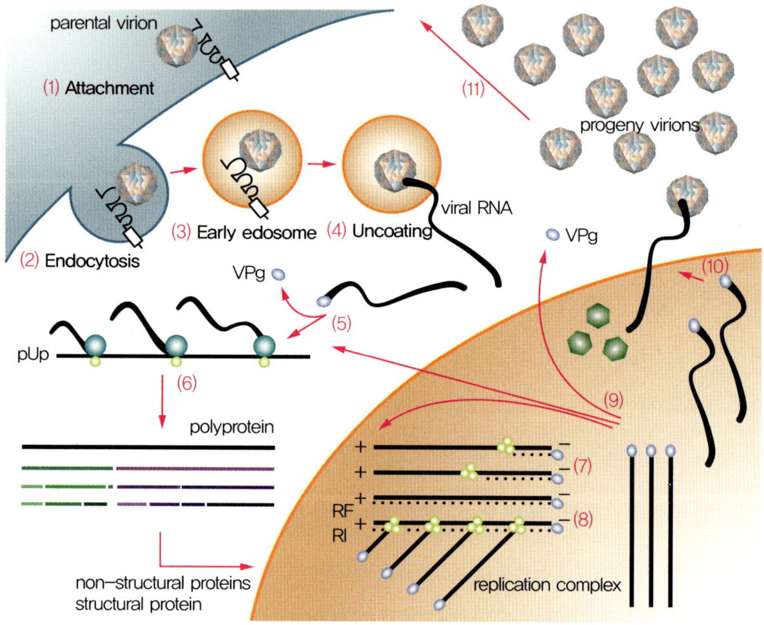

그림 2-7. 구제역 바이러스의 복제 및 증식기전

(1) 바이러스의 세포 표면 수용체 결합, (2) 바이러스의 클라스린 의존성 세포 내 이동, (3) 세포질 내 초기 앤도좀으로 이동, (4) 캡시드 단백질 탈피에 의한 바이러스 게놈의 세포질 내 방출, (5) 바이러스 게놈 5' 말단의 VPg 단백질의 분할, (6) IRES 의존성 다단백질합성, (7) Double-stranded RNA 합성, (8) 한 가닥 RNA 합성, (9) 한 가닥 양성 RNA를 이용한 다단백질합성, (10) 새로 생성된 양성 RNA 게놈이 바이러스 캡시드 단백질 내로 들어가 바이러스 성숙 입자 생성, (11) 세포 융해를 통한 바이러스 방출

12) Berryman, S., Clark, S., Monaghan, P., Jackson, T., 2005. Early events in integrin αvβ6-mediated cell entry of foot-and-mouth disease virus. J. Virol. 79:8519-8534.

13) Zhu, J.J., Arzt, J., Puckette, M.C., Smoliga, G.R., Pacheco, J.M., rodriguez, L.L., 2013. Mechanisms of foot-and-mouth disease virus tropism inferred from differential tissue gene expression. PLoS One 8, e64119.

14) Ruiz-Sáenz, J., Goez, Y., Tabares, W., López-Herrera, A., 2009. Cellular receptors for foot and mouth disease virus. Intervirology 52, 201-212.

입자는 세포막으로 둘러싸이게 된 후, 세포 내로 이동하게 됩니다. 바이러스의 종류에 따라 세포 내로 이동하는 기전은 각각 다릅니다.(그림 2-7) 예를 들어 아데노바이러스의 경우 마크로피노사이토시스, 인플루엔자바이러스는 클라스린 비의존성 세포 내 이동, 폴리오마바이러스의 일종인 SV40 바이러스는 카베올라 의존성 세포 내 이동을 통해 세포 내로 이동하게 됩니다. 구제역 바이러스는 클라스린 의존성 엔도사이토시스를 통해 세포 내로 들어가게 됩니다. 구제역 바이러스를 세포 내로 이동시켜주는 엔도솜은 초기의 것이며 후기로 진행되지 않는 것으로 알려져 있습니다. 이러한 초기 엔도솜 내에 산도가 높아져 구제역 바이러스 껍질 역할을 하는 캡시드 단백질이 파괴되고 이로 인해 바이러스 게놈이 세포질 내로 방출될 것으로 생각되지만, 이 부분에 대해서는 자세히 알려져 있지 않습니다.[15-16)]

세포 내에서 RNA가 단백질을 생성하기 위해서는 RNA 5' 말단부위에 7-methylguanylate (m7G) cap 구조, 내부 리보솜 출입부위 (internal ribosome entry site; IRES), VPg 단백질이 있어야 합니다. 유핵세포 mRNA 및 일부 바이러스 RNA 게놈 5' 말단에 m7G cap 구조가 있고, 구제역 바이러스를 포함한 일부 바이러스 RNA 게놈 5'말단부위에 IRES 구조가 있으며, 노로바이러스를 포함한 일부 바이러스 게놈 5' 말단부위에 VPg 단백질이 결합되어 있어, 이러한 각각의 구조들이 단백질합성을 유도합니다.[17)] 피코나바이러스과의 IRES의 구조는 다양하며, 이의 기능에 대해서는 그림 2-8에서 그리고 이의 구조에 대해

15) Vázquez-Calvo, A., Sobrino, F., Martín-Acebes, MA., 2012. Plasma membrane phosphatidylinositol 4,5 bisphosphate is required for internalization of foot-and-mouth disease virus and vesicular stomatitis virus. PLoS One 7, e45172..

16) O'Donnell, V., LaRocco, M., Duque, H., Baxt, B., 2005. Analysis of foot-and-mouth disease virus internalization events in cultured cells. J. Virol. 79, 8506-8518.

17) Goodfellow, I., 2011. The genome-lined protein VPg of vertebrate viruses – a multifaceted protein. Curr. Opin. Virol. 1, 355-362.

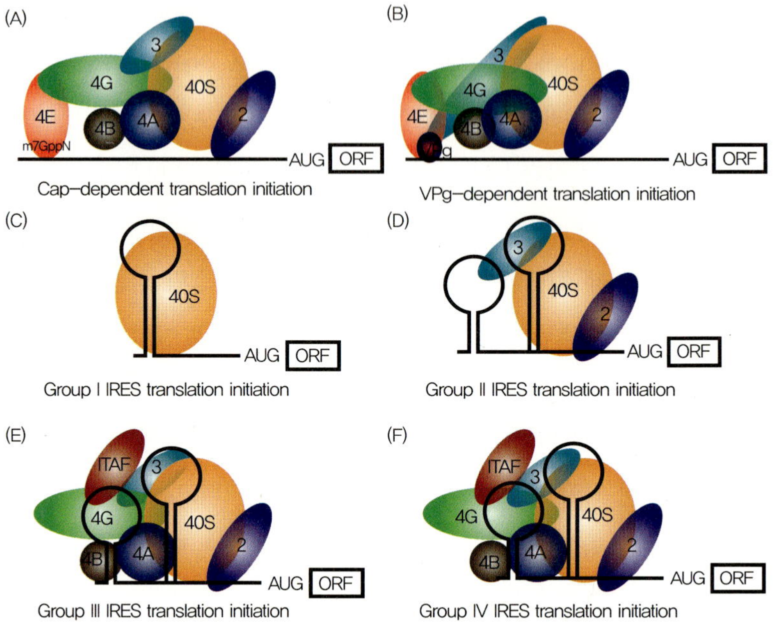

그림 2-8. RNA의 구조에 따른 단백질합성의 차이

(A) 유핵세포에서 단백질합성의 개시에 중요한 mRNA 5' 말단의 cap 구조. 이 cap 구조는 eIF4E에 의해 결합된 후 단백질합성을 개시한다. 예) Human Immunodeficiency virus, West Nile virus, Influenza virus. (B) Viral VPg. 바이러스 RNA의 5' 말단에 공유결합 되어 있는 VPg는 다양한 유핵 개시 인자(eukaryotic initiation factor; eIF)와 결합한 후 단백질합성을 개시한다. 예) 노로바이러스 genogroup 1 내 genotype 1인 노워크바이러스 VPg는 eIF3와 결합한 후 단백질합성을 개시한다. 바이러스 RNA 게놈 5' 말단의 핵산들은 서로 꼬여 이차 구조를 형성하는데, 이러한 이차 구조의 일부를 내부 리보솜 출입 부위(Internal ribosome entry site; IRES)이라 명칭 하며 이는 4개의 그룹으로 나눌 수 있다. (C) IRES I. 바이러스 게놈 5' 말단의 IRES 내에 180개의 핵산으로 구성되어 있으며, 이 부분이 40S 리보솜과 결합하여 단백질합성을 개시한다. 예) Cricket paralysis virus. (D) IRES II. IRES I과 유사하지만 300개의 핵산으로 좀 더 큰 구조의 IRES이며 eIF2, eIF3, 40S 리보좀 인자가 단백질합성 개시에 필요하다. 예) Hepatitis C virus. (E) IRES III와 (F) IRES IV는 모두 40S 리보좀에 바로 결합하지 못하고 eIF2, eIF3, eIF4A, eIF4B, eIF4G, IERS trans-activating factors (ITAFs)가 필요하다.

서는 아래에 설명하였습니다.

구제역 바이러스 게놈이 세포질 내로 방출되면 먼저 게놈의 앞에 붙어 있는 VPg 단백질이 세포의 포스포디에스테라아제에 의해 분할이 된 후, 게놈의 5' 쪽 말단에 있는 제2형 IRES가 숙주의 40S 리보솜 subunit을 이용하여 바이러스 다단백질 생성을 유도합니다. 이러한 IRES는 그 형태 및 기능에 따라 4가지 종류가 피코르나바이러스科 내의 바이러스들에서 발견되었습니다(그림 2-9). 즉 엔테로바이러스 및 리노바이러스는 제1형 IRES, 카디오바이러스 및 앱토바이러스는 제2형 IRES, 간염 A 바이러스는 제3형 IRES, 테쵸바이러스 및 사펠로바이러스는 제4형 IRES를 각각의 게놈 5' 말단부위에 가지고 있습니다.[2, 18, 19]

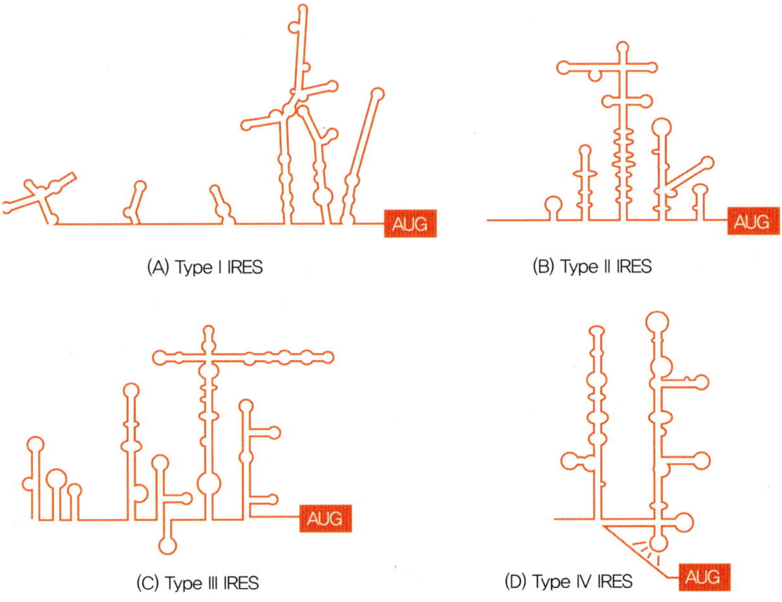

그림 2-9. 피코르나바이러스과 내의 바이러스 게놈 5'말단에서 관찰되는 IRES 종류
(A) 엔테로바이러스 및 리노바이러스에서 관찰되는 제1형 IRES 구조, (B) 카디오바이러스 및 앱토바이러스(구제역 바이러스가 들어 있음)에서 관찰되는 제2형 IRES 구조, (C) 간염 A 바이러스에서 관찰되는 제3형 IRES 구조, (D) 테쵸바이러스 및 사펠로바이러스에서 관찰되는 제4형 IRES 구조

18) Pacheco, A., Martinez-Salas, E., 2010. Insights into the biology of IRES elements through riboproteomic approaches. J. Biomed. Biotechnol. doi: 10.1155/2010/458927.
19) Balvay, L., Soto-Rifo, R., Ricci, EP., Decimo, D., Ohlmann, T., 2009. .Structural and functional diversity of viral IRESes. Biochim. biophys. acta 1789, 542-557.

또한, murine proliferation-associated protein 1(Mpp-1)은 구제역 바이러스 게놈의 IRES 중앙에 결합한 다음, polypyrimidine tract-binding protein과 함께 eIF4F 복합체와의 결합을 증가시켜, 바이러스 다단백질합성이 활성화되도록 합니다. 이 외에도 Mpp-1은 구제역 바이러스의 세포 친화성을 결정하는 데 중요한 역할을 하는 것으로 알려져 있습니다.[2]

구제역 바이러스 게놈의 IRES에 의해 다단백질이 생성되면, 바이러스 다단백질 내의 Leader (L) 단백분해효소, 3C 단백분해효소($3C^{pro}$)에 의해 다단백질의 분할이 발생합니다. 구제역 바이러스의 L 단백질은 파파인 단백질과 구조상으로 유사한 티올 단백분해효소로서 L 단백질의 카르복실 말단과 VP4 단백질의 아미노 말단을 분할합니다. 또한, 구제역 바이러스 L 단백분해효소는 숙주세포의 eIF4GI을 분해하여 결과적으로 숙주세포의 mRNA에 의한 단백질합성을 차단하여, 오직 바이러스 단백질 생성만 일어나도록 합니다.[20-21]

구제역 바이러스 2A 단백질은 다른 피코르나바이러스들과는 달리 단백분해 활성이 없습니다. 하지만 자세한 기전은 알려지지 않았지만 2A 단백질은 2B 단백질에서 자발적으로 분할된다고 합니다. 또한, 2A 단백질은 숙주의 리보솜을 변형시켜, 2A 단백질의 카르복실 말단에서 glyclyl-prolyl 펩타이드 결합을 튼튼하게 해줍니다.[2]

구제역 바이러스를 포함한 모든 피코르나바이러스의 $3C^{pro}$는 세포의 키모트립신과 비슷한 세린 단백분해효소(chymotrypsin-like serine

20) Foeger, N., Kuehnel, E., Cencic, R., Skern, T., 2005. The binding of foot-and-mouth disease virus leader proteinase to eIF4GI involves conserved ionic interactions. FEBS J. 272, 2602-2611.

21) Grubman, MJ., Moraes, MP., Diaz-San Segundo, F., Pena, L., de los Santos, T., Evading the host immune response: how foot-and-mouth disease virus has become an effective pathogen. FEMS Immunol. Med. Microbiol. 53, 8-17.

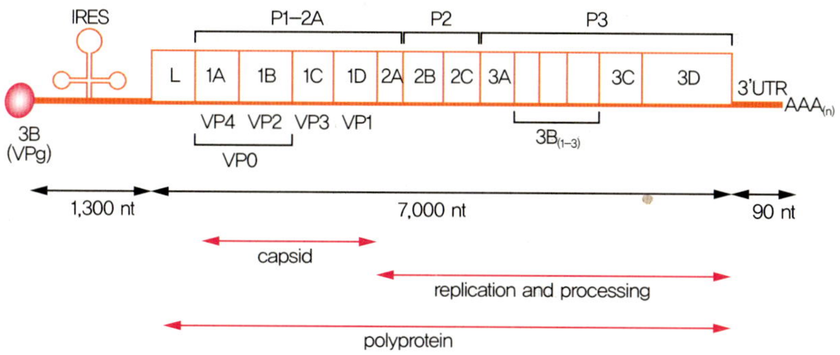

그림 2–10. 구제역 바이러스 게놈 구조

세포질 내로 방출된 구제역 바이러스 게놈은 먼저 VPg 단백질이 분할된 후, 숙주세포의 40S ribosomal subunit을 이용하여 다단백질을 합성을 유도함. 이후 다단백질 내에 있는 3C 단백분해효소, 2A 단백질, Leader 단백분해효소에 각각의 단백질로 분할됨. 이 중 Leader 단백분해효소는 숙주세포의 eIF4GI을 3C 단백분해효소는 eIF4A를 분해하여, 숙주세포의 mRNA에 의한 단백질합성을 차단하여, 오직 바이러스 단백질 생성만 일어나도록 함

proteinases)와 매우 유사한 염기서열을 가지고 있으며, 피코르나바이러스 다단백질 내의 2C와 3A 단백질 간의 결합을 분할합니다. 특히 $3C^{pro}$는 구제역 바이러스의 다단백질의 분할에 절대적으로 작용하여, $3C^{pro}$의 기능이 억제되면 감염성 바이러스가 생성되지 않게 됩니다. 또한, 구제역 바이러스의 $3C^{pro}$는 숙주세포의 eIF4A를 분해하여, 숙주세포의 mRNA에 의한 단백질합성을 차단하여, 오직 구제역 바이러스 단백질만 생성하도록 합니다(그림 2–10).[2, 20]

구제역 바이러스를 포함하여 모든 피코르나바이러스 중에서 가장 연구가 잘되어 있는 바이러스는 어린아이에게 소아마비를 일으키는 폴리오바이러스입니다. 폴리오바이러스의 게놈 복제기전은 구제역 바이러스를 포함한 다른 피코르나바이러스의 복제기전과 매우 유사하기 때문에 여기에서는 폴리오바이러스의 복제기전에 대해서 살펴보겠습니다. 폴리오바이러스 RNA는 감염된 세포 내에서 한 가닥의 RNA 형태,

복제 중간 형태(replicative intermediate; RI), 복제 형태(replicative form; RF) 3가지 형태로 존재합니다. 한 가닥 RNA 형태는 감염된 세포 내에서 가장 풍부히 존재하며, 모두 양성가닥의 RNA이며, 자유형의 음성 가닥의 RNA는 관찰되지 않습니다. RI는 전체 염기서열을 가지고 있는 RNA로서, 이 RI에는 6~8개의 바이러스 게놈 단편들이 붙어 있습니다(그림 2-7 참조). 이 RI는 대부분 양성가닥이고, 여기에 붙어 있는 단편들은 음성 단편들이지만, 이와 반대의 경우도 관찰됩니다. RF는 양성 및 음성의 바이러스 RNA가 상보적으로 붙어 있는 이중쇄 구조입니다. 구제역 바이러스의 RNA 합성은 바이러스 고유의 RNA 의존성 RNA 중합효소인 $3D^{pol}$에 의해서 이루어집니다. $3D^{pol}$은 단백질분해효소인 $3C^{pro}$에 의해 전구체인 $3CD^{pro}$로부터 만들어집니다. $3CD^{pro}$는 단백질분해 기능은 있지만, 중합효소 기능은 없습니다. 또한 $3D^{pol}$은 single strand RNA-binding protein과 상호작용을 하여, 두 가닥 RNA를 ATP 가수분해 없이 풀 수 있습니다.[2)]

노로바이러스가 포함된 칼리시바이러스科의 VPg 단백질은 바이러스 RNA 복제 및 바이러스 다단백질합성에 관여하지만, 구제역 바이러스를 포함한 피코르나바이러스科의 VPg 단백질은 RNA 복제에만 관여하고, 단백질합성에는 관여하지 않습니다. 바이러스 RNA 합성에 있어 중요한 세포단백질로는 poly r(C)-binding proteins (PCBP)와 poly(A)-binding protein (PABP)이 있습니다. PCBP는 양성가닥의 RNA 게놈 5' 말단의 108개의 핵산으로 구성된 클로버 잎 모양의 2차 구조에 결합하여, 3' 말단에 있는 클로버 잎 모양에 $3CD^{pro}$가 결합하게 합니다. PABP는 PCBP, $3CD^{pro}$, 양성가닥 바이러스 RNA 3' 말단의 poly(A) tail과 작용하여, 바이러스 RNA가 원형으로 되게 하여, 아래

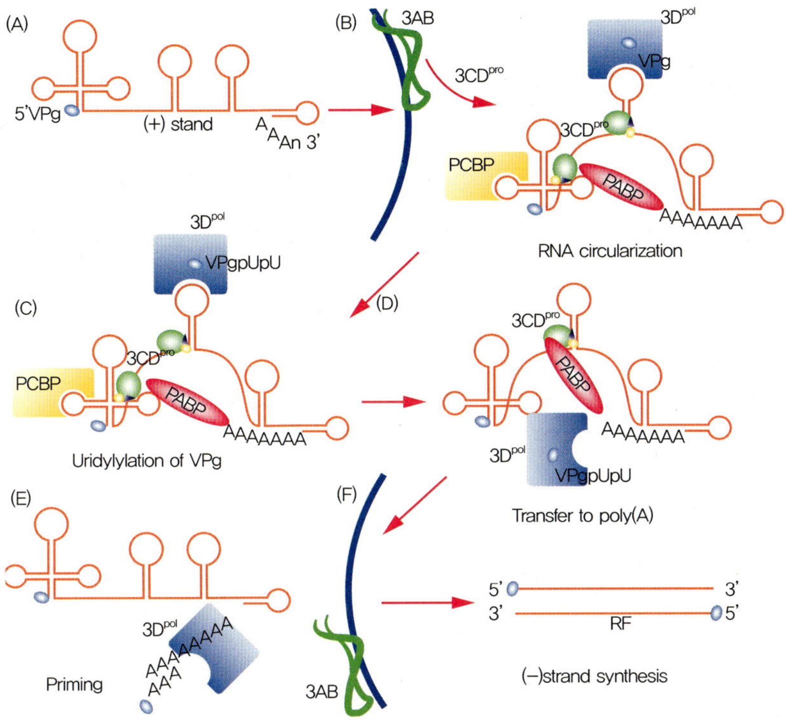

그림 2-11. 음성 가닥 RNA 합성 모식도

(A) 양성가닥 게놈 5' 말단에 클로버 잎 모양의 구조, 게놈 중간 부위에 cis-acting replication element (cre) 서열(바이러스에 따라 cre의 위치는 다름), 3' 말단의 pseudoknot 구조가 있음 (B) Ribonucleoprotein complex는 PCBP와 3CD^{pro}가 클로버 잎 구조에 결합하여 생성됨. 3' 말단의 poly(A) sequence와 결합한 PABP1은 ribonucleoprotein complex와 결합하여 바이러스 RNA 게놈을 원형으로 만듬. 3CD^{pro}는 막에 결합된 3AB를 VPg와 3A로 분할함. 게놈 내의 cre 염기서열은 3D^{pol}, 3CD^{pro}, VPg와 결합함 (C) cre 염기서열에 3D^{pol}, 3CD^{pro}, VPg가 결합하면, 3D^{pol}이 cre의 AAACA 서열을 template로 이용하여 VPg에 유리딘을 첨가하여 결국 VPgpUpU가 생성됨 (D) VPgpUpU는 바이러스 게놈의 3' 말단으로 이동하여 음성 가닥 RNA 합성을 위한 개시인자(primer)로 작용함 (D) 즉, VPg-pUpU가 양성가닥 3' 말단의 poly(A) tail에 결합하면, 3D^{pol}은 VPgpUpU를 개시인자로 인식하여 음성 가닥 RNA를 생산함

에 기술되는 것과 같이 이곳으로부터 음성 가닥의 RNA가 만들어지게 합니다(그림 2-11). 즉, 원형화 된 바이러스 RNA 게놈 내 cis-acting replication element 부위에 VPg 단백질이 붙게 되면, 3D^{pol}이 VPg 말

단에 우리딘을 붙여 VPgpUpU 형태로 변환시킵니다. VPgpUpU는 $3D^{pol}$과 결합한 후 양성가닥 RNA 게놈 3' 말단에 있는 poly(A) tail에 결합하면, $3D^{pol}$에 의한 중합효소반응에 의해 양성가닥의 RNA 염기서열에 상보적인 핵산을 붙여 음성 가닥 RNA 게놈이 최종적으로 만들어집니다. 구제역 바이러스는 감염된 세포 내의 막 구조의 증식과 재배열을 일으킵니다. 이 과정 동안에 세포 내의 소포체 및 골지체는 파괴되며, 세포 내에는 이중막의 소포로 가득 차게 됩니다. 바이러스 RNA 복제는 이러한 소포의 막에서 일어나는데, 이러한 소포는 세포의 오토파고솜 경로를 통해 유도되는 것으로 추정되고 있습니다.[2, 22, 23, 24, 25]

구제역과 환경과의 관련성

구제역을 제어하기 위한 필수항목으로 가장 중요한 것이 검역 및 방역이라 할 수 있습니다(그림 2-12). 따라서 철저한 검역 및 방역을 할 수 있다면 외국으로부터 구제역의 유입차단 및 국내에서의 전파를 방지할 수 있을 것입니다. 또한, 구제역 발생 시 이의 확산 차단과 경제적 손실을 절감하기 위해서 예방백신 및 치료제가 준비되어 있어야 할 것입니다.[3, 4, 6]

하지만 이론상으로 아무리 완벽한 검역 및 방역 시스템을 구축한다 하더라도 실제로 예상 못 한 수단이나 통로를 통해 구제역이 외국으로부터 유입될 가능성이 높습니다. 특히 우리나라의 경제규모가 커짐에

22) Ferrer-Orta, C., Agudo, R., Domingo, E., Verdaguer, N., 2009. Structural insights into replication initiation and elongation processes by the FMDV RNA-dependent RNA polymerase. Curr. Opin. Struct. Biol. 19, 752-758.

23) Ogram, SA., Flanegan, JB., 2011 Non-template functions of viral RNA in picornavirus replication. Curr. Opin. Virol. 1, 339-346.

24) Steil, BP., Barton, DJ., 2009. Cis-active RNA elements (CREs) and picornavirus RNA replication. Virus Res. 139, 240-252.

25) O'Donnell, V., Pacheco, JM., LaRocco, M., Burrage, T., Jackson, W., Rodriguez, LL., Borca, MV., Baxt, B.. 2010. Foot-and-mouth disease virus utilizes an autophagic pathway during viral replication. J. Virol. 84, 6235-6240.

따라 국내 외국인 노동자의 유입과 외국 축산물의 수입, 외국관광객 내방객도 병행하여 상승하고 있는가 하면, 국민 소득이 높아짐에 따라 우리나라 국민들도 외국여행이 빈번해 지고 있는 등 구제역 유입경로가 다변화된 것이 큰 특징이라 할 수 있습니다. 또한, 국내 축산업 자체만 보더라도 대량 집단화 체계 아래 밀집사육이 일반화되어 있고 가축 자체도 짧은 기간에 증체만을 목표로 한 육종방향에 따라 가축 자체의 항병력이 떨어져 있습니다(그림 2-13). 이로 인해 구제역을 비롯하여 여러 전염병들에 쉽게 걸릴 수 있을 뿐만 아니라, 질병이 발생 시 빠르게 집단 전체로 전파되어 피해가 커질 수 있습니다. 더욱이 전국이

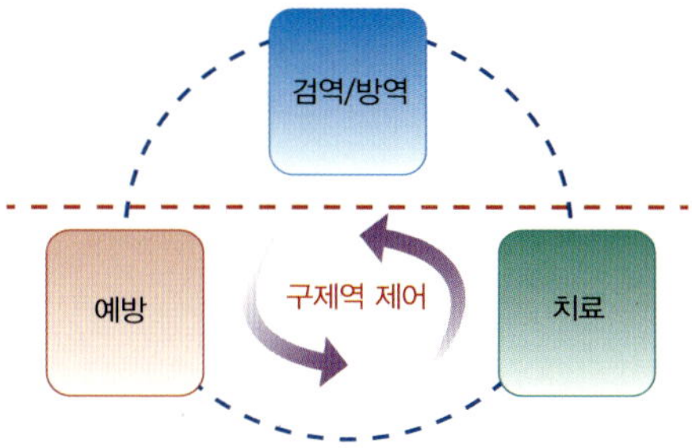

그림 2-12. 구제역 제어를 위한 필수항목

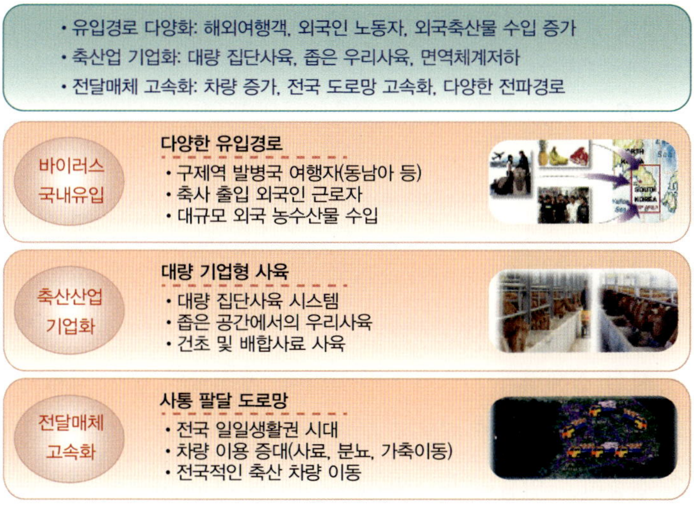

그림 2-13. 국내 축산환경의 변화와 구제역 발생과의 관련성(최우석, 2011년 국회정보포럼)

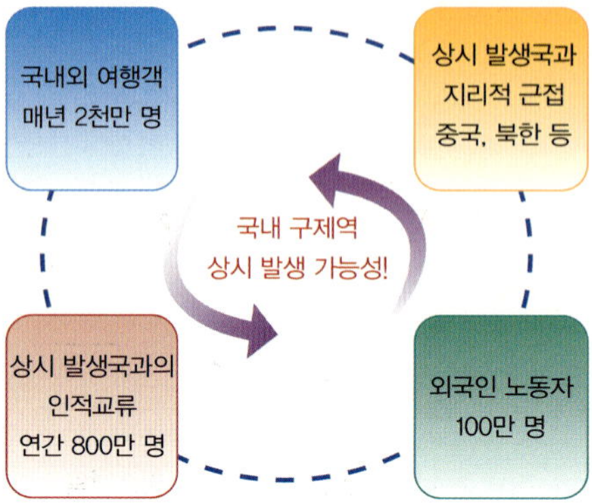

그림 2-14. 국내 사회현황과 구제역 발생과의 관련성

일일생활권 시대로 접어들어 차량 이용이 증대되어(사료, 분료, 가축 이동) 전달매체가 고속화되었다는 것도 문제점 중의 하나입니다.[26]

2014년 현재 우리나라에서는 구제역 백신정책으로 구제역의 재발이 없는 상황입니다. 하지만 지리적으로 우리나라의 주요 무역 혹은 여행국인 중국이나 동남아시아 일부 지역이 구제역 상재 발생 지역이라는 점이 늘 우리나라를 긴장하게 하고 있습니다. 특히 국내외 여행객이 매년 2천만 명에 달하고, 중국이나 북한 등과 같이 구제역 상시 발생국과 지리적으로 근접하며, 구제역 상시 발생국인 중국이나 동남아시아와 같은 나라와 인적교류가 연간 800만 명에 달할 뿐만 아니라 이러한 나라로부터의 외국인 노동자가 100만 명이 넘기 때문입니다(그림 2-14).[27]

구제역 대응방법

구제역은 전 세계적으로 가축에서 가장 중요한 바이러스성 전염병으로 취급되고 있습니다. 하지만 구제역 발생 시 대처방안은 사실 후진국과 선진국에서 큰 차이를 보이고 있습니다. 이러한 나라별 대응방안의 차이는 사실 경제력과 기술력 때문입니다. 후진국의 경우 경제력과 기술력이 뒷받침되지 않기 때문에 구제역이 발생하여도 방치하거나 일부 백신을 접종하고 있습니다. 반면에 선진국의 경우 구제역 발생 초기에

26) 최우석. 2011. 구제역 예방 및 피해 최소화를 위한 범부처 R&D 추진 방안. 국회정보포럼.
27) 조경오. 2011. 구제역 관련 국내외 백신기술, 치료제 개발, 연구인력 및 연구시설. 국회정보포럼.

살처분 정책을 쓰며, 확산이 될 경우에도 살처분 및 백신접종 정책을 병행합니다(그림 2-15).[5, 28, 29]

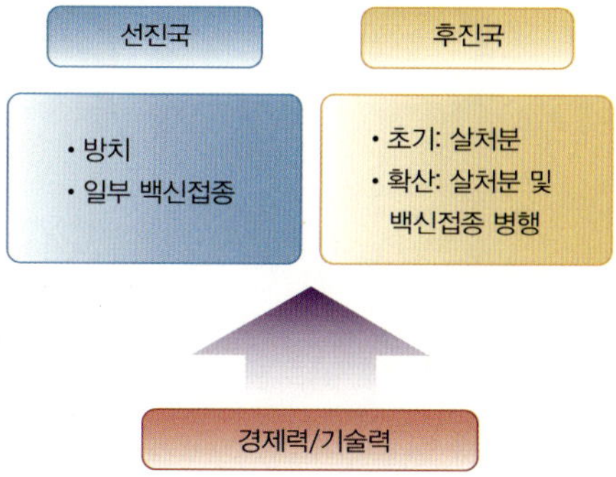

그림 2-15. 나라별 구제역 대응방법

그렇다면 선진국에서는 왜 살처분 정책을 고수할까요? 선진국의 경우 구제역 발생 초기에 살처분에 의해 효과적으로 바이러스 확산을 억제하여 더 이상의 확산을 방지할 수 있으며, 신속한 청정국 지위를 획득할 수 있기 때문입니다. 하지만 대량으로 발생하는 경우에서는 우리나라와 같이 국민정서에 반하게 되고 또한 환경오염을 일으킬 수 있는 단점이 있습니다. 백신을 접종한 경우에도 바이러스 확산을 억제하여 만연화를 방지할 수 있지만, 청정국 지위 획득에는 시간이 걸리는 단점이 있습니다. 또한, 상호 동등한 입장에서 후진국의 축산물을 수입하게 되어 무역장벽이 파괴되고 이로 인해 축산농가의 손실이 발생할 수 있습니다.[5, 27, 28]

지금까지 우리나라에서는 2000년 구제역 처음 발생 건과 2010/11년 발생 건을 제외하고는 모두 살처분 정책을 고수하였습니다. 이를 자세히 살펴보면 구제역은 앞서 기술한 바와 같이 폐사율은 그리 높지 않지만 높은 전파율 및 발병률에 의해서 OIE에서는 A급 악성 전염병 중에서 가장 높은 단계에 있으며, 우리나라에서도 제1종 법정 전염병으로 지정되었기 때문입니다. 이처럼 전 세계적으로 구제역은 악성 전염병

28) Sutmoller, P., Barteling, S.S., Olascoaga, R.C, Sumption, K.J., 2003. Control and eradication of foot-and-mouth disease. V. Res. 91:101-144.

29) Saiz, M., Nunez, J.I., Jimenez-Clavero, M.A., Baranowski, E., Sobrino, F., 2002. Foot-and-mouth disease virus: biology and prospects for disease control. Micr. Infect. 4:1183-1192.

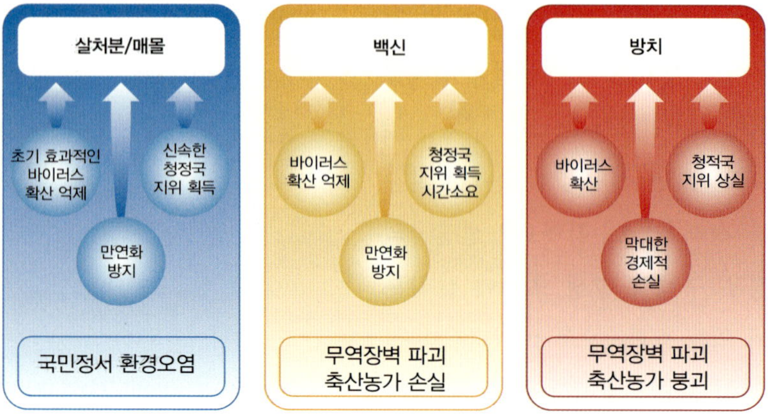

그림 2-16. 구제역 대응방법이 축산업에 미치는 영향

으로 인식되어 구제역이 발생하면 육류 및 유제품의 수출이 전면 중단하게 됩니다. 따라서 우리나라에서도 구제역이 발생하게 되면 동등성의 원칙에 의해 개발도상국으로부터 육류 및 유제품이 봇물처럼 쏟아지게 되어 축산농가의 붕괴가 있을 것으로 예상하고 또한 후진국에서나 발생하는 질병이 발병함으로써 국가 브랜드 가치가 크게 하락할 것으로 예상됩니다. 따라서 우리나라에서는 구제역이 발생하면 주로 살처분 정책을 고수하게 되었습니다(그림 2-16).[6, 27, 28]

선진국의 경우에도 구제역의 대응현황은 우리나라에서 2010년 이전에 해온 방법과 별반 차이가 없습니다. 유럽의 경우 구제역 발병 시 살처분 우선 정책을 사용하며, 질병의 확산 우려 시 백신을 이용하고 있습니다. 미국의 경우에도 감염 및 노출된 가축은 살처분 시키고 있으며, 확산 방지를 위한 격리 및 이동통제를 시행하고 있습니다. 호주의 경우에도 이동제한, 예방 접종 및 살처분 정책을 펴고 있으며, 일본은 이동제한 및 제한 구역 내 살처분을 전제로 백신을 투여하고 있습니다.

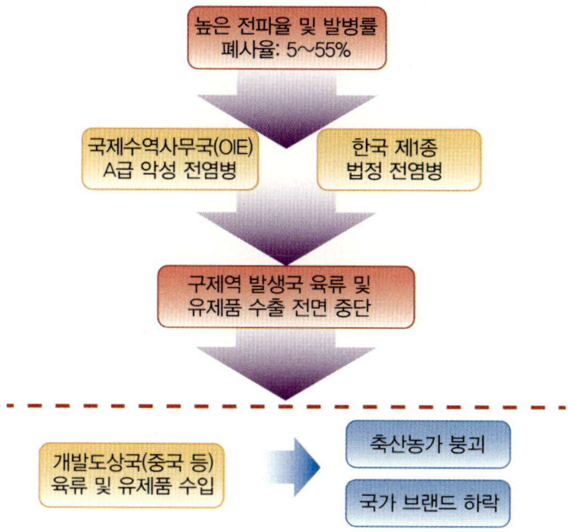

그림 2-17. 경제적 측면에서의 구제역의 중요성

특히 유럽, 미국, 캐나다, 호주와 같은 축산 선진국의 경우 국가검역을 비롯하여 방역체계, 백신 및 치료제 개발, 매개체 추적 및 이력관리 시스템 개발 등에 막대한 지원을 하고 있습니다. 우리나라에서도 그동안 구제역의 창궐로 막대한 경제적 피해가 발생하여, 살처분 정책에서 백신정책으로 전환하게 되었습니다. 그뿐만 아니라 구제역이 발생할 경우 이를 조기에 퇴치시키기 위해 세계적으로도 매우 우수한 "구제역 긴급 행동지침"을 마련하여 이를 시행하고 있습니다(그림 2-17).[30-32]

구제역 예방

구제역 예방은 주로 백신으로 합니다. 백신은 가장 저렴한 경비로 가

30) Kitching, P., Hammond, J., Jeggo, M., Charleston, B., Paton, D., Rodriguez, L., Heckert, R.,, 2007. Global FMD control-Is it an option? Vaccine 25:5660-5664.

31) Hutber, A.M., Kitching, R.P., Fishwick, J.C., Bires, J., 2011. Foot-and-mouth disease: The question of implementing vaccinal control during an epidemic. Vet. J. 188:18-23.

32) 농림축산검역본부. 2011. 구제역 긴급행동지침. 농림수산식품부.

장 높은 효과를 볼 수 있는 질병제어방법입니다. 구제역 빈발 지역에서 구제역 백신은 아주 효과적인 질병제어 수단이며, 구제역 발생 가능성이 높은 지역에서는 확산 방지 수단입니다. 하지만 구제역 백신의 문제점으로는 혈청형 특이적인 면역만 형성되어 다른 혈청형에 대해서는 방어가 되지 않으며, 같은 혈청형 내에서도 다른 혈청아형에 대해서는 100% 방어가 되지 않는다는 것입니다. 또한, 앞서 기술한 바와 같이 구제역 백신을 투여한 경우 구제역 청정국 지위의 확보에 어려움이 있으며, 보균자 증가의 위험성이 높아진다는 것입니다. 더욱이 백신접종 후 백신항체와 감염항체와의 감별이 필요하기도 합니다(그림 2-18).

현재 다양한 종류의 구제역 백신이 연구 및 개발되고 있지만, 전 세계적으로 판매되고 있는 대부분의 백신은 불활화 백신입니다. 불활화 백신은 저렴하면서 신속하게 생산할 수 있는 장점이 있지만, 현재 85% 정도의 방어율밖에 없다는 보고도 있습니다. 반면 약독화 백신의 경우 효과가 우수하지만, 돌연변이가 발생하여 고병원성으로 될 수 있어 안전성이 취약합니다. 또한, subunit 백신이나 재조합바이러스 백신의 경우 효과가 우수하다고 하지만 아직 실험실 단계로서 임상시험 전 단

1. 백신의 기능

- 구제역 빈발 지역에서 아주 효과적인 질병제어 수단
- 구제역 발생 가능성이 높은 지역에서 확산 방지 수단

2. 백신의 문제점

- 혈청형 특이적인 면역형성(방어범위가 좁다)
- 구제역 청정국 지위 확보의 어려움
- Carrier 증가의 위험성
- 백신접종 후 백신항체와 감염항체의 감별필요

3. 백신의 종류

	장점	단점
불활화 백신	저렴/신속생산	85% 방어율
약독화 백신	효과우수	안정성 취약
Subunit 백신	효과우수	임상시험 전
재조합바이러스 백신	효과우수	임상시험 전

4. 해결책

- Virus Bank 확보: 80개 이상의 아형 확보
- 빈발할 가능성이 있는 백신주 선별/백신 비축
- 예산확보: 시설 및 인력

그림 2-18. 구제역 백신의 기능, 문제점, 백신의 종류 및 해결책

계에 머물러 있습니다. 따라서 이 장에서는 전 세계적으로 사용되고 있는 불활화 백신에 대해 자세히 살펴보겠습니다.

불활화 백신은 구제역 바이러스를 대량 세포배양 기구에서 배양한 baby hamster kidney 21 (BHK-21) 세포에서 배양한 것입니다. 세포배양을 통해 증식된 바이러스는 초고속원심기로 바이러스만을 분리하여 정제한 다음 오직 바이러스 구조단백질만을 정제하고, 바이러스 비구조단백질은 제거시킵니다. 즉 이러한 과정을 통해 생산된 백신은 뒤에서 기술한 바와 같이 백신에 의해 생성된 항체와 감염에 의해 생산된 항체를 구별하여, 항체 진단법으로 감별할 수 있게 합니다. 정제된 바이러스의 불활화는 binary ethyleneimine (BEI), bromoethylamine hydrobromide, formaldehyde와 같은 화학물질로 불활화 시킵니다. 하지만 다양한 화학물질에 의해 대부분 바이러스를 불활화 시킬 수 있지만, 일부 바이러스들은 불활화 되지 않습니다. 따라서 백신접종에 의해서도 바이러스가 전파될 수 있는 가능성도 매우 낮지만 있습니다. 지금까지 바이러스 불활화에 가장 많이 사용된 것은 BEI입니다. 최근의 보고에 의하면 formaldehyde와 BEI를 섞어 불활화 시킬 경우, BEI 단독보다 100배 이상 불활화 시킬 수 있다고 합니다. 또한, 백신의 면역원성을 증가시키기 위해 다양한 백신보조제(adjuvant)가 사용되고 있으며, 이 중 aluminum hydroxide가 가장 많이 사용되고 있습니다. 일반적으로 수용성 aluminum hydroxide를 섞은 구제역 백신은 구제역으로부터 돼지를 완벽히 방어할 수 없다고 합니다. 따라서 현재 구제역 백신은 오일 유제로 제작된 것으로, 돼지뿐만 아니라 모든 우제류에서 구제역을 예방할 수 있다고 합니다. 또한, 오일 유제 백신은 수용성 백신보다 백신의 효과가 훨씬 길다고 보

고되었습니다.[33-36)]

전염병을 일으키는 병원체가 몸에 감염되면 이에 대하여 항체가 형성됩니다. 또한, 이러한 전염병에 대한 백신을 투여하면 백신에 의한 항체가 형성됩니다. 문제는 질병이 발생하고 있는 농장의 동물에서 채취한 혈액 내에 존재하는 항체가 백신에 의해 생성되었는지 아니면 병원체가 감염되어 생성되었는지 알 수 없는 경우가 있습니다. 최근에는 이러한 문제점을 해결하기 위한 백신이 개발되었습니다. 즉, 위에서 기술한 바와 같이 정제된 구제역 바이러스를 이용한 불활화 구제역 백신 내에는 바이러스의 구조단백질인 바이러스 캡시드 단백질 및 VPg 단백질만 있습니다. 따라서 이러한 백신을 투여한 동물의 혈액 내에는 오직 구제역 바이러스 구조단백질에 대한 항체만 형성되어 있습니다. 하지만 백신을 투여하든 하지 않았든 구제역 바이러스에 감염되면, 바이러스가 세포 내에서 증식하게 되고, 그 결과 구제역 바이러스의 구조단백질뿐만 아니라 비구조단백질인 L 단백질, 2A 단백질, 2B 단백질, 3C 단백분해효소 단백질, 3D 중합효소 단백질이 생성되어, 숙주는 바이러스 구조단백질뿐만 아니라 비구조단백질에 대하여 항체를 형성하게 됩니다. 따라서 구제역 발생이 의심되고 있는 농가에서 채취한 혈액 내에 구제역 바이러스 비구조단백질에 대한 항체가 형성되어 있으면, 백신을 투여한 농장이라 할지라도 구제역 바이러스가 감염되었다는 것

33) Cox, S.J., Barnett, P.V., 2009. Experimental evaluation of foot-and-mouth disease vaccines for emergency use in ruminants and pigs: a review. Vet. Res. 40:13-44.

34) Rodriguez, L.L., Grubman, M.J., 2009. Foot and mouth disease virus vaccines. Vaccine 27:D90-D94.

35) Salt, J.S., Barnett, P.V., Dani, P., Williams, L., 1998. Emergency vaccination of pigs against foot-and-mouth disease: protection against disease and reduction in contact transmission. Vaccine 16:746-754.

36) Li, X., Liu, R., Tang, H., Jin, M., Chen, H., Qian, P., 2008. Induction of protective immunity in swine by immunization with live attenuated recombinant pseudorabies virus expression the capsid precursor encoding regions of foot-and-mouth disease virus. Vaccine 26:2714-2722.

을 알 수 있습니다.

앞서 초반부에 기술한 바와 같이 어떠한 백신이 되더라도 혈청형이 다르면 백신에 의해 예방할 수 없습니다. 또한, 총 7개의 혈청형 내에 80개 이상의 혈청아형이 존재하며, 혈청아형이 다른 경우에는 백신에 의해 완벽히 예방할 수 없습니다. 따라서 이러한 문제점을 해결하기 위해서 구제역 바이러스 은행을 설치하여, 각각의 혈청형에 속하는 80개 이상의 혈청아형 바이러스들을 모두 보관하여, 구제역이 발병하면 같은 혈청아형을 선발하여 바로 백신을 제작할 수 있도록 하여야 합니다. 다행스럽게도 우리나라는 국내에서 발생 혹은 발생할 가능성이 높은 O형과 A형, 그리고 중국이나 아시아권에서 발생 중인 Asia1형 등에 대한 대표적인 혈청형 백신 은행을 운영 중에 있습니다. 그래서 우리나라에 구제역이 발생하면, 마치 은행에서 돈을 필요한 만큼 꺼내 쓰듯이 즉시 외국에 보관 중인 해당 백신주를 끄집어내 대량 증식하여 신속히 국내로 운송하여 사용하는 체계를 갖추고 있습니다. 미국의 경우 1929년 이후 구제역이 발생하지 않은 청정국 지위를 지금까지 유지하고 있지만, 구제역이 언제라도 발생할 가능성이 있어, 백신은행을 미국 농무부(USDA)의 Plum Island 동물질병센터 내 해외전염병 진단 실험실(FADDL)에 설치하여 놓고 있습니다.[33-36]

우리나라에서는 2010/11년 구제역 발생으로 당분간은 구제역 예방백신을 접종할 수밖에 없습니다. 이러한 백신정책을 당분간 지속한 후, 미국과 같이 구제역 청정지역으로 회복되면 백신 비접종 청정국 정책을 펼칠 수 있을 것입니다. 하지만 앞서 기술한 바와 같이 국내외 축산환경을 살펴볼 때 우리나라는 구제역에 늘 노출되어 있어 보다 철저한 국경 방역 체계가 필요합니다. 이와 함께 현재처럼 구제역 백신을 지속적으로 접종하면서, 만약에 구제역이 발생하게 되면 발생 초기에는 발생주와 근접한 혈청형을 발생지역 및 발생 주위 지역에 사용하고, 이 기간에 발생주에 대한 혈청아형을 분석한 후, 구제역 바이러스 백신은행에서 똑같은 혈청아형을 꺼내어 대량으로 백신을 생산한 후, 전국적으로 투여하면, 구제역의 확산을 예방할 수 있을 것입니다. 현재 우리 정부에서는 구제역의 문제점을 인식하여 구제역 백신의 국산화를 위해 국내 백신제조 회사에 적극적인 지원을 하고 있어 조만간에 우리나라의 실정에 맞는 백신이 생산 및 보급될 것으로 예측됩니다.

구제역 치료제

최근 구제역 바이러스의 증식 및 감염 초기를 방어하기 위한 구제역 바이러스에 특이적인 혹은 비특이적인 효과를 보이는 항바이러스제에 대한 발표가 증가하고 있습니다. 하지만 현재까지 구제역 치료제로 개발되어 시판되고 있는 것은 없습니다. 비특이적인 항바이러스제로는 인터페론 유도체인 poly riboadenylic-polybouridylic acid 및 polyriboninosinic-polyribocytidylic acid가 구제역 백신을 맞은 기니아 피그 및 돼지에서 면역학적 반응을 증가시킨다고 합니다.

인터페론 I을 발현시키는 아데노바이러스를 10^9 pfu/animal로 돼지에 접종하였을 경우 구제역 바이러스 감염을 예방할 수 있었지만, 소에서는 완벽한 예방을 할 수 없었다고 합니다. 이외에도 선천성 면역반응을 증가시키는 CpG motifs (CpG ODN)의 경우에도 바이러스 증식 및 임상증상의 발현을 감소시킨다고 합니다. 최근 국내에서 강황 추출물로 제조한 물질이 구제역 바이러스를 소독시킬 수 있을 뿐만 아니라 구제역이 세포 내에서 증식하는 것을 차단시켜, 소독제 및 치료제로서의 작용이 있다는 것이 보고되었습니다.

혈청아형이 다른 경우 같은 혈청형에 속해 있어도 백신에 의해 완벽한 방어를 할 수 없습니다. 또한, 돼지와 같이 피하 지방층이 두꺼운 동물은 백신을 접종하였더라도 충분한 면역능이 형성되지 않는 경우가 있습니다. 따라서 이러한 경우를 대비하여, 가축의 면역력을 증가시켜 충분한 면역능이 형성되도록 하면 구제역의 발생을 억제시킬 수 있을 것입니다. 현재 약리활성을 보이는 다양한 천연물이 국내에 자생 또는 재배되고 있으며, 이중에서는 면역력을 증가시키는 물질도 있어, 향후 이러한 천연 생리활성물질을 이용한 면역증강제 개발도 서둘러야 할 것입니다.[37-38]

구제역을 치료하기 위한 특이적인 항바이러스제로는 뉴클레오사이드 유사체인 ribavirin이 있습니다. Ribavirin은 바이러스 증식기간 동안에 바이러스 RNA를 돌연변이 시키며,[2] 바이러스 RNA 합성과 구아닌 뉴클레오타이드 평형에 필요한 세포의 효소인 inosine 5'-monophosphatase (IMP) dehydrogenase를 억제시켜, 바이러스 증식을 억제한다고 합니다. 뉴클레오사이드 유사체인 2'-C-methylcytidine는 구제역 바이러스 RNA 의존성 RNA 중합효소를 표적으로 삼아, 세포배양에서 7개 혈청형의 구제역 바이러스의 증식을 50-140배 감소시킨다고 합니다. 아직 임상적으로 사용되고 있지 않지만 pleconaril과 같은 몇 개의 물질들은 바이러스의 세포 접착이나 혹은 세포 내 바이러스의 탈피를 억제한다고 합니다. 이 외에도 바이러스 2A 단백질을 억제하는 enviroxime, 2C 단백질을 억제하는 TBZE-1 및 3C 단백질분해효소를 억제하는 rupintrivir이 알려져 있습니다.[37-38]

돌연변이 유발물질인 5-fluorouracil과 5-azacytidine는 세포배

양에서 바이러스의 생성을 50–100배 줄인다고 합니다. 이 물질들은 RNA에 바로 결합하여, RNA 복제 및 바이러스 단백질합성을 방해한다고 하지만 이 물질들이 세포의 효소에 대한 독성과 같은 안전성에 대한 연구가 필요합니다. Pyrazinecarboxamide 유도체(특히 T–1105)는 세포배양 및 돼지에서 구제역 바이러스의 증식을 억제한다고 합니다. 특히 이 물질을 투여한 돼지에서 구제역 임상증상이 발현되지 않았으며, 바이러스의 증식도 검출되지 않았다고 합니다. 이 외에도 구제역 바이러스 비구조단백질인 2B 유전자를 표적으로 하는 짧은 hairpin RNA를 발현하게 제작된 플라스미드를 돼지 세포에 도입시킬 경우 다수의 혈청형을 97~98% 정도의 증식을 억제하였다고 보고되었습니다.[37–38]

소독

일반적으로 구제역 바이러스는 대부분 저온 상태에서 pH 7.0~8.5 사이에서는 안정적이다고 합니다. 하지만 pH 5.0 이하 혹은 pH 11.0 이상에서는 급속히 사멸합니다. 이는 산성 및 알칼리성 소독제는 구제역 소독에 효과가 있다는 것을 의미합니다. 또한, 56℃에서 30분간 가열하면 완전히 파괴되며, 햇빛은 구제역 바이러스의 감염력에 직접적인 영향은 없지만, 햇빛에 노출되었을 경우 건조함과 온도 등의 복합적인 요인으로 파괴될 수 있습니다. 따라서 구제역이 추운 겨울철에 다발하는 이유가 바로 여기에 있습니다. 또한, 공기 중의 바이러스는 55~60%의 습도에서 안정적이며, 건조로 거의 대부분의 바이러스가 불활화되지만 일부는 감염력이 있습니다.[2]

37) Bray, M., 2008. Highly pathogenic RNA viral infections: challenges for antiviral research. Antiviral Res. 78:1–8.

38) Goris, N., Vandenbussche, F., De Clercq, K., 2008. Potential of antiviral therapy and prophylaxis for controlling RNA viral infections of livestock. Antiviral Res. 78:170–178.

구제역 바이러스는 지방성분이 들어있는 외피막이 없으므로 지방성분을 용해하는 세정제나 계면활성제는 소독효과가 없습니다. 소독약의 선택 시에는 이와 같은 기술적인 사항 외에도 소독 대상물질, 소독 범위, 주위 환경, 등 여러 요인이 고려되어야 합니다. 대부분의 소독제는 저온에서 소독효과가 낮아지기 때문에 기온이나 수온이 낮으면 농도를 높여 주어야 하지만 알데히데류 소독제는 20℃ 이상이면 오히려 효력이 떨어진다고 합니다. 염소제는 15~20℃에서 가장 효력이 좋고 저온이나 고온에서는 소독력이 떨어집니다.[2)]

염기제제로는 값이 저렴하여 대단위 소독에 적합한 탄산소다, 가성소다 등이 있습니다. 염기제제는 유기물이 많은 환경에서도 소독효과가 좋으므로 오물이 많은 축사 내외부, 뜰, 차량, 하수구, 쓰레기, 배설물 등의 소독에 이용합니다. 하지만 부식성이 강하여 차바퀴가 아닌 차체에 사용하면 도색이 벗겨질 우려가 있으며, 알루미늄 계통에는 사용하지 말아야 합니다. 산성제제로는 구연산, 초산 용액 등이 있으며 이들은 소독 효력은 좋은 반면 침투력이 약해 유기물이 있을 경우에는 효과가 매우 낮아지고 있어, 현재에는 이러한 단점을 보완한 복합제품이 많이 판매되고 있습니다. 알데히드제제로는 유기물이 다소 있더라도 소독효능이 글루타알데히드와 포름알데히드가 있습니다. 하지만 이러한 소독제는 발암물질이어서 사람에 직접 닿지 않도록 해야 합니다. 이외에도 포르말린 훈증소독을 사용할 수 있어 축사 내부 등의 소독에 아주 효과가 있지만, 가스 흡입 시 생체에 매우 유독하고 자극성이 매우 높아 최근에는 사용을 금지하고 있는 추세입니다. 산화작용에 의해 바이러스 단백질을 파괴하는 산화제는 주로 염소 또는 산소계 성분으로 구성되어 있습니다. 염소계로는 비전리형인 차아염소산을 발생시켜 바이러스를 사멸시킵니다. 하지만 차아염소산 소독제는 유기물이 혼합된 상태에서는 소독효과가 낮아지며 15~20℃ 이상의 온도에서는 화학적으로 불안정하여 급속히 분해되기 때문에 소독약을 자주 갈아 주어야 합니다.[2, 39]

소독제의 선택과 사용에서 중요한 유의사항은 다음과 같습니다. 구제역 바이러스는 산성 및 알칼리성 조건에서 쉽게 사멸합니다. 문제는 소독제에 따라 산도가 다르고 작용기전도 다르므로 현장에서 소독제를 자의적으로 혼합하여 사용하지 말아야 합니다. 가령, 감염기인 생석회가 뿌려진 바닥이나 축사내부 등에 산성 소독제를 뿌리면 서로가 중화되어 아무런 소독효과가 없습니다. 이 외에도 서로 혼합을 피하여야 하는 성분이 있으므로 현장에서 혼합하여 사용하거나 동일한 소독 대상물질에 여러 종류의 소독제를 중복하여 사용하지 않도록 하여야 합니다.[2, 39]

대부분의 소독제는 인체에 접촉하면 해로우므로 소독 시에는 눈, 호흡기, 피부 등에 닿지 않도록 반드시 얼굴 전체를 덮는 보호안경, 마스크, 고무장갑, 장화, 모자 등을 착용하여 스스로 안전을 지켜야 합니다. 또한, 수행환경에 악영향을 미칠 수 있으므로 중화되지 않은 대량의 소독약제가 하수구로 흘러드는 일이 없도록 주의하여야 합니다. 따라서 구제역 바이러스를 더욱 효과적으로 사멸하며 여기에 더욱 친환경적인 소독제가 국내 연구소에서 개발되었기 때문에 이러한 소독제의 사용이 권장됩니다.[2, 39]

구제역 진단

구제역을 진단하기 위한 일반적인 진단방법이 영국 Pirbright 연구소의 OIE/FMD World Reference Laboratory (WRL)에서 개발되었으며,

39) 농림축산검역본부. 구제역 소독제의 올바른 사용법.

OIE의 표준 설명서(OIE Manual of Standards for Diagnostic Tests and Vaccines, 2000 edition)에 자세히 기술되어 있습니다. 구제역의 최종적인 진단은 차폐시설과 같은 연구시설 및 장비가 갖추어진 실험실에서 수행되어야 합니다. 왜냐하면, 전파성이 강한 악성 바이러스성 전염병인 구제역을 일반 실험실에서 진단하게 되는 경우 검체의 운반, 처리과정, 폐기과정 동안에 구제역을 확산시킬 수 있는 가능성이 높기 때문입니다. 구제역의 진단은 초기에 보체 결합반응 검사를 많이 사용하였으나, 현재는 ELISA 방법이 보편적으로 사용되고 있습니다. ELISA 방법은 보체 결합반응 검사보다 민감도와 특이도가 높으며 다수의 가검물을 동시에 검사할 수 있는 장점을 가지고 있습니다.[9]

구제역에 감염된 동물에서 발생한 구강, 발굽, 유두 등에 생긴 물집의 상피세포나 물집 내에는 다수의 바이러스가 함유되어 있어, 구제역의 진단을 위해서는 이러한 재료를 사용하는 것이 좋습니다. 이와 같은 재료를 이용하여 ELISA를 수행할 경우 3~4시간 이내에 진단할 수 있지만, 부적절한 재료의 경우 1주일 이상의 시간이 소요되며, 또한 음성으로 오진될 수 있습니다. 그뿐만 아니라 바이러스 소수인 경우에서는 ELISA 검사법으로 검출할 수 없으므로 세포배양을 통해 바이러스를 증식시켜야 합니다. 따라서 최종진단을 위해 48시간 바이러스 세포배양을 두 번 하게 됩니다. 실제로 WRL에서 구제역에 감염된 검체를 항원검출용 ELISA로 진단할 경우 오직 70~80%만 양성으로 진단되었습니다.[9]

최근에 RT-PCR 기법이 구제역 진단에 활용되고 있으며, 구제역 혈청형 감별에도 사용되고 있습니다. 또한, 실시간 적으로 정량화시킬 수 있는 real-time RT-PCR 기법도 개발되었습니다. 하지만 이러한 기법은 노동 집약적이고 고가라는 단점이 있습니다. 따라서 다수의 가검물을 동시에 그것도 신속·정확하게 진단할 수 있는 RT-PCR ELISA 기

법이나 DNA chip과 같은 방법이 개발되어 활용되어야 할 것입니다.[9)]

항체 검출용 ELISA 진단법이 있으나, 문제는 초기 감염 시에는 항체가 충분히 생성되지 않아 오진할 가능성이 높습니다. 또한, 항체 검출용 ELISA 검사법을 보완하기 위해서 바이러스 중화항체 검사법을 사용하여야 하는 단점도 있습니다. 항체 검출용 검사법을 통해 실제 병원성 바이러스에 의한 항체와 백신에 의해 생성된 항체와의 감별이 중요합니다. 일반적으로 병원성 바이러스가 증식할 경우에는 바이러스의 구조단백질뿐만 아니라 비구조단백질도 생성되어, 감염된 개체에서는 구조단백질과 비구조단백질에 대한 항체가 모두 생성됩니다. 이러한 원리에 기초하여 백신 회사에서는 구제역 백신을 생산 시 오직 바이러스 입자만 회수하여 백신을 제작합니다. 만약 순도가 높을 경우 백신에는 이론상 오직 바이러스 구조단백질만 들어있고, 비구조단백질은 제조과정에서 제거됩니다. 따라서 백신을 투여한 개체에서는 오직 구조단백질에 대한 항체만 형성되고, 구제역 바이러스에 감염된 개체에서는 구조단백질뿐만 아니라 비구조단백질에 대한 항체가 형성됩니다. 이와 같은 원리를 이용하여 백신동물과 감염동물을 감별할 수 있도록, 혈액에서 비구조단백질을 검출할 수 있는 진단법이 개발되었습니다.[9)]

맺음말

우리나라가 그동안 괄목할만한 경제적 발전을 이루어 예전에는 상상도 할 수 없었던 다양한 혜택을 받고 있습니다. 경제적 발전에 의한 교육의 혜택으로 국민 개개인의 인식이 성숙되었습니다. 가축전염병의 경우에도 진단법, 백신 개발, 방역체계 등 다양한 부분에 걸쳐 눈부시게 발전을 하여 개발도상국에서는 방치하다시피 하는 구제역이나 조류인플루엔자의 경우에도 퇴치라는 목표를 두고 지금까지 성공적으로 수행해 왔습니다. 하지만 우리나라에서는 구제역, 조류인플루엔자, 사스와 같은 재난형 악성 전염병이 언제든지 외국으로부터 유입될 수 있는 환경에 처해있습니다. 특히 이러한 재난형 악성 전염병들이 우리 국민의 부주의에 의해 유입되지 않도록 우리 국민 개개인은 해당 발생국에서 농장의 방문, 축산물 불법 유입 등에 주의를 하여야 합니다. 그뿐만 아니라 재난형 악성 전염병에 대한 기초 지식을 함양하여 비슷한 질병이 발생 시 방역 당국에 신속히 보고하는 등 발병 확산에 만전을 기해야 합니다.

전문가의

Field Interview

전 국립수의과학 검역원장

현 전남대학교 수의과대학

교수
강문일

구제역의 별명은 이 질병을 특징적으로 잘 설명하고 있습니다. '국가 재난형 질병', '사회경제적 질병' 혹은 '해외 악성 가축 전염병'이 그것입니다. 20세기 후반 이후 우리나라는 벌써 5번이나 구제역의 침공(?)을 받았지만 효과적으로 퇴치한 경험이 있습니다. 그러나 이 장에서 자세히 설명한 바와 같이 우리나라는 중국과 동남아시아 등 구제역 상재 국가와의 무역량과 인적교류의 증가에 따라 언제든지 구제역 바이러스가 유입될 수 있고, 이 바이러스의 특징상 전파력이 매우 높아 발병 시 막대한 경제적 피해를 주기 때문에 구제역은 여전히 우리 국경검역의 최우선 방역 대상입니다. 이 장에서는 구제역에 대한 A부터 Z까지 최신 정보를 적절히 포함시켰으며, 특히 발생기작에 대한 분자생물학적 예까지 들어 소개하여, 폭넓은 지식을 함양하는데 많은 도움이 될 것입니다. '지피지기면 백전백승'이라 했던가요!

3장 인수공통감염병 Zoonosis

인수공통감염병이란 사람과 동물 사이에 상호 전파되는 병원체에 의해 발생하는 모든 질병을 말합니다. 사실 이러한 질병은 인류가 가축이나 야생동물과 접촉한 이래로 계속 존재하여왔으나 최근 조류인플루엔자, 코로나바이러스, 신종플루 등이 전 세계적으로 유행하자 그 존재가 크게 부각 되었습니다. 또한, 이러한 질병이 이전과는 비교할 수 없는 엄청난 사회적, 경제적 피해를 유발하자 이제 전 인류가 공포심을 느끼며 그 향배에 집중하고 있습니다.

인수공통감염병이란

최근 겨울철만 되면 야생동물에 대한 접촉 주의보를 발령하는 사례가 증가하고 있습니다. 특히 축산 전문가들은 겨울에는 쌓인 눈 때문에 먹이가 부족해진 너구리, 멧돼지 같은 야생동물이 자주 농가로 내려오므로 이들에 의한 광견병, 소 결핵병과 같은 인수공통감염병이 사람이나 가축에게 전파되지 않도록 당부하고 있습니다. 인수공통감염병이란 척추동물과 인간 사이에 상호 전파되는 병원체에 의해 발생하는 질병을 말합니다. 이러한 인수공통감염병은 감염병원체의 전파형태에 따라 직접전파 인수공통감염병(direct zoonosis)와 매개전파 인수공통감염병(metazoonosis)으로 분류합니다.

직접전파 인수공통감염병에는 광견병, 디프테리아, 연쇄구균증, 파상풍 등이 있으며, 사람 및 타종 척추동물에 집적 접촉 혹은 오염된 물질을 통하여 전파됩니다. 특징으로는 전파과정 중에 병원체의 증식은 없고, 주로 동종 척추동물 간에 전파됩니다. 매개전파 인수공통감염병에는 말라리아, 흑사병(pest), 뎅기열(dengue fever) 등이 대표적이며 병원체의 전파가 척추동물과 무척추동물에 의해 이루어집니다(그림 3-1). 특징으로는 무척추동물의 매개에 의한 생물학적 전파와 증식이 이루어지고, 다른 척추동물에 감염이 가능할 때까지 외부에서 잠복기를 갖습니다. 감염되는 병원체는 기생충, 세균, 바이러스 등 매우 다양합니다.

그림 3-1. 인수공통감염병 상관관계

인수공통감염병의 기원

인류문명의 역사는 과히 동물과 함께 진화해 왔다고 할 수 있습니다. 1998년 퓰리처상을 받은 재레드 다이아몬드(Jjared Diamond) 박사는 “총, 균, 쇠”라는 책에서 가축이 인류문명에 끼친 지대한 영향에 대하여 강조한 바 있습니다. 그 영향을 살펴보면 우선 가축은 동물성 단백질을 공급하는 주요한 식량원이었을 뿐만 아니라 이를 노동력으로 활용하면서부터 농업 생산성을 크게 높일 수 있었습니다. 그뿐만 아니라 20세기 전까지만 해도 말을 전장에서 활용함으로써 전투능력의 향상은 물론 운송수단으로써 문명의 교류를 촉진할 수 있었다고 기술하였습니다. 그러나 이와는 반대로 오랜 기간 인류에게 해를 입힌 홍역, 결핵, 천연두, 백일해 등의 치명적인 감염병들은 모두 소나 돼지 등의 가축에서 서식하던 병균의 돌연변이종에 의해 생겨난 것이라고 합니다. 이중 홍역, 결핵, 천연두 등은 소에서, 백일해나 인플루엔자는 돼지에서 유래한 것이며 AIDS 역시 아프리카 야생 원숭이가 보유한 바이러스의 변종입니다. 즉, 원래 야생에서 살던 동물이 인간에 의한 가축화로 인해 인간과 접촉이 늘어나면서부터 인간 신체에 적응하는 병균의 진화가 이루어진 것입니다.

좀 더 근원적으로 인수공통감염병의 유래를 살펴보겠습니다. 인류는 진화하면서부터 그동안 살았던 나무에서 내려와 땅에서 살기 시작하였습니다. 비록 초기에는 완전히 한 곳에 정착하지는 않았더라도 거주지 주변에 좀 더 오랫동안 머물게 되자 일정 지역에서는 인구가 증가하기 시작했는데 특정 지역에서는 수백 명이 모여 산 흔적이 고고학적 발굴로 확인되었습니다.

이처럼 인간이 한곳에 좀 더 오래 머무름에 따라 사냥으로 잡은 짐승의 부산물, 해산물 껍질, 쓰레기와 분뇨 더미가 생겨났습니다. 그러자 병원균과 그것을 옮기는 곤충뿐만 아니라 쓰레기를 먹기 위해 새와 설치류가 거주지 주변에 모여들었습니다. 그런데 이들 모두는 새로운 감염병을 지니고 있었습니다.

시간이 지나자 이제 인간들은 수백 종의 기생생물을 지닌 많은 동물종(닭에서부터 말까지)을 가축으로 만들었습니다. 대표적인 것이 바로 사냥꾼의 움막 주위를 어슬렁대던 늑대의 후손인 개입니다. 인간과 개는 함께 일하고 놀고먹고 잠자며 같은 장소에 대소변을 보았습니다. 그 결과 인간은 광견병과 포낭충증의 새로운 감염병을 얻게 되었습니다. 또한, 새와 돼지는 인간과의 빈번한 접촉으로 돌연변이에 의해 재조합된 인플루엔자바이러스를 보유하게 되었고 이를 인간과 주고받았습니다. 그 결과 이런 변종 바이러스들에 대한 면역이 없는 인간에게는 바이러스질병이 퍼지기 시작했습니다. 기록으로 남은 대표적인 예가 바로 1918년에 유행한 스페인 독감이며 이로 인해 수천만 명이 사망했습니다.

야생동물들은 재귀열, 출혈열, 브루셀라증, 톡소플라즈마증, 살모넬라증 등의 병원균을 옮기는데 특히 인간 주변에 많이 사는 개, 고양이, 오리, 닭, 도마뱀 등은 살모넬라균을 옮기는 대표적인 매개입니다. 또한, 곤충과 진드기도 쯔쯔가무시병과 라임병 같은 병원체를 감염질환을 만듭니다. 이처럼 인간 영역에 들어온 생물들은 서로 다른 종의 감염병에 노출되었습니다.

생물학자 토마스 헐(Thomas Hull)은 사람들이 가축으로부터 얻은 질병들을 다음과 같이 정리하였습니다(표 3-1). 또한 러시아의 생물학자 예프게니 파블로스키(Yevgeny Pavlovsky)는 가축과 야생동물과의 질병 관계를 조사한 결과 가축들과는 거의 300종의 질병을, 야생동물

표 3-1. 사람이 가축으로부터 얻은 질병 목록

감염원	개	소	양, 염소	돼지	말	쥐	가금
질병수	65	45	46	42	35	32	26

들과는 100여 종의 질병을 공유하고 있다고 추정하였습니다. 그의 추정도 토마스 헐의 것과 마찬가지로 실제 출현하는 인수공통감염병보다는 적을 수 있습니다. 이 목록이 발표된 이후에도 새로운 변종 인수공통감염병이 발견되었으며, 현재에도 새로운 것들이 여전히 나타나고 있습니다.[1-6]

기생생물과 숙주 사이의 적응

기생생물과 숙주 사이의 적응은 유행성, 풍토성, 공생이라는 여러 단계에 걸쳐 발생할 수 있습니다. 이를 더욱 자세히 살펴보겠습니다.

유행성과 범유행성(Pandemic)

유행성 질병이 전 세계에 걸쳐서 나타나는 경우를 범유행성이라고 합니다. 따라서 어떠한 병원체에 감염된 적이 없어 그 특정 병원체에 대한 면역이 없는 인간에 들어온 인수공통감염병원체는 종종 모든 연령에 걸쳐 급성질병을 일으킵니다.

1) Arno, karlen. eds.(1995). Man and Microbes. Quantum Research Associates, Inc.
2) Brothwell, Don, and A.T. Sandison, eds.(1967). Diseases in Antiquity. Springfield, IL: Thomas
3) Burnet, Macfarlane, and David White (1972). Natural History of Infectious Diseases (4판). Cambridge: Cambridge Univ. Press.
4) Croll, Neil, and John Cross, eds. (1983). Infectious Diseases. New York: Academic Press.
5) Grmek Mirko (1989). Disease in the Ancient Greek World. Baltimore: the Johns Hopkins Univ Press.
6) Stanley, N. F. and R.A. Joske, eds. (1980). Changing Disease Patterns and Human Behaviour. New York: Academic Press.

풍토성

특정한 지역에 한정하여 비교적 꾸준히 발생하는 질병을 풍토병이라고도 합니다. 유행성 감염병을 극복한 생존자는 대개 재감염에 대하여 더 나은 방어력을 갖추게 되며, 세대를 거듭 할수록 추가 방어기전이 생깁니다. 따라서 풍토병화된 감염질병은 한 지역에 국한되면서 흔하게 발병하나 그 감염력은 약하며, 결국 일상적인 감염질병이 되기도 합니다.

공생(Symbiosis)

기생생물(병원체)과 숙주(병원체가 감염된 생물)가 더 잘 적응한 경우를 공생관계라고 합니다. 서로 다른 종의 생물이 일정 불가분의 관계를 맺고 서로 협조 의존함으로써 상대방 생물이 없이는 생존할 수 없는 것입니다. 이러한 예로써 개미미(teamite)와 장내 편모충(intestinal flagellate)이 상호 서식처 및 음식물 소화에 도움을 주는 것 등입니다.[7–9]

인수공통감염병의 증가원인

최근 해마다 사스, 신종플루와 같은 신종 감염병이 전 세계적으로 발생하고 있습니다. 그런데 이러한 신종 감염병의 60% 이상이 동물에서 유래하는 인수공통감염병으로서 이들 병원체는 새로운 환경변화에 적응하는 특성을 보이고 있습니다. 이런 동물유래 병원체는 이를 보유한

7) Fiennes, Richard (1978). Zoonoses and the Origins and Ecology of Human Diseases. New York: Academic Press.
8) Hart, Gerald, ed. (1983). Diseases in Ancient Man. Toronto: Clarke Irwin.
9) Wood, Corinne (1979). Human Sickness and Health: A Biocultural View. CA:Mayfield.

동물에게 병을 일으킬 뿐만 아니라, 이 동물을 매개로 사람에게까지 전파하여 질병을 일으킬 수 있습니다. 이에 1992년 미국 국립 의학연구소에서는 인수공통감염병 연구자를 선발하여 미국에서 새로 등장하는 인수공통감염병에 대한 이정표가 될 만한 연구를 진행하였습니다. 이를 통해 인수공통감염병 질병 출현 및 증가 원인에 대하여 다음과 같은 결과가 제시되었습니다.

공중보건 체계의 붕괴

복통을 동반한 심한 설사를 일으키는 원충인 크립토스포리듐은 1976년에 사람에게 병을 일으킨다는 사실이 알려졌습니다. 그 뒤 크립토스포리듐에 의한 감염증이 전 세계에서 대규모 유행하였습니다. 한 예로 1993년 미국 밀워키에 있는 목장에서 크립토스포리듐이 빗물에 씻겨 상수도원으로 흘러들어 가는 바람에 무려 30만 명을 감염시켰습니다. 이 사건으로 인해 미국 전역에서 상수원에 대한 조사를 시행하여 많은 상수원의 수질 검사 체계와 정수 시스템의 부적절함이 밝혀졌습니다. 크립토스포리듐과 자이아디아와 그 밖의 다른 설사 원인균들을 없애기 위해서는 염소처리뿐 아니라 정수가 필요합니다. 그런데 이런 처리를 하지 않은 물을 마시면 여러 수인성 감염질병에 걸리게 되어 잘못하면 목숨을 잃을 수도 있습니다.

경제 발전과 토지 이용의 증가

개발도상국에서의 급속한 도시화, 산업화에 따라 자연환경이 바뀌고 있으며, 그에 따라 질병 패턴도 변화하고 있습니다. 일례로 그림 3-2는 경제 발전과 토지 이용 증가에 따른 황열(yellow fever)의 발생증가

그림 3-2. 황열의 발생증가

세를 나타낸 것으로서 황열은 경작지를 통하여 도시까지 확장되고 있다는 점을 알 수 있습니다.

국제 무역과 여행(글로벌화)

많은 감염병학자가 제기한 새로운 질병의 원천은 바로 여행과 무역입니다. 인류는 최초로 고향을 떠나 모험을 한 이래로 많은 감염병을 일으키고 전파하였습니다. 배와 비행기와 같은 교통수단이 발전하기 이전에는 사람들은 단지 걸을 수 있는 반경 내에서만 새로운 질병들을 퍼트리다가 그 후 말이 뛸 수 있고 배가 항해할 수 있는 거리까지 확장하였습니다. 그러다 감염병을 옮기는 최악의 수단인 비행기가 등장하였습니다. 비행기는 좁은 공간에서 장시간 동안 많은 사람이 혼재되어 여행합니다. 그러면서 각자 보유한 균을 한 공간에 토해내는데 이 중에는 감염증상이 없는 보균자가 결핵, 인플루엔자, 라사열 등을 비롯한 많은 질병의 원인체를 퍼뜨리기도 합니다(그림 3-3).

그림 3-3. 세계화에 의한 질병의 전파

기술과 산업

새로운 기술과 산업은 병원체들에게 새로운 서식지를 만들어줍니다. 한 예로 공기 정화기와 그 밖의 냉난방 시스템은 전 세계에 레지오넬라증을 퍼트리도록 하였습니다. 또한, 의학 기술의 발전에 의한 새로운 감염병이 무섭게 증가되고 있습니다. 이러한 예로써 모든 주삿바늘, 카테터, 수혈 등은 병원체들을 체내로 불러들입니다. 그런 기구들을 사용하는 병원에서는 레지오넬라, 항생제 내성 포도상구균, 기회감염성 진균과 바이러스 등을 발생시키며, 또한 수혈에 의해 세계 여러 나라에서 HIV, B형 및 C형 감염, 말리리아 감염 등을 퍼트리는 주요 요인이 되고 있습니다.

인구의 행동 변화

의학 기술의 발전은 미숙아들의 생명을 구하고 노인들의 삶을 연장합니다. 그러나 면역계가 미성숙한 미숙아나 면역계가 약한 노인들은 건강한 사람에 비해 감염병에 특히 취약하여 고위험군으로 전락하고 말았습니다.

미생물의 적응과 변화

숙주와 병원체들은 앞으로도 서로 영향을 주고받으면서 진화해 나갈 것입니다. 병원체들은 번식하고 빠르게 진화하여 새로운 숙주와 환경에 적응합니다. 최근에 여러 연구된 결과에서 질병을 일으키는 병원체들은 감염성뿐만 아니라 독성과 내성을 변화시키는 유전 물질의 변화를 일으키면서 생존합니다.[10–12]

지구온난화와 기후변화

최근 조사에 의하면 기후변화로 인수공통감염병 출현이 증가하는 것으로 밝혀졌습니다. 이와 같은 요인으로는 이산화탄소의 증가로 대기 환경이 변화하여 매개 동물의 수명 연장, 기온 상승에 의한 매개 동물과 병원체의 성장 속도 증가, 강수량의 변동과 홍수 등에 의한 모기 개체수 변화에 따른 것으로 조사되었습니다.

앞으로 지구온난화와 기후변화에 따라 증가가 예측되는 감염병으로는 일본뇌염, 웨스트나일열, 쯔쯔가무시병(Tsutsugamushi disease), 라임병, 리슈만편모충증, 리프트계곡열 등의 매개체감염병(vector borne disease)입니다. 또한, 콜레라, 비브리오 등의 수인성감염병(water borne diseases), 살모넬라 등의 식품매개감염병(food borne diseases)과 기타 설치류에 의한 렙토스피라병, 신증후군출혈열 등, 철새와 야생동물 이동에 의한 인플루엔자, 광견병 등, 그리고 홍수로 인한 토양병인 탄저 등이 있습니다.

---

10) Lederberg, Joshua, and Robert Shope, eds. (1992). Emerging Infections: Microbial Threats to Health in the United States. Washington, DC: National Academy Press.
11) Morse, Steph, ed. (1993). Emerging Viruses. New York: Oxford Univ. Press.
12) White, David, and Frank Fenner (1986). Medical Virology. New York: Academic Press.

이처럼 사람이나 동물의 감염병 출현 증가 및 확산 요인은 세계화(지구촌), 무역 및 여행의 증가, 지형적 변화, 경제 및 생물학적 발달, 도시화, 토지의 이용과 동물 수의 변화와 더불어 기후변화에 의한 매개체(vector)의 분포 및 수, 조류 및 야생동물의 이동과 분포, 숙주(host) 밖에서의 병원체의 생존기간 등이 주요한 요인으로 지목되고 있습니다. 그 외에도 개발도상국에서의 급속한 도시화는 위생시설 미비나 물 부족 문제와 더불어 인구밀도 증가에 인한 감염병 전파의 증가요인으로 주목받고 있습니다.

중요한 인수공통감염병

인수공통감염병 원인균은 비교적 오래전부터 발견되었습니다. 이중 최근에 발견된 중요한 사례로 1991년에 물고기나 사람에게 결막염이나 신경학적 증세를 일으키는 미포자충(*Encephalitozoon hellem*)이 발견되었고 1997년에는 H5N1 조류인플루엔자바이러스가 발견되었습니다. 또한, 1999년에는 웨스트나일바이러스(West Nile virus)가, 그리고 2009~2010에는 H1N1 인플루엔자바이러스가 발견되었습니다. 표 3-2에 중요하게 발견된 인수공통감염병을 나타내었습니다.

최근에 유행한 주요 바이러스

사람과 동물 사이를 오가면서 전 세계적으로 전파되는 코로나바이러스, 신종플루와 조류인플루엔자바이러스와 같은 인플루엔자바이러스에 대해 알아보도록 하겠습니다. 2000년대 초반부터 주요 뉴스의 하이라이트로 자주 등장한 것은 바로 사스(Severe Acute Respiratory Syndrome, SARS) 환자에 관한 것이었습니다. 사스 코로나바이러스

표 3-2. 주요하게 발견된 인수공통감염병(1950-2011)

출현 연도(년)	병명
1951	한국형 출혈열 Korean hemorrhagic fever
1953	뎅기열 Dengue hemorrhagic fever
1953	치쿤구냐 출혈열 Chikungunya
1957	바베시아증 Human babesiosis
1965	라크로스 뇌염 La Crosse encephalitis
1967	장관 모두충증 Intestinal capillariasis
1968	폰티악열 Pontiac fever
1969	라사열 Lassa fever
1970	톡소플라즈마증 Human Toxoplasmosis
1975	라임병 Lyme disease
1976	에볼라열 Ebola fever
1976	재향군인병 Legionnaires disease
1977	성인 T-세포 백혈병 Adult T-cell Leukemia
1981	에이즈 AIDS
1982	대장균 O157감염 *Escherichia coli* O157:H7
1991	미포자충 *Encephalitozoon hellem*
1996	한타바이러스 폐증후군 Hantavirus Pulmonary Syndrome
1997	H5N1 조류인플루엔자 Avian Influenza (Type A/H5N1)
1999	웨스트나일 바이러스 West Nile virus
2002	사스코로나바이러스 SARS coronavirus
2003	H7 조류인플루엔자 Avian Influenza (H7)
2009	신종플루 Influenza (Type A/H1N1)
2011	장출혈성 대장균 Enterohemorrhagic *E. coli* (EHEC)

는 2002년 11월에 중국 광둥 성에서 첫 감염 환자가 발생한 이후 인근 홍콩, 싱가포르, 베트남 등은 물론 멀리 남미나 유럽까지 확산하였습니다(그림 3-4).

사스 사태 이후 최근 몇 년 동안에는 조류인플루엔자바이러스에 의한 사망 소식이 많이 보도되었습니다. 사실 조류인플루엔자바이러스는

1900년대 초에 이탈리아에서 처음 보고된 것인데 현재까지도 그 변종이 계속 보고되고 있는 특이한 바이러스입니다. 국내에서는 2003년 12월 10일부터 2004년 3월 20일까지 102일 동안에 10개 시군에 걸쳐 109건의 조류인플루엔자가 발생하였습니다. 이 때문에 가금류 500만 마리를 살처분하였고, 살처분 보상금 등 1,531억 원의 예산이 투입되었습니다. 2013년도 3월 중국 상하이시 안후이성에서 신종 조류인플루엔자 A (H7N9)에 의한 사망자가 처음 보고되었습니다. 이는 H7N9 바이러스가 처음으로 사람에게 발병한 예로 아직 이에 맞는 백신이 없는 상태입니다. 이 때문에 많은 사람이 공포에 떨었습니다. 그리고 2013년 6월에는 이탈리아에서 45세 남성이 신종 코로나바이러스에 감염된 것이 보고되었습니다.[13]

그림 3-4. 사스 감염 환자 보고

바이러스 병원체의 위력

1917년부터 1920년까지 스페인 독감에 의해 수천만 명이 사망하였습니다. 그 후 1957~1958년 사이에 다시 아시아 독감이 유행하여 1~4백만이 사망하였습니다. 2009년도부터 현재[14]까지 약 209개국에서 신종 플루 감염사례가 보고되었으며, 이 중에서 약 6,200여 명이 사망한 것으로 조사되었습니다.

과거부터 현재까지 다양한 인수공통감염 바이러스가 유행하였는데 이러한 바이러스는 그 유전자에 따라 DNA 바이러스, RNA 바이러스

13) http://www.cbc.ca/news/background/sars/
14) http://en.wikipedia.org/wiki/Influenza

로 분류됩니다. 현재 호흡기 질병을 유발하면서 전 세계적으로 유행하고 있는 바이러스들은 대부분 RNA 바이러스(RNA virus)로 인플루엔자바이러스나 레오바이러스 및 레트로바이러스 등이 있습니다. 이러한 RNA 바이러스는 복제 시 RNA를 사용하기 때문에 돌연변이가 더욱 빈번하게 발생합니다. 따라서 사람들이 RNA 바이러스의 대표적인 바이러스인 인플루엔자 등에 대해서는 매년 새로운 백신을 맞아야 합니다.

코로나바이러스(Coronavirus)

사스로도 불리는 중증급성호흡기증후군은 SARS-CoV라는 변종 코로나바이러스에 의해 유발되는 바이러스성 호흡기질병입니다. 사스는 2003년 2월 아시아에서 처음으로 보고되었으며, 그 후 불과 몇 개월 사이에 북미, 남미, 유럽 및 아시아의 26개국 이상으로 퍼져 나갔습니다.

코로나바이러스 표면은 왕관 같이 돌기가 삐져나온 모양을 하고 있는데 이 왕관(crown)을 라틴어로 코로나(corona)라고 하여 붙여진 이름입니다(그림 3-5). 또 다른 설명으로는 바이러스를 전자현미경으로 봤을 때 모양이 태양 외곽의 붉고 둥근 띠를 뜻하는 '코로나(corona)'와 비슷해 이런 이름을 붙였다고 합니다.

코로나바이러스에 의한 증상

코로나바이러스는 호흡기질병이나 위장염과 같은 증상을 일으키는데 성인에게는 감기 증상이 공통으로 나타납니다. 코로나바이러스의 한 종류인 사스코로나바이러스 감염은 고열(38℃ 이상)과 함께 시작되

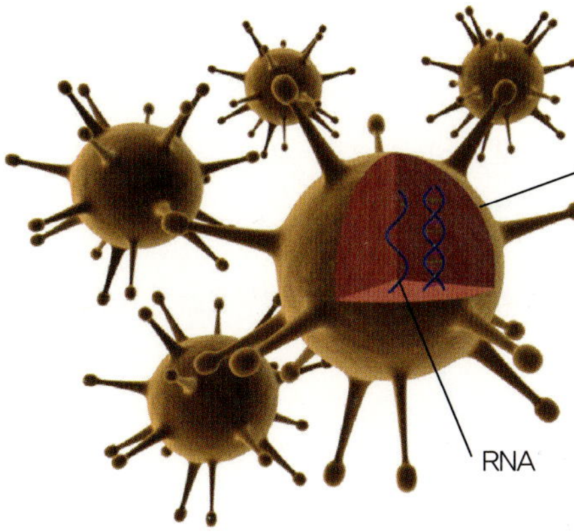

그림 3-5. 코로나바이러스

며, 그밖에 두통, 몸살, 근육통 증상이 동반됩니다. 어떤 사람에게는 처음에 경미한 호흡 곤란 증상을 나타내기도 하며, 10~20%의 환자는 설사를 경험하게 됩니다. 감염 후 2~7일이 지나면 마른기침을 하다가 대부분 폐렴으로 발전합니다.

코로나바이러스의 감염경로

코로나바이러스의 주 감염경로는 '근접 대인 접촉'에 의한 것입니다. 즉, 사스에 걸린 환자가 기침이나 재채기할 때 코로나바이러스를 유발하는 바이러스가 호흡기 미세입자에 섞여 튀어나와 공기 중(보통 3피트 이내)에 퍼져 근처에 있던 사람의 입, 코, 또는 눈 점막에 달라붙어 감염됩니다. 이 바이러스는 감염 미세입자가 묻어 있는 오염된 물체나 표면을 만진 손으로 입, 코 또는 눈을 만졌을 때에도 감염될 수 있습니다. 그 밖에도, 코로나바이러스는 공기를 통해(공기를 매개로) 더욱 널리 퍼지거나 아직 밝혀지지 않은 다른 경로로 감염될 수도 있습니다.

코로나바이러스 진단

일반적으로 코로나바이러스에 감염된 환자는 혈액검사 및 흉부 방사선 촬영, 객담, 대변검사 등의 기본적인 검사를 시행합니다. 코로나바이러스에 대한 항체를 검사하기 위한 효소면역 측정법을 사용할 수 있지만, 이 검사는 증상이 발생한 후 21일 정도 지나야 양성으로 나타납니다.

인플루엔자바이러스(Influenza virus)

인플루엔자(Influenza)는 인플루엔자바이러스가 유발하는 감염성 질병으로서 보통 독감(毒感, flu)이라고도 부릅니다. 인플루엔자라는 이름은 라틴어로 '영향을 끼치다'라는 뜻의 '인플루엔자(Influenza)'에서 유래되었다고 합니다. 인플루엔자는 RNA 바이러스인 오르토믹소바이러스과(*Orthomyxoviridae*)에 속한 5개의 속(屬, genus) 중 인플루엔자 A, 인플루엔자 B, 인플루엔자 C형으로 구별합니다.

인플루엔자 A형

종간(間) 감염을 통해 아주 큰 유행을 일으킬 수 있는 형으로서 인플루엔자 중 병원성이 가장 강합니다. A형은 항체의 반응 여부에 따라 다시 여러 개의 혈청형(아형)으로 나뉩니다. 표 3-3에 인간에게 독감을 일으키며 유행하였던 아형을 연도별에 따라 내림차순으로 기재하였습니다.

인플루엔자 B형

거의 인간에게만 감염성이 있으며, A형보다 드물게 출현합니다. B

표 3-3. 인플루엔자 A 바이러스의 특징

아형	특성
H1N1	1918년의 스페인 독감, 2009년의 전 세계적 독감 유행을 일으킴
H2N2	1957년에 아시아 독감을 일으킴
H3N2	1968년에 홍콩 독감을 일으킴
H5N1	2003년도부터 2013년 10월까지 648명이 확진 보고되고 이 중 384명(60%)이 사망함
H7N7	2003년에 네덜란드에서 89명이 확진 보고됨
H7N9	2013년 중국 광동지방에서 처음 보고되고, 2014년 1월까지 251명이 확진 보고되었으며, 이 중 56명(22%)이 사망함

형에 감염성을 가졌다고 의심되는 다른 동물은 물개와 유럽 족제비(ferret)입니다. 또한, B형은 A형보다 변이율이 2~3배 낮으며, 유전학적 다양성도 떨어져 단 하나의 아형만이 존재합니다. 낮은 항원의 다양성 때문에 B형은 숙주의 범위도 작고 범유행성도 일어나지 않는다고 알려져 있습니다.

인플루엔자 C형

인간, 개, 돼지에게 감수성이 있으나, 보통 아이들에게 가벼운 증상만을 나타내며, B형보다도 낮은 빈도로 출현한다고 보고되어 있습니다.

인플루엔자바이러스의 유행과 확산

인플루엔자는 다양한 종류의 인플루엔자바이러스들에 의해 나타나기 때문에 매년 새로운 특정 인플루엔자바이러스주가 유행할 수 있습니다. 보통 일 년에 두 번 플루 시즌(지구 반구당 한 번)이 있는데 이 때문에 전 세계적으로 3백만에서 5백만 명이 심각하게 앓으며 이 중 5십만 명이 사망합니다. 일례로 미국에서는 매년 대략 2십만 명이 인플루엔자로 입원하고 36,000명이 사망하는 것으로 알려져 있습니다.

돌연변이(항원소변이[antigenic drift]유발)나 유전자 재조합(항원대변이[antigenic shift]유발)에 의해 새로운 인플루엔자바이러스들이 현재에도 출현하고 있습니다. 돌연변이는 바이러스 표면에 있는 헤마글루티닌과 뉴라미니다제 항원에 작은 변화를 일으킬 수 있는데 이런 현상을 항원소변이(antigenic drift)라고 합니다. 항원소변이는 천천히 다양한 바이러스주를 만들다가 새로운 변종이 기존 바이러스주를 대체하면 급격히 퍼져 나갑니다. 그러나 항원소변이현상에 의해 생산된 바이러스주는 기존 바이러스주와 상당히 유사하므로 어떤 사람들은 면역성을 계속 유지할 수 있습니다. 반면에 항원대변이는 인간 인플루엔자바이러스가 다른 숙주(조류, 돼지 등)를 통해 완전히 새로운 항원을 지니게 되는 경우로 이 새로운 인플루엔자바이러스는 대유행을 일으켜 급속히 퍼질 것입니다.

인플루엔자바이러스가 유행하는 계절

인플루엔자 유행은 겨울에 최고조가 됩니다. 북반구와 남반구가 일년 중 다른 시기에 겨울을 나므로 1년에 2번 서로 다른 인플루엔자 유행기간이 있습니다. 이러한 점 때문에 세계보건기구는(국립 인플루엔자 센터의 도움을 받아서) 북반구와 남반구를 위해 매년 2종류의 백신제조를 권장하고 있습니다. 그러나 인플루엔자 유행이 왜 계절적으로만 일어나는지에 대해서는 아직 그 이유가 명확하게 밝혀지지 않았습니다.

인플루엔자바이러스 감염증상과 감염경로

일반적인 인플루엔자바이러스의 감염증상은 오한, 발열, 인후염, 근육통, 두통, 기침, 무력감과 불쾌감 등입니다. 독감은 이런 비특이적 증상의 정도가 몸살감기보다 심한 정도일 뿐, 치명적인 경우는 드무나, 종종 전격성 폐렴이나 라이증후군 같은 치명적인 합병증을 일으키기도 합니다.

감염경로는 감염자가 기침이나 재채기를 하면 바이러스가 함유된 연무질이 공중에 퍼지는데 근처에 있던 사람이 이를 흡입하면 감염됩니다. 그 외에도 조류의 배설물, 침, 콧물, 대변과 혈액으로도 감염될 수 있습니다.

이처럼 인플루엔자는 전 세계에 걸쳐 수천에서 수만 명이 사망하는 유행성 독감을 일으키는데 만일 여러 해에 걸쳐 전 세계적으로 유행(pandemic, 범유행성)할 때에는 보통 백만 명 정도가 사망합니다. 특히 20세기에는 새로운 인플루엔자변종바이러스에 의해 전 세계적으로 수천만 명이 사망했습니다. 이런 변종은 다른 동물에서 인간으로 감염이 일어날 때, 인간을 숙주로 삼는 종이 다른 동물을 숙주로 삼는 종에서 유전자를 받았을 때 자주 생깁니다. 1990년 아시아에 출현한 H5N1의 등장은 세계적 독감 유행에 큰 관심을 불러일으켰습니다. 2009년 4월에는 멕시코에서 H1N1의 변종이 출현하여 여러 국가로 번지자 국제보건기구(WHO)는 2009년 7월 11일에 이 유행을 '세계적 유행'으로 규정하였습니다.

신종플루

신종플루는 2009년 3월부터 전파되기 시작한 인플루엔자바이러스 A형 H1N1 아종의 변종에 의해 발생했습니다. 처음 발병한 지역은 멕시코 베라크루스 주를 포함한 3개 주였는데 불과 몇 주 만에 인접한 미국은 물론 유럽과 아시아로 빠르게 확산하였습니다. 그 결과 전 세계적으로 80,000명에 이르는 의심 환자가 나타나자 세계보건기구(WHO)는 결국 이들 모두를 신종 인플루엔자 의심 환자로 지정하였고 사태가 악화될 무렵이던 2009년 4월에는 이 병의 명칭을 확정하였습니다. 처음 이 병은 조류인플루엔자와 대비되는 돼지독감, 돼지인플루엔자 또는 swine influenza (SI)로 통용되었습니다. 그러나 역학 관계상 돼지와의 관련성이 명확히 밝혀지지 않은 가운데 이런 이름을 사용하는 것은 문제가 있다는 시각이 전 세계적으로 대두하기 시작하였습니다. 이에 세계보건기구에서는 돼지와의 연관관계를 알 수 없다고 보고, 이 병의 명칭을 H1N1 인플루엔자 A라고 결정하였습니다. 그러나 학계에서는 이 병과 돼지와 관련성이 명백히 존재한다며 이러한 주장에 반대하고 있습니다. 우리나라에서는 세계보건기구의 공식 명칭 결정 이후에도 편의상 신종인플루엔자 혹은 신종플루로 부르기로 하였으며, 뉴스와 언론 등에서도 이를 사용하고 있습니다.

신종플루 증상

신종플루에 걸리면 급성 열성 호흡기 증상(기침, 목 아픔, 콧물, 코막힘 중 하나)이 나타나는데 공통으로 발열이 동반됩니다. 그러나 신종플루 환자의 10~20%에서는 발열 증상이 없거나, 있더라도 증세가 미약하게 나타납니다. 또한, 오심, 무력감, 식욕부진, 설사, 구토 증상이 나타나기도 합니다.

조류인플루엔자바이러스(Avian influenza virus, bird flu, AI)

조류인플루엔자는 조류가 걸리는 감염병 호흡기 질병으로서 현재까지 알려진 모든 조류인플루엔자는 하나의 종(種)인 'A형 인플루엔자'에 속합니다. 조류인플루엔자바이러스는 1900년대 초 이탈리아에서 처음 보고되었으며, 전 세계적으로 확산할 수 있다고 알려졌습니다.

198종에 달하는 조류인플루엔자바이러스 혈청형 가운데 H7N7, H7N9, H5N1 등의 '고병원성'은 사람에게도 감염될 수 있어 위험합니다. 이 중에서도 2003년 겨울부터 아시아 지역에서 유행하고 있는 H5N1 인플루엔자는 이미 1997년에 홍콩에서 인체감염을 일으켜 18명이 감염되고, 이 중 6명이 사망했습니다.

조류에게 감염되는 병원성이 매우 높은 H5N1 (Highly pathogenic avian influenza A, HPAI A [H5N1]) 보통 "조류독감"으로 알려진 H5N1 인플루엔자를 초래하는데 남동아시아 지역에 있는 조류 집단에서 국지적인 유행성을 보입니다. 그러나 HPAI A (H5N1) 계통의 바이러스주는 점차 전 세계적으로 확산하는 동물 감염성(사람에서 사람에게는 전염 안 됨)이면서 대유행성(범유행성: 전 세계에 걸쳐 다양한 동물들에게 영향을 끼침)으로 수천만 마리의 조류를 감염시켜 죽게 하였습니다. 이 바이러스 확산을 방지하기 위해서는 보통 발병지역이나 그 주변에 사는 가금류를 매몰 처리합니다. 따라서 대중매체에서 흔히 말하는 조류인플루엔자는 주로 이 H5N1 바이러스종을 의미합니다.

조류인플루엔자바이러스의 감염경로

조류인플루엔자바이러스의 감염은 주로 철새의 배설물이나 호흡기 분비물 등에 의해 전파되는 것으로 알려져 있습니다. 하지만 아직 조류인플루엔자바이러스에 감염된 사람은 모두 양계업 종사자와 같이 닭, 오리와 밀접하게 접촉하는 사람들로서 감염된 조류를 먹어서 감염된 사례는 없습니다. 현재 사람에 감염된 H5N1의 치사율은 약 60%로 알려져 있습니다.

인수공통감염병원체가 유발하는 손실

최근 사람에서 신종플루, 조류인플루엔자, SARS 등 신·변종 인수공통감염병의 출현이 잦아지고 있습니다. 이러한 감염병은 동물에서 유행하던 병원체들이 어떤 원인으로 인해 종간 장벽(species barrier)을 넘어 사람에게 적응하는 단계로 나타나고 있습니다. 최근 몇 년 동안에는 새로운 종류의 감염병이 전 세계적으로 출현하여 커다란 사회적, 경제적 손실을 유발하고 있습니다. 먼저 인플루엔자는 산업 생산성을 떨어트리고 치료 목적의 비용 지출을 증가시킬 뿐 아니라 이를 예방하는 데에 필요한 간접 비용 지출을 증가시킵니다. 미국에서는 매년 계절 인플루엔자로 인해 약 100억 달러 정도가 쓰이지만, 만일 인플루엔자가 대유행할 경우에는 직간접적으로 수천억 달러에 달하는 비용이 지출될 것으로 추산되었습니다.

신종플루(Novel Influenza A/H1N1)

연구보고에 따르면 2010년 1월 10일 기준, 전 세계에서 신종플루로 사망한 사람의 수는 13,554명 이상으로 확인되었습니다(그림 3-6).[15] 우리나라에서는 2009년 5월에 첫 감염자가 확인된 후, 12월 7일까지 총 196명이 중환자실에 입원하였으며, 이 중 140명이 신종플루와 관련한 사망자로 확인되었습니다.[16]

15) 질병관리본부 신종플루 상황보고, 2010
16) 질병관리본부 감염병대응센터 역학조사과, 2009

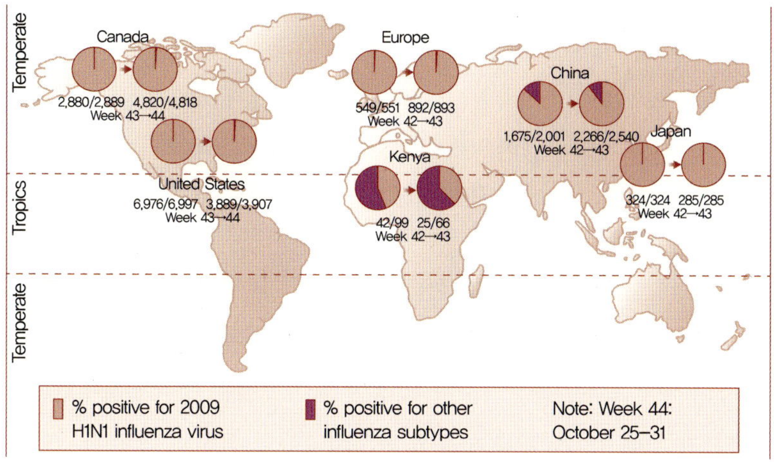

그림 3-6. 2010년도 범유행 신종플루 발생현황

이 같은 피해상황을 전제로 하여 아시아 개발은행(Asian Development Bank, ADB)에서는 신종플루가 대유행할 경우 우리나라 경제에 최대 381억 달러(수요 부분 363억 달러, 공급 부분 18억 달러)의 피해를 줄 수 있다고 전망하였습니다.[17]

조류인플루엔자(Avian flu, H5N1)

2003년 이후부터 2010년 5월까지 조류인플루엔자로 인하여 15개국에서 294명이 사망하였습니다. 비교적 적은 사망자 수에도 전 세계가 경각심을 곤두세우는 이유는 조류인플루엔자 감염증이 사람 간 감염으로 발전한 신종 인플루엔자를 대유행시킬 가능성이 높기 때문입니다. 다행히 국내에서 H5N1 조류인플루엔자에 사람이 감염되지는 않았지만 대신 동물에게는 3회에 걸쳐 발생하였습니다(표 3-4).

17) 보건복지부. 신종 인플루엔자 대유행 대비 계획, 2006년, 질병관리본부 용역 보고서. 2006년 12월

표 3-4. 대한민국에서 조류인플루엔자 발생현황 및 피해상황

발생시기	발생지(발생 건수)	피해상황
2003. 12-2004. 10	충북 음성(19건)	381개 농장, 560만수 살처분
2006. 11-2007. 3	전북 익산(7건)	460개 농장, 280만수 살처분
2008. 4-2008. 5	전북 김제(33건)	1,500여개 농장, 1,020만수 살처분

큰 피해가 예상되는 조류인플루엔자 때문에 2006년 1월 18일 중국에서 '조류와 인간 인플루엔자에 대한 국제 서약 회의'가 개최되었습니다. 이 자리에서 조류인플루엔자가 발생한 국가에서는 조류인플루엔자에 대항하기 위해 2억 달러를 사용하기로 서약했습니다.

코로나바이러스

2003년 중국에서 처음 발생한 중증급성호흡기증후군(Severe Acute Respiratory Syndrome, SARS, 사스)은 3개월 만에 29개 국가로 전파되어 774명이 사망하였습니다. 2003년 WHO에 보고에 따르면 이 여파로 약 700억 달러의 경제적 손실이 발생하였습니다.[18] 코로나바이러스는 인체감염뿐 아니라 여러 동물에게도 감염증을 유발합니다. 그중 돼지유행성설사병바이러스(porcine epidemic diarrhea virus, PEDV)와 전염성위소장염바이러스(transmissible gastroenteritis virus, TGEV)가 축산업 분야에서 치명적인데 만일 1주령 이내의 어린 돼지가 이에 감염되면 치사율이 50~90%에 이를 정도로 엄청난 경제적 손실을 일으킵니다.

앞으로의 과제

18) 2003년 세계의 경제적 손실 – 700억 달러, WHO 발표

종간 확산, 전파, 방역을 위한 국내 신·변종 병원체 및 유전자 확보

바이러스 범유행에 의한 피해는 바이러스의 감염력, 병원력에 영향을 받지만, 국가나 지역사회의 대응 정도에 따라서도 달라질 수 있습니다. 이를 위해서는 무엇보다 각종 동물에서 유행하는 인수공통감염병원체의 자원을 확보하여 유전자 특성을 사전에 파악해 두는 것이 매우 중요한 일입니다. 또한, 분석한 여러 유전자 특성으로 개별 동물마다 진화계통학적 DB를 구축하여 신종 인수공통감염병원체 출현에 대비해야 합니다.

신·변종 인수공통감염병원체의 신속 진단체계 구축

인수공통감염병원체 감염을 조기에 파악하여 확산을 방지하기 위해서는 질병을 빠르게 측정하고 현장에서 수집한 데이터를 중앙 집중적으로 취합, 분석, 감시할 수 있는 관리 시스템이 필요합니다.

또한, 다양한 감염경로가 있는 주요 인수공통감염병을 대상으로 병원체의 항원, 항체 및 유전자를 동시에 진단, 평가할 수 있는 바이오칩을 개발해야 합니다. 그동안 사용하던 면역효소측정법(ELISA), PCR, Rapid kit 등은 측정시간, 대량진단 및 숙련된 노동력 요구 등 여러 가지 단점이 있습니다. 앞으로 이러한 점을 해결한 면역진단기술이 개발되면 진단 시스템 분야에 혁신을 이룰 수 있습니다.

주요한 항바이러스 치료법 및 새로운 치료제의 필요성

인수공통바이러스 감염병 치료를 위해 현재 약 37종의 바이러스 치료제들이 사용되고 있습니다(표 3-5).[19] 이 중 에이즈 치료를 위해서

19) Erik, DC (2004) Antiviral drugs in current clinical use. J Clin. Virol. 30, 115-133

표 3-5. 임상에서 사용되는 바이러스 치료제

바이러스 종류	치료제
에이즈(HIV)	Zidovudine (AZT), Didanosine (ddT), Zalcitabine (ddC), Stavudine (d4T), Lamivudine (3TC), Abacavir (ABC), Emtricitabine ((−)-FTC), Tenofovir disoproxil (bis(POC) PMPA), Nevirapine, Delavirdine, Efavirenz, Saquinavir, Ritonavir, Indinavir, Nelfinavir, Amprenavir, Lopinavir, Atazanavir, Enfuvirtide
B형간염(HSV)	Lamivudine (3TC), Adefovir dipivoxil
허피스바이러스(HSV)	Emtricitabine, Acyclovir (ACG), Valaciclovir (VACV), Penciclovir (PCV), Famciclovir (FCV), Idoxuridine (IDU, IUdR), Trifluridine (TFT), Brivudin (BVDU), Ganciclovir (GCV), Valganciclovir (VGCV), Foscarnet, Cidofovir (CDV), Formivirsen
인플루엔자(IFA)	Zanamivir, Oseltamivir
DNA & RNA 바이러스	Ribavirin

17개 약제가 개발되어 사용되고 있으며 만성 B형간염 치료를 위해서 Lamivudine (3TC), Adefovir dipivoxil(헵세라), Entecavir(바라크루드)가 사용되고 있습니다. 또한, 허피스바이러스 치료를 위해 acyclovir를 포함하여 13종의 치료제가 사용되고 있으며 인플루엔자바이러스 치료에는 Zanamivir, Oseltamivir가 사용됩니다. 그 밖에 광범위의 DNA나 RNA 바이러스 감염 시에는 Ribavirin을 사용합니다.

SARS 치료제

Ribavirin은 SARS에 대한 주요한 바이러스 치료제입니다. Ribavirin은 핵산 analog로서 DNA 바이러스나 RNA 바이러스 감염질병치료제로 광범위하게 사용되고 있습니다. Ribavirn은 1974년 ICN Phamaceutical co.에서 합성한 핵산 analog입니다. Ribavirin은 ICN

Phamaceutical co. 외에도 Shering-Plough사, Roche사에서 생산 판매되고 있습니다.

Ribavirin은 현재 50 mg에 10달러로 판매되고 있으며, Ribavirin 단일 약제의 매출액이 전 세계적으로 5억 달러를 훨씬 상회하고 있습니다. Ribavirin은 미국 FDA로부터 승인받은 C형 간염치료제이며 C형 간염 외에도 독감 등의 호흡기질병에도 치료제로 사용되고 있습니다. Ribavirin은 중국과 캐나다 등지에서 SARS 치료에 주 치료제로 사용하고 있습니다. 호흡기 바이러스 관련된 질병을 갖는 어린이에게는 에어로졸 형태로 사용되고 있습니다.

SARS 부 치료제

부 치료제로 Interferon이나 Corticosteroid와 함께 사용되기도 합니다. 최근에는 Ribavirin의 효능을 향상시키는 첨가제로서 단백질 저해효소(Protease inhibitor) 개발이 시도되고 있습니다. 단백질 저해효소는 AIDS 치료제로 사용되는 약제들인데 SARS 치료에 단독으로 사용되는 경우는 드물고 Ribavirin과 같이 사용하면 치료효과가 더 나타난다고 합니다. 또한, 약용식물을 이용한 전통적인 한방제재들이 중국에서 사용되고 있습니다.

인플루엔자바이러스 치료제

뉴라미니다제 저해제가 현재 인플루엔자바이러스 감염 치료에 사용되는데 이 약은 독성이 거의 없고 매우 효과적이기 때문입니다. 미국 질병 통제 예방 센터는 2005~2006년 동안의 인플루엔자 시즌에 M2 단백질저해제(아만타다인 유도체)보다는 뉴라미니다제 저해제를 처방할 것을 권고했는데 그 이유는 높은 레벨의 약물 내성 때문이었습니다. 임신한 여성은 일반인보다는 2009년 H1N1 인플루엔자바이러스에 의해 더 심각한 영향을 받을 것으로 보이기 때문에 항인플루엔자 약물을 즉각 처방하는 것이 권고됩니다.

뉴라미니다제 저해제

오셀타미비르(상업명 타미플루)와 자나미비르(상업명 리렌자)와 같은 뉴라미니다제 저해제가 몸에서 인플루엔자바이러스가 퍼지는 것을 막기 위해 설계된 약물들입니다. 이러한 약물들은 인플루엔자 A, B 모두에 대해서 효과가 있습니다. 코흐레인 공동연구(The Cochrane Collaboration)가 이들 약물의 효능을 검증했고, 이 약들이 증상과 합병증을 완화한다고 결론 내렸습니다. 서로 다른 인플루엔자바이러스주들이 이들 항바이러스 약물들에 대해서 다른 정도의 내성을 보입니다.

M2 단백질 저해제

항바이러스 약물인 아만타다인(Amantadine)과 리만타다인(Rimantadine)은 인플루엔자 A 바이러스 이온 채널(M2 단백질)을 저해하고 바이러스가 세포를 감염시키는 것을 막는 역할을 합니다. 이러한 약들은 감염초기에 처방된다면 때때로 인플루엔자 A에 대해서 효과적이지만 인플루엔자 B에 대해서는 효과가 없다고 합니다. 그 이유는 인플루엔자 B 바이러스들은 M2 단백질을 갖고 있지 않기 때문입니다. 미국에서 얻어진 H3N2의 아만타다인과 리만타다인에 대해 측정된 내성도는 2005년에 91%로 증가하여 현재는 사용되지 않고 있습니다.

신종플루 치료제

신종플루 치료제들은 인플루엔자 치료제들을 사용합니다.

- 타미플루(Tamiflu): 스위스 제약회사 로슈(Loche)의 제품입니다.
- 리렌자(Relenza): 영국계 다국적 제약회사 글락소스미스클라인(GSK)의 제품입니다.
- 페라미비르(Peramivir): 미국 제약회사 바이오크리스트(BioCryst)의 제품으로 캡슐이 아닌 정맥주사 형태입니다.
- 라니나미비르(Laninamivir): 일본 제약회사 다이이찌산쿄(Daiichi Sankyo)와 호주 제약회사 바이오타(Biota)의 제품입니다.

조류인플루엔자바이러스 치료제

현재 조류인플루엔자바이러스 치료제로써 인플루엔자바이러스나 신종플루 바이러스 감염 시 사용하는 타미플루나 아만타다인 등을 사용합니다. 그러나 이러한 약제는 한계가 있다고 합니다. 왜냐하면, 타미플루는 실험실 실험에서 조류인플루엔자바이러스 자체를 죽이지는 못하고, 다만 증식을 못 하게 억제하는 것으로 확인됐을 뿐이며, 게다가 조류인플루엔자바이러스에 감염됐을 때 하루 이틀 사이에 복용해야만 효과를 볼 수 있기 때문입니다. 즉 초기에 사용하지 않으면 효과를 보기 어려우므로 막상 조류인플루엔자바이러스가 창궐했을 때 과연 얼마나 효과적으로 사용할 수 있을지 불투명하다는 것입니다. 또한, 고병원성 조류인플루엔자바이러스(H5N1)가 변이를 일으켜 타미플루 등 항바이러스제에 내성(耐性)을 나타낼 조짐을 보이고 있기 때문입니다.

맺음말

인수공통감염병은 사람과 동물에 상주하고 있다가 어느 순간 재앙적 수준으로 사람에게 문제를 일으킬 수 있습니다. 따라서 우리는 평소에 이들 인수공통감염병 예방을 위해서 가장 기본적으로 주변 환경을 청결하게 유지하여야 하며, 지속적인 병원체 및 유전자원을 확보하고 분석함으로써 이러한 위험을 대비하여야 합니다. 또한, 인수공통감염병의 조기 확산 방지 및 방역을 위한 진단 시스템 구축이 필요합니다. 그리고 현재 사용하고 있는 인수공통감염병 치료 약들에 대해서 내성이 생기거나 약효가 없는 것에 대비하여 새로운 약제 개발이 범국가적 차원에서 지속적으로 이루어져야 할 것입니다.

전문가의
Field Interview

아주대학교 의과대학 미생물학교실
교수
김경민

원인불명의 중증의 급성 호흡기증상(SARS; 사스)이 홍콩에서 전 세계로 퍼지자, 여러 나라 기관·의사·연구자 연합체는 박쥐유래 신종 코로나바이러스를 사스코로나바이러스로 명명하고 역학, 감염경로, 매개체를 밝혔다. 진단, 치료, 백신을 개발하였다. 약 10년 후인 2012년에 50% 사망률의 또 다른 중증 급성 호흡기증상 환자가 중동에서 발생하였다. 신속하게 구성된 연합체는 차세대염기서열분석법으로 인수공통감염의 머스코로나바이러스(MERS-CoV; Middle East respiratory syndrome coronavirus)를 밝힌 후, 역학, 감염경로, 매개체, 치료, 백신 및 기초연구를 하고 있다. AI 또는 살인진드기바이러스(중증열성혈소판감소증후군)등도 인수공통감염이다

4장 녹조와 미생물

Agal bloom and microorganisms

최근 한반도의 여름 날씨는 한낮 기온이 30℃를 넘는 고온현상이 장기간 이어지고 국지적으로 강한 호우가 내리는 양상으로 변화하고 있습니다. 그럼 이런 여름철 기후변화에 우리 강과 호수에는 어떤 영향이 나타날까요? 한여름에 비가 내리지 않고 무더위가 계속되면 강에는 녹조라는 불청객이 나타납니다. 예전에는 녹조가 특정 지역에 단기적으로만 나타나곤 하였지만, 최근에는 한 치 앞 물속도 들여다볼 수가 없을 정도로 심해지고 있습니다(그림 4-1). 또한, 발생하는 장소도 낙동강, 금강, 영산강, 한강 등 국내 주요 강 모두에서 동시 다발적으로 일

그림 4-1. 녹조로 뒤덮인 낙동강 물

어나고 있습니다. 강에 녹조가 이상증식하면서 물속 산소를 고갈시켜 물고기와 같은 수중생물이 폐사하여 악취가 진동합니다. 또한, 식수원까지도 위협받아 결국 이물을 이용하는 사람이 직간접적으로 피해를 보게 됩니다. 이번 장에서는 녹조가 무엇이고 녹조는 왜 일어나는지, 그리고 해결방법은 없는지 알아보도록 하겠습니다. 그리고 녹조미생물은 어떤 것들이 있으며 녹조에 대한 연구는 어떻게 이루어지는지에 대해서도 알아보겠습니다.

녹조의 정의

녹조는 한자어로 '綠潮'라고 표기합니다. 여기서 조(潮)란 한자어는 '밀려오다'라는 뜻이어서 흔히 조수(潮水)란 '밀물'을 말합니다. 즉, '녹조'는 초록 밀물이란 뜻으로 영어로는 'green tide'라고 합니다. 유사한 단어로 적조(赤潮)란 말이 있는데 이를 풀이하면 빨간 밀물쯤 되겠죠. 영어로는 'red tide'라고 합니다.

녹조의 발생기전

녹조는 수생 환경에서 현미경적 조류 미생물들의 숫자가 급격히 늘어나 물 표면에 녹색의 띠처럼 나타나거나 강이나 호수 바닥에 카펫처럼 나타나기도 합니다. 녹조는 주로 담수(fresh water)나 해수(marine water)에서 발생하는데 전형적으로 한 종류 또는 몇 종류의 식물성 플랑크톤(phytoplankton)인 조류(algae)가 녹조를 일으킵니다. 이러한 조류의 이상증식을 'agal bloom'이라고 하는데 고농도 조류의 색소 때문에 물의 색깔도 그 조류의 색조로 나타납니다. 조류성 이상증식은 물

1 mL 당 수백만 개의 미생물 개체가 들어있는 고농도 상태입니다. 조류의 이상증식은 대개 녹색을 띠지만 황갈색이나 적색을 띠는 경우도 있습니다. 이런 색의 결정은 이상증식을 일으키는 조류나 세균 종에 의해 결정됩니다.

녹조는 왜 녹색을 띠는가?

이 질문에 대해 대부분 '녹조니까 당연히 녹색이겠지.'라고 생각하겠지요. 그런데 '녹색을 띠게 하는 물질이 뭘까?'하는 근본적인 궁금증이 생깁니다. 겨울이 가고 봄이 오면 산과 들이 푸릇푸릇해지면서 5, 6월에 접어들면 대지는 온통 녹색으로 뒤덮입니다. 우리의 눈도 녹색을 보면 시원함을 느끼지요. 그것은 망막의 색소층 바깥쪽에 있는 색소단백질 로돕신(rhodopsin)이 있는데 단백질 옵신(opsin)과 색소 레티날(retinal)로 구성되어 있습니다. 이 cis-retinal이 500 nm의 녹색 파장 빛을 흡수하기 때문에 우리 눈은 편안함을 느끼지요. 이 망막색소는 채소 등을 섭취하여 얻은 베타-캐로틴(β-carotene)이나 비타민 A로부터 만들어집니다. 녹조도 당연히 식물처럼 광합성을 하는 미생물에 들어있는 색소 때문에 녹색을 띠는데 그 색소가 엽록소(葉綠素) 클로로필(chlorophyll)입니다. 클로로필은 '테트라피롤(tetrapyrrole)' 계열의 화합물입니다. 모든 물체는 고유한 빛의 파장을 흡수하거나 반사합니다. 태양광 중에서 유일하게 우리 눈에서 색을 인식할 수 있는 파장대가 400~700 nm의 짧은 범위의 가시광선입니다. 이 중에서 청색광(B)과 적색광(R)을 클로로필 화합물이 강하게 흡수합니다(그림 4-2). 그러면 빛의 삼원색인 RGB 중에서 G에 해당하는 녹색광은 흡수되지 않고 반사하므로 우리 눈에는 녹색으로 보이는 것입니다. 식물의 클로로필과

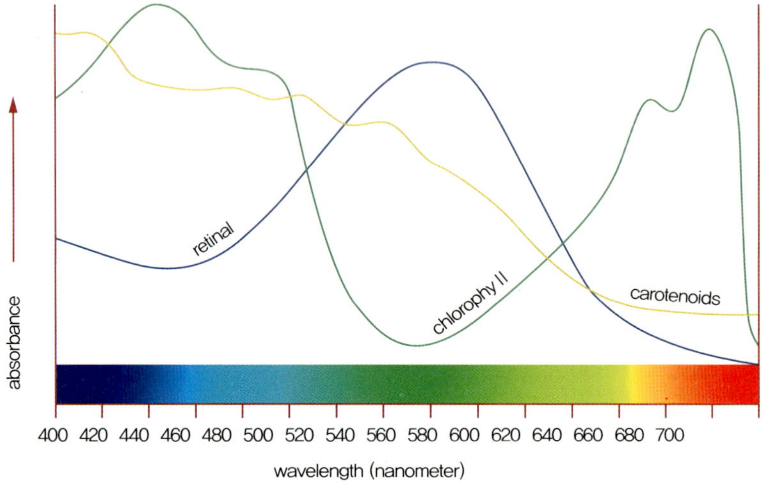

그림 4-2. 생체 색소분자의 가시광선 흡광 스펙트럼
(출처: http://theforcethat.blogspot.kr/2007/04/why-are-plants-green.html)

인간의 레티날 색소분자의 흡수와 반사의 궁합이 절묘하지 않나요?

만약에 녹색 빛까지 흡수하는 엽록소가 있다면 나뭇잎은 무슨 색으로 보일까?

모든 빛이 다 흡수되면 아무 빛도 반사되지 않기 때문에 검은색으로 보일 겁니다. 모든 빛을 다 흡수하는 블랙홀을 연상하시면 되겠습니다. 생각만 해도 검은색 나뭇잎으로 뒤덮인 칙칙한 산과 들을 바라본다면 기분이 그다지 좋진 않겠죠! 만약에 여러 개의 태양을 가진 지구 같은 행성(earth-like planet)이 있고 그곳에서도 식물이 자란다면 나뭇잎 색깔은 아마도 흑색이나 회색일 것이라고 영국 과학자들이 예측했습니다.[1] 반대 방향에 위치한 두 개의 태양을 가진 그 행성의 식물들은 낮과

1) Cynthia Graber, 2011, Apr, 22, Black plant life could thrive on other planets, Scientific American,.

밤이 없이 온종일 내리쬐는 광선 때문에 자신을 보호할 목적으로 자외선을 차단하는 시스템을 가지게 될 겁니다. 블랙 선탠하는 식물들을 연상하면 될 것 같습니다. 사실 지구상에서도 블랙 식물들이 몇 종 존재하기는 합니다.

앞서 빛의 흡수와 반사에 관해 이야기했는데 여기서 잠시 분광분석법(spectrometry)의 원리와 활용방법에 대해서 알아보도록 하겠습니다. 분광측정은 분광학(spectroscopy) 분야에서 사용하는 가장 기본적인 물질의 양을 측정하는 분석방법으로서 녹조미생물 연구에서도 많이 활용하고 있습니다.

분광학(spectroscopy)과 분광측정기(spectrophotometer)

미지의 분자 구조와 성질을 알아보기 위해서는 어떻게 해야 할까요? 분자 내의 에너지와 외부에서 쪼여주는 빛에너지 사이의 상호작용을 통해서 간접적으로 알아낼 수 있습니다. 원리는 다음과 같습니다. 외부로부터 분자에 빛에너지를 쪼여주면 회전(rotation), 진동(vibration)과 같이 분자 내 특정한 에너지의 파장만을 흡수합니다. 분자의 화학결합 상태나 구조적인 특성에 따라 흡수되는 정도가 달라져서 서로 다른 흡수 스펙트럼(absorption spectrum)을 나타냅니다. 이러한 성질을 이용하여 물질의 정성·정량분석(qualitative and quantitative analysis)을 할 수가 있습니다. 가장 대표적인 정성·정량분석 장치가 바로 분광측정기(spectrophotometer)입니다.

분광측정기는 어떤 물질의 반사(reflection)나 투과(transmission)의 특성을 파장의 함수로 표현하여 나타내는 정량 측정장치입니다.[2] 분광

2) Allen D et.al (2010) October 5. Spectrophotometry. Retrieved from http://www.nist.gov/pml/div685/grp03/spectrophotometry.cfm

측정은 가시광선(visible light)이나 근적외선(near far-red), 근자외선(near ultra-violet) 영역의 빛을 이용합니다. 분광측정기는 광측정장치(photometer)로서 광의 세기(light intensity)를 광파장의 함수로 나타냅니다. 분광측정의 중요한 요소는 분광 밴드폭(spectral bandwidth), 직선 구역의 흡수(absorption)와 반사(reflection) 등입니다. 분광기는 대개 용액상태의 시료를 투명한 큐벳(cuvette)에 담아 광원을 쏘아 투과된 빛의 양을 측정합니다. 그림 4-3은 단일 빔 분광기의 내부 모식도를 보여주고 있습니다. 광원으로부터 단색화 장치(monochromator)를 통해 큐벳 내 시료로부터 흡수 또는 투과된 광의 세기를 증폭해서 전기신호로 바꾸도록 구성되어 있습니다.

분광기를 이용한 실험의 한 예를 든다면 용액의 평형 상수(equilibrium constant)를 구할 때 사용됩니다. 용액 내에서 화학반응이 일어난다면 반응물이 생성물로 정방향으로 진행하기도 하고 생성물이 거꾸로 반응물로 분해되는 역방향으로도 일어납니다. 어떤 지점에서 화학반응은 평형점(equilibrium point)이라고 부르는 균형점에 도달합니다. 이 지점에서 반응물과 생성물의 상대적인 농도를 측정하는데, 이때 분광측정기를 이용하여 용액의 광 투과정도를 측정하면 화학반응의 상태를 알 수가 있습니니

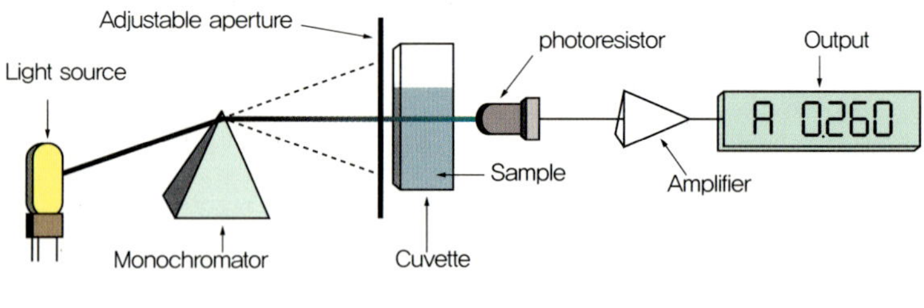

그림 4-3. 단일 빔 분광기(single beam spectrophotometer)의 내부구조
(출처: http://simple.wikipedia.org/wiki/Spectrophotometer)

다. 그 용액을 투과한 광량이 어떤 물질의 농도를 나타내는 지표가 됩니다.

물질의 정량분석을 하기 위해서는 비어-람버트 법칙(Beer-Lambert law)을 이용합니다.[3] 입사광이 흡수되는 정도(A)는 측정물질을 담은 큐벳의 두께(b)와 흡수된 물질의 농도(c)에 비례합니다(그림 4-4). 이를 수식으로 나타내면 다음과 같습니다.

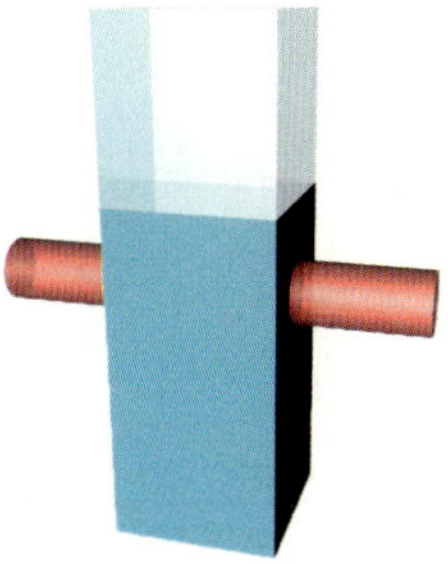

그림 4-4. 큐벳 안에 담겨 있는 용액에 빛의 입사 및 투과
(출처: http://departments.agri.huji.ac.il/zabam/UV-VIS.html)

$$A = -\log(I_1/I_0) = a \cdot b \cdot c$$

물질의 흡광도(absorption, A)는 용액 중에 입사하는 빛의 세기(I_0)와 투과 후의 빛의 세기(I_1)의 비율의 로그 함수값과 같습니다. 또한, 그 흡광도는 물질의 흡수계수(absorption coefficient, a)와 액층의 두께(b) 그리고 물질의 농도(concentration, c)의 곱으로 표현됩니다.

물질의 투과도(transmittance, T)는 투과광대 입사광의 세기의 백분율로 표현됩니다. 이를 식으로 나타내면 다음과 같습니다.

$$T = I_1/I_0 = 10^{-a \cdot b \cdot c}$$

따라서 위 두 식을 자세히 들여다보면, 흡광도(absorption)와 투과도(transmission)는 서로가 반비례 관계에 있음을 알 수 있습니다. 이 두 식을 통합하면 다음과 같이 됩니다.

3) J. D. J. Ingle and S. R. Crouch, Spectrochemical Analysis, Prentice Hall, New Jersey (1988)

$$A = -\log T \text{ 그러므로 } T = 10^{-A}$$

투과도와 흡광도의 눈금을 같이 비교하면 다음과 같이 표현됩니다.

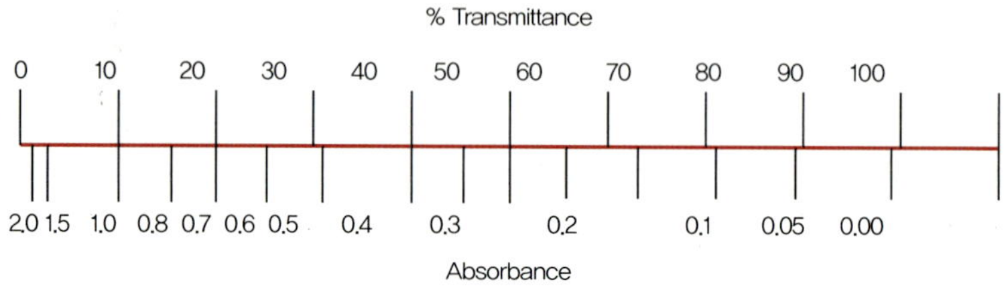

비어-람버트 법칙을 이용하여 클로로필의 함량을 측정하는 방법에 대해서 알아봅시다. 식물의 클로로필($\text{ch'll} - A$)는 663 nm에서 최대 흡수하고 클로로필($\text{ch'll} - B$)는 645 nm에서 최대 흡수합니다.

$$\begin{aligned} A_{645\text{nm}} &= a(\text{ch'll} - A, 645\text{nm}) \times b \times c(\text{ch'll} - A) \\ &\quad + a(\text{ch'll} - B, 645\text{nm}) \times b \times c(\text{ch'll} - B) \end{aligned}$$

$$\begin{aligned} A_{643\text{nm}} &= a(\text{ch'll} - A, 643\text{nm}) \times b \times c(\text{ch'll} - A) \\ &\quad + a(\text{ch'll} - B, 643\text{nm}) \times b \times c(\text{ch'll} - B) \end{aligned}$$

여기서, A는 흡광도, a는 흡광계수, b는 빛이 통과하는 큐벳의 길이(cm) 그리고 c는 색소농도(mg/ml)를 나타냅니다. 그리고 클로로필-A와 클로로필-B의 흡광계수(a)는 다음과 같습니다.

$$\begin{aligned} &a(\text{ch'll} - A, 645\text{nm}) = 16.75\text{ml/cm} \cdot \text{mg}, \\ &a(\text{ch'll} - B, 645\text{nm}) = 45.6\text{ml/cm} \cdot \text{mg} \end{aligned}$$

$$\begin{aligned} &a(\text{ch'll} - A, 663\text{nm}) = 82.04\text{ml/cm} \cdot \text{mg}, \\ &a(\text{ch'll} - B, 663\text{nm}) = 9.27\text{ml/cm} \cdot \text{mg} \end{aligned}$$

「수질 및 수생태계 보전에 관한 법률」에 따라 2회 이상 연속해서 클로로필-*A* 농도가 15 mg/m^3 이상이고, 남조류세포 수가 ml당 500개 이상이면 조류주의보, 클로로필-*A* 농도가 25 mg/m^3 이상이면서 남조류가 ml당 5천 개 이상이면 조류경보를 내린다고 합니다.

녹조를 일으키는 미생물

밝은색의 녹조는 주로 남조류(藍藻類, blue-green algae) 또는 남세균(藍細菌, cyanobacteria)에 의해서 발생합니다. 조류에 의한 이상증식(algal bloom)은 특정 미생물 종에 의해서 결정한다고 앞에서 설명했습니다. 수생 환경에서 이상증식은 원핵생물(procaryote)인 남세균(cyanobacteria)과 진핵생물(eucaryote)인 조류(藻類, algae)의 특정 종들에 의해서 나타납니다. 여기서 잠깐 조류에 대해서 정리하도록 하겠습니다. 자세한 녹조미생물 종은 이후에 자세히 설명하겠습니다.

조류(algae)란?

조류를 그냥 한글로 적으면 '조류(鳥類)' 인줄 알고 bird로 착각합니다. 여기서 한자어 조류(藻類)를 풀어보면 '물풀 종류'라는 뜻으로서 영어로는 'algae'라고 합니다. 원래 라틴어에서 유래된 말로 해초(seaweed)란 뜻입니다. 복수어는 'alga'라고 합니다.

조류(algae)는 크기가 크고 다양한 그룹의 전형적인 자가영양생명체(autotrophic organism)로서 단세포 개체부터 다세포 개체까지 매우 다양합니다. 거대 켈프 해초류(kelp)는 65 m 까지 생장할 수 있으며 물고기에게 서식처와 먹이를 제공하는 등 바다 생태계에서 중요한

그림 4-5. 미국 캘리포니아 몬터레이 해양수족관에 전시되어 있는 해초 켈프. 켈프는 3차원 다세포 엽상체(thallus)를 형성한다.
(출처: http://en.wikipedia.org/wiki/Algae)

위치를 차지합니다(그림 4-5). 조류는 대부분이 식물처럼 광합성을 할 수는 있으나 육상식물처럼 뚜렷한 세포나 기관의 유형이 불확실한 종들도 많이 있습니다.

조류(algae)라는 용어는 지금은 진핵생물(eucaryote)에 한정해서 부르기 때문에 원핵세포성 남세균(procaryotic cyanobacteria)를 남조류(blue-green algae)라고 부르는 것은 잘못된 명기입니다.[4] 모든 진정 조류는 막으로 쌓여있는 핵(nucleus)과 하나 이상의 막과 연결된 색소체(plastid)를 가지고 있습니다.[5] 조류의 기원은 다원발생군(polyphyletic group)으로서 공통의 조상을 가지고 있지는 않습니다. 다만 색소체는 하나의 단순 기원을 갖는 것으로 보고 있습니다.[6]

조류는 다양한 유형의 생식 도구를 가지고 있는 단순한 무성생식(asexual reproduction)으로부터 복잡한 유형의 유성생식(sexual reproduction)까지 다양합니다.[7] 거의 모든 조류는 광합성 기구를 가지고 있습니다. 남세균(cyanobacteria)은 홍색비유황세균(purple bacteria)이나 녹황세균(green sulfur bacteria)과는 달리 육상식물처럼 산소를 광합성의 부산물로 발생시킵니다. 화석화된 섬유상 조

4) Nabors, Murray W. (2004). Introduction to Botany. San Francisco, CA: Pearson Education, Inc. ISBN 978-0-8053-4416-5.

5) Allaby, M ed. (1992). "Algae". The Concise Dictionary of Botany. Oxford: Oxford University Press.

6) Patrick J. Keeling (2004). "Diversity and evolutionary history of plastids and their hosts". American Journal of Botany. 91, 1481-1493.

7) Smithsonian National Museum of Natural History; Department of Botany. http://botany.si.edu/projects/algae/introduction.htm

류(filamentous algae)는 대략 16~17억 년 전에 출현한 것으로 보고 있습니다.[8] 여기서 잠깐 남세균(cyanobacteria)과 녹조(綠藻, green algae) 그리고 적조(赤藻, red algae)에 대해서 간략히 알아보도록 하겠습니다.

그림 4-6. 서호주 샤크만(Shark bay)에 있는 살아 있는 남세균 화석 스트로마톨라이트
(출처: http://en.wikipedia.org/wiki/Stromatolite)

남세균은 최초의 유산소 광합성(oxygenic photosynthesis) 원핵미생물로서 약 35억 년 전에 지구상에 최초로 출현한 것으로 알려져 있습니다. 지금도 서호주 해변에 남세균 화석을 포함한 층상석회석(層狀石灰石)인 스트로마톨라이트(stromatolite)를 볼 수 있습니다(그림 4-6). 이 화석의 단면을 잘라 보면 35억 년 지구의 생물 역사가 고스란히 간직되어 있습니다.

남세균의 광합성 작용에 의해 원시 지구의 환원형 대기(reducing atmosphere)는 산화형 대기(oxidizing atmosphere)로 바뀌면서 산소에 민감한 생물 종들은 자취를 감추게 됩니다. 내공생 이론(endosymbiotic theory)에 따르면 식물이나 진핵생물 조류에 있는 엽록체는 내공생 과정을 통해 원시 남세균으로부터 진화한 것으로 보고 있습니다. 남세균의 서식처는 정말로 광활합니다. 해양, 담수, 습기 찬 토양이나 바위, 심지어 남극 바위 등, 지구상 어디에서도 살 수 있습니다. 남세균은 부유성 플랑크톤 세포(planktonic cell)나 광영양 필름(phototrophic film) 형태로 나타납니다. 여러분들 집에서 어항에 물

8) Bengtson, S.; Belivanova, V.; Rasmussen, B.; Whitehouse, M. (2009). The controversial "Cambrian" fossils of the Vindhyan are real but more than a billion years older. Proceedings of the National Academy of Sciences of the United States of America. 106, 7729-7734.

고기를 키워 보신 적이 있을 겁니다. 어항 속에 자갈을 깔고 인공 수초를 매달고 물고기를 키우면 약 한 달 정도 지나 어항 주변이나 돌 표면에 파란색 물때가 끼는 것을 본 적이 있을 겁니다. 그것이 바로 남세균입니다. 우리가 녹조(green tide)에서 보는 띠나 매트 형태가 바로 이런 남세균 군집을 말합니다. 남세균의 이상증식(cyanobacterial bloom)이 발견되면 대개가 독성물질을 뿜어내며 휴양지에서 발견되면 바로 폐장해야 합니다.

녹조(綠藻, green algae)는 진핵생물로서 형태가 현미경적 미세조류(microscopic algae)인 단세포성 녹조(unicellular algae), 군집형 편모체(colonial flagellates) 등이 있는데 대부분 세포 당 편모 두 개를 가지는 쌍편모류(biflagellates)들입니다. 또한, 구형(coccoidal form) 또는 섬유형(filamentous form) 녹조균 등도 존재합니다. 대형조류(macroscopic algae)는 맨눈으로도 형태 관찰이 가능한 해초가 여기에 해당합니다. 고등 육상식물에 가장 가까운 종들이라고 할 수 있습니다. 원생동물인 유글레나(Euglena)의 엽록체는 바로 녹조를 세포 내로 포획하여 만들어진 것이라고 합니다.[9] 먹고 먹히고 사육되는 생물의 세계는 정말 오묘할 따름입니다. 녹조의 엽록소 성분인 클로로필 a, b가 주 광합성 색소이고 베타-케로틴(β-carotene), 잔토필(xanthophyll)을 보조색소로 가지고 있어서 육상식물의 엽록소 성분과 유사합니다.

적조(赤藻, red algae)는 'Rhodophyta'라고도 불리는 가장 오래된 진핵 조류(algae)중의 하나입니다. 다세포 해양서식 적조는 대표적인 해초류입니다. 대부분의 적조는 유성생식을 합니다. 적조는 몸에서 탄산칼슘(calcium carbonate)을 뿜어내어 우리가 잘 아는 산호초(coral

9) Jeffrey D. Palmer, Douglas E. Soltis and Mark W. Chase (2004). The plant tree of life: an overview and some points of view. American Journal of Botany 91(10): 1437-1445.

reef)를 형성합니다. 적조가 붉은색을 띠는 것은 보조색소인 피코에리쓰린(phycoerythrin)을 가지고 있기 때문입니다. 피코에리쓰린은 청색광을 강하게 흡수하고 적색광을 반사하기 때문에 우리 눈에 적색으로 보이는 것입니다.

녹조의 발생원인

부유성 미세조류(식물성 플랑크톤, phytoplankton)는 수생생태계에서 가장 기본적이고 중요한 생산자 구실을 합니다. 식물성 플랑크톤은 빛, 이산화탄소, 유·무기 영양물질을 이용한 광합성 작용을 통해 생물자원(biomass)의 양을 늘려 생태계에 기본적인 에너지와 생체물질을 제공합니다. 식물성 플랑크톤의 생물자원 생산량을 결정하는 것은 적절한 광 조사(irradiation)와 영양공급(nutrient supply)입니다. 그러나 생물자원은 식물성 플랑크톤의 포식자(planktonic herbivore)에 의한 일차생산자를 잡아먹음으로써 그 수가 감소합니다. 따라서 생물자원의 총량은 이 두 가지 요소에 의해 결정되며 만약 두 요소의 균형이 깨어질 때, 즉, 일차생산자의 증식되는 수가 일차 포식자에 의한 제거되는 수보다 훨씬 많아지면 부유성 미세조류의 이상증식(blooming)이 나타납니다. 수계에서 수직방향의 물 순환(vertical mixing) 정도와 수세식 물을 밀어내는 속도(flushing rate)는 또 다른 조류의 이상증식에 영향을 미칩니다. 일반적으로 문제가 되는 녹조발생은 인위적이건 자연적이건 간에 영양공급의 과잉, 즉, 부영양화(eutrophication)에 의해서 식물성 플랑크톤이 이상증식을 하는 것입니다. 따라서 녹조발생은 이와 같은 물리적, 화학적 그리고 생물학적 요인들의 복합적인 작용에 의해서 일어난다고 할 수가 있습니다.

녹조의 위험성

녹조가 낀 강물은 그냥 보기에는 녹색 페인트를 풀어놓은 것처럼 보입니다. 그러나 이러한 녹조의 이상증식은 고약한 냄새와 맛, 수계 바닥의 탈산소환경(저산소증 hypoxia 또는 무산소증 anoxia)을 만들어 수질을 악화시킵니다. 또한, 녹조미생물이 만든 독성물질에 어류가 폐사하고 심지어 생태계 교란까지 일으키기 때문에 매우 위험합니다(그림 4-7). 또한, 상수원에 발생한 녹조는 정수처리과정에 영향을 미칠 수도 있어 이 물을 이용하는 사람이나 가축에게도 해를 입힐 수 있습니다.

녹조미생물의 이상증식은 물속의 유·무기 영양분을 잠식시켜 다른 미생물들의 먹이를 빼앗아 안정적인 수계 생태계 형성을 어렵게 만듭니다. 녹조발생은 물의 탁도(turbidity)를 증가시키고 무기탄소(inorganic carbon)와 다른 영양분을 고갈시켜 총체적인 생물자원량을 급감시킵니다. 이것은 부식과 악취가 나는 물 표면의 찌꺼기(scum)를 만들기도 합니다. 이러한 찌꺼기는 다양한 미생물 병원성을 제공하고 용존산소량을 떨어뜨려 저산소증(hypoxia, 용존산소량이 4 mg/mL 이하)이나 무산소증(anoxia, 산소가 완전히 고갈되어 대부분의 물고기나 갑각류에 치명적)을 발생시킵니다. 또한, 독성이 강한 황화수소(hydrogen sulfide)를 누출시켜 침전물로부터 영양분의 유실을 가속화시킵니다. 또한, 몇몇 이

그림 4-7. 녹조가 발생한 낙동강 하류지역에 떠다니는 죽은 물고기
(출처: http://www.ohmynews.com/NWS_Web/View/img_pg.aspx?CNTN_CD=IE001474127#IE001474127)

상증식을 만드는 미생물 종들은 독성물질을 만들어 무척추동물(동물성 플랑크톤 zooplankton), 지느러미성 어류종(finfish), 갑각류(shellfish) 그리고 척추동물들에게 치명상을 입힙니다. 따라서 이러한 상태는 심각하고 건강을 해치기 때문에 '유해성 조류이상증식(HAB, Harmful Algal Bloom)'이라고 합니다.

녹조를 일으키는 미생물

대부분 주요 담수산 조류들로서 유해한 종과 성가신 미생물 속(屬, genus) 등이 포함됩니다. 표 4-1에 나타낸 것과 같이 진핵세포인 녹조(green algae, Chlorophytes)와 와편모충(dinoflagellates), 지중조류(cryptophytes), 황금색조류(chrysophytes, 규조토 diatom 포함)와 원핵생물인 남세균(cyanobacteria)으로 구성되어 있습니다. 주로 남세균이 가장 심각한 녹조를 일으키는 종류입니다. 각 녹조미생물군에 대해서 알아볼까요.

녹조(Chlorophyta)는 지리학적으로 다양한 서식지를 가지고 있습니다. 주로 호수, 저수지, 개천, 강 등에서 볼 수 있습니다. 녹조류에는 미세 플랑크톤(단독생활, 콜로니상 또는 섬유상), 부착성 섬유성 조류, 거대조류屬 등이 있습니다. 부영양화 조건이 되면 고농도 조류가 나타나므로 부영양화의 지표로 쓰이기도 합니다. 매우 심한 부영양화 상태에서는 조류와 남세균이 함께 주요 우점종으로 나타납니다. 그런데 다행히 녹조류 중에서 독성물질이 있다는 보고는 아직 없습니다. 녹조의 이상증식은 뉴질랜드의 가장 큰 호수 타우포(Lake Taupo) 표면에 녹조 종류인 Botryococcus의 이상증식이 잘 알려져 있습니다(그림 4-8).

와편모충류(Dinophyta, Dinoflagellates)는 몸체에 두 개의 편모

표 4-1. 대표적인 담수산 조류이상증식(algal bloom)을 일으키는 녹조발생 미생물 군

계(Kingdom)/문(Phylum)	속(Genus)	이상증식 조건(Blooming Condition)
원핵생물(Prokaryota)/ Cyanobacteria	Anabaena Aphanizomenon Cylindrospermopsis Gloeotrichia Nodularia	인(P) 성분이 농축, 따뜻하며 층상구조, 장기간 유속이 느려지며 높은 광 조사량과 부영양화 환경
Cyanobacteria	Microcystis Oscillatoria Gomphosphaeria	질소(N)와 인(P)이 풍부하고 부영양화 조건, 따뜻하고 층상구조에 유속이 장기간 느려지는 환경
진핵생물(Eukaryota)/ Chlorophyta	Botryococcus Chlorococcus Sphaerocystis	질소(N)와 인(P)이 적절히 풍부하고 층상구조에 높은 광 조사량, 부영양화, 질소, 인이 농축된 환경
Pyrrhophyta (Dinophyta)	Ceratium Peridinium Heterocapsa Prorocentrum	질소(N)와 인(P)이 풍부하고 층상구조,약간의 저염성(oligosaline) 조건
Cryptophyta	Cryptomonas Rhodomonas	질소(N)와 인(P)이 풍부하고 부영양 조건에 약간 저염상태의 층상구조
Chrysophyta	Chromulina Chrysochromulina Dinobryon Mallomonas Prymnesium	질소(N)와 인(P)이 풍부하고 높은 질소 농축환경, 독성이 있고 층상구조 환경

(출처: Hans W. Paerl et al., 2001 The Scientific World 1, 76-113)

그림 4-8. 뉴질랜드 타우포 호수에서 발견되는 Botryococcus 이상증식
(출처: http://gas2.org/2010/05/10/originoils-pond-scum-algae-biofuel-needs-less-pond-gets-more-scum/)

(flagellum)가 달려 있어서 운동성이 매우 활발한 단세포 분류군입니다. 와편모충류는 대부분 플랑크톤이며 광 조사가 원활한 수표면 근처에서 주로 발견됩니다. 대부분의 와편모충류는 클로로필(chlorophyll)과 카로티노이드(carotenoid) 색소를 가지고 있어서 광합성을 할 수가 있습니

다. 가끔 색소가 없는 종도 있는데 이들은 직접적으로 용해된 유기물을 이용하거나 세균이나 다른 조류 등을 섭식하는 타가영양방식으로 살아갑니다.[10] 와편모충류는 빈영양(oligotrophy)이나 과영양(hypereutrophy)의 다양한 영양환경에서 서식합니다. 와편모충류의 이상증식은 영양원이 풍부한 심해수와 광 조사량이 풍부한 물 표면으로의 빠른 수직 이동성 능력에 있습니다. 당연히 두 개의 편모로 열심히 노를 저으니 그렇겠지요. 이 종들은 다양한 색깔의 녹조현상을 보여줍니다. 연한 녹색, 황색, 적색, 갈색 등을 나타내는데 이것은 다양한 카로티노이드 색소가 있어서 그렇습니다. 특이한 경우는 담수에서도 '적조(red tide)'가 나타나는데 그것은 바로 이 종들이 만들어 낸 것입니다. 대부분의 와편모충류는 비독성이지만 일부 독성과 저산소증을 띄는 종이 있는데 소금기가 있는 강어귀에 Dinophysis 같은 와편모충류가 나타납니다(그림 4-9).

지중조류(Cryptophyta)는 이름에서 말하는 것처럼 'crypto-' 숨어

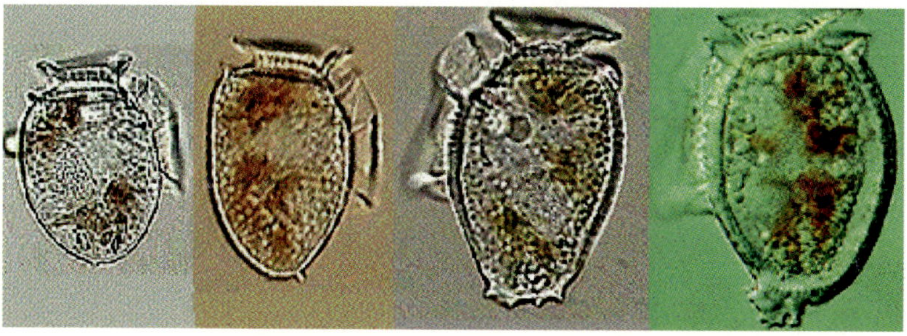

그림 4-9. 독성을 띄는 와편모충류 Dinophysis acuminata
(출처: http://www.smhi.se/oceanografi/oce_info_data/plankton_checklist/dinoflagellates/dinophysis_acuminata.htm)

10) Canter-Lund H, Lund JWG (1995) Freshwater Algae: Their Microscopic World Explored. Biopress Ltd. Bristol.

지내는 조류란 뜻입니다. 지중조류는 운동성 플랑크톤 조류로서 광자가영양(photoautotroph)으로 성장합니다. 이 종류는 호수나 유속이 느린 강, 하구 염분이 낮은 지역에 서식합니다. 전형적으로 이 조류의 이상증식은 늦은 겨울에서 봄 사이에 주로 나타나며 여름과 가을에는 규조류(diatom), 녹조류, 와편모충류 그리고 남세균 등이 우점종으로 나타납니다. 특히, 와편모충류와 함께 지중조류의 이상증식은 '담수 적조(freshwater red tide)' 형태로 나타납니다. 다행히 지중조류에서도 인간에게 치명적인 독성물질은 아직 알려진 것이 없습니다.

황금색조류(Chrysophyta)는 광영양, 단세포성, 군집성, 섬유상 생물 종 등을 구성하며 카로티노이드 색소가 풍부해서 황금색이나 갈색을 띱니다. 많은 속(屬)은 플랑크톤이며 운동성이 있고 편모나 뮤신(mucin) 분비를 이용해서 이동합니다. 황금색조류는 광범위하고 다양한 담수 서식지에서 주로 발견됩니다. 담수나 소금기가 있는 영양분이 많은 수중에서 Prymnesium은 다수 종으로 축적되어 나타납니다. 이들 속의 조류들은 아가미가 있는 동물들에게 영향을 주는 잠정적 독소를 생산합니다. 일례로 1988년 발트해(Baltic sea) 염수에서 질소원이 증가하면서 Chrysochromulina polylepis의 이상증식이 일어났습니다.[11] 이 때문에 물고기와 갑각류에 독성이 나타남은 물론 연이어 대규모 연어 폐사를 유발하는 등 한마디로 생태계에 재앙과도 같은 일이 벌어졌습니다.

남세균(Cyanobacteria)은 앞에서 여러 차례 언급한 대로 가장 널리 퍼져있고 가장 문제가 되는 담수산 녹조이상의 원인 미생물입니다. 남

11) Aksnes DL, Anure J, Furnes GK, Skjoldal J, Saetre Rr (1989) Chrysochromulina polylepis bloom in Skagerrak, May 1988. Environment and possible causes. Bergen Scientific Centre Publication No. BSC 89/1.

세균은 원핵미생물로서 25억 년 전에 산소발생 광합성 작용으로 무산소 지구대기를 유산소환경으로 바꿔 놓은 생태계의 가장 커다란 변화를 이끈 미생물이기도 합니다. 또한, 질소고정(nitrogen fixation)도 가능한데 海産 질소고정 남세균(marine nitrogen-fixing cyanobacteria)은 대기 중의 질소 분자를 생물이 질소원으로 사용 가능한 형태인 암모니아로 바꿀 수 있는 질소고정효소(nitrogenase)를 가지고 있습니다. 질소원은 단백질을 만드는데 필수 원소이므로 생물의 생장에 필수 원소입니다. 이러한 환원형 질소인 암모니아는 질산염(nitrate)이나 아질산염(nitrite) 형태의 질소화합물로 변화하여 생체 내에서 질소대사 생화학반응에 이용됩니다.

이렇게 고마운 남세균인데도 어떤 종은 독성 화합물을 만들어내고 이상증식을 통해 수질을 심각하게 오염시키며 수산양식업 등의 산업에도 피해를 입히며 가축과 인간의 목숨까지 노리는 무시무시한 존재로 나타나기도 합니다. 표 4-2에 독소물질을 만들어 내는 남세균 종류에 대해

표 4-2. 남세균 독소 화합물의 종류와 독소를 생산하는 남세균 종

독소 종류		독소 생산 남세균 종
Biotoxins	Anatoxin-a	Anabaena, Aphanizomenon, Oscillatoria (Planktothrix)
	Cylindrospermopsin	Aphanizomenon, Cylindrospermopsis, Umezakia
	Microcystin	Anabaena, Aphanocapsa, Hapalosiphon, Microcystis, Nostoc, Oscillatoria (Planktothrix)
	Nodularin	Nodularia(소금기 있는 물)
	Saxitoxin	Anabaena, Aphanizomenon, Cylindrospermopsis, Lyngbya
	Lyngbyatoxin	Lyngbya(해산)
	Aplysiatoxin	Schizothrix(해산)
Cytotoxins		담수산, 해산 남세균

(출처: Hans W. Paerl et al., 2001 The Scientific World , 76-113)

서 정리하였습니다. 남세균의 이상증식은 간독성, 인간의 암 유발 그리고 죽음까지도 몰고 간다고 합니다. 생태학적으로 문제를 일으키는 남세균 독소에 대해서는 차후에 자세히 알아보도록 하겠습니다.

해로운 녹조를 일으키는 남세균의 종류

가장 문제가 되는 담수산 녹조의 원인균은 두말할 것도 없이 남세균입니다. 과량의 영양원이 담수계에 누출되면 대표적인 남세균 Anabaena, Aphanizomenon, Lyngbya, Microcystis, Nodularia 그리고 Oscillatoria 속 등이 이상증식을 하게 됩니다. 최근 전 지구적으로 부영양화(eutrophication)에 따라 급속 이상증식하는 남세균의 정확한 생태에 대해서 자세한 연구가 더 필요합니다. 우리나라의 녹조 원인균에 대한 정확한 미생물 생태조사 및 연구도 필요합니다. 대표적인 남세균 속을 좀 더 분류하면 질소를 고정할 수 있는 능력의 유무로 세분화할 수 있습니다. 독성 화합물을 만들어내는 질소고정 남세균 속으로는 Anabaena, Ahanizomenon, Cylindrospermopsis, Gloeotrichia, Nodularia 등이 있으며(그림 4-10) 질소고정을 하지 않는 남세균 속으로는 Microcystis, Oscillatoria, Lyngbya 등(그림 4-11)이 있습니다. 이들 남세균 속들은 유럽, 남아프리카, 호주, 뉴질랜드, 브라질, 콜롬비아, 캐나다, 미국 등의 호수나 저수지, 강, 소금기 있는 수계 등지에 발견됩니다. 특히, 미국에서의 남세균 이상증식은 큰 강 유역이나 호수 주변, 바다 해안 등지에서 규모가 점차 커지고 있다고 합니다. 문헌에 의하면 1980년대 후반 플로리다 북동 호수에서 섬유상 질소고정 남세균 Cylindrospermopsis의 이상증식이 보고되었습니다.[12] 또한, 미시간

12) Chapman AD, Schelske CL (1997) Recent appearance of Cylindrospermopsis (Cyanobacteria) in five hypereutrophic Florida lakes. Journal of Phycology. 33, 191-195.

그림 4-10. 주요 남세균 이상증식의 대표적인 질소고정 남세균
왼쪽(Anabaena flos-aquae와 Anabaena spiroides), 가운데(Aphanizomenon flos-aquae), 오른쪽(Nodularia sp.) (출처: Hans W. Paerl et al., 2001 The Scientific World 1, 76-113)

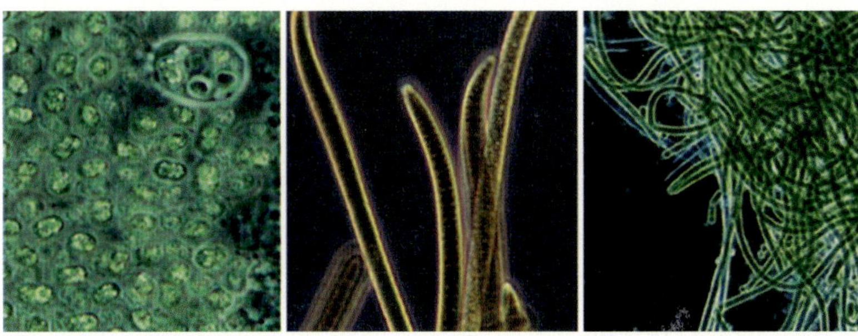

그림 4-11. 주요 남세균 이상증식의 대표적인 질소 비고정 남세균
왼쪽(Microcystis aeruginosa), 가운데(Oscillatoria sp.의 filaments), 오른쪽(뭉쳐있는 Lyngbya sp.의 filaments) (출처: Hans W. Paerl et al., 2001 The Scientific World 1, 76-113)

호에서 처음으로 질소고정 남세균 Nodularia의 이상증식 현상이 나타나기도 하였습니다.[13)]

그렇다면 녹조를 발생시키는 환경적인 요소로는 어떤 것들이 있을까요? 그리고 이들 요소는 인간의 활동과 어떻게 연관되어 있을까요? 녹

13) MacGregor BJ et al., (2001) Microbiological, molecular biological, and stable isotopic evidence for nitrogen fixation in the open waters of Lake Michigan. Environmental Microbiology. 3(3), 205-19.

조를 발생시키는 요인을 자세히 열거해보면 다음과 같이 대략 열 가지 정도 됩니다. 하나씩 차근차근 알아볼까요.

- 질소(nitrogen)와 인(phosphorus)
- 유기물질(organic matter)
- 철(iron)과 미량원소(trace elements)
- 전도도(conductivity)와 염도(salinity)
- 수계의 교란상태(turbulence)
- 강물의 머무름(residence) 또는 세척(flushing) 시간
- 물기둥의 수직 층상화(vertical stratification) 및 안정성
- 미생물, 경쟁자와 소비자와의 상호작용
- 인간의 개입과 종의 치환(displacement)
- 기후변화(climate change)

질소와 인은 생물의 생육에 매우 중요한 원소들입니다. 질소는 이미 언급한 것처럼 단백질 구성의 주요 원소이고 인은 유전물질의 핵심 원소들입니다. 따라서 이들은 빠른 증식을 하기 위해서는 많은 양의 단백질합성과 DNA 합성이 필요하므로 이 두 가지 원소의 유입은 절대적입니다. 일반적으로 질소와 인의 공급이 증가하면 부영양화(eutrophication) 현상이 일어납니다. 가속화된 질소와 인의 공급은 일차생산율의 증가를 수반하며 무척추동물(invertebrate)이나 어류(fish)와 같은 이차적인 소비자(secondary consumer)의 증가를 초과할 수가 있습니다. 이렇게 사용되지 않은 과량의 유기물질들은 축적되어 조류성 플랑크톤의 이상증식(algal phytoplanktonic bloom)으로 나타나 대

량의 산소를 소모하면서 부패가 시작됩니다. 따라서 수질의 악화와 인간의 건강을 해치는 원인이 됩니다.

또한, 부가적으로 악취와 독성물질의 생산, 저산소증(hypoxia) 또는 무산소증(anoxia)을 유발하게 됩니다. 이러한 조류의 이상증식이 장기화되면 수질악화로 인한 거주지의 황폐화로 연결됩니다. 저산소증 또는 무산소증은 갑각류(shellfish)와 아가미성 어류(finfish)의 생존율(mortality)을 떨어뜨리는 주요 원인이 됩니다.[14] 산소를 필요로 하는 고등동물들에게 스트레스로 나타나며 질병과 기생충 감염의 민감성(susceptibility)을 증가시키게 됩니다.

인(phosphorus)에 의한 부영양화는 질소고정 남세균과 질소 비고정 남세균의 증식과 깊은 관계가 있습니다. 강물의 장기간 머무름 시간이 지속되고 물 표면의 온도가 주기적으로 20℃가 넘어가고 수계의 수직적 층상화가 지속되면 나타납니다. 질소와 인의 상대적 비율이 바뀌면 녹조발생 미생물 균총의 변화는 어떻게 나타날까요? 질소와 인의 몰비율(molar ratio)이 15 이하가 되면 남세균의 이상증식이 가장 민감하게 나타난다고 합니다.[15] 질소와 인의 비율이 20을 넘어가게 되면 질소를 고정하지 못하는 진핵세포성 조류(eucarytotic algae)가 주로 이상증식을 한다고 합니다.[16] 이들 질소-인 비율의 기준은 주기적으로 물기둥의 층상화되어 있고 장기간 물 흐름이 약 한 달 이상 길어지면 나타납니다. 담수와 달리 해수는 질소 원소가 부족하고 해양 바닥 침적물(oceanic sediments)에는 인이 풍부합니다. 따라서 해양 한가운데서 녹조의 이상증식은 일반적으로 잘 나타나지 않습니다. 대신 질소가 농

14) Winn R, Knott D (1992) An evaluation of the survival of experimental populations exposed to hypoxia in the Savannah River Esturary. Marine Ecology Progress Series. 88. 161-179.

15) Smith VH et.al. (1990) Nitrogen, phosphorus and nitrogen fixation in lacustrine and estuarine ecosystems. Limnol Oceanogr 35. 1852-1859.

16) Smith VH et.al. (1983) Low nitrogen to phosphorus ratios favor dominance by blue-green algae in lake phytoplankton. Science 221, 669-671.

그림 4-12. 핀란드 남부 해안가에 나타난 담수산 남세균의 이상증식 Nodularia 종의 이상증식이 해양표면에서 발생

축된 강어귀나 해안 가장자리에는 녹조의 이상증식이 나타납니다(그림 4-12).

남세균의 이상증식에 영향을 미치는 요인을 크게 묶으면 물리적, 화학적, 생물학적 요인으로 구분하여 생각해 볼 수 있습니다. 물리적인 요소로는 온도, 광 조사량, 교란과 혼합 그리고 물 흐름 머무름 시간 등이 있다. 온도는 15℃ 이상이 되면 남세균 증식이 활발해지고 20℃가 최적 온도가 됩니다. 많은 녹조유발 미생물들은 높은 광 조사 조건을 선호합니다. 대부분의 녹조미생물들은 넓은 범위에서 낮은 상태의 교란과 혼합 상태를 선호합니다. 당연히 물 머무름 시간도 길어질수록 녹조가 더 잘 생기게 됩니다.

화학적 요인으로서 질소와 인은 가장 중요한 원소로서 질소와 인 원소 모두 풍부하면 질소 비고정(non-N_2-fixing) 녹조미생물들이 번성하며 상대적으로 인 원소가 풍부하면 질소고정 남세균(N_2-fixing cyanobacteria)이 번성합니다. 해양의 바닥 침전물에는 인이 풍부하므로 해산 남세균 종류 중에 질소고정하는 종들이 많습니다. 대기 중의 질소 분자를 암모니아로 고정할 수 있는 남세균이 전체 약 70% 정도를 차지한다고 합니다. 미세영양분 중에서 금속이온은 생장에 필요합니다. 그중에서 철은 특히 광합성에 필요한 금속원소입니다만 다른 금속원소(Cu, Mo, Mn, Zn, Co) 등은 필요는 하지만 제한 요소로 작용하지는 않습니다, 용존 무기탄소(dissolved inorganic carbon, DIC)

는 식물성 플랑크톤 성장을 제한합니다만 남세균에서 DIC는 반드시 필요한 요소로 작용하지는 않습니다. DIC 제한과 높은 pH의 담수는 남세균의 이상증식에 유리하게 작용합니다. 용존 유기탄소(dissolved organic carbon, DOC)는 많은 녹조발생 남세균이 이용할 수 있으며 DOC가 풍부한 담수에서 쉽게 증식합니다. 염도(salinity)는 그 자체로 남세균의 이상증식을 제한하지는 않습니다. 몇몇 이상증식을 형성하는 남세균 Anabaena, Microcystis는 염수에서는 자라지 못하며 남세균 Nodularia 속은 염에 내성을 가지고 있습니다.

생물학적 요인으로는 포식자, 타 미생물과의 상호작용 그리고 고등 동식물과의 공생 등으로 나눠 볼 수 있습니다. 남세균 입장에서는 포식자가 먹기 어려운 섬유상과 콜로니상이 생존에 유리하며 포식자인 동물성 플랑크톤에 독성을 갖는 남세균 속이 유리합니다. 남세균-세균의 연합적 상호작용은 남세균의 성장과 이상증식 형성을 증진시킵니다. 상호작용 방식은 아마도 독소 화합물을 포함한 특정 화학물질에 의해 매개 되는 것으로 추정됩니다. 어떤 남세균과 원생생물(protozoa)간의 상호작용은 상호간에 유익한 공생관계로 나타납니다. 남세균을 목표로 하는 바이러스와 타 세균과의 적대적 관계에 대한 증거도 있습니다. 그러나 이상증식을 조절하기 위한 일반적인 기작은 어떠한지 아직 잘 모릅니다. 남세균과 일반 세균과의 먹이에 대한 경쟁은 계속 존재하며 경쟁적 기작이 있을 가능성이 있습니다. 남세균은 더 나아가 조류, 고사리 그리고 관속 식물과의 내공생관계(endosymbiosis)를 형성할 수 있습니다. 공생관계의 많은 경우가 질소고정 능력이 있는 남세균을 선호합니다. 이상의 남세균 이상증식에 대한 외부 요소를 모식화하면 그림

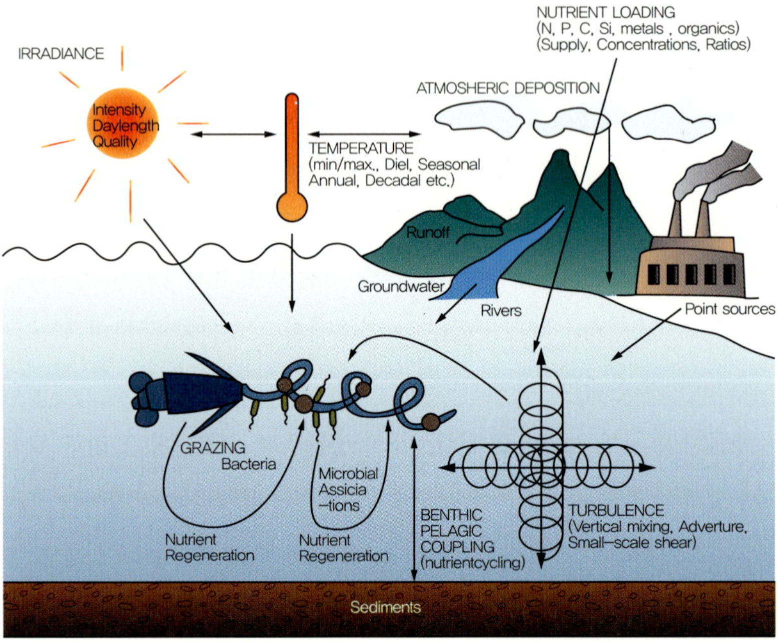

그림 4-13. 남세균 이상증식을 나타내는 시간과 공간상에서 물리적, 화학적 그리고 생물학적 환경과 상호작용 관계를 나타내는 모식도(출처: Hans W. Paerl et al., 2001 The Scientific World 1, 76-113)

4-13과 같습니다. 그렇다면 녹조미생물 균총들은 어떻게 분석을 할까요? 미생물군집의 종식별 방법에 대해서 알아보겠습니다.

16S rRNA 유전자 염기서열 분석을 통한 녹조미생물 균총 분석

녹조를 일으키는 미생물 종들을 확인하는 방법은 개별 미생물 종들을 분리, 순수 배양하여 생리적 특성이나 현미경적 형태 등을 관찰하는 표현형 분석법이 있습니다. 그러나 외형적 관찰에는 한계가 있으며 오류를 범할 가능성이 있고 시간도 오래 걸립니다. 분자생물학적 방법을 이용하면 좀 더 체계적이고 대량의 녹조미생물 균총(microbial flora)을 분석할 수 있습니다. 녹조시료로부터 DNA를 추출한 후, 특정 유전자의 염기서열을 분석해서 데이터베이스를 이용하여 종을 검색·식별합니다. 남세균에 속하는 녹조미생물균 동정 방법으로는 16S rRNA 유전자의 염기서열이 가장 널리 이용되고 있습니다.

미생물의 16S rRNA 유전자의 염기서열 분석은 계통분류학 연구에서 가장 이상적인 분자마커로 사용됩니다. 이 방법은 배양이 어렵거나 배양이 안 되는 원핵미생물인 세균(bacteria)이나 고세균(archaea)에 대해서도 동정이 가능합니다. 16S rRNA 유전자는 단백질합성의 필수 인자인 리보좀(ribosome) 구성성분인 RNA를 만들어내며 모든 원핵미생물에 존재하고 미생물사이의 변이정도를 측정함으로써 연관관계를 밝힐 수 있습니다. 16S rRNA 유전자는 약 1,550 bp의 길이를 가지고 있으며 변이 부위와 보존 부위가 번갈아 나타납니다. 특히, 16S rRNA의 변이 부위는 종 특이적인 부위로서 유전자증폭방법(polymerase chain reaction)을 이용하여 특정 DNA 단편을 증폭하여 염기서열을 비교분석합니다. 현재, 유전자 뱅크에는 약 2천만 개 이상의 염기서열이 등록되어 있고 그중 9,000개 이상이 16S rRNA 유전자 염기서열입니다.

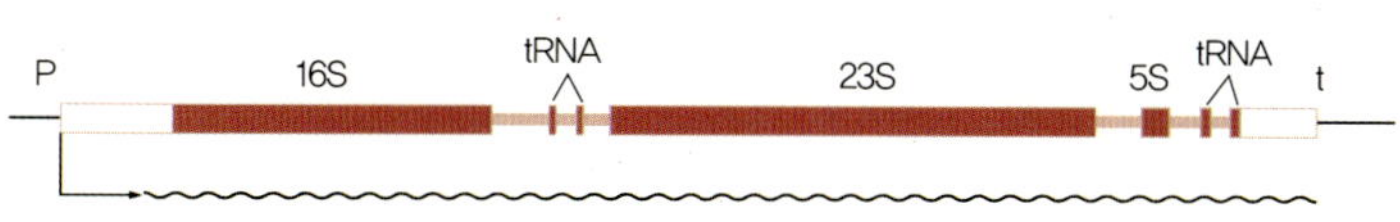

[세균의 염색체의 rRNA 오페론 구조. 일반적으로 16S-23S-5S rRNA 구조를 가지고 있다.]
(출처: http://sandwalk.blogspot.kr/2008/01/ribosomal-rna-genes-in-bacteria.html)

유전자의 염기서열을 분석하는 Sanger sequencing으로 대표되는 1세대 분석법에 이어 최근에는 Pyrosequencing, Solexa, SOLiD, Ion Torrent, PacBio 등과 같은 차세대 대용량 염기서열분석법(next-generation sequencing)이 급속하게 발전하고 있습니다. 대용량 염기서열분석법을 이용하여 연구자들은 더욱 경제적이고 신속하게 다양한 환경에 존재하는 원핵미생물의 16S rRNA 유전자를 비롯하여 유전체(genome), 메타지놈(metagenome), 메타트랜스크립톰(metatranscriptome)을 분석할 수 있게 되었습니다. 이제 연구자들은 환경에 존재하는 엄청난 양의 유전자 염기서열을 확보할 수 있게 되었고, 이제까지 알지 못했던 미지의 유전자 염기서열을 대량으로 분석하기 위해 생물정보학(bioinformatics)의 필요성이 대두하였습니다.

그러나 16S rRNA 유전자의 염기서열만으로 미생물 동정에는 한계가 있습니다. 예를 들면 병원성 미생물 Bacillus anthracis, Bacillus thuringiensis, *Shigella* spp. 등은 16S rRNA 유전자 염기서열만으로는 완전하게 종식별이 불가능합니다. 이 경우에는 다른 항존 유전자(rpoB, gyrB, groE) 등을 이용합니다. 녹조 남세균에도 16S rRNA 유전자 염기서열로 확인이 안 되는 종이 존재할 가능성이 있습니다. 두 번째는 가장 큰 데이터베이스인 GenBank에서도 검증되지 않은 염기서열들이 등록되어 있기 때문에 단순 비교 시 잘못된 동정결과를 얻을 수도 있습니다. 그러므로 검증된 16S rRNA 유전자만이 등록된 EzTaxon-e (http://eztaxon-e.ezbiocloud.net)와 같은 분류학적으로 정리가 잘 되어 있는 데이터베이스를 기반으로 분석할 유전자의 염기서열을 분석할 필요가 있습니다.[17] 세 번째는 미생물 종 동정의 기준이 아직까지 명확하지가 않습니다. 신규 미생물 종을 정의하는데 DNA-DNA 교잡(DNA-DNA hybridization)결과 30%이나 average nucleotide identity (ANI)값 5% 이상의 상이성으로도 신종으로

17) Kim, O.S., Cho, Y.J., Lee, K., Yoon, S.H., Kim, M., Na, H., Park, S.C., Jeon, Y.S., Lee, J.H., Yi, H., Won, S., Chun, J. (2012). Introducing EzTaxon-e: a prokaryotic 16S rRNA Gene sequence database with phylotypes that represent uncultured species. International Journal of Systematic and Evolutionary Microbiology. 62, 716-721.

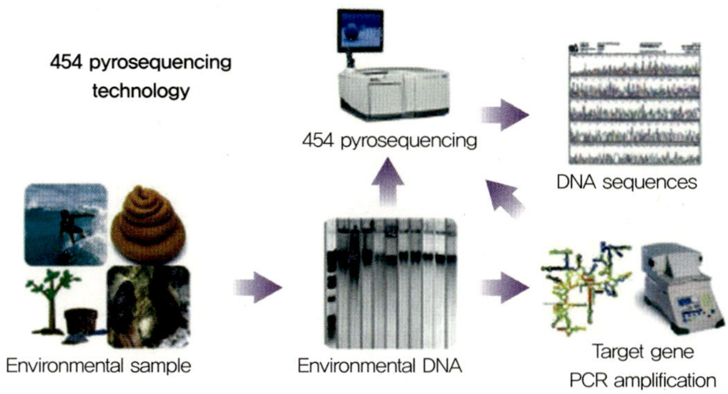

[차세대 대용량 염기서열분석법을 이용하여 DNA를 분석하는 실험 과정](출처: Roh SW et al. (2010) Trends Biotechnol. 28(6), 291–9)

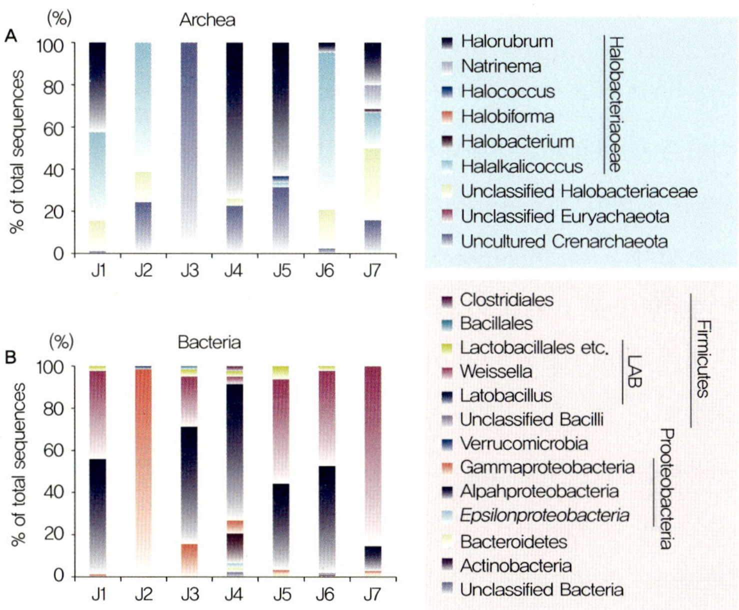

[대용량 염기서열분석법과 16S rRNA 유전자를 이용하여 분석한 7종류의 젓갈 샘플(J1–J7)의 고세균(A)과 세균(B)의 군집 구조](출처: Roh SW et al. (2010) ISME J. 4(1), 1–16)

규정하지만, 세균별 염기서열 변화 속도가 서로 달라 보편적 기준점을 정하기가 어렵습니다. 따라서 최근에는 이러한 점들을 보완한 다양한 분석방법들이 개발되어 녹조미생물 균총을 대량으로 분석하고 있습니다.

남세균에 속하는 녹조미생물 균총의 종 분석은 16S rRNA 유전자의 염기서열을 분석하여 질소고정과 질소 비고정 남세균들을 계통분석 할 수가 있습니다. 또한, 질소고정 남세균들은 분자상(分子狀) 질소를 환원시켜 암모니아화하는 질소고정의 핵심 효소인 nitrogenase를 코딩하는 nifH 유전자를 가지고 있어서 대기 중의 질소 분자를 암모니아로 환원시킬 수 있습니다. 따라서 nifH 유전자의 염기서열을 비교 분석하여 유전적 상동관계를 나타낼 수도 있습니다(그림 4-14). 그러므로 이러한 분자생물학적 방법을 이용하면 남세균 종의 종류와 질소를 고정할 수 있는 남세균 종이 다양한 수계에서 관찰이 가능하며 질소고정 환경이 어떤 곳을 선호하는지에 대해서도 알 수가 있습니다.

남세균에 의한 녹조현상의 가장 심각한 점이 바로 독소물질입니다. 정말로 남세균 독소(cyanotoxin)에 의한 인명 피해사건이 있었을까요? 1996년 2월 브라질 카우아루(Cauaru) 지역의 한 병원에서 혈액투석 치료를 받던 환자 50명이 동시에 사망한 사건이 있었습니다. 사망 원인은 이 환자들이 마신 음용수가 문제였는데 병원 수돗물의 원수로 사용하는 저수지에 독성 남세균이 번식하여 정수시설 필터와 환자의 혈청 그리고 환자의 간 조직에서 대표적인 남세균 독소인 마이크로시스틴(microcystin)이 검출되었습니다.[18] 마이크로시스틴의 독성은 어

18) Jochimsen EM, Carmichael WW, An JS, Cardo DM, Cookson ST, Holmes CE, Antunes MB, de Melo Filho DA, Lyra TM, Barreto VS, Azevedo SM, Jarvis WR. (1998) Liver failure and death after exposure to microcystins at a hemodialysis center in Brazil. New England Journal of Medicine. 338, 873-878.

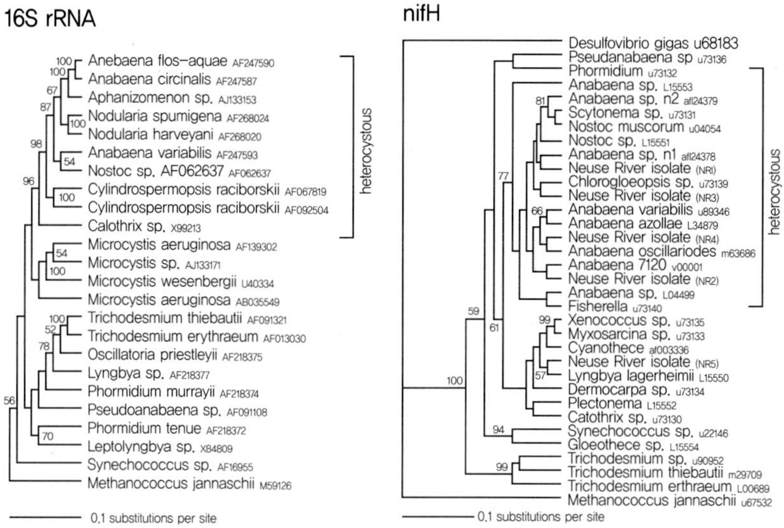

그림 4-14. 녹조 남세균 종들의 유연관계. 남세균의 16S rRNA 염기서열 기반의 계통수(왼쪽)와 nifH 유전자의 염기서열에 기반을 둔 계통수(오른쪽). 남세균간 상관정도는 neighbor-joining dendrogram으로 표시하였다.
(출처: Hans W. Paerl et al., 2001 The Scientific World 1, 76–113)

느 정도나 될까요? 치사량은 대개 50%를 죽일 수 있는 LD50 (lethal dose of 50% fatality) 값으로 나타냅니다. 마이크로시스틴의 LD50가 25~60 μg/kg으로서 독가스로 알려진 시안가스(cyanide gas)의 LD50가 4 mg/kg과 비교해 봐도 그 위력을 짐작할 수 있습니다. 이외에도 1979년 호주 퀸즐랜드 팜아일랜드(Palm Island, Queensland)에서 148명이 간염유사 질환(hepatoenteritis)에 걸린 보고도 있었습니다. 그 원인은 근처 솔로몬 댐(Solomon dam) 식수원에 과량의 황산구리(copper sulfate)가 유입되어 남세균 Cylindrospermopsis raciborkii의 이상 증식에 의한 남세균 독소 cylindrospermopsin 때문임이 밝혀졌습니다.[19] 남세균 독소에 의한 최초의 보고는 1878년 남아프리카 머레이강

19) Schembri MA, Neilan BA, Saint CP (2001) Identification of genes implicated in toxin production in the cyanobacterium Cylindrospermopsis raciborskii. Environmental Toxicology. 16, 413-21.

(Murray River) 입구 담수호인 알렉산드리아호(Lake Alexandria)에서 독성 남세균이 이상증식하여 이 물을 마신 가축들이 떼죽음 당했다는 것이 최초의 보고입니다.[20] 이외에도 남세균 독소물질에 의한 야생동물들의 사망 보고는 계속 나타나고 있습니다. 우리나라에서 아직 녹조로 인한 피해사고가 없다는 것이 그나마 다행입니다만 계속적인 관심이 필요합니다.

남세균 독소는 주로 간독성, 신경독성 그리고 피부독성 등으로 나타납니다. 간독성물질은 담수나 약염 호수에 서식하는 남세균 독소입니다. 간독성물질인 microcystin은 7개의 환형 펩티드이며 noduralin은 5개의 환형 펩티드 형태를 가지고 있습니다(그림 4-15). 자연

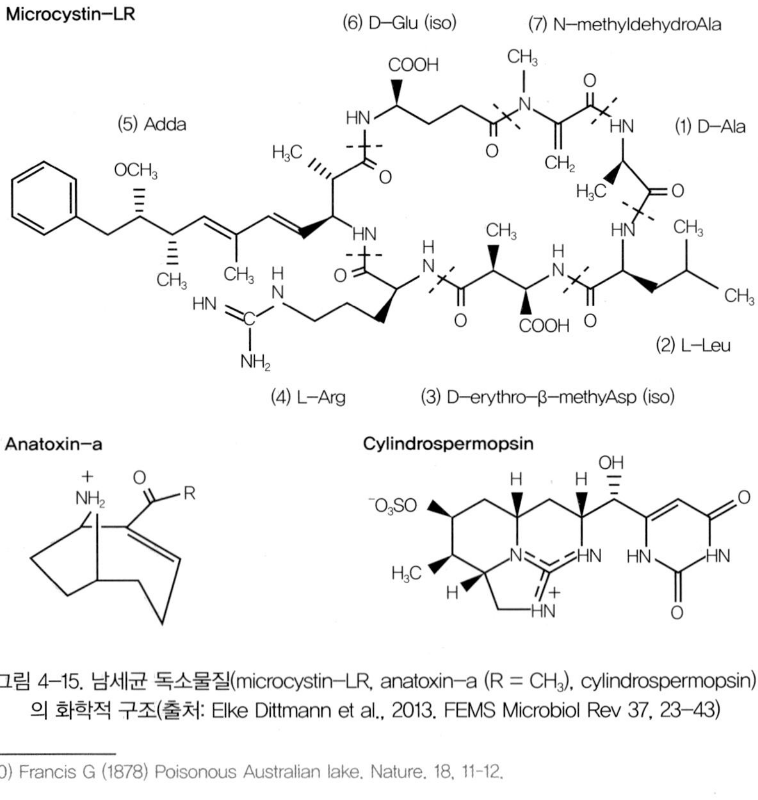

그림 4-15. 남세균 독소물질(microcystin-LR, anatoxin-a (R = CH_3), cylindrospermopsin)의 화학적 구조(출처: Elke Dittmann et al., 2013. FEMS Microbiol Rev 37, 23-43)

20) Francis G (1878) Poisonous Australian lake. Nature. 18, 11-12.

계에서는 이들 남세균 간독성물질의 변형체들도 매우 다양합니다. Cylindrospermopsin은 펩티드가 아닌 특이한 알카로이드계 간독성물질입니다.

남세균의 신경독성물질은 anatoxin-a와 homoanatoxin-a가 있는데 신경전달물질인 아세틸콜린(acetylcholine)처럼 비슷한 효과를 나타냅니다. Anatoxin-a (S)는 항 acetylcholinesterase 물질이며 saxitoxin은 신경세포의 세포막 sodium channel을 차단시켜 버립니다. 해수산 저서형 남세균(benthic cyanobacteria)은 심각한 피부질환을 일으키는데 aplysiatoxin, debromoaplysiatoxin 등은 단백질 인산화효소(protein kinase C)를 활성화시켜 종양의 성장을 촉진합니다.[21] Lyngbyatoxin A는 사람에게 노출되면 심각한 구강과 위장관 부위에 염증(inflammation)을 유발합니다. 남세균 독소의 또 다른 위해성은 대부분 남세균 독소물질에 대한 해독제(anecdote)가 없다는 것입니다. 남세균 독소의 위해성을 미리 파악하고 대처하기 위해서는 남세균 독소의 정확한 분석방법을 갖춰야 할 것입니다. 남세균 독소물질을 측정하는 방법에 대해서 알아보도록 하겠습니다.

남세균 독소 측정방법(Rapid Detection Methods of Cyanotoxins)

녹조가 발생한 수원에서 녹조시료를 채취하여 독성물질을 추출하고 안정되며 재현성이 높고 정확하고 정밀한 분석방법들을 소개하고 수계안전 지침으로 지정하고 있는 감도 한계 농도까지 측정하는 방법을 중심으로 소개합니다.

남세균 독소물질을 측정하기 위해서 우선 남세균 종 확인과 녹조 지속기간

21) Carmichael WW (1997) The cyanotoxins. Advances in Botanical Research. 27, 2111-256.

그리고 환경적 요인 등을 함께 감시해야 합니다. 전체 독소물질 함량은 용해성 독소(세포외 배출)와 입자성/결합형 독소(세포 용혈시 세포내부로부터 용출)의 합으로 표현됩니다. 먼저 녹조 원액 시료를 필터용질로 걸러 세포 내부 독소와 여과액을 농축하여 용해성 독소로 분리하여 분석합니다.

[남세균 전체독소 추출 전처리과정. Total toxin = Intracellular toxin (particulate/bound toxin) + Extracellular toxin (dissolved-phase toxin)]

세포내부 독소 추출을 위한 일반적인 세포파쇄 방법은 다음과 같습니다.

- 연속적인 급속 냉동 및 해동 과정(Sequential Freeze and Thaw Cycles)
- 초음파 파쇄(Sonication)
- 냉동 건조(Freeze Drying)
- 비등법(Boiling)
- 고압가마처리(Autoclave)
- 화학제/효소제 처리(Chemical and Enzymatic Treatment)

남세균 독소 측정방법은 크게 생물학적 분석법과 크로마토그라피 측정방법 등이 있습니다.

- 생물학적 측정법(Biological Assays)
  - 동물실험: 실험동물 mouse에 주입하여 생존성 측정
  - 효소면역분석법: ELISA (Enzyme-linked immunoabsorbent assay)
  - 단백질 탈인산화효소 억제 측정: PPIA (Protein Phosphatase Inhibition Assays)

– 신경화학 측정: acetylcholinesterase–기반 측정

- 크로마토그라피 측정법(Chromatographic Methods)
  - 가스 크로마토그라피(Gas Chromatography) / 불꽃이온화 측정(Flame Ionization Detection) 또는 질량분광기(Mass Spectrometry)
  - 박막 크로마토그라피(TLC, Thin Layer Chromatography)
  - 액체 크로마토그라피(Liquid Chromatography) / 자외선–가시광선 측정(Ultraviolet–Visible Detection): HPLC 또는 LC/UV
  - 액체 크로마토그라피(Liquid Chromatography) / 형광(Fluorescence)
  - 액체 크로마토그라피(Liquid Chromatography) / 이온포획 질량분광기(Ion Trap Mass Spectrometry)
  - 액체 크로마토그라피(Liquid Chromatography) / 비행시간 질량분광기(Time–of–Flight Mass Specctrometry)
  - 액체 크로마토그라피(Liquid Chromatography) / 단일 사중극자 질량분광기(Single Quadrupole Mass Spectrometry)
  - 액체 크로마토그라피(Liquid Chromatography) / 삼중 사중극자 질량분광기(Triple Quadrupole Mass Spectrometry)

남세균 독소 종류별 측정 가능한 분석방법을 표로 정리하면 다음과 같습니다.

	Anatoxins	Cylindrospermopsins	Microcystins	Nodularins	Saxitoxins
Biological Assays (Class–specific methods)					
Animal test (mouse)	Yes	Yes	Yes	Yes	Yes
PPIA	No	No	Yes	No	No
Neurochemical	Yes	No	No	No	Yes
ELISA	–	Yes	Yes	Yes	Yes
Chromatographic Methods (Compound–specific methods)					
Gas Chromatography					
GC/FID	Yes	No	No	No	No
GC/MS	Yes	No	No	No	No
Liquid Chromatography					
LC/UV or HPLC	Yes	Yes	Yes	Yes	Yes
LC/FL	Yes	No	No	No	Yes
Liquid Chromatography combined with Mass Spectrometry					
LC/IT/MS	Yes	Yes	Yes	Yes	Yes
LC/TOF/MS	Yes	Yes	Yes	Yes	Yes
LC/MS	Yes	Yes	Yes	Yes	Yes
LC/MS/MS	Yes	Yes	Yes	Yes	Yes

생물학적 측정방법은 종에 따라 특이성을 보인다. 실험동물의 독성실험은 비특이적이며 대개 최종점(endpoint)인 사망여부로 측정한다. 단백질 탈인산화효소 억제 측정(PPIA) 방법은 단백질 탈인산화효소(protein phosphatase)의 억제 작용은 microcystin이 보이므로 microcystin 특이 측정법이다. 신경화학 방법은 주로 신경독소인 anatoxin, saxitoxin에 대해서만 측정할 수 있다. 효소면역분석법(ELISA)은 독소 항체를 혼합하여 면역화학 방법으로 동시 측정이 가능하다.

크로마토그라피 방법은 화합물 종에 따라 특이성을 보인다. 기체 크로마토그라피(GC) 방법은 주로 anatoxins에 대해서 측정할 수 있는데 유도체화(derivatization) 과정이 필요하다. 액체 크로마토그라피(LC) 방법은 다양한데 함께 용출되는 매질(matrix)과 간섭작용을 나타낸다. LC와 질량분석기 혼용장치는 모든 독소의 질량값을 측정하기 때문에 화합물 종에 상관없이 측정할 수 있다. 가장 정확한 질량값 측정을 위해서는 LC/TOF/MS가 가장 최적의 방법이며 두 번째 특이성을 보이는 방법은 LC/IT/MS 방법이다. 남세균 독소 외에 악취를 풍기는 대표적인 화합물로서 geosmin과 2-methylisoborneol은 반휘발성(semi-volatile)이기 때문에 GC/MS 방법으로 측정한다.

분석 데이터의 질을 보장(QA, Quality Assurance)하고 질적 수준관리(QC, Quality Control)를 위하여 야외실험과 랩에서의 실험으로 나누어 생각해야 한다. 야외실험을 하기 위해서는 먼저 시료 채취하러 야외에 가기 전에 실험설계 시 가장 면밀하게 전체적인 그림을 조망해야 한다.

- 뱅크: 시료 채취 이전에 시료회수장치가 오염이 안 되었는지를 먼저 살펴야 함
- 분열식 시료 중복: 복수개의 시료를 나눠 채취하는 것은 실험실에서 실험 데이터를 평가하기 위함
- 현행/연속 시료 중복: 이런 유형의 복수개의 시료 채취 방법은 환경과 야외에서의 시료 채취의 변이를 평가하기 위함

- 스파이크식 시료 반복: 시료 내 존재하지 않는 표지물질을 섞어주는 spiking 중복실험은 야외에서 분석물질의 손실 또는 회수율을 검증하기 위해 사용함

실험실에서 QA/QC는 시료처리와 분석을 통한 변이 등을 알아보기 위하여 면밀하게 검토해야할 사항들이다.

- 뱅크: 실험실의 희석수가 관심있는 용질(analyte)와 오염이 안 되었는지를 나타냄
- 스파이크식 뱅크: spiking한 표준시료(standard)와 검량선(calibration curve)간 일치 정도를 알아보기 위함. 매트릭스 효과와 잘못 spiking한 표준 농도사이를 구분하기 위한 spiking한 시료의 중복시료를 해석하는 데 중요함.
- 시료 반복: 실험실의 시료처리과정과 분석 성분이 얼마나 재현성이 있는지를 보여주는 데 유용함
- 스파이크식 시료 반복: 시료 분석 시 매트릭스 효과가 있는지 또는 시료처리 전, 시료들이 spiking되었다면 회수과정에 손실이 없는지를 나타냄

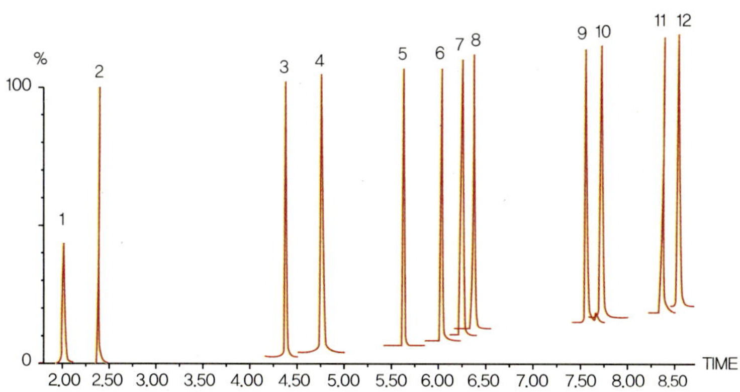

[UPLC/MS/MS 분리한 남세균 독소 스펙트럼: 1. Cylindrospermopsin, 2. Anatoxin-a, 3. Cyclo(RADFDV, IStd), 4. [L5]-enkephalin(IStd), 5. Microcystin RR, 6. Nodularin, 7. Microcystin YR, 8. Microcystin LR, 9. Microcystin LA, 10. Microcystin LY, 11. Microcystin LW, 12. Microcystin LF (출처: Oehrle et al., 2010 Toxicon. 55, 965-972)]

* 남세균 독소 측정과정에 대한 지침은 USGS의 Kansas Algal Toxin Research Team (http://ks.water.usgs.gov/studies/qw/cyanobacteria/)의 자료를 발췌하여 정리한 것임

녹조 방지 대비책

지금까지 녹조의 원인과 문제점들에 대해서 자세히 알아보았습니다. 그렇다면 녹조를 방지하기 위한 대비책들은 어떤 것들이 있을까요? 녹조가 발생하는 가장 큰 원인은 담수계에 투입되는 과량의 인(P)과 질소(N)원들로서 이들이 주요 부영양화(eutrophication)를 발생시킵니다. 인 성분이 수계에 유입되는 경로는 크게 비점원(nonpoint source)과 점원(point source, 하수처리장, 산업 또는 도시폐기물 처리)에서 흘러 들어 가거나 부패물질의 하수나 지하수 오염 등이 있습니다. 이 중에서 인위적인 원인성 점원에서의 유입이 가장 큰 요인입니다. 또한, 농축산 지역에서의 인 비료의 과다 사용에 의한 담수계의 유입이 큰 점원입니다. 따라서 연간 인의 부하와 입자성, 용해성 인의 부하 그리고 유·무기 인의 부하에 대한 면밀한 모니터링과 담수계로 유입되기 전에 제거하는 시스템 확립이 중요합니다.

인은 질소와 달리 용해성보다는 입자성 상태로 자연 수계에 나타납니다. 용해된 무기인(DIP, dissolved inorganic phosphorus)은 배타적으로 orthophosphate (PO_4^{3-}) 형태로 나타납니다. 이것들은 식물성 플랑크톤에 의해 빠르게 증식합니다. 대부분 이상증식하는 남세균은 세포 내에서 폴리인산(polyphosphate) 형태로 축적됩니다. 남세균의 폴리인산은 인 소스가 고갈되면 내부 인 저장고에서 꺼내어 사용합니다. 용해성 유기인(DOP, dissolved organic phosphate)은 전체 용해된 인

성분의 풀로서 중요한 소스입니다. 용해성 유기인은 미세조류나 남세균의 증식을 유도하지만 용해성 무기인 만큼 영향이 크지는 않습니다. 입자성 인(particulate phosphorus)는 용해성 유·무기인의 소스로 탈착(desorption)과 여과(leaching) 과정을 통해 작용합니다. 입자성 인은 생물학적으로 가용한 인의 소스로 작용합니다. 게다가 침전형 인(sedimented particulate phosphorus)은 계속적인 방출을 위한 저장된 인(stored phosphorus)의 중요한 소스로 이용됩니다. 주로 저산소와 무산소 상태에서 침전형 인은 용해성 무기인으로 유리됩니다. 저장된 형태와 재순환되는 인의 소스는 추가적인 식물성 플랑크톤 이상증식의 원인이 됩니다. 결론적으로 용해성과 입자성 형태의 인을 측정하여 인의 유입을 조절하는 것이 가장 중요하다고 하겠습니다.

질소원

질소도 용해성과 입자성 형태로 다 존재하며 특이하게 수용성뿐만 아니라 기체형태로도 존재합니다. 생물학적 질소고정(nitrogen fixation)과 탈질(denitrification)은 대기 중의 비활성 질소가스와 생물학적 유용한 복합 질소 형태 사이의 교환을 조절합니다. 질소의 복합형태는 용해성 무기질소(dissolved inorganic nitrogen, DIN)과 용해성 유기질소(dissolved organic nitrogen, DON) 그리고 입자성 유기질소(particulate organic nitrogen, PON)로 구분합니다. DIN에는 암모니아(NH_4^+), 질산염(NO_3^-), 아질산염(NO_2^-) 등이 있으며 DON에는 아미노산, 펩티드, 유레아(urea), 유기질산염(organonitrate) 등이 있습니다. PON은 주로 폴리펩티드, 단백질, 복합유기물질과 유기 잔해물 등입니다. 이들 소스는 비점원(non-point source)과 다른 점원

(point source)을 확산하여 제공됩니다. 질소원의 비점원은 표면에 흘러넘침, 대기 중 포집, 지하수 등이며 질소원의 주요 점원은 도시와 농축 산업 폐기물의 유입입니다. 농촌 지역은 비점원이 전체 질소원의 50%를 상회하며 도시지역은 점원이 주요 질소원으로 나타납니다. 시골 농촌 지역에서는 축산폐기물의 암모니아가 주요 질소원으로 작용하며 도시에서는 질소산화물(NO_x)이 주요 질소원입니다. 따라서 인구의 유입현상도 질소원의 공급 형태를 변형시킵니다. 질소원 유입은 매우 다이내믹해서 질소를 질소원에 민감한 호수나 해안가에서 부영양화의 주요 원인으로 작용합니다. 특히, 질소유입에 따라 질소고정 남세균의 균총의 변화가 가장 눈에 띄게 나타나므로 질소고정 남세균 모니터링도 간접적인 방법이 될 수 있겠습니다. 질소와 인의 동시 비율의 변화에 따른 남세균 균총에 대한 다각적인 생태 미생물학적 연구가 뒤따라야 할 것입니다.

녹조를 방지하기 위한 다른 대비책으로 화학적 요인들에 의해 발생한 녹조를 생물학적으로 제거하는 친환경적 기술도 확립되어야 할 것입니다. 이미 외국의 많은 연구자에 의해 유해한 조류성 이상증식과 세균의 상호작용에 관한 연구가 진행됐는데, 최근 국내 연구진에 의해서도 우리나라 등에서 적조를 일으키는 유해조류인 Cochlodinium polykrikoides를 죽이는 물질인 프로디지오신(prodigiosin)의 생합성을 조절하는 유전인자를 해양세균인 하헬라 제주엔시스(Hahella chejuensis)로 부터 발견하였습니다.[22] 이 세균은 종 이름에서도 짐작할 수 있듯이 국내 고유의 환경인 제주 마라도 바닷가에서 순수 분리되었고, 항균 활성과 더불어 항암작용 및 면역억제 등의 효과를 나타내는

22) Kwon SK, Park YK, Kim JF. (2010) Genome-wide screening and identification of factors affecting the biosynthesis of prodigiosin by Hahella chejuensis, using *Escherichia* coli as a surrogate host. Applied and Environmental Microbiology. 76(5). 1661-8.

붉은색 생리활성물질인 프로디지오신을 생산합니다. 이를 통해 국내 고유의 해양세균으로부터 프로디지오신과 같은 유용 생리활성물질을 대량 생산하여 적조를 해결할 수 있는 가능성을 보여주었습니다. 녹조를 일으키는 남세균과 조류의 이상증식을 황토나 규조토, 점토 등으로 이루어진 혼성조합물을 물리적으로 사용하여 제거하려는 시도도 있었지만, 2차 환경오염의 문제를 발생시키지 않고 생물학적으로 억제하기 위한 연구도 필요한 시점입니다. 이를 위해서는 녹조가 발생하는 환경에서 녹조유발 미생물 균총과 상호작용하는 진핵 및 원핵미생물과 바이러스의 생태연구 및 국내 고유의 유용 미생물자원을 확보하는 기초연구도 수반되어야 할 것입니다.

결론적으로 말해서 녹조를 방지하기 위해서는 양쪽 질소와 인 성분의 감축이 중요하며 유해성 녹조발생을 장기적으로 조절하고 관리하는 것이 필요합니다. 생물학적으로 녹조를 제거하는 친환경적 기술과 더불어, 수계 관리 차원에서 녹조를 제거하는 방법도 고려할 수 있겠습니다. 예를 들면 충분한 담수의 방출로 느려졌던 유속의 개선 인위적인 수계의 수직적 혼합 등도 훌륭한 녹조 제거책이 되겠습니다. 생태계의 핵심은 어느 한쪽에 치우침이 없는 건강한 생태순환(ecological recycling)이 가장 중요하고 미래 세대에 자연의 리소스(natural resource)를 지속 가능하게(sustainable) 관리해야 할 것입니다.

한편, 녹조미생물은 수계 환경의 수질을 악화시키는 부정적인 측면이 있지만, 지구온난화를 유발하는 이산화탄소를 흡수하는 녹조미생물의 광합성기작을 촉진시켜 바이오매스를 증가시키고 미래의 바이오에너지원 등으로 활용하려는 실용적인 방법도 고려하고 있습니다. 화석연료의 고갈과 지구온난화 등의 문제로 인해 친환경적 대체에너지 개발의 필요성이 증대되고 있습니다. 담수 및 해수 환경에서 이상증식하는 남세균과 조류는 1세대(옥수수, 사탕수수, 콩 등의 곡물 자원), 2세대(작물의 줄기, 폐목재 등) 바이오매스를 대체하는 3세대 바이오매스로서 중요한 청정 대체에너지 및 식량자원, 기능성 식품, 고부가가치의 화장품과 의약품(면역조절제, 항산화제, 항암제 등)으로 사용할 수 있는 새로운 기능을 갖는 신소재로도 사용될 수도 있습니다(그림 4-16, 17). 조류를 이용한 바이오연료의 전 세계 시장은 2015년까지 4억 달러 이상의 시장을 형성할 것으로 예상되고,[23] 미세조류의 바이오매스를 활용한 제품은 미국 에너지부에서 발표한 2010년 보고서에서 이미 25억 달러의 시장규모를 가지고 있다고 발표했습니다.[24] 또한, 가까운 미래에 미세조류에서 바이오디젤을 경제적으로 지속 가능하게 생산하는 가격을 kg당 4유로까지 낮출 수 있을 것이라고 발표되었습니다.[25] 2009년부터 지구온난화 방지와 바이오디젤을 생산할 수 있는 녹조유발 미세조류인 Botryococcus braunii의 유전체 분석을 시작한 미국을 중심으로 조류 바이오매스를 활용 관련 연구결과를 많이 발표되고 있지만, 미세조류를 이용하여 고부가가치를 창출할 수 있는 우리나라의 바이오에너지 관련 기술 및 연구는 선진국에 비해 낮은 수준으로 체계적이고 집중적인 연구개발이 필요한 실정입니다(그림 4-18). 또한, 향후 수계 환경에서 문제를 일으킬 수 있는 무한한 잠재력을 지닌 녹조미생물의 다양한 균주를 인공배양 및 순수 분리하여 균주를 수집 보관하여 기초과학 및 산업적 연구를 위한 생물자원을 체계적으로 확보하는 데에도 노력을 기울여야 합니다.

23) SBI, " Algae Biofuels Production Technologies Worldwide " , 2010.8.
24) U.S. Department of Energy, "National Algal Biofuels Technology Roadmap", 2010.5.
25) Wijffels RH, Barbosa MJ. (2010) An outlook on microalgal biofuels. Science. 329(5993), 796-9.

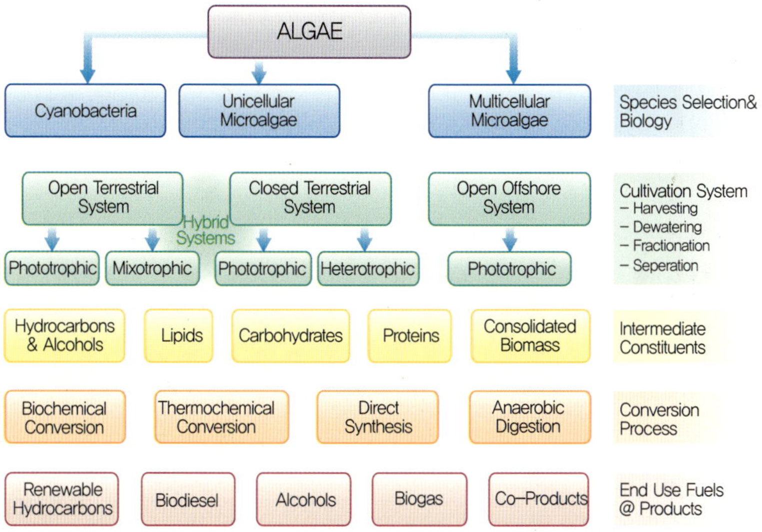

그림 4-16. 조류를 이용하여 생물연료와 부산물을 개발할 수 있는 다양한 방법과 경로

그림 4-17. 광합성 미생물을 배양하기 위한 유리관 광생물반응기
(출처: http://en.wikipedia.org/wiki/Algae_fuel)

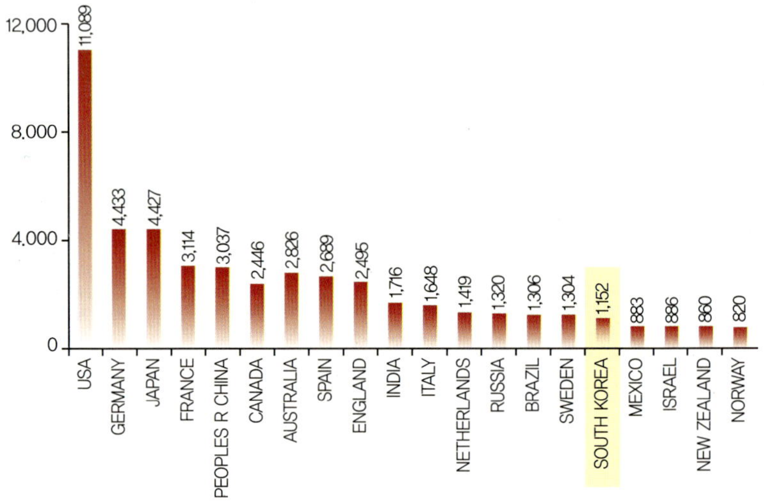

그림 4-18. 조류 바이오매스 활용기술 관련 논문의 국가별 발표 현황
(출처: 생명공학정책연구센터, "조류 바이오매스 활용기술", 2012. 4.)

맺음말

녹조(green tide)는 강이나 호수 해안가 인근에 토양으로부터 인과 질소 등의 물질이 유입되면서 나타나는 부영양화(eutrophication) 현상으로 나타나는 녹조미생물의 이상증식을 의미합니다. 녹조미생물은 대부분이 광합성 미생물로서 클로로필 색소에 의한 적색과 청색을 강하게 흡수하여 우리 눈에 방출된 녹색광을 인식하게 됩니다. 녹조를 일으키는 원인 미생물로는 진핵세포성 녹조(green algae)와 원핵세포성 남세균(cyanobacteria)으로 구성되어 있습니다. 특히, 남세균은 원시 지구의 산소발생 광합성을 하는 최초의 미생물로서 지구대기환경을 유산소환경으로 바꿔 놓았습니다. 또한, 남세균은 대기 중의 질소를 고정하여 환원형 질소화합물을 만들어 식물들이 질소원을 획득할 수 있게 도와주기도 합니다. 그러나 유해한 조류성 이상증식(harmful algal bloom)의 원인이 남세균으로서 간독성과 신경독성, 피부독성을 일으키는 남세균 독소가 심각한 문제를 일으킵니다. 따라서 녹조 원인 미생물 제거를 위해서는 주요 부영양화 요소인 인과 질소의 담수계로의 유입을 차단해야 합니다. 또한, 유속의 개선과 수직 담수의 인위적인 혼합에 의한 층 분리(stratification) 현상을 막아주는 것도 녹조 제거의 한 방법이 되겠습니다. 공중보건 위생과도 직결되는 문제이기 때문에 녹조의 과학적인 생태연구와 활용 관련 기술과 연구는 계속되어야 할 것입니다.

전문가의
Field Interview

전북대학교 LED-농생명융합기술연구센터
전북대학교 생리활성소재과학과
부센터장/교수
최윤이

녹조미생물은 부정적인 측면도 있지만, 광합성 과정을 통하여 이산화탄소를 제거하고 산업적으로 유용한 다양한 이차 대사물질을 생산해 낼 수 있다는 긍정적인 측면도 있다. 또한 녹조 문제를 반대로 활용하면 하수의 질소와 인을 제거하는 공정에 활용될 수 있다는 장점도 있다. 전북대학교 LED-농생명융합지원센터에서는 LED광원을 유용 녹조미생물의 배양 및 수확 등의 생물공정에 적용하는 연구를 다양하게 시도하고 있다. 또한, 녹조미생물의 대량 배양을 통하여 하수의 질소, 인 등을 효과적으로 제거하는 연구도 수행하고 있다. LED조명을 미세조류 생물환경 공정 등에 적용하는 것은 효과적인 접근으로 생각되며 BT (Biology Technology) 산업에 새로운 지평을 열 것으로 생각된다.

5장 적조와 미생물
Red tide and microorganisms

적조(赤潮, red-tide)란 물 환경의 부영양화 등이 원인이 되어 단기간 내에 플랑크톤, 원생동물 및 박테리아 등이 대량 번식함으로써 바닷물의 색깔이 붉은색 또는 적갈색으로 변하는 현상을 말합니다(그림 5-1)[1)]. 적조를 일으키는 생물은 초록색의 엽록소(Chlorophyll) 외에 다양한 종류의 카로티노이드 색소가 있어 세포가 붉은색 혹은 주황색으로 보이게 됩니다. 규조류인 키토세로스(Chaetoceros)와 스켈로토네마(Skeletonema)가 주 적

그림 5-1. 적조로 덮힌 바다

1) http://serc.carleton.edu/microbelife/topics/redtide/general.html

조생물인 경우에는 황갈색을 띠게 되고, 편모조류인 헤테로시그마(Heterosigma)나 프로로센트럼(Prorocentrum)이 주 적조생물인 경우에는 적갈색을 띠게 됩니다.

적조의 역사

구약성서의 「출애굽기」 7장 20~21절에는 "강물이 전부 피로 변하여 물고기가 죽고, 물은 냄새 때문에 마실 수가 없게 되었다."는 기록이 있는데, 이는 아마도 적조현상을 기록한 것으로 추측하고 있습니다. 북미의 인디언은 바다에 빨간 줄무늬 모양이 나타나면 추장이 홍합을 잡는 것을 금지하였다는 기록이 있는데, 아마도 홍합에게 피해를 주는 와편모조류인 고니올락스 카테넬라(Goniaulax catenella) 적조를 가리킨 것으로 추측하고 있습니다. 유전학자 찰스 다윈(Charles Darwin)은 1831~1836년의 비이글호 항해일지에 브라질과 칠레 앞바다의 해면이 붉게 변한 것을 기록하고 있는데, 이것 또한 트리코데스뮴(Trichodesmium) 적조라고도 추측하고 있습니다. 우리나라에서도 이미 삼국시대부터 적조에 관한 기록이 있는가 하면 영조실록 1737년 8월 8일 기록에는 "영남의 바닷물이 붉고 흐려져 물고기와 조개가 썩어 죽었다."라고 자세히 기술되어 있는 것으로 보아 적조가 아주 오래전부터 시작되었음을 짐작할 수 있습니다.

적조의 명칭

적조는 유해성 여부에 따라 무해적조, 유해적조 및 유독적조로 구분합니다. 무해적조는 해양생물이나 사람에게 직접적 피해를 주지 않는 적조를 말합니다. 이중 적조생물이 어패류 등 해양생물을 폐사시키는 경우에 유해적조라고 부르며, 적조생물이 생산한 독소물질이 어패류를 독화시키고 이를 사람이 섭취하여 병을 유발시키면 유독적조라고 합니다. 색과 관련지어 red-tide, red-water, brown-water 등으로 불리기도 합니다. 홍해(Red Sea)란 명칭은 남조류인 트리코데스뮴(Trichodesmium)이 대발생하여 적자색을 보인 것에서 유래했다고 알려져 있습니다. 일반적으로 적조로 인해 해양생물과 사람뿐 아니라, 사회경제적으로 큰 피해가 발생하므로 적조를 유해조류의 대번식(Harmful Algal Blooms; HAB)이라고도 부르는 것이 현재의 일반적인 추세입니다.[2)]

적조의 구분

적조는 크게 발생지역에 따라 하구형 적조, 내만형 적조, 연안형 적조, 외양형 적조로 구분합니다. 주로 강 하구에서 일어나는 하구형 적조는 강우로 인해 육지 오염물질이 유입되어 발생합니다. 반폐쇄적인 소규모의 만에서 발생하는 내만형 적조는 육지와 기상에 따른 영향을 많이 받습니다. 연안형 적조로 외양과 접해 있는 연안수역에서 발생하는데 최근 우리나라에 큰 피해를 주는 코클로디니움(Cochlodinium) 적조가 이에 해당합니다. 외양형 적조는 광범위한 해역에 걸쳐 지형적인 상승류가 존재하는 해역에서 발생하는데 어황과 밀접한 관련이 있으며 사람에게 유익한 적조로 분류합니다.

2) (1) Anderson DM (2009) Approaches to monitoring, control and management of harmful algal blooms (HABs). Ocean Coast Manag. 52(7):342.
(2) Zingone A & Enevoldsen HO (2000) The diversity of harmful algal blooms: a challenge for science and management. Ocean Coast Manag. 43(8-9):725-748.
(3) Ajani P. et al. (2013) The risk of harmful algal blooms (HABs) in the oyster-growing estuaries of New South Wales, Australia. Environmental monitoring and assessment 185(6):5295-5316.

적조발생원인

적조를 일으키는 생물 종은 매우 다양하여 정확한 적조발생의 원인에 대해서는 밝혀지지 않았습니다. 다만 강수량 증가, 염분농도의 감소, 지구온난화로 인한 해수 온도의 증가, 그리고 육지로부터 유입되는 각종 유기물에 의한 부영양화가 주원인으로 알려져 있습니다. 광합성을 위한 일조량과 증식에 적당한 수온 등의 요소는 과거에 비해 크게 달라진 바가 없으므로 육상으로부터의 부영양화가 가장 큰 원인일 것으로 보고 있습니다. 규산염은 규조류에, 질산염과 인산염은 편모조류의 증식에 관여하는 주요 인자입니다. 운동성 편모를 지닌 편모조류는 빛이나 영양물질을 따라 이동할 수 있습니다. 대부분의 편모조류는 휴면상태의 포자로 퇴적물 층에서 겨울을 보내다가 수온, 양분 등 적당한 환경이 조성되면 포자가 발아하여 급격하게 번식함으로써 적조를 일으킵니다.

적조로 인한 피해

적조로 인한 피해는 크게 어패류의 대량폐사, 관광산업의 피해 및 심미적 피해로 나눌 수 있습니다. 적조로 인해 직접 나타나는 피해는 조류의 대번식에 의한 수중 산소의 고갈이나 조류가 아가미에 부착하여 일어나는 어류의 호흡 방해, 조류의 내독소 분비에 의한 어패류 집단폐사 등을 들 수 있습니다. 해안 연안을 중심으로 수산양식업을 활발히 하고 있는 우리나라나 일본 등의 경우에 적조피해는 어민의 막대한 피해로 이어지게 됩니다(표 5-1). 심미적 피해는 적조발생으로 바닷물 색이 변하고 악취가 발생하여 해수욕장 등이 피해를 보고 이로 인한 관광객의 감소를 들 수 있습니다. 우리나라에서 적조에 대한 과학적인 조사는 1960년대 이후 시작되었는데, 1961년 진해만 부근의 진동만에서 적

표 5-1. 유해적조발생기간, 발생범위 및 피해규모

	2001년	2002년	2003년	2004년	2005년
발생일	08/14	08/02	08/13	08/05	07/19
소멸일	09/24	09/27	10/13	09/03	09/14
지속기간(일)	42	57	62	30	58
발생범위	완도-강릉	완도-울진	진도-강릉	완도-거제	완도-거제
발생 건수	56	59	45	65	39
개체수/ml	29,000	30,000	48,000	5,800	25,000
수산피해(원)	84억	49억	215억	1.2억	10.6억

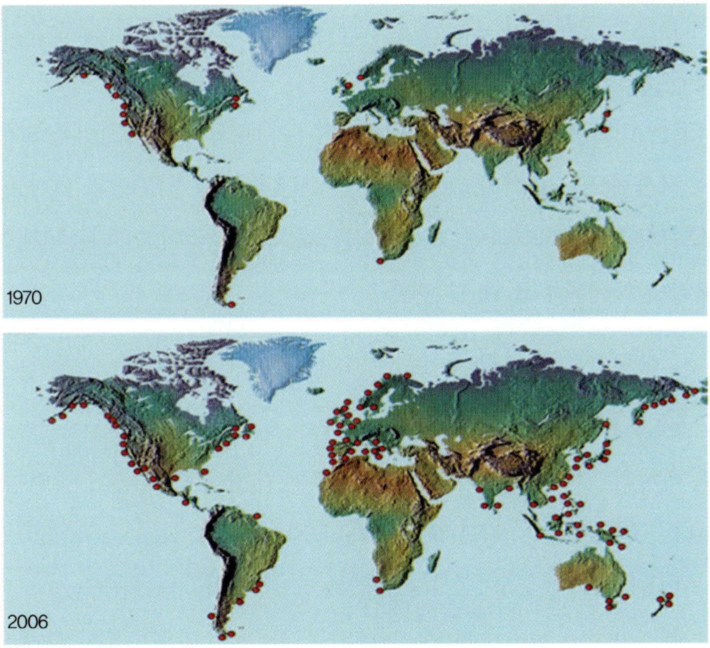

그림 5-2. 적조발생지역의 확대

조가 목격된 이래 1970년대에는 104건의 적조가 진해만 일대에서 발생하였습니다. 1981년 이후에는 발생범위가 남해안 인근 해역에서 인천, 울산, 여수 등 전 연안으로 확대되었으며(그림 5-2)[3], 특히 1990

3) http://portal.nfrdi.re.kr/external/environment/redtide/webpage/movie/movie_01_01.jsp

년대 이후 매년 남해안과 남동해안에서 발생하고 있는 코클로디니움(Cochlodinium) 적조는 양식어장에 큰 손해를 끼쳐 1995년에만 코클로디니움 종에 의한 적조가 장기간 발생하여 국내 양식 산업의 피해액이 764억 원에 달했습니다. 2013년도에는 7월 17일 전남 고흥군 나로도 해역에서 적조가 처음 발견되고, 51일간 지속하면서 수산물 양식어류에 대한 215억 원의 피해를 주고 9월 5일에 소멸한 기록이 있습니다. 그동안 적조 때문에 폐사한 어종은 조피볼락, 넙치, 돔류, 농어, 방어 등 어류가 대부분이고, 패류로는 전복과 굴 그리고 기타수산동물인 우렁쉥이(멍게)인 것으로 나타났습니다.[4)]

적조는 비단 우리나라뿐만 아니라 전 세계적으로 발생지역과 발생횟수가 지속적으로 증가하고 있습니다. 그림 5-3은 1970년과 2006년의 적조발생지역을 비교하여 표시한 것으로 적조발생이 이제는 세계적인 문제임을 일깨워주고 있습니다.[5)]

적조를 유발하는 생물종

전 세계적으로 적조를 유발하는 종수는 대략 200여 종이 알려져 있습니다.[6)] 적조생물은 광합성을 이용한 자가영양방식(autotrophy)으로 살아가나, 다른 생물을 포식하는 종속영양방식(heterotrophy)이 혼합된 혼합영양성(mixotrophy)을 보이기도 합니다. 와편모류인 프래질리디움(Fragilidium)은 대표적인 혼합영양성을 보이는 적조생물종입니다. 담수에서는 남조류와 녹조류가 대부분의 적조를 일으키고 외해에서는 트리코데스미움(Trichodesmium)종이 대표적인 적조생물로 알려

4) 류정곤 외(2004). 적조방제용 황토살포의 효과분석 및 개선방안에 관한 연구. 한국해양수산개발원
5) http://www.whoi.edu/cms/images/PSP_1970-2006_47919.jpg
6) (1) 김학균 외(1999) 1998년도 한국연안의 적조발생상황, 국립수산진흥원.
(2) 김학균(1987) 적조피해와 방제대책, 국립수산진흥원.

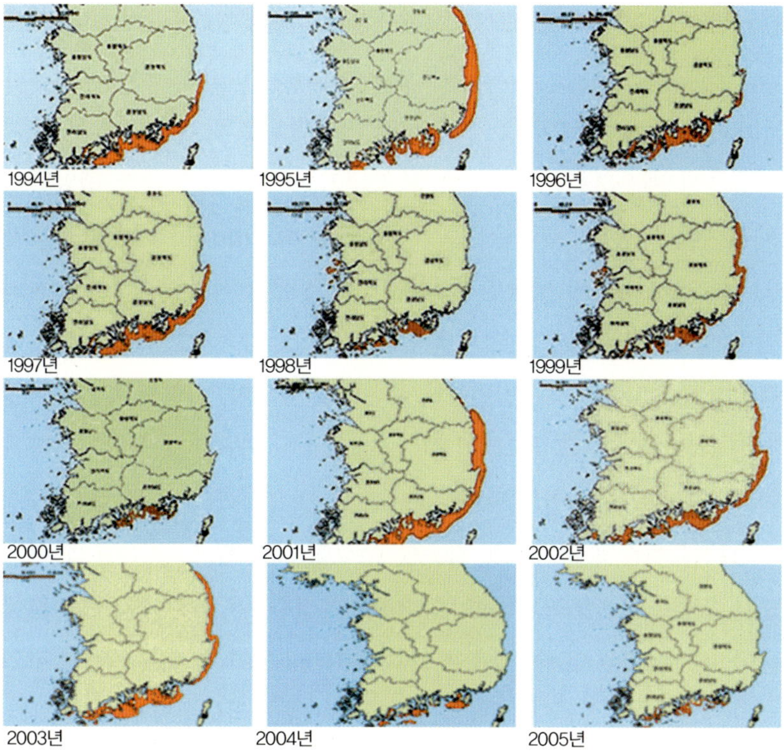

그림 5-3. 년도별 적조발생 해역도

져 있습니다. 온대 및 아열대 수역에서는 와편모조류가 주요 적조생물이며, 연안수역에서는 규조류와 편모조류가 주 적조생물입니다. 특히 온대지역에서는 수온이 낮을 때는 규조류가, 수온이 높을 때는 와편모조류가 주 적조생물이 된다고 알려져 있습니다. 우리나라 연안에서 자주 출현하는 규조 적조생물에는 스켈레토네마(Skeletonema)속, 키토세로스(Chaetoceros)속, 니츠시아(Nitzschia)속 등이 있고 편모조류에는 짐노디니움(Gymnodinium)속, 프로로센트럼(Prorocentrum)속, 헤테로시그마(Heterosigma)속, 녹틸루칼레스(Noctilucales)속이 있습니다. 해역별로 비교하여 보면 서해에서는 녹틸루칼레스(Noctilucales)속, 동해남부에서는 프로로센트럼(Prorocentrum)속, 헤테로시그마(Heterosigma)속에 의한 적조가 자주 관찰되었고, 남해안에서는 적조생물이 매우 다양한 양상을 보였으며 대체로 마산만과 행암만에서는 편모조류인 프로로센트럼(Prorocentrum)속, 헤테로시그마(Heterosigma)속이 당동만과 원문만 등 진해만 서부해역에서는 짐노디움(Gymnodinium)속, 고니올락스(Gonyaulax)속과 함께 코클로디니움(Cochlodinium)속이 빈번하게 출현하고 있으며, 사량도 주변수역에서는 1989년이래 코클로디니움(Cochlodinium)속이 양식어류에 막대한 피해를 일으키고 있습니다.

1972년 이후의 적조발생 자료를 분석해 보면 규조류 28종, 와편모조류 35종, 침편모조류 6종, 황색편모류 2종, 유글레나류 2종, 원생동물 1종, 녹조류 10종, 남조류 1종 및 기타 5종이 적조를 유발한 것으로 분석됩니다. 1970년대에는 주로 규조류가 적조종으로, 스켈레토네마(Skeletonema) 38%, 키토세로스(Chaetoceros) 35%, 니츠시아(Nitzschia)가 10%의 비율로 적조를 일으켰습니다. 1980년대에는 규조류에 의한 적조가 21%를 차지하고, 주 적조 종이 규조류에서 와편모조류로 천이 되는 양상을 보여 줍니다. 1990년대 이르러서는 코클로디니움(Cochlodinium)과 헤테로시그마(Heterosigma) 등 와편모류가 주종을 이루며, 규조류에 의한 적조발생 건수가 현저히 줄어드는 양상으로 나타나게 됩니다.

지금까지 발생한 적조의 농도를 보면 가장 규모가 컸던 1981년도의 경우 진해만 서부에서 8월에 최고 1 ml당 410,000개체까지 출현하기도 하였습니다.

규조 적조생물

우리나라 연안의 주 적조 규조생물인 스켈레토네마(Skeletonema), 키토세로스(Chaetoceros), 니츠시아(Nitzschia)를 그림 5-4에 나타내었습니다.[7] 규조류(diatom)는 돌말류라고도 불리며, 민물과 바닷물에 널리 존재하는 플랑크톤으로 단세포이면서 단단한 규산질 껍질을 가지고 있습니다. 자세히 들여다보면 상각(epivalve)과 하각(hypovalve)이 마치 두 개의 배양 접시를 포개어 놓은 것 같은 모양을 하고 있습니다. 펙틴의 세포벽에 규산질(SiO_2)이 섞여져서 단단한 피각(被殼, frustule)을 이루고 있습니다. 피각 내부에 핵과 세포질 물질이 있습니다. 색소로 엽록소와 더불어 규조소(diatomin)를 가지고 있으며 광합성 결과 녹말을 저장하는 것이 아니고, 지방과 볼루틴(volutin)이라는 다당류를 만들어 냅니다. 2분법(二分法)의 무성생식을 통해 새로운 개체를

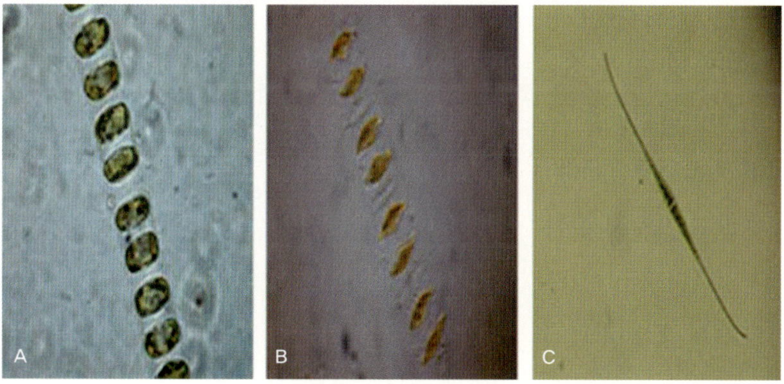

그림 5-4. 우리나라 연안의 규조 적조생물
(A)스켈레토네마, (B)키토세로스, (C) 니츠시아

7) http://blogs.scotland.gov.uk/coastal-monitoring/2012/10/23/new-phytoplankton-and-microbe-report-launched/, http://www.serc.si.edu/labs/phytoplankton/guide/VietNam.aspx, http://www.uwf.edu/jcaffrey/diatomsfreshwater.html

만들어 냅니다. 영양염이 고갈되면 두꺼운 피각을 형성하여 휴면포자(resting spore)를 만들어 동면하다가 주변 환경이 다시 좋아지면 다시 발아하는 특성을 보입니다. 규조류가 죽으면 껍질은 분해되지 않고 해저에 가라앉게 되며, 오랜 세월을 거치면 규조토(diatomaceous)로 되는 것이지요. 스켈레토네마는 세포 모양이 실린더 모양으로 길쭉하며, 실리카 튜브로 서로 연결되어 긴 사슬을 이루고 있습니다. 키토세로스는 400여 종 이상 알려진 가장 큰 해양 플랑크톤 속(genus)입니다. 세포는 사각형 형태를 보이며, 실리카를 함유한 휴지기 세포는 해양 침전물에 가라앉아 있다가 조건이 좋아지면 번식을 합니다. 성장률이 높고, 지질(lipid) 함량이 높아 바이오연료로도 주목을 받고 있습니다. 니츠시아는 주로 해양의 저서층에서 발견되며, 도모익산(domoic acid)이라는 신경독소(neurotoxin)을 만들어 내기도 합니다.

편모조류(鞭毛藻類)

운동성 편모를 가지고 독립영양 또는 혼합영양 생활을 하는 단세포 생물입니다. 와편모류(渦鞭毛類, Dinoflagellates)는 운동방향이 다른 두 개의 편모를 가지며 2,000여 종이 알려져 있으며, 이 중 40~60%가 광합성을 합니다. 가로편모는 몸을 감싸는 운동을, 세로편모는 추진운동을 합니다. 고니올락스(Gonyaulax)처럼 세포벽이 단단한 피각(theca)으로 둘러싸여 있으면 갑주형(armored type) 와편모류라 부르며, 짐노디니움(Gymnodinium)처럼 세포벽 없이 점액질로 이루어져 있으면 노출형(naked type) 와편모류라고 부릅니다(그림 5-5)[8]. 2분법으로 분열하여 새로운 개체를 만듭니다. 편모의 위치에 따라서 편모

8) http://www.mbari.org/staff/conn/botany/dinos/alimon/, http://www.lia.nsw.gov.au/the_lake/lake_life/algae,_formanifera_and_phytoplankton

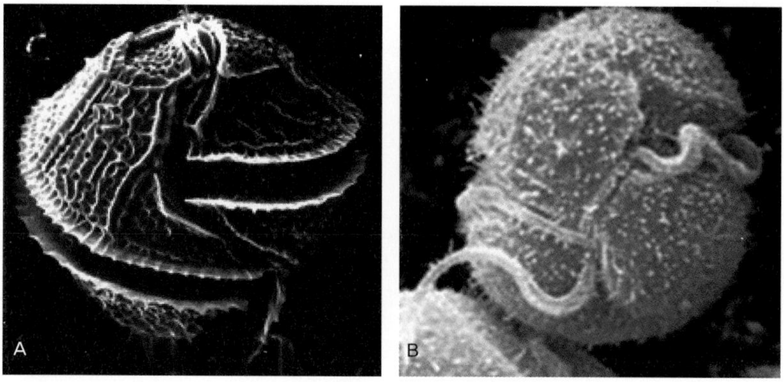

그림 5-5. 갑주형과 노출형 와편모류
(A) 고니올락스, (B) 짐노디니움

가 정단부에 있으면 정단와편모류(頂端渦鞭毛類, Desmokontae)라고 부르고, 옆으로 편모가 났으면 측와편모류(側渦鞭毛類, Dinokontae)라고 부릅니다. 엽록소 이외에 황적색소(peridinin)를 지니고 있어 붉은색으로 보입니다. 와편모류는 광합성을 하여 자가영양방식으로 살아가나, 이 밖에도 다른 부유생물을 포식하는 혼합영양성을 보이기도 하며, 다른 생물체에서 기생 또는 공생하는 다양한 영양방식을 보여 줍니다. 짐노디니움(Gymnodinium)은 앞서 언급한 바와 같이 노출형 와편모류로, 어떤 종은 어류에 치명적인 독성을 나타내기도 합니다. 프로로센트럼(prorocentrum)의 일부 종 또한 조개류나 사람에게 독성을 나타냅니다. 헤테로시그마(Heterosigma)는 휴자가로 포낭(cyst)을 형성하고 있다가 발아되어 적조를 일으킵니다. 해수면에서 10 mm 이내에 주로 나타난다고 알려졌으나, 모두 적용되는 것은 아닙니다. 야광충(Nocticular scintillans)또한 적조유발종이기는 하나 독성은 보이지 않습니다.

남조류

그림 5-6. 트리코데스뮴

남조류(blue green algae)는 남세균(cyanobacteria)이라고도 불리는데, 1,500여 종이 알려졌습니다. 바다의 대표적인 남조류는 트리코데스뮴(Trichodesmium)입니다(그림 5-6)[9]. 세포질은 점액질로 쌓여 실 모양을 이루고, 실 모양은 모여서 다발을 이루게 됩니다. 열대해역에서 주로 나타나며, 대번식하면 바다가 붉게 보이게 됩니다. 이는 트리코데스뮴이 엽록소 이외에 색소단백질로 남조소(Phycocyanin)와 홍조소(phycoerythrin)를 갖고 있는데, 홍조소의 발현이 커지기 때문입니다. 앞서 홍해(Red sea)의 이름이 바로 트리코데스뮴 대번식에서 유래한 것임을 언급한 바 있습니다.

패류(shellfish)에 독성을 유발시키는 적조유발종

대표적으로 알렉산드리움(Alexandrium)속은 마비성 패독(PSP; paralytic shellfish poison)을 지니며 주로 북반구의 온대해역에서 적조를 일으킵니다. 은편모조류(Dinophysis)속은 설사성 패독(DSP; diarrhetic shellfish poison)을 지니고 있는데 북유럽에서 주로 적조를 일으키는 것으로 알려져 있습니다. 대표적인 패독을 그림 5-7에 나타내었습니다.[10]

9) http://news.usc.edu/#!/article/52911/greenhouse-gas-likely-altering-ocean-foodchain/
10) 박주석 외(1993) 패독플랑크톤의 분포생태 및 독성에 관한 연구. 과기처 특정연구보고.

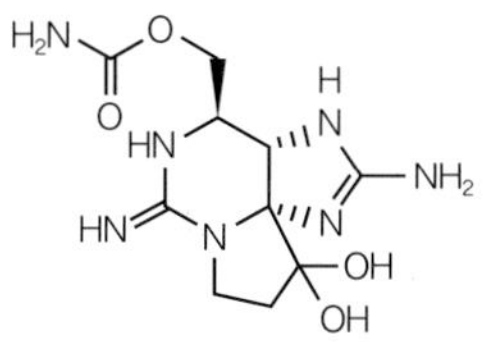

A

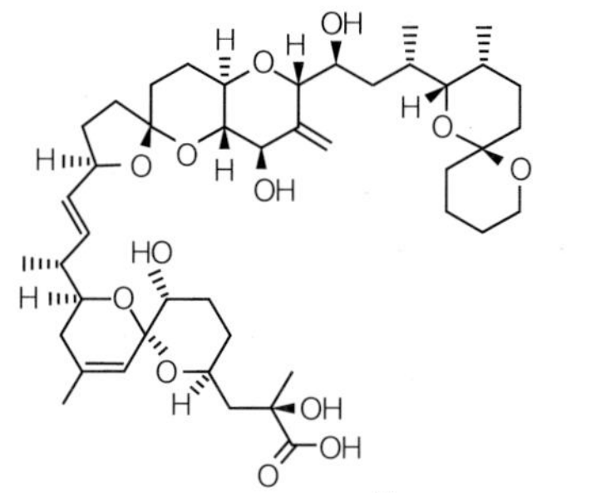

B

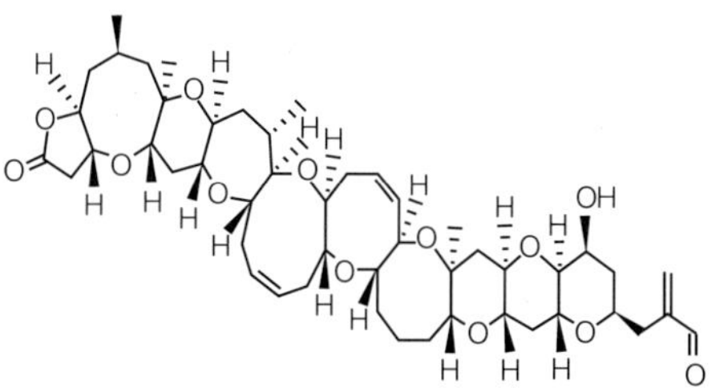

C

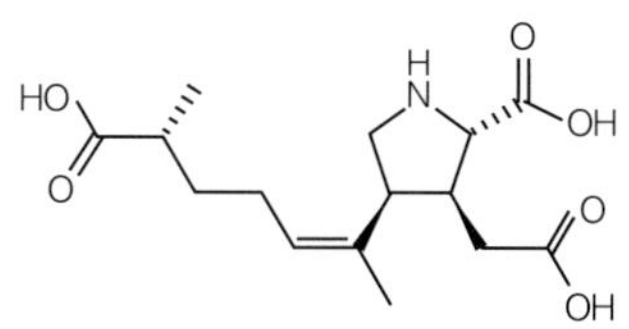

D

그림 5-7. 적조의 패독성
(A) Saxitoxin, (B) Okadaic acid, (C) Brevetoxin, (D) Domoic acid

(1) saxitoxin 계열의 마비성 패독(PSP)[11]

알래스카 조개인 Saxidomus giganteus에서 최초로 발견되어 saxitoxins으로 명명되었는데, 유명한 복어독인 tetrodotoxins (TTX)에 버금가는 독성을 지녀, 수산업은 물론 공중보건에 막대한 악영향을 미치고 있는데, 주로 쌍편모조류에서 발견되고 있습니다.

(2) Okadaic acid 계열의 설사성 패독(DSP)[12]

설사성 패독은 1976년 일본 동북부 해안에서 광범위하게 발생한 홍

11) Orr, RJ. et al. (2013) Evolution and distribution of saxitoxin biosynthesis in dinoflagellates. Mar Drugs 11(8):2814–2828.

12) Sassolas, A. et al. (2013) Detection of the marine toxin okadaic acid: assessing seafood safety. Talanta 105:306–316.

합에 의한 식중독으로 널리 알려지게 되었습니다. 홍합 이외에 가리비, 대합 등 여러 저서동물로부터 분리되었는데, 특히 일본 근해와 북서 유럽에서 채취한 수산생물에서 자주 발견됩니다. 설사성 패독은 주로 쌍편모조류 속의 여러 종이 생산하는 것으로 알려져 있으며 인체에서의 대표적인 중독 증세는 설사, 구토, 복통 등 소화기 계통의 장애입니다. Okadaic acid는 처음 쌍편모조류를 섭취하는 검정해변해면(Halichondria okadai)이라는 해면동물에서 발견되어서 이름이 붙여졌으나, 후에 쌍편모조류인 프로로센트럼(Prorocentrum)을 비롯한 여러 종에서도 발견되었습니다.

(3) Brevetoxin 계열의 polyethers[13)]

Brevetoxins (BTX)가 80년대 초에 쌍편모조류인 짐노디니움(Gymnodinium)으로부터 분리되었는데, BTX는 어류뿐 아니라 인체에 대하여도 신경독성을 나타냅니다.

(4) Domoic acid[14)]

오염된 굴, 조개 등 해산물에 의한 기억상실성 패독 현상(ASP; amnesic shellfish poisoning)의 원인을 조사한 결과 domoic acid가 뇌의 글루타메이트 수용체(glutamate receptor)에 결합하여 뇌를 손상시키는 것으로 밝혀졌습니다. 규조류인 니츠시아(Nitzschia) 등이 생산하고 이들을 섭취하는 저서생물에 농축되는 것으로 알려져 있습니다.

13) Nicolaou, KC. et al. (2012) A total synthesis trilogy: calicheamicin gamma1(I), Taxol(R), and brevetoxin A. Chem. Rec. 12(4):407-441.

14) Grant, KS. et al. (2010) Domoic acid: neurobehavioral consequences of exposure to a prevalent marine biotoxin. Neurotoxicol Teratol. 32(2):132-141.

적조예보 및 발령기준

국립수산과학원은 적조로 인한 피해를 최소화하고자 적조상황실을 운영하고 있으며 적조주의보, 적조경보로 나뉘어 발령하는데 다음과 같은 기준이 적용됩니다(표 5-2).

적조예찰이란 적조발생상황을 사전에 파악하기 위한 조사활동을 말하는데, 적조예찰 감시체제는 선박을 통한 감시, 육상감시 및 항공감시를 통해 이루어집니다. 아울러 첨단 위성관측시스템을 도입하여 남해안의 좁은 만에서 발생하는 적조 관측이 가능해졌으며, 근해 플랑크톤

표 5-2. 적조예보 및 발령기준(국립수산과학원)

종류	규모	적조생물 밀도(개체수/ml)	비고
적조 주의보	• 반경 2~5 Km 수역에 걸쳐 발생 • 어업피해 우려	• 편조류: 종의 세포크기와 특성도에 따라 결정 - Chattonella sp. ≥2,500 - Cochlodinium sp. ≥300 - Gyrodinium sp. ≥500 - Karenia mikimotoi ≥1,000 - 기타 편모조류 ≥30,000 • 규조류: ≥50,000 • 혼합형: 편조가 50% 이상일 때 ≥40,000	• 수산과학원장은 적조생물 특성, 해 황에 따라 피해가 우려될 경우 적조규모 및 밀도에 관계없이 적조예보를 발령할 수 있음 • 적조규모와 밀도는 현지상황과 적조생물에 따라 변할 수 있음
적조 경보	• 반경 5 km (79 km²) 이상 수역에 걸쳐 발생 • 상당한 어업피해 예상	• 편조류: 종의 세포크기와 특성도에 따라 결정 - Chattonella sp. ≥5,000 - Cochlodinium sp. ≥1,000 - Gyrodinium sp. ≥2,000 - Karenia mikimotoi ≥3,000 - 기타 편모조류 ≥50,000 • 규조류: ≥100,000 • 혼합형: 편조가 50% 이상일 때 ≥80,000	• 수산과학원장은 적조의 진행과 변화정보의 전파 및 어업피해 방지에 관한 조치가 필요할 때 적조속보를 발령할 수 있음
적조 해제	적조가 소멸되어 어업피해 위험이 없고 수질이 정상상태로 회복되었을 때		

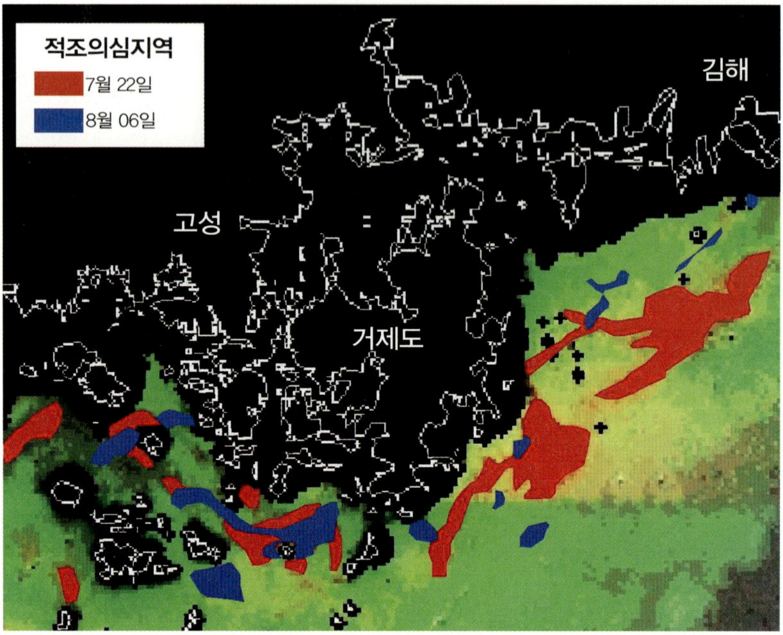

그림 5-8. 천리안 위성 영상을 이용한 적조피해지역 분석

의 수와 양식장 내만의 플랑크톤 분포, 바닷물 탁도 및 유기물질 농도 등 해양 정보를 보다 과학적으로 얻을 수 있게 되었습니다. 그림 5-8은 2013년 8월 13일 국립수산과학원의 해양위성센터 자료로 천리안 위성에서 측정한 해양의 클로로필 자료를 기초로 하여 적조발생 의심지역을 추정, 면적을 계산하고, 적조가 동해안으로 확산됨을 보여줌으로써 적조 모니터링의 과학화를 가져오게 되었습니다.

적조예보발령과 통보체제

적조예보발령과 통보체계는 적조발생현황 자료를 수집하여 적조발

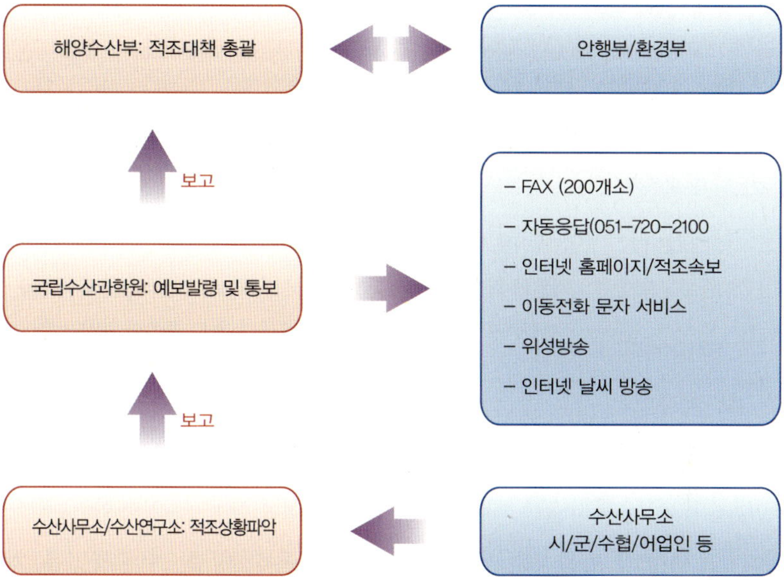

그림 5-9. 적조예보발령 및 통보체제

생의 시공간적 변화를 효율적으로 파악하고 속보를 통한 적조예보를 신속하게 어업 종사자, 관계 기관 및 언론에 전파함으로써 적조로 인한 수산피해를 최소화하는 데 그 목적이 있습니다(그림 5-9).

적조방제대책

적조발생 방지대책으로는 과도한 부영양화를 억제하기 위해서 육지의 도시생활하수, 농수축산 폐수 및 산업폐수의 유입을 차단시켜야 합니다. 또한, 어장의 저층에 퇴적된 오염물질을 준설하거나, 혹은 산소를 폭기시켜 어장의 환경을 개선하는 것이 필요합니다. 표 5-3은 적조방제기술을 정리한 것입니다. 적조방제기술은 크게 생물학적 방법, 이

표 5-3. 적조방제기술

기술	특징	문제점
생물학적 처리법	천적, 살조물질 이용	기술적 한계
화학약품 살포법	황산동/유기약품사용	지속적 없고, 비경제적
초음파 및 오존처리법	초음파/오존가스 이용	산소량 과다 및 오존 독성으로 생태계 악영향
해면회수법	선박이용 적조 회수	낮은 경제성
저층수살포법	저온의 저층수 이용	해수 온도 하강으로 양식생물에 악영향
황토살포법	점토의 알루미늄 성분의 흡착성을 이용	낮은 효율과 황토 침전에 따른 생태계 교란

화학적 방법 및 물리적 방법으로 나눌 수 있습니다.

생물학적 방제기술은 해양생물 사이의 상호작용을 이용한 방법으로 적조생물의 포식자와 천적 미생물을 이용한 방법, 적조생물을 치사시키는 생리활성물질을 해양생물에서 추출·합성 이용하는 방법, 영양경쟁관계에 의한 저독성 적조유발방법 등이 있습니다. 지금까지 유해조류를 사멸시키는 다양한 살조 미생물이 분리되었습니다. 2013년 8월 28일 평창 알펜시아에서 열린 "제14회 한일 수산세미나"에서 일본 돗토리 환경대학의 요사나가 교수는 해양에 200여 종 이상의 다양한 살조세균이 서식하고 있다고 보고하고, 양식장 바닥에 해초류를 식재함으로써 살조세균의 증식을 도와 적조피해를 줄일 수 있다고 주장하기도 하였습니다. 한국해양연구원(현 한국해양과학기술원)은 2005~2007년에 해양세균인 하헬라 제주엔시스(Hahella chejuensis)로부터 적색색소인 프로디지오딘이 적조유발 조류를 사멸시킨다는 사실을 발표하기도 하였습니다.[15)]

15) (a) Jeong, H. et al. (2005) Genomic blueprint of Hahella chejuensis, a marine microbe producing an algicidal agent. Nucleic Acids Res. 33(22):7066–7073.
(b) Kim, D. et al. (2007) Biosynthesis of antibiotic prodiginines in the marine bacterium Hahella chejuensis KCTC 2396. J. Appl. Microbiol. 102(4):937–944.

일반적으로 해수 1밀리리터(ml)에는 100만 개의 세균과 1,000만 개에 이르는 바이러스가 존재한다고 알려져 있습니다. 해양 적조원인 생물이 소멸하는 기간에 뚜렷이 나타나는 현상 중의 하나는 적조생물에 특이한 바이러스의 증가입니다. 따라서 이들 바이러스를 응용한 적조 퇴치에 관한 연구도 진행 중이며 현재까지 해양조류를 감염시키는 바이러스는 20여종으로 알려져 있습니다(표 5-4).[16]

이화학적 방법을 통한 적조방제는 적조생물을 파괴, 치사시키는 황

표 5-4. 해양조류를 감염시키는 대표적인 바이러스

바이러스	숙주	크기(nm)	게놈
BtV	Aureococcus anophagefferens	140	dsDNA
CbV	Chrysochromlina brevifilum	145-170	dsDNA
CeV	Chrysochromlina ericina	160	dsDNA
CsNIV	Chaetoceros salsugineum	38	dsDNA
EhV	Emiliania huxleyi	170-200	dsDNA
HaNIV	Heterosigma akashiwo	30	모름
HaV	Heterosigma akashiwo	202	dsDNA
HaRNAV	Heterosigma akashiwo	25	ssRNA
HcRNAV	Heterocapsa circularisquama	30	ssRNA
HcV	Heterocapsa circularisquama	197	dsDNA
MpRNAV	Micromonas pusilla	50-60	dsRNA
MpV	Micromonas pusilla	115	dsDNA
PoV	Pyramimonas orientalis	180-220	dsDNA
PpV	Phaeocystis pouchetii	130-160	dsDNA
PgV	Phaeocystis globosa	모름	dsDNA

16) Nagasaki, K (2008) Dinoflagellates, diatoms, and their viruses. J. Microbiol. 46(3):235-243.

산동($CuSO_4$), 수산화마그네슘 등 화학약품을 살포하는 방법입니다. 독성이 강해서 적조원인 생물 외에 다른 해양생물에까지 영향을 미치고, 지속성이 떨어지며, 비경제적이라는 단점이 있습니다. 미국에서는 1950년대 말에 적조방제를 위해 황산동을 살포했으나, 환경오염을 이유로 현재는 어떤 물질도 바다에 살포하지 못하도록 법으로 규제하고 있습니다.

마지막으로 물리적 적조방제기술은 점토(황토)살포, 초음파 및 오존처리로 적조생물을 흡착·응집하거나, 가압 부상분리장치에 의해 적조생물을 회수하는 방법입니다. 이 중 가장 많이 시행되고 있는 것이 황토살포법입니다(그림 5-10). 황토가 적조유발 생물에 흡착하여 침강하는 방식입니다. 그러나 황토입자는 저서생물의 호흡기나 신진대사를

그림 5-10. 적조로 인한 물고기 폐사와 황토살포

방해할 수 있으며, 유해조류뿐 아니라 영양원인 플랑크톤까지 같이 침전시켜 해저에서 분해되므로 해저 속 산소가 대량으로 소모되어 해양생물의 집단 폐사의 원인이 될 수도 있습니다. 이 때문에 해양생태계의 먹이사슬 파괴로 인한 수생생태계의 교란이 발생할 가능성도 있게 됩니다. 우리나라에서 장기간 황토살포 지역을 수중 탐사한 결과 황토가 1~30 cm가량 쌓여 있었고, 남해안에서는 수초와 패류가 폐사하여 황무지로 변해 버린 곳도 있었

표 5-5. 한국과 일본의 황토성분비교

성분	울산	히로시마	비고
SiO_2	49.32	59.41	0.8배
Al_2O_3	22.42	21.58	
Na_2O	0.30	0.35	
K2O	1.51	1.58	
CaO	0.84	0.30	
Fe_2O_3	10.8	2.19	5배
MgO	1.19	0.40	
TiO_2	1.27	0.68	
MnO	0.15	0.015	10배
P_2O_3	0.05	0.04	
Pb	0.032	0.016	2배
Cu	0.01	0.01	
Others	12.11	13.42	
Total (%)	100	100	

으며, 황토살포 지역에서는 생물 개체수가 줄어들고, 황토에 적응할 수 있는 종으로 저서 생태계가 변했다는 보고도 있습니다. 적조방제용으로 사용하고 있는 황토성분의 비교를 위해 울산시 울주군 온양읍의 야산 황토와 히로시마 점토를 분석 비교한 결과(표 5-5),[17] 한국의 황토에 산화철(Fe_2O_3)이 5배가량, 납(Pb)은 2배가량 많이 포함된 것으로 나타났습니다. 적합한 황토 구성비는 규소 60% 이상, 알루미늄 20%, 철 5% 이하인 것으로 알려져 있는데, 우리나라 황토의 경우 철성분이 너무 많아 적조방제용으로 적합한지를 재고하여야 하며, 또한 해수 내에 산화철 존재 시 적조를 야기하는 조류의 2차적 영양원 공급원으로 작용할 가능성이 있다는 우려가 제기되기도 합니다. 반면에 알루미늄

17) 박치현 외 (2006) 적조 방제용 황토살포가 연안 저서생태계에 미치는 영향, 한국환경과학회지, 15(11): 1035-1043.

과 철의 구성비가 높은 점토가 적조생물 방제효과가 탁월하다는 보고도 있습니다. 일본의 경우 1980년대 이후 황토 사용으로 인한 여러 가지 문제점 때문에 현재는 황토를 사용하지 않고, 황토 대신 1,000 mg/L 이하의 점토를 극히 제한적으로 사용하고 있습니다. 그러나 우리나라에서는 대체기술 부족을 이유로 아직까지 황토살포를 적조방제의 실질적 수단으로 간주하여 m^2당 200~400 g의 황토 사용을 권고하고 있으나, 실제로는 훨씬 많은 양의 황토를 살포하기 때문에 황토의 구입, 운반, 살포의 3단계 과정을 거치는 황토를 이용한 적조방제는 의문시되는 효과와 더불어 막대한 경제적 손실을 입히고 있는 실정입니다. 또한, 황토가 편모조류에는 효과를 보이나, 규조류로 인한 적조방제에는 거의 효과가 없는 것으로 알려져 있습니다. 2013년 주요 적조발생지역인 전라남도는 박준영 도지사의 지시로 적조방제용 황토살포 대신 선박에 전해수 처리장치를 설치해 바닷물을 전기분해한 뒤 산성수를 뽑아 적조생물을 사멸시키는 방식을 도입했으나, 광범위한 지역을 감당하기는 기술적으로 한계가 있다는 지적이 있어 보다 효율적인 적조방제대책이 필요한 실정입니다.

초음파를 이용한 적조방제는[18] 초음파 조사과정에서 유해조류의 완전 파괴로 인한 유기물 방출을 억제하는 대신 세포 내의 가스소포(gas vacuoles)만을 파괴시켜 응집을 위한 작은 입자로 축소시켜 제거하는 방법으로 초음파의 주파수, 전력, 조사시간 등이 주요 변수로 작용하게 됩니다. 따라서 초음파의 조사영역 제한 등으로 인해 적조가 발생한 거대한 수역에 적용하기란 그리 쉽지는 않습니다.

오존을 사용하는 적조방제 방법은[19] 1977년 미국에서 처음으로 시도

18) Heng, L. et al. (2009) Algae removal by ultrasonic irradiation–coagulation. Desalination, 239:191~197.

19) 강호 (2007) 전자빔조사에 의한 적조제어기술 개발 기초연구 보고서, 과학기술부

되어, 적조발생수역에 고압의 오존을 투입하였으나, 실용화되지는 못하였습니다.

전자빔조사를 이용한 적조방제 방법은 고에너지 가속기를 이용하는 방법으로 전자총으로부터 방출되는 전자를 전자빔 가속기가 진공상태에서 고전압을 이용하여 빛의 속도에 가깝게 가속시켜 높은 에너지의 전자빔을 만들어 내고, 이렇게 만들어진 고에너지 전자빔이 적조생물의 세포벽을 파괴시켜 직접적인 사멸을 일으키거나, 혹은 해수 분해로 생성된 반응성이 매우 큰 라디칼이 조류세포를 손상, 혹은 사멸시키는 방법입니다.

적조방제에 대한 국내 연구 현황

적조에 대한 정부의 종합대책이 수립된 것은 1995년 남해안에서 발생 한 씨프린스 호의 해상 유류오염사고와 대규모 유해성 적조발생으로 인한 막대한 피해가 발생한 것이 계기가 되었다고 할 수 있습니다. 1995년 정부는 '해양오염 방지 5개년 계획(1996~2000년)을 수립하였으며, 동 기간 총 4조 3,390억 원을 지출하였고, 그중 적조방지종합대책에는 4.1%인 1,774억 원이 지출되었습니다(표 5-6). 한편 이때부터 국립수산과학원에 '적조상황실'을 설치·운영하는 등 적극적 지원을 시작하게 되었습니다.

해양오염 방지 5개년 계획이 끝나고, 정부는 해양환경보전종합계획(2001~2005)을 수립하여 이 기간에 총 5조 4,328억 원이 해양환경 개선을 위해 노력하고 있으며, 이중 "해양수질 개선 및 생태계보존" 사업에 총 3,705억 원이 투자되었는데, 오염해역정화, 연안어장 정화/정비, 및 적조방제에 많은 예산이 투자되었음을 알 수 있습니다(표 5-7).

표 5-6. 해양오염 방지계획 중 적조방지대책 및 투자실적 (단위: 억 원, %)

사업내용	계획 (A)	투자실적						대비 (B/A)
		계(B)	1996	1997	1998	1999	2000	
합계	1,774	1,364	171	247	250	281	414	76.9
적조예찰 및 피해예방연구	54	34.8	12	12	6	2	2.8	64.4
오염해역준설	719	240	4	24	14	41	157	33.3
연안어장 정화정비	977	964	150	208	196	187	223	98.7
김양식어장 무기산 사용 방지대책	–	93	–	–	31	31	31	–
방치 폐선처리 및 처리장설치	20	30	4	3	3	20	–	150.0
우량사료 개발보급	4	2.3	1	0.4	0.3	0.3	0.3	57.5

표 5-7. 해양환경보존종합계획 중 해양수질 개선 및 생태계보존 사업별 투자실적 (단위: 백 만원)

세부사업명	투자 계획 (A)	투자실적						대비 B/A (%)
		계(B)	2001	2002	2003	2004	2005	
합계	393,648	305,688	50,420	45,109	85,867	67,754	56,538	78
오염해역정화	110,046	109,746	24,215	14,715	22,603	23,299	24,914	99
연안어장 정화·정비	201,835	118,128	22,848	24,781	25,313	27,244	17,942	59
유해화학물질에 대한 해양생태계 안전관리기반 구축	3,966	3,966	150	900	858	1,058	1,000	100
지속가능한 해양생태계 이용방안 강구	15,095	13,936	701	665	2,982	5,334	4,254	92
과학적인 해양환경 관리·보전방안 강구	10,830	10,320	1,424	2,317	2,089	2,190	2,300	95
초대형 부유식 해상공간 조성기술개발	2,872	2,872	–	–	–	2,072	800	–
준설토 및 굴패각 재활용 방안 연구	1,000	1,000	200	400	300	100	–	100
환경친화적 항만건설 및 관리기술개발	7,100	7,100	750	1,000	4,000	250	1,100	100
적조예찰, 방제기술 및 조사*	1,563	1,563	132	331	355	355	390	100
적조방제**	39,341	37,057	–	–	27,367**	5,852	3,838	94

* 적조발생 역학조사사업의 경우 실행예산 자료 부족으로 2,500 제외

** 2003년까지의 누계자료임

이후 정부는 2차 해양환경보전종합계획(2006~2010)을 수립하여 '사전 예방적 관리'를 정착하고, 해양생태계 중심의 관리, 참여와 협력의 해양 거버넌스, 인간과 해양환경의 공존을 기본정책 방향으로 설정하고 5년 동안 총 6조 4,392억 원을 투자하는 계획을 수립하였습니다.

지금까지 우리는 미세조류로 인한 피해적 측면에서만 유해적조를 바라보았습니다. 하지만 해양 미세조류는 또한 떠오르는 미래산업의 주역이라는 측면에서 주목받고 있다는 사실도 간과해서는 안 됩니다. 미세조류는 바이오에너지, 유용물질의 생산 및 온실가스 저감이라는 환경 분야의 잠재적 가치가 큰 자원입니다. 엑손모빌, 바스프, 릴라이언스 등 세계 주요 기업들이 기술 확보에 노력을 기울이고 있습니다.[20)]

미세조류를 이용한 바이오연료 생산

미세조류는 모든 바이오디젤 생산 작물 중에서 오일의 생산성이 가장 큰 것으로 알려져 있습니다. 아래의 내용 중 많은 부분은 삼성경제연구소에서 발간한 경영노트(2012. 11. 8. 발간)의 내용을 발췌하여 정리하였습니다. 표 5-8은 에너지 자원별 특징을 비교한 것입니다.

미세조류는 약 10만 종 이상이 존재하며, 물, 햇빛, 이산화탄소만 가

표 5-8. 주요 에너지 자원별 특징

	미세조류	석유	석탄	천연가스	원자력	태양광	풍력
산업소재생산	가능	가능	가능	가능	불가	불가	불가
온실가스배출량	저	고	고	중	저	저	저
가채 연수	무제한	54년	112년	64년	79년	무제한	무제한
경제성 확보 시기	2020년	현재	현재	현재	현재	2020년	현재

20) 조성제(2012) 미래의 자원으로 각광받는 미세조류. 삼성경제연구소

지고 광합성을 이용하여 무제한 증식이 가능한데 지구 전체 광합성량의 절반을 미세조류가 담당합니다.

대두, 유채, 해바라기 등은 재배 주기가 4~8개월이 소요되는 데 반해, 미세조류는 매일 수 배 증식하므로 1일 단위의 재배가 가능합니다. 미세조류는 무게의 20% 이상의 지방 함유량을 보이고 일부 미세조류는 75% 이상의 지방 함유량을 나타내기도 합니다.[21] 미세조류의 오일 함량을 30~70%로 추정하여 오일생산성을 비교하면 표 5-9와 같습니다.[22] 현재 바이오연료로 사용하는 옥수수, 사탕수수 등은 식용 작물을 사용함으로써 가격이 폭증하는 문제점을 안고 있으나 미세조류는 비식용이며 별도의 경작지가 필요하지 않는다는 점에서 또 다른 이점이 있습니다. 미세조류를 3세대 바이오매스라 부르는 이유입니다(표 5-10). 현재 솔라자임(Solazyme), 오리진오일(OriginOil), 심바이오틱(Seambiotic), 사파이어에너지(Sapphire Energy) 등 많은 미세조류 관련 기업들이 바

표 5-9. 작물별 연간 오일생산성

작물	미세조류(잠재)	옥수수	대두	자트로파	카놀라	오일팜
디젤 오일생산성	58,700~136,900	172	636	741	974	5,366

표 5-10. 세대별 바이오매스의 비교

세대	주요 작물	특징
1	옥수수, 사탕수수, 대두(식용)	- 곡물가격 상승 부작용 - 곡물가격 상승에 따른 연료 수익성 악화
2	목재(비식용)	- 셀룰로오스 분해 고비용 소요 - 넓은 경작면 요구
3	미세조류(비식용)	- 대량생산 기술 확보가 관건 - 경제성 확보 미흡

21) Chisti, Y. et al. (2007) Biodiesel from microalgae. Biotechnology Adv. 25(3):294-306.

22) Gong, Y. et al. (2011) Biodiesel production with microalgae as feedstock: from strains to biodiesel. Biotechnol. Lett. 33(7):1269-1284.

이오디젤을 개발하여 시험 중에 있습니다. 미국 해군의 경우 2020년까지 전체 연료 소비의 절반을 대체에너지로 충당한다는 계획을 하고 있으며, 2012년 3월에 4,000톤급 구축함이 미세조류를 이용해 개발한 디젤로 2,000 km를 운항하는 데 성공한 바 있습니다. 알게놀(Algenol Biofuels) 등의 회사는 미세조류의 유전자를 조작하여 바이오에탄올을 생산하는 기술을 개발하고 있습니다. 물론 상용화를 위해서는 기술성 향상을 통한 경제성 확보가 관건입니다. 석유, 디젤 가격보다 미세조류 기반 디젤의 가격이 현재로서는 3~5배 정도 비싸기 때문입니다.

미세조류를 이용한 유용한 바이오 물질 생산

미세조류는 종에 따른 생체물질의 구성비가 현저히 차이가 납니다. 클로렐라(Chlorella)는 단백질이 50% 이상을 차지하는 반면 스파이로자이라(Spirogyra)는 조류는 20% 미만의 단백질을 함유합니다. 미세조류에는 베타카로틴, 토코페놀 등의 항산화물질이 다량 함유되어 있으며, 유전자 조작을 총한 유용물질 생산도 가능합니다. 파이코바이오로직스(PhycoBiologics)라는 회사는 미세조류 유전자 조작을 통해 백신이나 항체를 생산하는 데 성공하는 등,[23] 조류를 이용한 제품은 식품뿐 아니라, 색소나 염료를 뽑아낸다든지, 혹은 양식용 사료로의 활용도 또한 높게 평가되고 있습니다. 세레플라스트라(Cereplast)는 회사는 2009년에 미세조류 성분이 35% 함유된 플라스틱 제품을 출시하기도 하였습니다. 그 밖에 솔라자임 회사는 조류기반 항노화 화장품을 2011년 출시한 바 있으며, 다우케미칼(Dow Chemical Company)은 2011년부터 솔라자임과 협력하여 조류기반 지방성분을 이용한 변압기 절연제

23) SurZyrcki, R (2009) Factors effecting expression of vaccines in microalgae. Biologicals. 37(3): 133–138.

를 개발하고 있습니다. 이처럼 미세조류는 유용한 물질을 생산하는 연구 가치가 매우 높은 자원이라 할 수 있습니다.

환경자원으로서의 미세조류의 역할

미세조류는 자기 무게의 1.8~2.2배나 되는 이산화탄소를 흡수하기 때문에 육상식물 대비 10~50배 높은 이산화탄소 흡수 효율을 보이므로 탄소 저감에 매우 중요한 생물이라 할 수 있습니다. 미세조류는 배양이 손쉽고, 특히 폐수 속에 포함된 질소나 인을 흡수하여 성장이 촉진됨은 물론, 카드뮴이나 납 같은 중금속을 흡착, 제거하는 기능도 있는 것으로 보고되었습니다. 미항공우주국(NASA)에서 2008년부터 진행하는 오메가 프로젝트는 특수 제작한 비닐 팩에 폐수와 미세조류를 담아 바다에 배양하는 데 최종 항공유 생산이 목표입니다. 이스라엘의 심바이오틱 회사는 발전소에서 배출되는 이산화탄소를 조류배양설비에 직접 연결하여 미세조류를 생산하는 기업입니다. 이처럼 향후에는 미세조류를 이용한 탄소의 포집이나 폐수 정화사업이 확대될 전망입니다.

이상에서 살펴본 바와 같이 미세조류는 미래의 생물자원이 될 수 있으며, 대체에너지 개발과 바이오 유용물질 개발 등을 고려할 때 충분한 투자가치를 찾을 수 있는 신산업이라 생각됩니다. 2012년 10월에 국토해양부는 조류배양 실증플랜트를 인천 영흥도에 건설하는 등 2019년까지 미세조류 바이오디젤 분야에 총 490억 원을 지원할 계획입니다.

맺음말

적조(赤潮, red-tide)란 수계의 부영양화, 수온상승, 적당한 일조량 등이 원인이 되어 플랑크톤이 단기일 내에 대량 번식함으로써 바닷물의 색깔이 붉은색 또는 적갈색으로 변하는 현상을 말하며, 우리 연안에서는 주로 와편모조류에 의한 적조의 피해가 큰 상황입니다. 적조에 의한 피해를 최소화하고자 정부부처는 적조예보발령 체제를 운영하고 있으나, 보다 체계적이고 과학적인 대책이 필요하며, 적조방제대책으로 황토를 살포하는 수단이 최상의 방법으로 받아들여지고 있는 실정입니다. 황토살포로 인한 저서 생태계 및 여러 부작용에 대해 더욱 과학적인 접근법이 필요합니다. 융복합기술을 이용한 유해적조 조기예보시스템을 개발하고, 양식장의 피해를 경감시킬 수 있는 대책이 강구되어야 하며, 유해적조발생에 대한 근본적인 대책이 수립되어야 할 것입니다. 아울러 미세조류를 이용한 연료, 환경, 식품, 의약품 등 미래산업창출에도 역시 많은 관심을 보여야 할 시기입니다.

전문가의

Field Interview

조선대 유해조류 제어융합연구단

연구단장·교수 김시욱

조선대 유해조류 제어 융합연구단은 미래창조과학부의 지원을 받아 유해적조를 표적으로 하는 살조(殺藻) 기술을 연구·개발하고 있습니다. 연구단은 살조 기술 개발을 위해, 먼저 적조를 일으키는 조류에 특이하게 흡착·감염하는 특정 바이러스를 선별한 후, 이 바이러스로부터 나노 크기의 외부 캡시드 단백질 유전자를 클로닝하고, 이 유전자로 형질전환시킨 대장균에서 캡시드를 대량생산 및 자가조립(self-assembly)하는 시스템을 개발하였습니다. 나아가 연구단은 인체 및 환경에 무해한 천연 혹은 화학적 신규 살조 물질을 개발하고, 이 물질을 앞서 만든 캡시드나노 입자에 탑재, 다양한 형태의 살조물질 라이브러리를 구축하였습니다. 이렇게 제조한 나노 입자를 실제 해양 환경과 유사한 인공 해양생태계에 살포한 뒤 유해조류에만 선택적으로 살조효과가 나타남을 보여 주었고, 환경위해성 등을 연구함으로써 앞으로 적조방제의 새로운 장을 열 연구단으로 주목받고 있습니다.

6장
물고기질병과 어류바이러스
Fish diseases and fish viruses

우리나라는 삼면이 바다이고 많은 섬과 굴곡이 심한 해안으로 이루어져 있어 일찍부터 연근해 어업이 발달하였습니다. 그러다 1980년대부터는 물고기를 인공시설에 가두어 계획적으로 생산하는 수산양식업이 해안선이 긴 서해안과 남해안을 중심으로 시작되어 현재까지 많은 투자와 노력을 기울여 왔습니다. 이러한 결과로 최근에는 우리나라 국민이 섭취하는 물고기를 비롯한 수산생물의 절반 이상을 수산양식업을 통해 공급받고 있으며, 많은 양의 우수한 양식 생산물을 유럽, 미국, 일본 등 수산물 소비국에 수출하고 있습니다.

그러나 이러한 수산생물을 양식하는 바다나 하천에 사는 바이러스나 세균 등의 병원체는 양식장에서 발생하는 배설물이나 먹이 찌꺼기, 허약한 물고기의 출현 등을 이용하여 자연상태 때보다 훨씬 쉽게 숫자를 늘리면서 양식하는 수산생물에 질병을 발생시켜 심각한 경제적, 사회

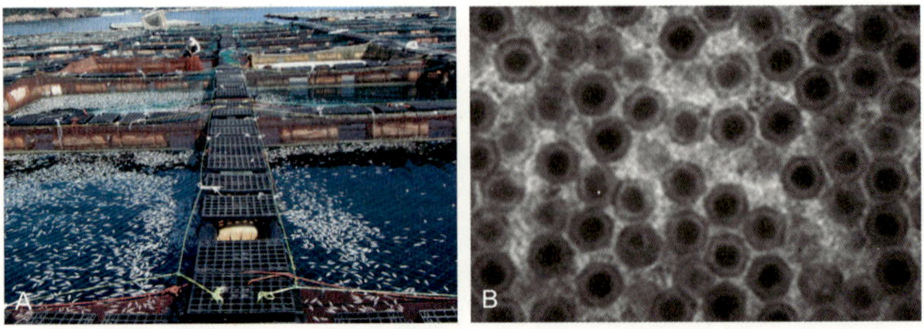

그림 6-1. 양식어류의 대량폐사와 메가로사이티바이러스
(A) 우리나라 연안에서 양식되고 있는 어류의 대량폐사
(B) 양식장 어류 및 자연산 어류에게 피해를 주는 메가로사이티바이러스의 전자현미경사진

적 문제가 되고 있습니다(그림 6-1).

이번 章에서는 물고기의 질병과 이들 물고기에 질병을 일으키는 어류바이러스에 대하여 알아보겠습니다.

물고기와 육상생물과의 차이점

사람을 포함한 육상 포유동물은 주변 환경과 관계없이 체온을 항상 일정하게 유지할 수 있는 항온동물이지만, 물고기 등의 수산생물은 서식하는 환경수의 온도에 따라 체온이 변동하는 변온동물입니다. 따라서 어류의 체온과 모든 대사과정은 환경수의 온도에 결정적인 영향을 받습니다. 그리고 물고기의 질병 발생은 서식하는 물의 환경변화 즉 수온, pH, 염분농도 및 유기물의 오염도와 밀접한 관계가 있습니다. 따라서 물고기에서 발생하는 질병을 이해하기 위해서는 이들이 서식하는 물속 생활 환경에 대한 이해가 선행되어야 합니다.

물고기의 호흡

물고기는 물질대사에 필수적인 산소를 물에서 공급받습니다. 물고기의 호흡기인 아가미는 수중에 노출되어 있어 가스교환과정에서도 수분증발이 일어나지 않아 건조해지지 않고 서로 밀착되거나 파괴되지 않습니다. 반면에 물은 공기에 비해 약 1/30 정도의 산소밖에 함유 못 하며 밀도도 공기보다 높아서 녹아있는 산소는 공기보다 약 1/8,000 정도로 느리게 확산합니다. 이 때문에 부분적으로는 많은 양의 산소가 물속에 녹아있어도 장소에 따라서는 산소가 모자라는 곳이 쉽게 생겨납니다. 또한, 물의 무게가 공기보다 약 800배 정도 무겁고, 점성이 약 60배 정도 높아서 아가미를 통하여 산소를 받아들이고 질소성 대사산물을 배출하는 데는 상당량의 에너지가 필요합니다(표 6-1)[1].

표 6-1. 물고기와 육상동물의 차이점

특성	물고기(어류)	육상동물	비고
호흡매질	물	공기	산소 결핍의 발생이 용이
개체간의 경쟁	동종 또는 타종과 먹이, 서식장소 경쟁	비교적 경쟁 적음	생잔율 낮음
체온조절	변온동물	항온동물	수온에 따라 체온 변화(에너지소모 과다)
삼투압 조절	항상성 유지에 불리	유지가 용이	담수어: 염분체내저장, 수분배출 해수어: 염분체외배출, 수분체내저장
호흡기관	아가미 – 수중에 노출 – 물리적 손상용이	허파 – 몸 내부에 보호 – 손상으로부터 보호	호흡시 육상동물보다 에너지 소비량이 높음 물의 무게는 공기보다 800배 무거움 물의 점성은 60배 높음
배설기관	아가미 및 신장	신장	대사산물의 수중 잔류 암모니아 및 아질산 중독 빈발

1) 박성우, 오명주 (2012) 수산생명질병학 첫걸음. 바이오사이언스

염분과 물고기

염분이 포함되어있지 않은 물(담수)과 염분이 평균 3% 포함되어있는 바닷물(해수)에 서식하고 있는 어류는 숙명적으로 그들이 사는 수중의 염분농도에 영향을 받아 물 또는 염분을 체외로 이동시키면서 살아가고 있습니다(표 6-1 참조). 이러한 물과 염의 체내·외로의 이동은 확산과 능동수송에 의해 조절되는데 이를 삼투압조절이라고 합니다. 물고기는 어느 정도의 염분 조건에서 생존할 수 있는가에 따라서 광염성 어류 또는 협염성 어류로 구분하고 있습니다.

담수와 해수에 사는 물고기의 삼투압조절 방식에는 차이가 있습니다. 이를 가장 간단히 설명하면, 물고기의 체액은 일반적으로 인간과 유사한 0.85% 정도의 염분농도를 유지하지만 사는 환경수의 염분농도가 체내염분과 차이가 있어서 자연적으로 삼투압 현상이 일어납니다. 따라서 만일 어체를 드나드는 물과 염류조절의 이상으로 체내의 안전한 염분농도 조건이 유지되지 못하면 결국은 폐사하므로 삼투압조절은 물에 사는 물고기의 생명 유지에 중요한 요인입니다.

물고기의 삼투압조절은 신장을 통한 오줌 배설량의 조절과 아가미에 있는 소금세포(salt cell, 염세포)로 이루어지기 때문에 육상 포유류와는 달리 신장과 아가미를 삼투압조절기관이라고 합니다. 담수에 사는 물고기는 체액의 염분농도가 0.85%, 외계 환경수의 농도가 0%이므로, 염분도가 높은 체내로 물이 유입되고, 어체에서 염분이 빠져나가는 삼투현상이 발생합니다. 그래서 담수에 사는 물고기는 어체에서 염이 빠져나가는 것을 방지하고 수분을 다량 방출하기 위하여 수분은 많지만, 염의 농도가 낮은 오줌을 배설하는 방식의 조절체계를 가지고 있습니다. 바닷물고기는 담수 물고기와는 반대로 어체에서 물은 빠져나가고 대신에 염이 체내로 유입되는 삼투현상이 발생하므로 어체 외로 빠져나가는 물의 양을 최소화시킬 필요가 있기 때문에 염의 농도가 높은 진한 오줌을 배설하게 됩니다. 아울러 바닷물고기의 아가미에는 소금세포(염세포)가 있어서 체내로 유입되는 염을 체내에너지를 사용하여 효과적으로 방출시킵니다.

담수에서 해수로, 또는 해수에서 담수로 이동하면서 서식하는 물고기는 환경수에 따라 아가미의 소금세포 수를 조절하거나 오줌의 양과 오줌 중의 염의 농도를 조절하여 새롭게 변한 환경수에 적응하여 살아갈 수 있습니다. 그러나 일생을 담수에서만 또는 해수에서만 사는 일반적인 물고기는 이러한 적응 능력이 없어서 물의 염분농도조건이 맞지 않으면 적응하지 못하고 허약해져서 질병이 발생하거나 결국에는 죽음에 이르게 됩니다.

물고기의 방어기전

인간은 계통발생상 최상위에 있기 때문에 외부 병원체로부터 자신의 몸을 보호하는 생체방어기능이 잘 발달하였습니다. 특히 목, 기관지 및 장간막 등에 있는 림프절이 차단벽 구실을 함으로써 전신감염을 방지하고 있습니다. 반면에 물속에서 사는 물고기는 림프계가 개방형이면서 림프절이 존재하지 않아 체내에 침입한 병원체는 곧바로 전신감염을 일으키기 쉽습니다. 또한, 감염병의 진행이 빠르고 폐사율 역시 높아 감염이 일어났을 때 빠른 조치가 필요합니다.

건강한 물고기는 체표에 세균이나 기생충 등이 부착하면 체표점액을 분비하는데 여기에는 라이소자임, 보체, 단백질분해효소 등이 있어서 용균, 응집 등의 생체방어기작을 가동하여 병원체로부터 몸을 보호합니다. 그러다 체표가 병원체에 돌파되면 피부가 또 다른 장벽으로 작용하여 병원체의 전파를 방지하고, 피부가 돌파되면 식세포가 출현하여 침입한 병원체를 비선택적으로 탐식, 소화하여 몸 전체로의 감염을 방지합니다. 만일 침입한 병원체가 과거에 침입한 경력이 있으면 면역기억세포에 의해 감염초기 단계에서부터 항체가 적극적으로 작용하는 보호체계를 갖추고 있습니다.[2)]

물속 병원체의 감염경로

한 층의 세포층으로 이루어진 아가미는 물고기 몸 중에서 가장 부드러운 조직으로서 어체와 수계의 경계면을 이루고 있습니다. 따라서 물속에 퍼져있는 병원체는 아가미를 통해 어체 내로 쉽게 침입할 수 있습니다.

아가미에서도 몸 표면의 체표점액 같은 점액을 분비하여 침입한 병원체를 일차적으로 처리합니다. 그러다 점액세포층이 돌파되면 혈관에서 방출된 식세포가 침윤하여 병원체의 전파를 차단합니다. 그러나 이러한 과정을 이겨낸 병원체는 정맥혈관을 타고 심장으로 이동하여 몸 전체로 퍼집니다. 병원체는 위, 유문수, 장 등의 소화관을 이용하여 침입하기도 하는데 이들 소화관 점막에서도 체표나 아가미 점액과 같은 작용이 이루어지기 때문에 점막을 통한 병원체의 침입을 방지하고 있습니다. 그러다 점막이 돌파되면 식세포가 침윤하여 침입한 병원체를 처리함으로써 병의 확산을 방지하고 있습니다. 이처럼 물고기는 병원체로부터 자신의 몸을 보호하기 위하여 여러 가지 방어벽을 구축하고

2) 김정호, 박성우, 박찬일, 오명주, 정성주, 허민도(2006) 어패류의 감염증과 기생충. 라이프사이언스

있습니다. 그러나 이러한 방어벽은 물고기가 건강하고 양호한 수질환경 속에 살고 있을 때에만 그 기능이 충분히 발휘될 뿐 열악한 조건이나 영양적인 장애가 있으면 그 기능이 충분히 발휘되지 못하여 질병에 걸리는 것으로 알려졌습니다.[3)]

물고기질병학(어병학) 이란

질병이란 "어떠한 요인에 의해 생명체의 형태나 기능이 정상적인 범위를 벗어난 상태"로 정의합니다. 또한, 질병에는 반드시 원인이 있게 마련인데 이를 병의 원인(병인)이라 합니다. 어류 질병학의 대상이 되는 생물은 말할 필요도 없이 물고기(어류)이지만, 어류 중에서도 산업적으로 중요한 어류를 대상으로 하는 것이 보통이며 때로는 환경오염과 관련하여 특정 어종을 대상으로 연구하는 때도 있습니다. 또한, 연체동물인 패류, 오징어류 및 갑각류인 새우류와 게류, 또는 극피동물인 성게 등의 질병을 그 대상으로 하고 있으며, 최근에는 식용 및 관상용 자라와 거북 등에 이르기까지 그 영역이 넓어지고 있습니다. 어류 질병의 원인은 어류 자체에서 비롯되는 내인성과 기생성 질병과 같이 외부 인자에 의해서 유발되는 외인성으로 나눌 수 있습니다. 이 중 원인이 어류 내부에 있는 요인에 관해서는 거의 연구되지 않고 있으며, 어류의 외부 요인에서 기인하는 것이 산업적으로 심한 피해를 초래하는 경우가 많아 주로 외인성과 요인과 질병을 연관시켜 그 연구대상으로 삼고 있습니다(표 6-2)[4)].

3) Ronald J Roberts (2012) Fish Pathology. Wiley-Blackwell
4) H. Wakabayashi, K. Muroga (2004) Infectious and parasitic diseases of fish and shellfish (Japanes). Kouseisha kouseikaku.

표 6-2. 어류 질병의 구분

어류 질병의 구분		원인
1. 내인성		연령, 성별, 종(품종, 계통), 유전, 내분비, 면역, 대사, 신경 등의 어체 내의 기능 장애와 손상에 의함
2. 외인성	비감염성	1. 환경적 요인: 수온, 수질(pH, 독극물, 용존 가스 등) 2. 영양적 요인: 결핍증(비타민, 무기물 등), 중독증(과산화 지질 등)
	감염성	1. 병원생물: 바이러스, 세균, 곰팡이 2. 기생충: 단생류, 흡충류, 조충류, 선충류, 구두충류, 갑각류

물고기의 감염성 질병과 육상동물의 감염성 질병과의 차이

어류 감염병도 육상동물과 마찬가지로 "숙주-기생체 관계(host-parasite relationship)"가 그 균형을 상실하여 발생합니다. 그러나 어류 감염병의 최대의 특징은 숙주가 물에 사는 수중생물이란 점이기 때문에 감염증을 유발한 병원체가 숙주에서 이탈하였을 때는 육상의 공기 중에서보다 훨씬 더 오래 생존할 수 있습니다. 이 때문에 수중생물의 서식 환경인 물을 매개로 하여 병원체의 전파가 더 쉽게 일어날 수 있습니다(표 6-3).

지구온난화가 물고기질병에 미치는 영향

미세한 수온의 변화에도 물고기는 대사와 생리에 영향을 받아 성장, 생식력, 먹이 섭취 패턴, 수중의 분포도, 이동 및 생존량에 영향을 주는 것으로 알려졌습니다. 기후변화에 따른 생리학적 변화는 물고기의 질병을 증가시킬 가능성이 있습니다. 그림 6-2와 같이 지구온난화의 영향은 상호적 연쇄 반응으로서 숙주의 개체수와 서식 생태계에 큰 영향을 미치고 있습니다. 또한, 이러한 영향은 다른 stressor와 환경인자에 의한 상호작용에 의해 질병을 증가시킬 수 있습니다. 즉 지구온난화 등

표 6-3. 물고기와 육상동물의 감염성 질병의 차이점

특성	물고기(어류)	육상동물	비고
물리적 보호	비늘, 점액	각질층, 점액	수송, 선별에 따른 손상에 약함 비늘 및 체표손상이 용이
질병의 전파	물	공기	수중은 공기보다 다종의 생물분포 지역적 집단발생
전신감염	병의 진행이 빠르며 전신감염 용이	국소감염	급성이며 폐사율 높음 – 수산생물: 개방림프계, 림프절 없음 – 육상동물: 폐쇄림프계, 림프절 발달
백신 효용 지속성	단기간 (90–150일 지속)	비교적 장기간	질병, 어종 및 처리시기에 제한 – 송어, 은어 및 일부 해산어에 한정
질병의 진행	급성	급성 또는 만성	조기진단과 조기치료가 관건
진료의 대상	집단	개체	– 개체 투약이 곤란하므로 투약비용 과잉 – 폐사시 피해액 심각
치료 방법	약욕 및 경구투여	수술, 주사 및 경구투여	치료효과 미흡 – 병든 개체의 식욕 저하 – 과다한 약욕 비용

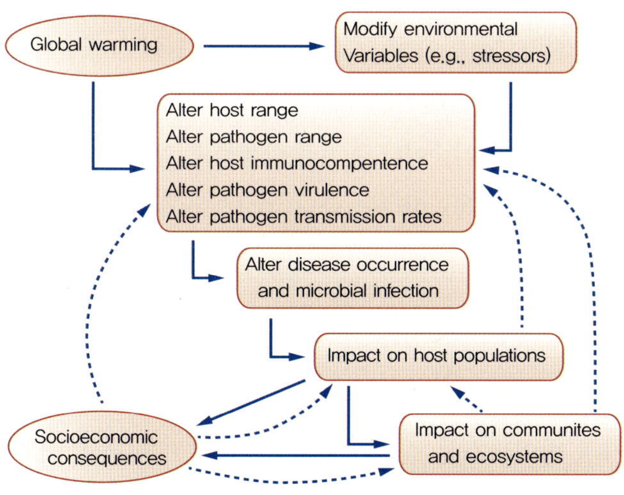

그림 6-2. 감염성 병원체와 숙주에 대한 지구온난화의 영향

의 기후변화로 병원체의 다양성이 변하고 감수성 숙주 범위가 증가할 가능성 높아집니다. 일반적으로 많은 수중 병원체는 높은 수온에서 병원성이 강하게 발현되는 경향이 있습니다. 이러한 병원성 증가와 함께 일어날 수 있는 중요한 변화는 수온상승에 의한 숙주의 스트레스 증가로서 결국 질병에 대한 면역력이 감소한다는 것입니다. 그리고 스트레스를 받은 숙주 간에도 질병 전염이 더욱 쉽고 빠르게 일어날 가능성이 있습니다. 결론적으로 기후변화에 의한 지구온난화는 물고기의 질병에 대한 저항성을 약화시키고 기회성 병원체에 의한 질병 증가가 가속화될 것으로 예상하고 있습니다. 그러나 지구온난화와 물고기질병 발생 간의 상관관계에 관한 연구는 아직 그렇게 많이 주목을 받지 못하였습니다. 다만 현재까지는 기후변화에 따른 어획량이나 어종의 변화에 관한 연구가 주를 이루고 있을 뿐입니다.

최근에 수산양식장에서 병원성 미생물에 의한 감염성 질병 발생이 꾸준히 증가하고 있으나, 아직 원인체를 정확히 규명(확진)하지 못하는 경우가 많습니다. 만약 이들 중 신종병원체가 원인인 경우가 발생한다면 단시간 내에 정확한 원인 규명은 어려울 것으로 생각합니다. 따라서 국내 연근해에 외래 어종이나 수입 수산생물 등의 유입에 의한 외래 병원체(신종병원체)가 침입한다면 국내 수산생물에 큰 피해를 줄 가능성이 매우 높습니다.[5)]

물고기에 감염증을 일으키는 바이러스

물고기의 바이러스성 질병에 대한 연구는 1874년 잉어의 폭스병(pox), 1904년 가자미류의 림포시스티스병(lymphocystis disease;

5) 김도형, 오명주(2013) 지구온난화에 따른 외래유입병원체의 발병특성 및 방제기술 연구. 해양수산부

LCD, 그림 6-3)에 대한 연구가 유럽에서 처음 이루어지면서 시작하였습니다.

그러다 1960년대에 들어 미국에서 무지개송어의 생식선조직유래세포인 RTG-2와 chinook salmon의 배(embryo) 유래세포인 CHSE-

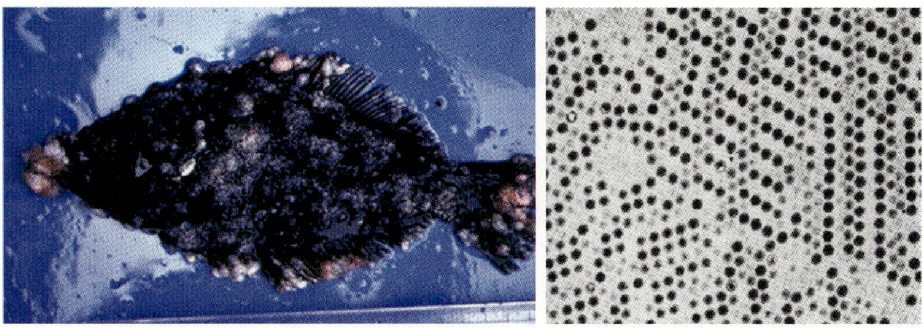

그림 6-3. 림포시스티스병에 걸린 넙치 및 감염원인 LCDV 바이러스

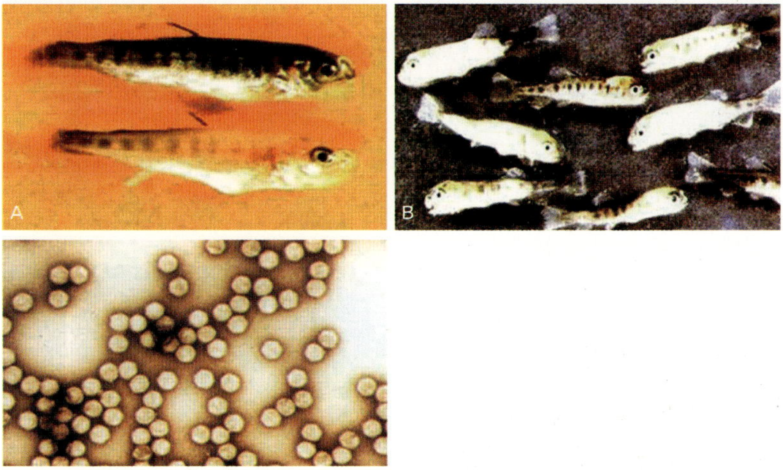

그림 6-4. IPN 감염어 및 원인바이러스

(A) 정상어(상)와 복부 팽만과 꼬리자류 부위가 흑화된 병어(하)
(B) 꼬리자루 부위가 흑화되는 반면 두부는 부풀어 오른 느낌이 있음. 아래는 원인바이러스인 IPNV의 전자현미경사진

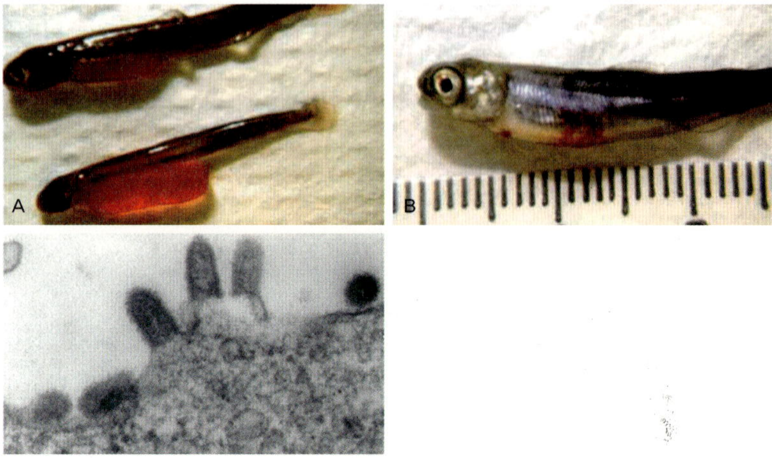

그림 6-5. IHN 감염어 및 원인바이러스

(A) 연어 치어 난황의 심한 출혈
(B) 체색의 흑변, 복부와 안구 주변의 출혈을 나타냄. 아래는 원인바이러스인 IHNV의 전자현미경사진

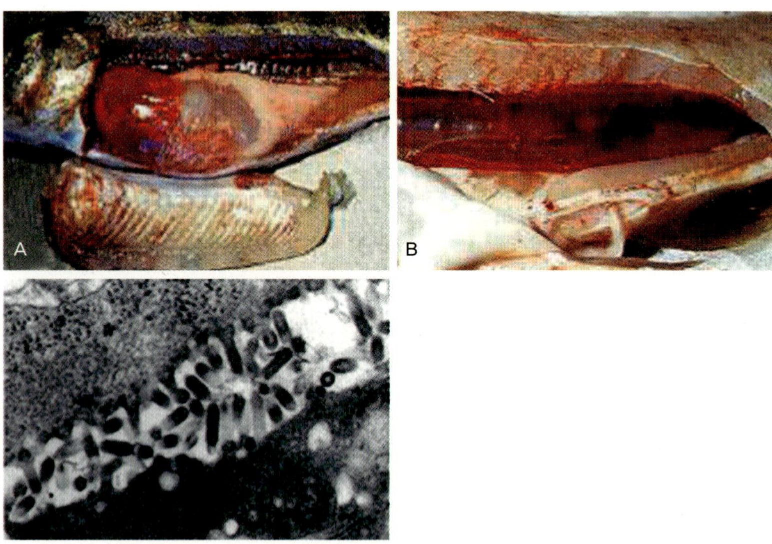

그림 6-6. VHS 감염어 및 원인바이러스

(A) 근육과 간의 출혈
(B) 부레와 복강 내 지방조직의 출혈. 아래는 원인바이러스인 VHSV의 전자현미경사진

214라는 물고기 유래 배양세포주(cell line)를 만들면서 연어과 어류의 전염성 췌장괴사증 바이러스(infectious pancreatic necrosis virus, IPNV)(그림 6-4), 전염성 조혈기괴사증 바이러스(infectious hematopoietic necrosis virus, IHNV)(그림 6-5), 바이러스성 출혈성 패혈증 바이러스(viral hemorrhagic septichemia virus, VHSV)(그림 6-6)의 연구가 본격적으로 시작되어 일반에게 물고기의 바이러스에 대한 정보가 구체적으로 알려지기 시작하였습니다.

어류의 바이러스성 질병과 그 원인바이러스의 연구는 산업적으로 큰 피해를 겪었던 연어과 어류나 잉어과 어류에서 알려지기 시작하여 그 이후, 다양한 물고기, 갑각류 및 패류에서도 바이러스성 질병이 알려지게 되었습니다(표 6-4).[6]

물고기의 바이러스성 질병으로는 다양한 어류의 림포바이러스병, 연어과 어류의 IPN, IHN 및 VHS 이외에도 연어과 어류의 허피스바이러스 감염증, 은연어, 은어 등의 바이러스성 선회병, 연어 및 송어의 전염성연어빈혈증, 잉어류의 봄바이러스혈증, 무지개송어의 유행성 조혈기괴사증, 메기류의 챠넬메기바이러스병, 상어류의 철갑상어 이리도바이러스병, 뱀장어의 뱀장어허-피스바이러스병, 방어나 넙치의 바이러스성복수증, 넙치 등의 해산어랩도바이러스병, 참돔 등 다양한 해산어의 이리도바이러스병, 바이러스성 신경괴사증, 연어과 어류의 바이러스성 적혈구괴사증, 적혈구봉입체 증후군, 잉어의 유두종, 금붕어의 허피스바이러스병, 넙치의 상피증생증 및 복어류의 구백증 등이 있습니다.

6) 박성우, 오명주 (2011) 수산생명질병학. 바이오사이언스

표 6-4. 어류의 주요 바이러스병의 분류

핵산	바이러스군	바이러스명	병 명	감염 어류
DNA	Herpesvirus	CCV	차넬메기 바이러스병(Channel catfish viral disease, CCVD)	차넬메기
		OMV	산천어 허피스바이러스병 (Oncorhynchus masou Virus Disease, OMVD)	강송어, 무지개송어
		Carp Pox virus (CyHV-1)	잉어 폭스병(Pox disease of carp) = 잉어 허피스바이러스성 유두종 (Herpesviral papilloma of carp)	잉어, 금붕어, 잉어과
		KHV (CyHV-3)	잉어 허피스바이러스병(Koi herpesvirus disease)	잉어, 이스라엘잉어
		HVHNV (CyHV-2)	금붕어 허피스바이러스성 조혈기괴사병 (Herpesviral hematopoietic necrosis, HVHN)	금붕어
		FHV	바이러스성상피증생증(Viral epidermal hyperplasia)	넙치 치어
		AngHV-1 (HVA)	뱀장어 허피스바이러스병(Anguillid herpesvirus disease, AngHVD)	뱀장어
	Iridovirus	VENV	적혈구괴사증(Viral erythrocytic necrosis, VEN)	해산어
		LCDV	림포시스티스병(Lymphocystis disease, LD)	해산어, 담수어
		RSIV	참돔 이리도바이러스병(Red Sea bream iridovirus disease)	참돔, 방어, 농어
		EHNV	유행성 조혈기괴사증(Epizootic hematopoietic necrosis, EHN)	송어류, 개구리
		ISKNV	전염성 비장신장괴사병(Infectious spleen & kidney necrosis disease)	관상어, 담수어, 해산어
	불명	VECNEV	뱀장어 혈관 내피괴사증(Viral endothelial necrosis of eel, VECNE)	뱀장어
		TSUV	복어 구백증(Takifugu rubripes snout ulcer disease)	복어

핵산	바이러스군	바이러스명	병 명	감염 어류
RNA	Rhabdovirus (Novirhabdovirus)	VHSV	바이러스성 출혈성 패혈증(Viral hemorrhagic septicemia, VHS)	무지개송어, 넙치
		IHNV	전염성 조혈기괴사증(Infectious Hematopoietic Necrosis, IHN)	무지개송어, 은연어
		SVCV	잉어 봄 바이러스병(Spring viremia of carp, SVC)	잉어
		EVA, EVEX	뱀장어 랩도바이러스성 피부염 (Rhabdoviral dermatitis in eel)	뱀장어
		PFRV	Pike치어 랩도바이러스병(Pike fry Rhabdovirus disease, PFRD)	Pike
		HRV (=HIRRV)	넙치 랩도바이러스병(Hirame Rhabdovirus infection)	넙치
	Myxovirus	EV-1, EV-2	유럽산 뱀장어 바이러스혈증 (Viremia of the European eel)	유럽산 뱀장어
		BGV	부루길바이러스병(Bluegill virus disease)	브루길
	Birnavirus (Aquabirnavirus)	IPNV	전염성 췌장괴사증(Infectious pancreatic necrosis, IPN)	연어, 송어류
		YTAV	방어의 바이러스성복수증 (Yellowtail viral ascites)	방어
		YAV	바이러스성 췌간괴사증(Viral pancreatico-hepatic necrosis)	방어, 넙치
		PCNV	뱀장어 새변 벽주세포괴사병(Gill lamellar pillar cell necrosis of eel)	뱀장어
	Nodavirus	NNV	바이러스성 신경괴사증(Viral nervous necrosis, VNN)	돌돔, 전갱어
	Togavirus	EIBSV	적혈구봉입체 증후군(Erythrocytic inclusion body syndrome, EIBS)	연어, 송어류
	Alphavirus	SPDV	연어췌장병(Salmon pancreas disease, PD)	해산 연어, 송어류
	Orthomyxovirus (Isavirus)	ISAV	연어 전염성 빈혈증(Infectious salmon anemia, ISA)	해산 연어류
	Reovirus	CSV	연어 레오바이러스병(Cum salmon reovirus disease)	연어류
	Retrovirus	SLV	형질세포성 백혈병(Plasmacytoid leukaemia, PL)	해산 연어, 송어류
		SRV	바이러스성 선회병(Viral whirling disease, VWD)	은연어, 무지개송어, 은어

(참고) 세계수역사무국(OIE) 및 우리나라 수산생물전염병예방법의 관리대상 수산질병[7]

생물	병원체	OIE (2008)	수산생물전염병예방법(2010)
어류	Virus	Koi herpesvirus disease (KHVD) Red seabream iridoviral disease (RSIVD) Epizootic hematopoietic necrosis (EHN)	Koi herpesvirus disease (KHVD) Red seabream iridoviral disease (RSIVD) Epizootic hematopoietic necrosis (EHN)
		Viral hemorrhagic septicaemia (VHS) Infectious haematopoietic necrosis (IHN) Spring viremia of carp (SVC) Infectious salmon anaemia (ISA) – –	Viral hemorrhagic septicaemia (VHS) – Spring viremia of carp (SVC) Infectious salmon anaemia (ISA) Infectious pancreatic necrosis (IPN) Viral nervous necrosis (VNN)
	세균	–	–
	기생충	Gyrodactylus (*Gyrodactylus salaris*)	Gyrodactylus (*Gyrodactylus salaris*)
	진균	Epizootic ulcerative syndrome (EUS)=진균성육아종증 *Aphanomyces invadans* (=piscicida)	Epizootic ulcerative syndrome (EUS) *Aphanomyces invadans* (=piscicida)
갑각류	Virus	White spot disease (WSD) (=Penaeid rod-shaped DNA virus (PAV)) Infectious hypodermal & hematopoietic necrosis (IHHN)	White spot disease (WSD) Infectious hypodermal & hematopoietic necrosis (IHHN)
		Taura syndrome (TS) Yellowhead disease (YHD) Tetrahedral baculovirosis (Baculovirus penaei, BP) Sperical baculovirosis (Penaeus monodon-type baculovirus, MBV) Infectious myonecrosis (IMN) White tail disease (*Penaeus vannamei* nodavirus, PvNV)	Taura syndrome (TS) Yellowhead disease (YHD) Tetrahedral baculovirosis (Baculovirus penaei, BP) Sperical baculovirosis (Penaeus monodon-type baculovirus, MBV) Infectious myonecrosis (IMN) White tail disease (*Penaeus vannamei* nodavirus, PvNV)
	세균	–	–
	기생충	–	–
	진균	Crayfish plaque (*Aphanomyces astaci*) =Aphanomyces감염증	Crayfish plaque (*Aphanomyces astaci*)
연체동물	Virus	Abalone viral mortality	Infection with abalone herpes-like virus
	세균	–	–
	Rickettsia	*Xenohaliotis californiensis*=Withering syndrome of abalone (전복)	*Xenohaliotis californiensis*
	기생충	*Bonamia ostreae* *Bonamia exitiosa* *Marteilia refringens* *Perkinsus marinus* *Perkinsus olseni*	*Bonamia ostreae* *Bonamia exitiosa* *Marteilia refringens* *Perkinsus marinus* –

7) 오명주, 정성주, 김도형(2009) 수산동물전염병 병성감정실시요령 연구. 국립수산과학원

연어과 어류에 큰 피해를 주는 주요 바이러스성 질병으로는 1. 강송어 및 무지개송어의 IPN, 2. 홍연어, 치눅연어 및 무지개송어의 IHN, 3. 무지개송어의 VHS 및 대서양연어의 ISA, 4. 홍연어, 송어, 은연어, 무지개송어의 OMVD, 5. 은연어의 EIBS, VWD 등을 들 수 있습니다. 그 밖에도 피해는 심하지 않지만, 주의를 요하는 질병으로서 1. 무지개송어의 허피스바이러스병, 2. 연어 및 곱사연어의 VEN, 3. 송어의 레오바이러스 감염증이 있습니다.

담수어류의 주요 바이러스질병으로는 1. 잉어의 상피종, 잉어의 부종증, 2. 뱀장어에서는 랩도바이러스과에 속하는 EVA, EVEX, 3. 허피스바이러스, 4. 코로나바이러스, 5. 버나바이러스, 6. 레오바이러스가 분리됐으나 질병학적 연구가 아직 미흡한 실정입니다.

은어에서는 IHNV와 바이러스성선회병 원인바이러스(VWV)가 분리되었으며, 챠넬메기의 경우 허피스바이러스에 의한 질병이 알려졌는데 그 원인은 Herpesvirus ictaluri로서 일반적으로는 channel catfish virus (CCV)라 불립니다. 이 바이러스에 감수성이 있는 메기는 챠넬메기와 blue catfish, European catfish이고, 토종 메기는 포함되지 않으며, 치어기에서 1년생어, 계절적으로는 여름철 고수온기에 발생합니다.

해산어류의 주요한 바이러스병으로는 바이러스성 신경괴사증(VNN)이나 넙치의 바이러스성 상피증생증(viral hyperplasia)과 같이 어린 물고기 즉, 치어기에 발생하는 것과 넙치의 랩도바이러스병(VHS), 참돔이리도바이러스병(RSIVD)처럼 치어에서 성어에 걸쳐 감염되는 형태도 있습니다.

현재까지 수계에 서식하는 어류의 종류는 24,618종 정도가 보고되었고, 한국 등 동북아시아의 연안에서는 3천여 종류의 어류가 서식하는 것으로 알려졌습니다. 그중에서 인류가 식량으로 사용하는 물고기는 현재 약 500여 종 정도가 되며 이 중에서 수산양식의 대상이 되는 것은 그 종류가 점차 늘어나는 추세입니다.

물에 사는 어패류의 자원육성이나 연안수역에서의 양식이 성행해짐에 따라 어류를 인위적인 환경하에서 관리하는 경우가 많아짐에 따라 이들 어류에 병원체가 침입하여 질병이 발생하기 쉬운 환경 조건이 되고 있습니다. 특히 바이러스에 따른 질병은 피해가 심하므로 그 대책 확립이 시급한 상황입니다. 수산양식의 대상 어패류가 많아질수록 지금까지 알려지지 않았던 더 많은 종류의 바이러스에 의한 질병이 발생할 수 있어 물속 생물의 바이러스질병에 대한 관심을 더욱 기울일 필요가 있습니다.

물고기의 바이러스성 질병 진단

물고기의 바이러스성 질병 진단에 사용되는 방법은 매우 다양합니다. 물고기질병의 진단은 외부증상이나 해부소견으로 대략적인 판단을 내리 수 있으나 이들 정보만으로는 정확한 진단이 어렵습니다. 따라서 병리학적 조사, 분자생물학적 조사, 혈청학적 조사 및 병원미생물의 분리 동정 등과 같이 진단에 필요한 정보를 모으는 작업을 수행하여 이들을 전체적으로 종합하여 확정, 진단을 내리게 됩니다(그림 6-7). 물고기질병의 전파와 확산에 따른 피해 속도가 매우 빠르다는 점에서 최근에는 빠르고 확실하면서 간편하게 질병을 진단하기 위해서 특이 항혈청을 이용한 혈청학적 진단법 및 특이 바이러스 유전자를 검출하는 PCR법, Real Time-PCR법 등의 신속진단법을 사용하고 있습니다.

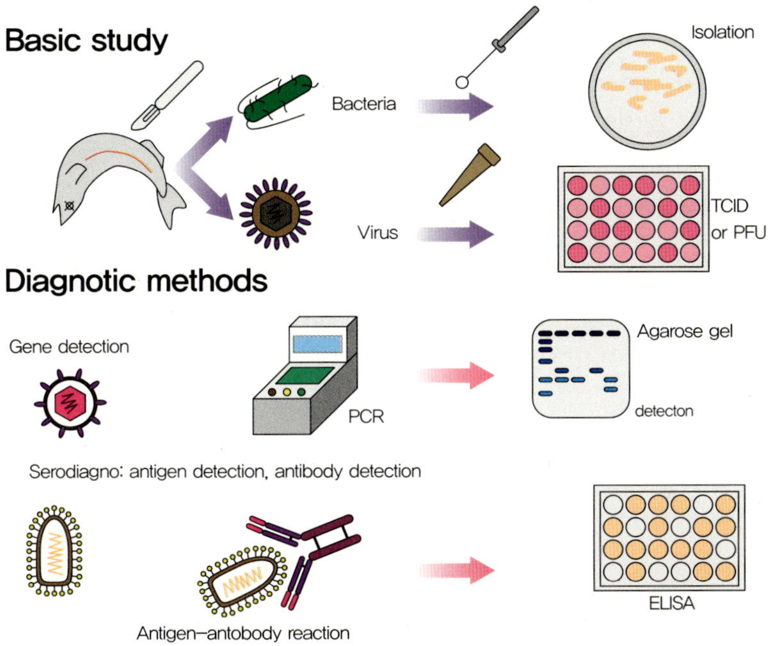

그림 6-7. 물고기 바이러스성 질병 진단에 사용되어지는 방법의 모식도

물고기 바이러스 배양에 사용되는 세포주

물고기의 바이러스성 질병 연구의 기초로서 원인바이러스의 분리 동정, 성상검사 등에 숙주물고기 유래의 배양세포(cell line)가 사용되고 있습니다. 물고기의 세포배양에는 최소필수배지(MEM)를 기초 배지에 탄산 균등액을 첨가하여 CO_2 인큐베이터를 이용하여 배양하는 경우와 기초배지에 Tris 및 HEPES 균등액을 첨가하거나, Leibovitz의 L-15 배지 혹은 199배지를 사용하여 저온인큐베이터에서 배양하는 방법이 적용되고 있습니다. 배양 온도는 일반적인 포유동물유래와는 다르게 세포를 얻은 물고기의 최적 온도 조건을 발육온도로 삼는데, 연어 및

송어류 유래세포는 10~20℃, 온수어류 유래세포는 15~30℃의 온도 조건에서 배양합니다.[2] 표 6-5에 주요하게 사용하는 물고기 유래 배양 세포주를 소개하였습니다.

표 6-5. 물고기 유래의 주요한 주화세포

세포 명	어종과 유래 기관	세포의 종류
RTG-2 (rainbow trout gonad)	무지개송어(Oncorynchus mykiss), 난소	섬유아세포
FHM (fathead minnow)	Fathead minnow (Pimephalus promelas), 미병부	상피세포
BB (brown bullhead)	Brown bullhead (Ictalurus neblosus)	섬유아세포
CCO (channel catfish ovary)	Channel catfish, 난소	섬유아세포
BF-2 (blue gill fry)	Blue gill (Lepomis marcrochirus), 미병부	섬유아세포
LBF-1 (largemouth bass fin)	Largemouth bass (Micropterus salmoides), 미병부	섬유아세포
CHSE-114 (chinook salmon embryo)	Oncorynchus tschawytscha, 발안난	섬유아세포
SSE-30 (sockeye salmon embryo)	Oncorynchus nerka, 발안난	섬유아세포
STE-137 (steelhead trout embryo)	Salmo gairdneri, 발안난	섬유아세포
AS (Atlantic salmon)	대서양연어(Salmo salar), 내장	섬유아세포
EPC (Epithelioma papilosum cyprini)	잉어(Cyprinus carpio), 폭스병	상피세포
GF-1 (grunt fin)	Grunt (Haemulon sciurus), 지느러미	상피세포
SJU-1 (St John's university)	금붕어(Carassiur auratus)	체세포
SWT (sword tail)	Swordtail (Xiphophorus helleri), 난	상피세포
Omaka	Omaka (Caranx mate), 치어	섬유아세포
KF-1 (koi fin)	Koi fin	상피세포
CCB (common carp brain)	Common carp brain	섬유아세포

맺음말

FAO에 따르면 전 세계 인류의 식량원으로서 수산생물에 대한 수요가 증가하여 앞으로 10년 후에는 현재보다 2배 이상의 수산양식 생산이 필요할 것으로 예측하고 있습니다. 국내 수산업 중에서 어패류의 연간 생산량은 2011년 기준 약 356,199톤으로 꾸준한 증가추세를 보이고 있으며, 이들 생산량의 절반 이상을 양식수산물이 점유합니다. 이와 함께 국내 생산 어패류의 수출액은 매년 증가세를 보이고 있어서 2011년 총 수출액은 약 1억 6천만 달러로 나타나고 있습니다. 이처럼 자연수계에서 잡는 어업으로 생산하던 수산생물의 생산이 인위적인 생산관리에 의한 수산양식에 의한 생산으로 전환하고 있습니다. 인위적인 환경관리에 의한 수산물의 양식생산 과정에서는 질병 발생이 수반되는데, 실제로 질병에 따른 피해가 날로 심각해지고 있는 점은 향후의 수산 식량 생산에 중요한 문제점으로서 안전한 수산물생산을 위해서 많은 관심을 가져야 할 사안이라고 생각되고 있습니다. 우리나라의 수산양식과정에서 발생하는 질병으로는 에드와드병, 연쇄구균증, 비브리오병 등의 세균성질병 및 백점병, 스쿠치카증 등의 기생성질병과 더불어 본 장을 통해서 소개한 다양한 바이러스성 질병이 있으며, 이들 바이러스성 질병들은 최근 들어 그 종류와 피해규모가 늘어나고 있어서 대책수립을 위한 연구 및 전문가(수산질병관리사) 양성을 위한 투자가 활발히 진행되고 있습니다. 수계의 바이러스는 일반적으로 세균보다 적은 수로 수중에 분포하지만, 세균에 비하여 환경에서 오래 생존할 수 있고, 저농도의 염소처리와 같은 소독처리에 의해서도 제거되지 않을 가능성이 높으며, 적은 수로도 감염의 가능성이 높아 수계 바이러스에 의한 오염을 파악하기 위한 연구의 필요성이 제안되고 있습니다. 또한, 바이러스성 질병을 겪고 살아남은 어류는 대개 바이러스 보유어로 되어 계속적으로 감염원으로 작용할 수 있음을 주의하는 연구보고가 있어 바이러스질병에 의한 피해는 지속적으로 증가할 수 있음을 예시하여 주고 있습니다.

본 장에서 소개한 물고기의 바이러스성 질병은 극히 한정된 기초적인 정보에 지나지 않습니다. 더욱 구체적인 내용은 어류 질병학, 어류 바이러스학 관련 전문자료를 참고하여 그 이해의 폭과 깊이를 더해주시길 기대합니다.

전문가의 Field Interview

국립수산과학원
수산생물방역과
과장
박명애

수산생물을 양식하는 과정에서 발생하는 세균, 기생충, 바이러스성 질병 중에서 양식어업인들에 가장 큰 피해를 일으키는 질병은 바이러스성 질병이라고들 말합니다. 왜냐하면, 전염성이 빠르고 누적폐사량이 많고 뚜렷한 치료제가 없기 때문입니다. 이러한 바이러스성 전염병의 확산을 방지하고 수산자원 보호 등을 목적으로 국립수산과학원에서는 「수산생물질병관리법」을 2008년 12월에 제정하여 질병관리 체계를 구축하고 있습니다. 현재 양식현장에서 가장 우려되는 바이러스성 질병으로는 넙치 양성시 저수온기에 발병하는 바이러스성 출혈성 패혈증(VHS), 고수온기에 발생하는 참돔이리도바이러스병(RSIV), 새우 흰반점병(WSD), 무지개송어 전염성 조혈기괴사증(IHN)과 전염성 췌장괴사증(IPN) 등이 있습니다. 국립수산과학원에서는 이러한 질병을 예방하기 위하여 VHS와 RSIV 백신을 개발하였고 지속적으로 양식어업들이 필요로 하는 백신을 개발할 계획입니다.

7장 해산어류의 기생충

Parasites of marine fishes

우리가 '기생충'이란 단어를 들었을 때 떠오르는 이미지는 어떤 것들이 있을까요? 공상과학영화에 나오는 기괴한 모습을 한 에일리언과 같은 이미지를 떠올리는 사람도 있을 것이며 인터넷 동영상 공유 사이트에서 본 야생동물의 내장에서 스멀스멀 기어 나오는 벌레의 이미지가 생각나는 사람도 있을 것입니다. 이처럼 기생충은 대부분 안 좋은 이미지를 가지고 있으며 사람에게 해로우므로 제거해야 할 대상으로 취급되고 있습니다. 하지만 이들은 정말 이 지구상에서 사라져야 하고 존재가치가 없는 생물일까요? 그들도 각자 존재가치가 있기에 지구에서 살아가고 있는 것은 아닐까요?

기생충이란?

'기생'을 한마디로 정의하기란 쉽지 않으며 수많은 학자가 제각기 조금씩 다르게 '기생'을 정의하고 있습니다. 여기서는 '어떤 생물이 다른 생물체 내 또는 체표에 존재하여 그 생물로부터 영양분을 섭취하여 성장, 번식하는 현상'으로 정의하겠습니다. 이때 기생하는 생물을 일반적으로 '기생충'이라고 하며 기생 당하는 생물을 '숙주'라고 합니다. 기생충은 숙주에 의존하여 살아가며 때로는 숙주에게 해를 입히기도 합니다. 기생충은 특히 '충'이라는 단어 때문에 특정 분류군의 동물을 연상하기 쉽습니다. 하지만 기생충은 특정한 동물 분류군을 가리키는 용어가 아닌 기생이라는 생활방식을 기준으로 만들어진 용어입니다. 따라서 '기생충'보다는 '기생생물'이라는 단어가 더 적합할 수도 있습니다만, 여기에서는 편의상 기생충이라는 용어를 쓰겠습니다.

기생충에는 단세포생물인 원충에서부터 다세포생물인 편형동물, 선형동물, 환형동물, 절지동물까지 다양한 동물 분류군에 속하는 동물들이 포함됩니다. 그래서 우리가 일반적으로 연상하는 기생충의 이미지와는 다른 모습의 생물 중에서도 기생충에 속하는 것들이 있습니다.

그림 7-1의 물고기 아가미에 붙어 있는 기괴한 덩어리(?)가 보입니다. 이 생명체는 절지동물문(Phylum Arthropoda), 갑각강(Class Crustacea), 대롱입요각목(Order Siphonostomatoida), 굴착벌레과(Family Pennellidae)에 속하는 *Haemobaphes pannosus*라는 학명을 가진 기생성 갑각류의 일종입니다. 한글로는 꼼치흡혈굴착벌레라고 하며 꼼치의 아가미에 기생하여 흡혈하는 것으로 알려져 있습니다. 유사한 종(대구흡혈굴착벌레)

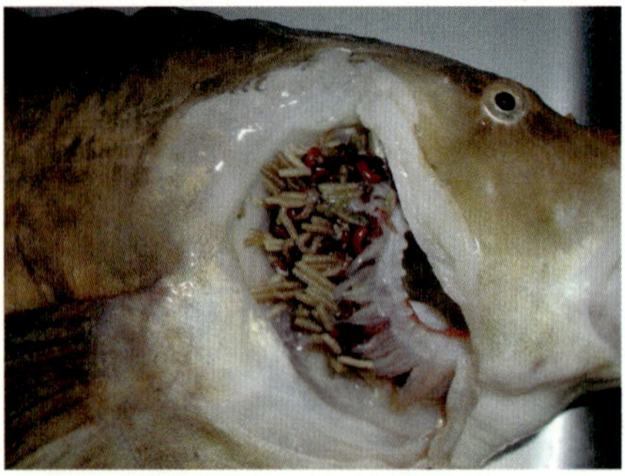

그림 7-1. 꼼치의 아가미에 기생한 *Haemobaphes pannosus*

가 대구에서도 발견됩니다.[1] 그림 7-2[2]는 꽃게의 아가미입니다. 꽃게를 손질하다 보면 아가미에 붙어 있는 유백색 물체가 종종 발견됩니다. 역시 동일한 절지동물문, 갑각강, 완흉목(Order Thoracica), 게더부살이과(Family Poecilasmatidae)에 속하는 *Octolasmis angulata* 및 *Octolasmus neptuni*라는 학명을 가진 생물 2종이 혼합 기생하고 있는 것입니다. 한글로는 각각 큰게속살이, 게속살이라고 불리며 따개비의 일종입니다.[1] 그림 7-3[3]은 *Polydora sp.* 입니다. 분류학적으로는 환형동물문(Phylum Annelida), 다모강(Class Polychaeta), 얼굴갯지렁이목(Order Spionida), 얼굴갯지렁이과(Family Spionidae)에 속하는 갯지렁이의 일종이며 진주조개, 전복, 가리비 등의 껍질을 뚫고 들어가 기생하는 습성이 있습니다. 그림 7-4[4]는

그림 7-2. 꽃게의 아가미에 기생한 *Octolasmis angulata / Octolasmus neptuni*

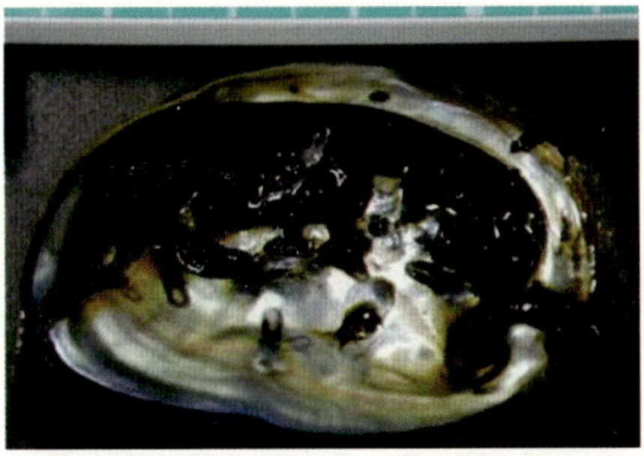

그림 7-3. 전복의 패각에 기생한 *Polydora spp.*

그림 7-4. 강송어의 체표에서 흡혈하는 칠성장어

1) 김일회 (1998): 한국동식물도감 제38권 동물편 (따개비류, 공생성 요각류, 거미류). 국정교과서 주식회사
2) 국립수산과학원 김석렬 연구사제공
3) Sato-Okoshi W & Abe H (2012): Morphological and molecular sequence analysis of the harmful shell boring species of *Polydora* (Polychaeta: Spionidae) from Japan and Australia. Aquaculture 368-369:40-47
4) www.wikipedia.org

어류인 칠성장어로서 다른 어류의 피부에 붙어 흡혈하는 습성으로 잘 알려져 있습니다. 일반적으로 떠오르는 '기생충'의 이미지와는 거리가 있을지 모르겠습니다만 '기생'의 정의에는 잘 들어맞는 생활습성을 가지고 있습니다.

기생충의 크기

다양한 분류군에 속하는 동물이 기생충에 포함되는 만큼, 기생충의 크기도 매우 다양합니다. 작게는 수 마이크로미터에 지나지 않아 현미경으로 관찰해야 하는 원충류부터 수 미터에 이르는 조충류까지 있습니다. 그림 7-5는 은어에 기생하는 미포자충 *Glugea plecoglossi*입니다. 육안으로 보이는 백색 덩어리(전문적인 용어로는 cyst라고 합니다)를 으깨어 현미경으로 관찰하면 수 마이크로미터 정도의 성숙한 포자가 관찰됩니다(그림 7-6). 분류학적으로는 미포자충문(Phylum Microspora)에 속하며 단세포생물로서 세포 내에서 기생하는 특징이 있습니다. 그림 7-7[5]은 방어의 근육조직 내에 기생하는 *Philometroides seriolae*입니다. 분류학적으로는 선형동물문(Phylum

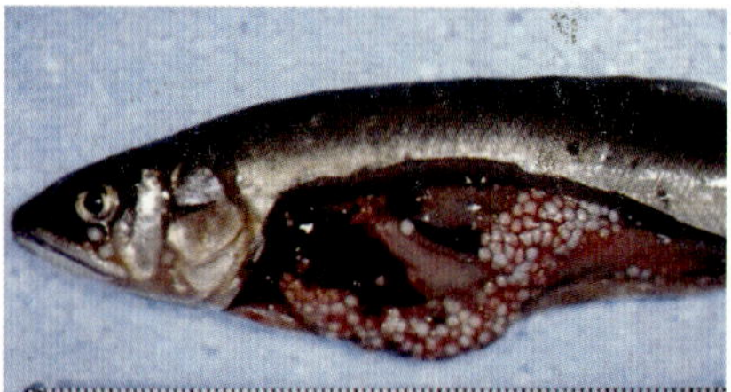

그림 7-5. 은어에서 발견되는 미포자충 *Glugea plecoglossi*

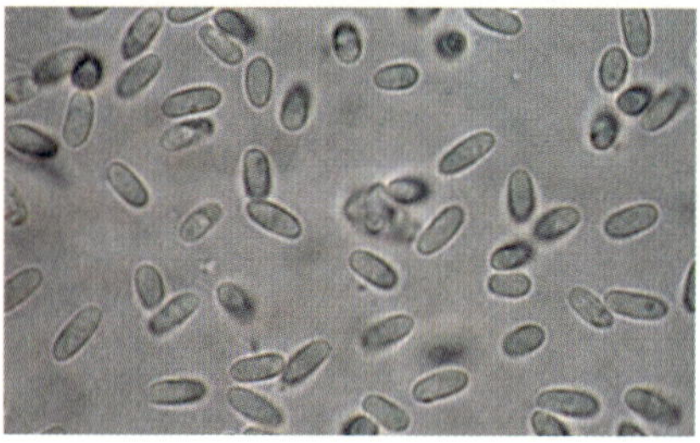

그림 7-6. 미포자충 *Glugea plecoglossi*의 성숙 포자의 현미경사진

5) K. Ogawa & K Hatai, New Atlas of Fish Diseases, 2006

Nematoda)에 속하며 사진에서 알 수 있듯이 그 크기가 최대 40~50 cm에 이를 정도로 상당히 큽니다.

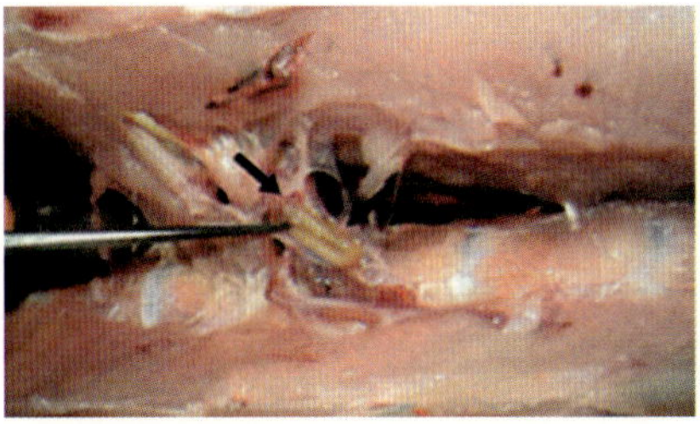

그림 7-7. 방어의 근육에 기생하는 *Philometroides seriolae*

기생충과 숙주

기생충의 생활사(Life cycle)는 종에 따라 매우 다양합니다. 충란에서 부화한 유충이 숙주에 기생하여 성충이 되기까지 단지 1종의 숙주(종숙주)만 필요로 하는 종도 있으며, 종숙주 이외에도 중간숙주가 있어야 하는 종도 있습니다. 중간숙주 내에서는 기생충의 유충이 성장, 증식하거나 변태를 하며, 중간숙주를 종숙주가 포식하면 종숙주 체내에서 성충이 됩니다. 어류 기생충에서 중간숙주 역할을 하는 생물은 대부분 수생 무척추동물이지만 어류가 중간숙주 역할을 하는 예도 있습니다. 또한, 중간숙주는 기생충 종에 따라 1종 이상이 되기도 합니다. 예를 들어 해양 무척추동물이 제1 중간숙주, 해산어류가 제2 중간숙주, 해산 포유류가 종숙주가 되는 기생충도 있습니다. 기생충의 유충이 중간숙주가 아닌 다른 생물의 체내에 들어간 경우에는 대부분 사멸하나 일부는 살아남아서 종숙주에 감염될 때까지 기다리기도 합니다. 이런 역할을 하는 생물을 운반숙주 혹은 연장숙주(transport host, paratenic host)라고 합니다.

기생충은 사람에게만 기생하는 것은 아닙니다. 집에서 개, 고양이 등 애완동물을 키우는 사람은 기르는 동물과 관련된 기생충에 대해서 들어본 경험이 있을 겁니다. 또한, 축산업이나 어업 종사자에게 관련 산업동물(소, 돼지, 닭, 물고기 등)의 기생충 문제는 전혀 낯선 일이 아닐 것입니다.

이처럼 사람을 포함한 동물은 다양한 기생충의 숙주가 될 수 있습니다.

혹시 영화의 소재가 되었던 연가시라는 생물을 기억하시나요? 연가시(*Gordius aquaticus*)는 사마귀, 메뚜기, 바퀴벌레와 같은 곤충에 기생하는 유선형동물문(Phylum Nematomorpha)에 속하는 생물입니다. 또한, 해삼, 멍게, 성게에도 각각 와충류(turbellarians), 옆새우류(amphipods), 요각류(copepods)가 기생합니다. 또한 식물에도 기생충이 있습니다. 혹시 최근 우리나라 소나무에 심각한 피해를 주고 있는 소나무 재선충에 대해 들어보신 적이 있나요? 이 소나무 재선충은 선형동물문에 속하는 *Bursaphelenchus xylophilus*라는 학명을 가진 선충으로서 소나무의 목질부를 갉아 먹어 말라죽게 합니다. 심지어 기생충에 기생하는 기생충도 있습니다(이를 hyperparasite라고 합니다).

이처럼, 기생충에 감염되지 않는 생물종은 거의 찾아볼 수 없을 정도로 기생충은 흔하게 존재하며 사람에게 기생하는 기생충은 그중 일부에 지나지 않습니다. 하지만 '기생충'이라는 단어를 들었을 때 제일 먼저 연상되는 것은 대부분 사람의 기생충인데 이는 아마도 일부 기생충들이 우리들의 건강에 직접적인 영향을 끼칠 수 있기 때문일 겁니다. 그래서 예로부터 학자들은 다른 종에 사는 기생충보다는 사람에게 기생하는 기생충에 대해 분류, 동정은 물론 생활사, 병원성, 예방법, 치료법 등을 연구해 왔습니다(기생충의 일반적인 정보, 지식 및 사람의 기생충에 관해서는 전문 의학 서적 이외에도 쉽게 읽을 수 있는 책이 시중에 출판되어 있으므로 읽어 보시기 바랍니다).

또한, 산업동물이나 애완동물의 기생충 역시 사람의 일상 생활과 밀접한 관련이 있어서 많이 연구해 온 편입니다. 그런데 현대 사회에서는 사람들의 생활방식이 변화하고, 소비 습관, 식습관이 변화하면서 과거에는 접할 수 없었던 다양한 생물들과 마주치게 되었습니다. 일례로 지구 반대편에서 건너온 축산물, 수산물로 요리하고, 비행기를 타고 온 희귀 야생동물을 집안에서 애완동물로 키우기도 합니다.

어류의 기생충

우리나라의 연간 수산물소비량은 2011년 자료에 의하면 1인당 53.5 kg으로 쌀에는 미치지 못하지만(80.6 kg) 육류보다는 많으며(44.2 kg) 지속해서 증가하고 있습니다.[6] 이전과 비교하면 우리 식탁 위에는 다양한 수산물이 올라오고 있습니다. 다양한 해산 어패류, 갑각류가 양식 산업을 통해 생산, 소비되고 있으며, 이전에는 접할 수 없었던 수산물이 다양한 국가에서 수입되어 마트나 시장에서 팔리게 되었습니다. 최근에는 기후변화로 인해 우리나라 연근해산 수산물의 어획량이 줄어들면서 이전에는 볼 수 없었던 어종들이 점점 한반도 연안에서 잡히고 있습니다. 따라서 이전에는 먹지 않았던 해산어류들도 점차 식용으로 소비하게 되었으며 우리나라에서는 생선회를 즐기는 식습관 때문에 날로 먹는 해산어류의 비율도 점차 늘어나고 있습니다. 그렇다면 이러한 해산어류들에는 어떠한 기생충이 있을까요? 앞에서 이야기한 것처럼 기생충이 없는 동물은 없으므로 이들 해산어류에도 당연히 기생충이 있을 것입니다. 그럼 이들 기생충이 사람에게 해롭지는 않을까요?

현재 지구상에 알려진 해산어류는 약 2만 5천여 종으로 추정되며 우리나라 연근해에 서식하는 해산어류는 260여 종으로 추정하고 있습니다.[7] 그렇다면 어류 한 종에 기생충 한 종만 기생하고 있다고 가정하면 약 260여 종의 기생충이 우리나라 연근해의 해산어류에 기생하고 있는 셈이 됩니다. 물론 어디까지나 추정치이기 때문에 실제로 몇 종의 어류

6) http://www.index.go.kr/(e-나라지표: 연간 1인당 수산물 소비량과 자급률)
7) 명정구 (2007): 우리바다 어류도감, 예조원

가 지구상에 존재하는지, 이들 어류에 몇 종의 기생충이 기생하는지는 현재로서는 알 수 없습니다. 담수어류의 기생충은 마찬가지로 몇 종이 있는지는 현재로서는 확실하지 않지만, 해산어류에 비해 담수어류에 기생하는 기생충은 상대적으로 많이 연구되어 있습니다.

어류는 다양한 기생충의 종숙주로서 어류 체내에서 성충이 발견되기도 하며, 다양한 기생충의 중간숙주로서 체내에 유충을 가지고 있기도 합니다. 담수어류를 회로 먹으면 위험하다는 이야기를 많이 들었을 겁니다. 사람의 기생충 중 담수어류 또는 갑각류를 중간숙주로 이용하는 것들이 많아서 담수어류를 회로 먹으면 그만큼 기생충에 감염될 확률이 높아집니다(보다 자세한 이야기는 기생충학 서적을 참고하시기 바랍니다.). 하지만 담수어류의 기생충이 모두 다 사람에게 기생하는 것은 아니며 담수어를 종숙주로 하는 다양한 기생충이 존재합니다. 마찬가지로 해산어류의 기생충이 모두 다 사람에게 기생하지는 않으며 오히려 비율적으로는 담수어의 기생충보다 매우 적습니다. 하지만 해산어류는 담수어류보다 다양한 방법으로 가정에서 조리되어 우리 식탁에 자주 오를뿐더러 생선회로도 많이 소비되고 있습니다. 따라서 해산어류의 기생충은 상대적으로 일반 소비자들의 눈에 잘 뜨이고, 사람에게 기생하지 않더라도 해산어류가 '식품'인 이상 이러한 기생충이 불쾌감을 유발하므로 문제가 될 수 있습니다. 여기에서는 식품으로서의 해산어류를 대상으로 이들에서 발견되는 기생충 중에서 우리가 자주 접할 수 있는 기생충을 중심으로 이야기하겠습니다.

아니사키스 선충

아니사키스 선충은 아니사키스속(Genus *Anisakis*)에 속하는 수종의 선충을 통틀어 일컫는 말로 한글 명칭은 고래회충입니다. 분류학적으로는 선형동물문(Phylum Nematoda), 쌍선충강(Class Secernentea), 회충목(Order Ascaridida), 고래회충과(아니사키스과, Family Anisakidae)에 속하며 이름에서 알 수 있듯이 고래류의 회충입니다. 아니사키스 선충은 수염고래, 향유고래, 밍크고래, 흰 고래, 부리고래, 쇠돌고래, 참돌고래 등 종에 따라 다양한 해산 포유류의 소화관 내에 기생하는 것으로 알려져 있으며 해산어류와 오징어류의 근육이나 내장에서 발견되는 것은 성충이 아닌 유충입니다. 아니사키스 선충의 유충이 기생하는 해산어류와 오징어류가 해산 포유류에게 잡아먹히면 이들의 소화관에서 성충으로 성장하는 것으로 알려져 있습니다. 하지만 대부분의 고래류가 상업적인 포경이 금지되어 있어 실제로 고래에서 아니사키스 선충의 성충을 관찰하기란 쉽지 않습니다.

아니사키스 선충의 생활사를 좀 더 살펴보면 종숙주인 고래류의 소화관 내에서 성충이 된 아니사키스 선충은 교미 후 수정란을 수중으로 배출합니다. 수정란은 2기 유충의 형태로 부화하여 난바다곤쟁이류(euphausiids, 난바다곤쟁이목에 속하는 동물성 플랑크톤으로 우리가 흔히 크릴새우라고 부르는 것들입니다.)에 잡아먹혀 3기 유충이 됩니다. 이들은 다시 오징어류, 다양한 해산어류 등에게 잡아먹힌 후 이들 숙주가 고래류에 잡아먹히기를 기다립니다(그림 7-8). 따라서 아니사키스 선충이 성충이 되기 위해서 사람은 필요 없는 존재입니다. 그런데 우리가 아니사키스 선충을 주의해야 하는 이유는 아니사키스 선충의 중간숙주로 알려져 있는 해산어류 및 오징어류를 우리가 회로 즐겨 먹기 때문입니다. 물론 회를 즐겨 먹는다고 해서 반드시 아니사키스 선충이 인체 내에 들어오는 것은 아니지만, 회를 먹는 이상 아니사키스 선

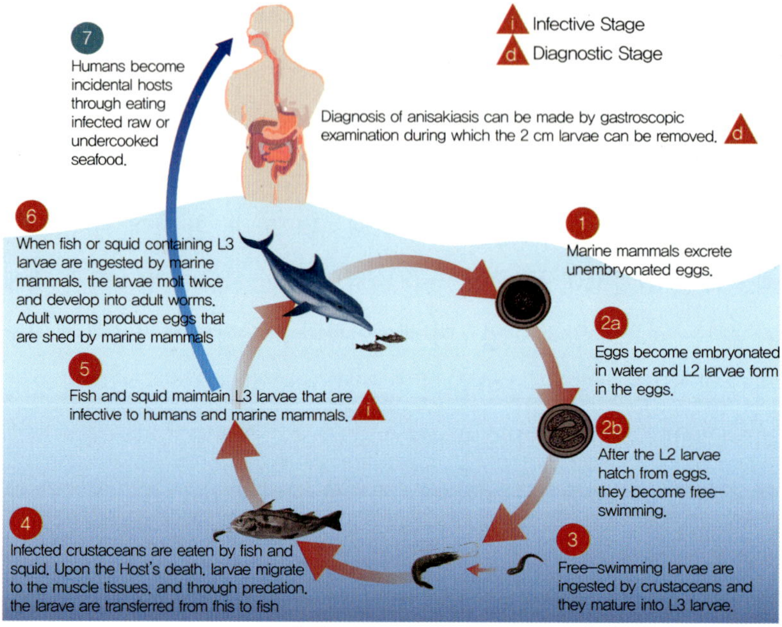

그림 7-8. 아니사키스 선충의 생활사(출처: www.cdc.gov)

충이 인체 내에 들어갈 가능성이 존재하는 것은 사실입니다.

아니사키스 선충의 유충은 다양한 해산어류 및 오징어류에 기생하는 것으로 알려져 있습니다(그림 7-9). 일본의 예를 들면 100종 이상의 해산어류에서 아니사키스 선충의 유충이 발견되는 것으로 알려져 있습니다.[8] 우리나라에서는 이처럼 대규모로 조사한 결과는 없지만, 일본과 크게 다르지 않으리라고 생각합니다. 단, 어종에 따라서 감염률은 차이가 있으며 동일한 어종이더라도 해역에 따라서도 감염률의 차이가 있습니다. 또한, 자연산 어류와는 달리 양식어류는 주로 배합사료 또는 냉동 잡어를 먹여 사육하므로 양식어류를 먹고 아니사키스에 감염될 가능성은 없다고 봐도 무방합니다.

8) Kuramochi T (2000): Biology of anisakine nematodes, Aquabiology 22:448-454

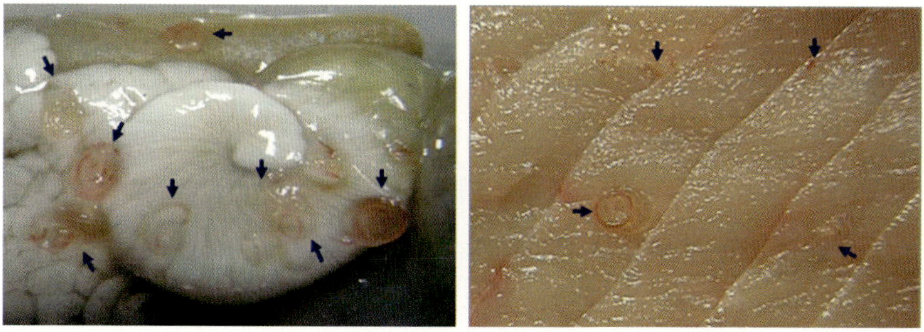

그림 7-9. 어류에서 발견되는 아니사키스 선충의 3기 유충

이 아니사키스 선충의 유충이 인체 내에 들어와 문제를 일으키는 경우, 이를 아니사키스증이라고 합니다. 사람의 아니사키스증은 1960년에 네덜란드에서 청어를 날로 먹은 사람에서 처음 발견되었으며 그 당시에는 매우 희귀한 증례로 간주되었다고 합니다. 이후 생선회 및 초밥을 즐겨 먹는 일본에서 수많은 증례가 보고되었으며 우리나라 및 지중해 연안 유럽 국가에서도 자주 보고되고 있습니다. 아니사키스증은 해산어류를 날로 먹거나 완전히 조리하지 않은 채로 먹을 때 발생할 수 있으며 식습관의 변화에 따라 최근에는 아메리카 대륙에서도 자주 보고되고 있습니다.[9]

사람의 체내로 들어온 아니사키스 선충의 유충은 위벽 점막을 뚫고 들어가려 하므로 급작스러운(대개 섭취 후 1~12시간 이내) 위통, 구역질, 구토 등의 증상을 보입니다. 때로는 소장으로 이동하여 복통을 일으키거나 드물게는 소화관을 뚫고 나와 다른 곳으로 이동하기도 합니다. 그리고 이 아니사키스에 대해 알레르기 반응을 일으킬 수도 있는데 이 경우 아니사키스 선충에 감염된 어류를 먹은 후 24시간 이내에 두드

9) Audicana MT & Kennedy MW (2008): *Anisakis simplex*: from obscure infectious worms to inducer of immune hypersensitivity. Clin Microbiol Rev 21:360-379

러기나 과민반응 등이 나타날 수 있습니다.[9] 하지만 사람의 체내에 들어오더라도 아니사키스 선충의 유충이 탈피하여 성충이 되거나 하지는 않으며 수일 내에 자연 사멸합니다. 물론 복통이나 구토 등 위와 같은 증상을 보이면 당연히 병원에 가야 하겠죠. 병원에서는 위내시경을 통해 진단한 후 외과적으로 충체를 제거합니다.

회를 먹지 않는 사람은 아니사키스증을 염려하지 않아도 좋습니다. 하지만 회를 즐겨 먹는 사람은 어떻게 하면 좋을까요? 일반적으로 아니사키스 선충은 해산어의 내장에서 발견되므로 해산어를 손질할 때 내장을 모두 제거하는 것이 좋습니다. 또한, 낚시로 잡았거나 활어로 구입한 생선은 가능하다면 내장을 신속히 제거하는 편이 바람직한데 이는 아니사키스 선충은 기생하던 숙주가 죽으면 내장에서 근육으로 이동하는 경향을 보이기 때문입니다. 냉장으로는 아니사키스 선충이 죽지 않지만 −20℃에서 7일간 또는 -35℃에서 15시간 이상 냉동하면 죽습니다.[9] 시장이나 마트에서 구매한 생선은 활어가 아닌 이상 한번 냉동했던 것을 해동한 것이므로 아니사키스 선충이 살아있을 확률은 거의 없습니다. 그리고 당연한 이야기이지만, 생선을 익혀 먹으면 아니사키스 선충은 죽습니다. 일반적으로 조리하는 정도의 온도로 가열하여 생선의 중심부까지 완전히 익혀서 먹으면 됩니다. 그러나 생선회에 찍어 먹는 정도의 고추냉이, 간장, 식초 등에 의해 아니사키스 선충은 죽지 않으므로 주의해야 합니다.

그러면 해산어류나 오징어에서 발견되는 선충은 모두 아니사키스 선충일까요? 정답은 '아니다'입니다. 아니사키스 선충은 아니사키스과(Family Anisakidae), 아니사키스속(Genus *Anisakis*)에 속하는 선충의 속칭이며 분류학적으로 아니사키스과 안에는 아니사키스속 이외에

표 7-1. 아니사키스과 선충의 분류체계. Fagerholm (1991)의 분류에 의함.

과(Family)	아과(Subfamily)	속(Genus)	최종 숙주
Anisakidae	Anisakinae	*Anisakis*	포유류(고래, 돌고래)
		Pseudoterranova	포유류
		Terranova	파충류(악어,뱀),연골어류
		Sulcascaris	파충류(바다거북)
		Peritrachelius	포유류
		Pulchrascaris	연골어류
		Paranisakiopsis	경골어류
	Contracaecinae	*Contracaecum*	조류, 포유류
		Galeiceps	포유류
		Phocascaris	포유류
Raphidascarididae		*Raphidascaris*	경골어류
		Raphidascaroides	경골어류
		Hysterothylacium	경골어류
		Lappetascaris	경골어류
		Heterotyphlum	경골어류
		Paranisakis	경골어류
		Goezia	경골어류, 파충류(악어,뱀)
		Sprentascaris	경골어류
		Paraheterotyphlum	파충류(뱀)

도 9종의 선충 속이 더 존재합니다(표 7-1)[10]. 이 10종의 선충 속은 모두 어류에서 발견되지만, 어류 체내에서 성충이 되는 것은 2속(Genus *Pulchrascaris*, Genus *Paranisakiopsis*)에 불과합니다. 나머지 8속은 어류, 오징어류를 중간숙주로 이용하기 때문에 성충이 되기 위해서는 해산 포유류(고래류, 물범류 등)뿐 아니라 해산 조류, 해산 파충류 등 다양한 동물이 필요합니다. 이 중에서 사람과 가장 가깝다고 할 수

10) Fagerholm HP (1991): Systematic implications of male caudal morphology in ascaridoid nematode parasites. Syst Parasitol 19: 215-228

있는 해산 포유류에 기생하는 속은 고래류에 기생하는 아니사키스속(Genus *Anisakis*) 이외에 강치, 물범 등에 기생하는 *Pseudoterranova* 속(Genus *Pseudoterranova*)입니다. 이 각각의 속에 포함되는 종을 표 7-2에[11] 수록하였습니다.

표 7-2. 아니사키스속 및 슈도테라노바속 선충의 종 분류 및 분포지역

학명	분포지역
Genus *Anisakis*	
Anisakis simplex (sensu stricto)	북극권 ~ 북위 30°
Anisakis pegreffii	북위 30° ~ 남위 50°, 지중해 연안, 중국, 일본
Anisakis simplex C	캐나다(태평양), 칠레, 뉴질랜드, 남아프리카공화국(대서양)
Anisakis typica	북위 30° ~ 남위 30°
Anisakis ziphidarum	남대서양, 지중해
Anisakis sp. 1	말레이시아
Anisakis sp. of Valentini et al. (2006)	남아프리카 공화국(대서양), 뉴질랜드
Anisakis physeteris	지중해
Anisakis brevispiculata	남아프리카 공화국(대서양), 이베리아 반도
Anisakis paggiae	미국 플로리다, 남아프리카 공화국
Anisakis sp. 2	적도
Genus *Pseudoterranova*	
Pseudoterranova decipiens (sensu stricto)	북극 주변, 북태평양, 북대서양,
Pseudoterranova krabbei	북동대서양(아이슬란드, 노르웨이, 스코틀랜드)
Pseudoterranova bulbosa	노르웨이, 캐나다(대서양), 일본
Pseudoterranova azarasi	북태평양(일본, 사할린)
Pseudoterranova decipiens E	남극 연안
Pseudoterranova cattani	칠레

11) Mattiucci S & Nascetti G (2008): Advances and trends in the molecular systematics of anisakid nematodes, with implications for their evolutionary ecology and host-parasite co-evolutionary procedures. Adv Parasitol 66: 47-148

어류에서 발견되는 아니사키스과 선충은 유충인 경우가 대부분이어서 형태학적으로 구별이 쉽지 않고 종숙주인 해산 포유류에서 성충을 얻기도 어려워서 이들을 분류, 동정하기가 곤란한 경우가 많습니다. 특히, 종 수준에서의 분류가 쉽지 않아 종명이 확실하게 정해지지 않은 채 동일한 속 안에 포함된 경우가 많았습니다. 하지만 최근에 분자생물학적인 방법을 적용한 결과, 표 7-2와 같이 아니사키스속에는 8종이 있는 것이 밝혀졌으며, 아직 충분히 조사되지 않아 종명이 결정되지 않은 종이 수종 더 있습니다. 그리고 *Pseudoterranova* 속에는 현재 6종이 존재하는 것으로 알려져 있습니다. 2008년까지의 연구결과이므로 차후 새로운 종이 또다시 발견되거나 종명이 변경될 가능성이 충분히 있으며, 분포지역도 더 추가될 가능성이 얼마든지 있습니다.

어류에 기생하는 선충은 아니사키스과 이외에도 있습니다. 표 7-1에 아니사키스과(Family Anisakidae) 이외에 라피다스카리스과(Family Raphidascarididae)에 속하는 종들을 수록하였습니다. 이전 분류에 따르면 라피다스카리스과에 속하는 종들은 모두 아니사키스과 안의 라피다스카리스아과(Subfamily Raphidascaridinae)에 속해 있었지만, 1991년 Fagerholm에 의해 라피다스카리스과로 따로 분류되어 아직 이 분류체계를 따르고 있습니다. 이외에도 다양한 과에 속하는 수많은 선충이 다양한 어종에 기생하고 있습니다. 따라서 우리가 해산어류에서 발견하는 선충이 모두 다 사람에게 감염하는 아니사키스 선충은 아닙니다.

사람의 아니사키스증 중 대부분은 *Anisakis simplex* (sensu stricto)에 의해 발생하는 것으로 알려져 있습니다. *Anisakis simplex* (sensu stricto)는 북반구를 중심으로 온대지방에서 극지방까지 광범위하게 분포하고 있으며 종숙주는 밍크고래, 짧은부리참돌고래, 참거두고래, 흰

부리돌고래, 범고래, 흑범고래, 줄무늬돌고래, 흰 고래, 쇠돌고래가 알려져 있으며, 다양한 해산어류, 오징어류가 중간숙주로 알려져 있습니다. 종숙주 및 중간숙주가 되는 종들의 지리적 분포에 따라 다양한 고래류 및 해산어류, 오징어류가 *Anisakis simplex*의 생활사의 완성에 관여하므로 국가에 따라 아니사키스증의 원인이 되는 해산어종은 조금씩 다릅니다. 아니사키스증이 가장 많이 보고된 일본을 예로 들면 주로 고등어, 살오징어 등이 원인으로 알려져 있으며 미국은 연어, 유럽은 청어, 멸치 등이 원인으로 알려져 있습니다.[9]

우리나라에서 발생하는 아니사키스증의 대부분도 *Anisakis simplex* (sensu stricto)가 원인이며 그다음으로 상대적으로 흔하지는 않지만 *Pseudoterranova decipiens* (sensu stricto)에 의한 증례도 보고된 편입니다(엄밀히 말하면 아니사키스속은 아니지만, 일반적으로 같이 아니사키스증으로 부르고 있습니다). *Pseudoterranova decipiens*는 서양에서 cod worm이라고 부르고 있을 정도로(cod = 대구) 대서양 대구의 근육에 많이 기생하는 것으로 알려져 있습니다, 종숙주는 캘리포니아 강치, 잔점박이 물범, 회색물범(하프물범), 두건물범, 북방코끼리물범, 중간숙주는 대구과, 가자미과 어류로 알려져 있습니다. *Anisakis simplex* 이외의 아니사키스속 선충과 *Pseudoterranova decipiens* 이외의 *Pseudoterranova* 속 선충의 인체감염사례는 매우 드뭅니다.[9]

따라서 우리가 해산어류의 내장이나 근육에서 발견하는 선충이 모두 다 사람에게 감염하여 문제를 일으킬 수 있는 *Anisakis simplex* (sensu stricto) 또는 *Pseudoterranova decipiens*인 것은 아닙니다. 다른 종 또는 다른 속 혹은 다른 과의 선충일 가능성도 있는 것이죠. 실제로 *Anisakis simplex* (sense stricto)와 매우 유사한 *Anisakis* *pegreffii*가 우리나라를 포함한 동아시아의 연근해산어류에서 흔하게 발견됩니다. 하지만 사람의 아니사키스증의 거의 대부분은 *Anisakis simplex* (sensu stricto)가 원인으로 알려져 있으며 아니사키스속 중 *Anisakis pegreffii*에 의한 아니사키스증은 매우 드뭅니다. 오징어류도 마찬가지로 우리나라를 포함한 동아시아 지역의 오징어(살오징어, *Todarodes pacificus*)에서 발견되는 선충을 살펴보면 앞서 설명한 2종의 아니사키스 선충 이외에도 *Lappetascaris* sp.라는 선충이 오징어의 외투막내에 기생하고 있습니다. *Lappetascaris* 속 (Genus *Lappetascaris*)의 선충은 경골어류가 종숙주로서 사람 감염사례는 보고된 바 없습니다.[12)]

해산어류가 이들 선충에게 감염되었는지는 외관상으로는 전혀 알 수 없으며, 이들 선충이 해산어류에서 발견되었을 경우, 어떤 종인지 육안으로 구별하기란 거의 불가능합니다. 그렇다고 너무 불안하게 생각하실 필요는 없습니다. 위에서 설명했던 대책은 우리가 일상적으로 하는 생선 손질 및 조리 방법이니까요. 단, 살아있는 해산어류를 통째로 먹는 방법은 피하는 것이 좋습니다.

그밖에 다른 선충

매오징어(*Watasenia scintillans*)를 회로 먹고 선미선충(*Spiruria* sp.)에 감염된 예가 일본에서 여러 건 알려져 있습니다. 선미선충은 선미선충과(Family Spiruridae)에 속하는 선충이며 매오징어의 내장에서 발견되는 개체는 유충입니다. 종숙주는 해산 포유류로 추정되지만, 자세한 생활사가 현재까지 알려져 있지 않습니다. 일본의 일부 지방에서는 살

12) Setyobudi E et al. (2013): Molecular identification of anisakid nematodes third stage larvae isolated from common squids (Todarodes pacificus) in Korea. Ocean Sci J 48:197-206

아있는 오징어를 통째로 먹는 습관이 있다고 합니다. 따라서 이 선미선충의 유충이 감염된 매오징어를 이런 방법으로 먹었을 때 감염될 가능성이 있는 것으로 추정됩니다. 이 선미선충의 유충이 인체 내에 들어가더라도 성충이 되지는 않지만, 인체 내에서 장폐색증 혹은 피부파행증을 유발할 수 있는 것으로 알려져 있습니다.[13] 일본에서는 매오징어 이외에 살오징어, 명태 등에도 기생하며 기생률은 수 % 정도로 알려졌으나 우리나라에서는 아직 조사되어 있지 않습니다. 우리나라에서는 일반적으로 오징어를 내장과 함께 날로 먹는 습관은 없으므로 상대적으로 위험성이 낮다고 생각됩니다.

방어, 잿방어의 근육 내에 기생하는 선충이 있습니다. 사상충과(Family Filariidae)에 속하는 *Philometroides seriolae*라는 학명을 가진 선충이며 주로 근육 내에 또아리를 틀고 기생하고 있습니다(그림 7-7). 크기는 50 cm까지 되는 개체가 있을 정도로 상당히 대형이며 갈색을 띠고 있어 쉽게 발견할 수 있으며 시각적인 불쾌감을 유발하여 문제가 될 수 있습니다. 낚시 애호가들의 입에 종종 오르내리는 기생충이며 시각적인 불쾌감을 유발하긴 합니다만, 방어에서 성충이 되며 사람에게는 문제를 일으키지 않습니다. 이 정도로 큰 선충이 근육 내에 기생하는 데도 정작 방어에게는 그다지 악영향을 끼치는 것 같지는 않습니다. 외관상으로도 별 이상도 없고요. 주로 봄, 여름에 발견되는 경향이 있으며, 자세한 생활사는 알려져 있지 않습니다. 또한, 아직 암컷 성충만 발견되었을 뿐 수컷 성충은 발견되지 않는 등 베일에 싸여 있는 부분이 많은 기생충입니다. 참돔, 감성돔, 농어 등의 난소에도 이와 유사한 선충(*Philometra lateolabracis*, *Philometra madai*)이 기생하는

13) Yoshikawa M et al. (2003): A case of ileus by the infection of type X larvae of the suborder Spirurina after eating raw firefly squids. J Nara Med Assoc 54:43-47

경우가 있습니다. 크기는 20 cm 정도이며, 역시 시각적인 불쾌감을 유발하긴 합니다만, 사람에게 기생하지는 않습니다(그림 7-10). 암컷은 20 cm 정도로 상당히 큰 편입니다만, 수컷은 매우 작아서 수 밀리미터밖에 되지 않으며 생활사는 아직 알려지지 않았습니다.

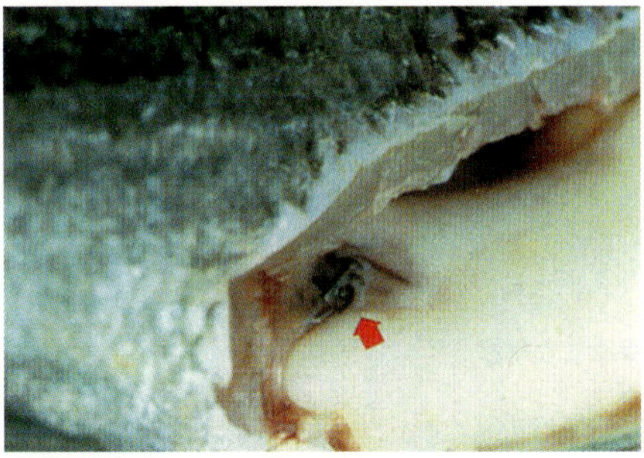

그림 7-10. 참돔의 난소에 기생하는 *Philometra lateolabracis*
(출처: K. Ogawa & K Hatai, New Atlas of Fish Diseases, 2006)

점액포자충

슈퍼에서 냉동된 생선살을 사다가 포장을 뜯어보니 깨알 같은 검은색 반점들이 박혀 있는 것을 본 적이 있나요? 아니면 바다낚시로 잡은 물고기를 손질하다가 근육에 쌀알 크기의 흰색 반점들이 박혀 있는 걸 본 적은 없나요? 반점이 있다 하더라도 크기가 크지 않고 대개 숫자도 많지 않기 때문에 못 보고 지나친 경우가 대부분일 겁니다. 하지만 사진을 보십시오. 근육에서 무수한 흰색 반점이 보일 겁니다(그림 7-11). 이 정도가 되면 못 보고 지나칠 리는 없겠지요? 도대체 이게 뭘까요?

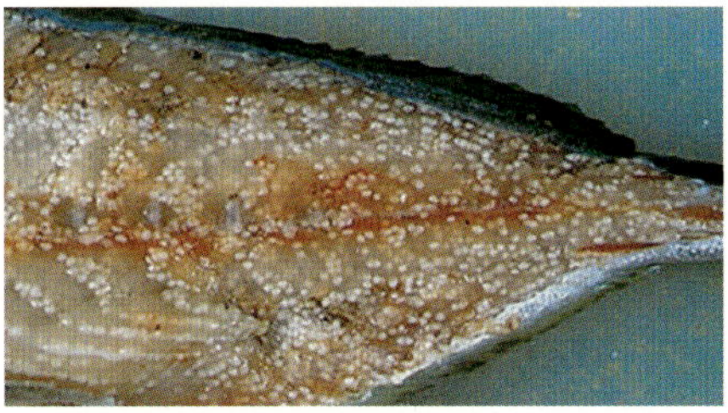

그림 7-11. 방어의 근육에서 관찰되는 점액포자충 *Kudoa amamiensis*의 시스트
(출처: K. Ogawa & K Hatai, New Atlas of Fish Diseases, 2006)

이 반점의 정체는 대부분의 경우 점액포자충이라고 하는 생물입니다. 여기서 대부분이라고 이야기한 이유는 다른 원충이나 흡충의 유충에 의한 반점이 맨눈으로 보이는 경우도 있기 때문입니다. 이 반점을

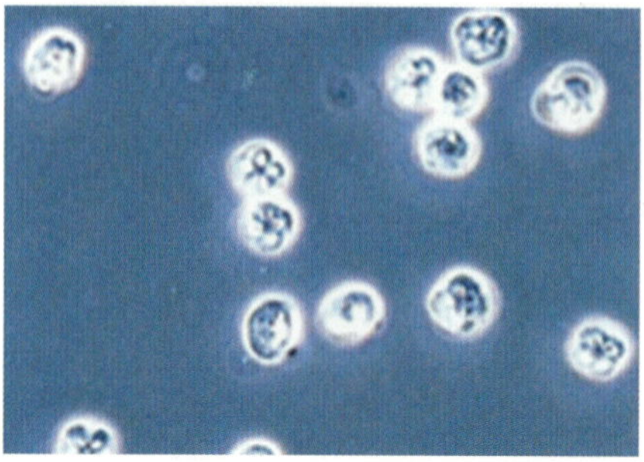

그림 7-12. 점액포자충 *Kudoa amamiensis*의 성숙포자
(출처: K. Ogawa & K Hatai, New Atlas of Fish Diseases, 2006)

조심스럽게 꺼내어 슬라이드 글라스 위에 올려놓고 잘게 부순 다음, 현미경으로 관찰합니다. 크기가 수 마이크로미터에서 10 마이크로미터 전후인 포자(spore)가 무수하게 관찰이 될 겁니다(그림 7-12).

점액포자충은 점액포자충문(Phylum Myxozoa), 점액포자충강(Class Myxosporea)에 속하는 다세포성 생물을 일컫는 말이며 현재 전 세계적으로 2천여 종 이상이 알려져 있습니다. 이전에는 단세포성 원충으로 분류하였지만, 지금은 다세포생물로 취급하고 있으며 그 기원에 대해서는 해파리 등이 속하는 자포동물문(Phylum Cnidaria)에 가까운 동물군으로 추정하고 있습니다.[14] 이들 대부분은 어류의 기생충으로서 담수어 및 해산어에 기생하며 드물게 양서류나 파충류에 기생하는 종이 알려졌을 뿐, 사람에게는 기생하지 않기 때문에 지금까지 그다지 연구되지 않았던 동물군에 속합니다. 어류에 기생하는 종들도 일부 종은 어류에게 병원성이 높아 폐사를 일으키는 경우들이 있어 상대적으로 많이 연구되어 있지만, 대부분은 병원성이 그다지 높지 않아 그 존재 정도만 알려져 있는 정도입니다. 하물며 자연산 어류, 그중에서도 식용이 아닌 어종에 기생하는 점액포자충은 두말할 필요도 없겠죠?

점액포자충은 어류 체내에서 실로 다양한 곳에 기생합니다. 근육, 비늘, 안구 등에 기생하여 사람의 눈에 띄는 종이 있는가 하면 간장, 신장, 소화관, 담낭, 연골 등에 기생하기도 하고 뇌에 기생하여 어류의 행

14) Yokoyama H, Grabner D, Shirakashi S (2012): Transmission biology of the Myxozoa. In 'Health and Environment in Aquaculture'. Cravalho E (Ed.), InTech, Croatia pp.1–42

동 이상을 일으키기도 합니다. 또한, 생식소에 기생하여 생물학적 거세를 일으키기도 합니다. 이렇게 다양한 장소에 기생하는 점액포자충은 생물학적 관점에서 보면 상당히 재미있는 점이 많습니다. 먼저, 이들의 생활사를 살펴보면 어류의 체내에서 만들어진 점액포자충의 성숙포자는 수중으로 방출된 후에 어류에게 다시 감염되는 것이 아니라 빈모류(Oligochaetes, 빈모강, Class Oligochaeta에 속하는 환형동물, 담수산 지렁이류가 여기에 속함) 또는 다모류(Polychaetes, 다모강, Class Polychaeta에 속하는 환형동물. 갯지렁이류가 여기에 속함)에게 감염되어 방선포자충(Actinosporea)이라고 불리는 전혀 다른 형태로 변태합니다. 이후 방선포자충이 수중으로 다시 방출되어 어류에게 감염하는 독특한 생활사를 가지고 있습니다(그림 7-13). 이러한 생활사는 1984년에 Wolf and Markiw가 무지개송어에 기생하는 점액포자충 *Myxobolus cerebralis*에서 처음으로 밝혀냈습니다.[15] 재미있는 사실은 이 방선포자충은 환형동물에 기생하는 기생충으로서 이미 점액포자충문에 속하는 독립된 강(Class)으로서 존재하고 있었다는 점입니다(표 7-3, 4). 사실은 동일한 생물이 두 개의 학명을 가지고 있었던 셈이죠. 워낙 서로 다른 모습을 하고 있었던 데다가 오랫동안 각자 독립된 분류군으로서 취급됐었기 때문에 위의 사실이 학계에 받아들여지기까지는 여러 가지 우여곡절도 많았습니다만 이후 다른 점액포자충에서도 유사한 생활사가 계속 증명되었고 리보좀 RNA 유전자 분석 결과 염기서열이 99% 이상 일치하여 동일한 생물임이 확인되면서 현재에는 방선포자충은 환형동물에 기생하는 점액포자충의 또 다른 형태로 간주되고 있으며, 분류체계에서도 방선포자충강은 사라지고 방선포자충 집합군(collective group)으로 명확하게 분류학적 위치를 부여하지 않고

15) Wolf K & Markiw ME (1984): Biology contravenes taxonomy in the myxozoa: New discoveries show alternation of invertebrate and vertebrate hosts. Science 225:1449-1452

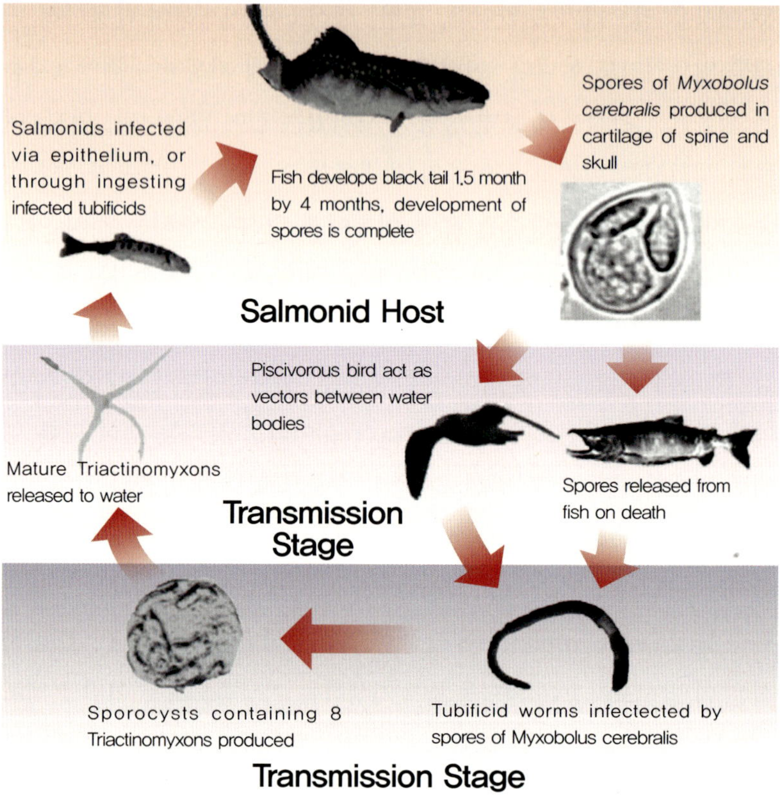

그림 7-13. 점액포자충 *Myxobolus cerebralis*의 생활사
(출처: www.wikipedia.org)

표 7-3. 방선포자충이 포함된 점액포자충문 내의 분류체계

점액포자충문	Phylum Myxozoa
점액포자충강	Class Myxosporea
쌍각목	Order Bivalvulida
다각목	Order Multivalvulida
방선포자충강	Class Actinosporea
방선포자충목	Order Malacovalvulida

표 7-4. 방선포자충을 제외한 점액포자충문 내의 분류체계

점액포자충문	Phylum Myxozoa
점액포자충강	Class Myxosporea
쌍각목	Order Bivalvulida
다각목	Order Multivalvulida
연포자충강	Class Malacosporea
연각목	Order Malacovalvulida

있습니다.[16] 하지만 이러한 분류체계에 대해 반대 의견을 제시하는 학자들도 있어 아직 확정되지 않은 상태입니다. 또한, 생활사에서 방선포자충과 점액포자충의 생물학적 의의, 역할이 아직 확실하지 않아 종숙주, 중간숙주라는 용어를 사용하지 않고 교대숙주(alternate host)라는 용어를 사용합니다.

이처럼 환형동물이 관여하는 점액포자충 *Myxobolus cerebralis*의 생활사가 밝혀지면서 지금까지 알려져 있는 다양한 종의 점액포자충의 생활사가 차례로 밝혀지기 시작했습니다. 흥미롭게도 담수어의 점액포자충의 생활사는 비교적 많이 밝혀져 있는 반면, 해산어의 점액포자충의 생활사는 거의 알려져 있지 않습니다. 또한, 담수어의 점액포자충은 주로 빈모류가 교대숙주로 알려진 데 비해 해산어의 점액포자충은 주로 다모류가 교대숙주로 알려져 있습니다. 일반적으로 점액포자충은 생활사를 완성하기 위해 이러한 환형동물이 있어야 하므로 환형동물이 없는 곳에서는 생활사가 완성되지 않는 것이 정설입니다. 따라서 사람에게 점액포자충이 감염되지 않는 이유도 설명될 수 있을 것입니다.

다시 한 번 생선 토막을 보세요. 사람에게 감염되지 않는다고는 하지만 돈을 주고 구입한 생선 토막에 이런 반점들이 박혀 있으면 기분

16) Kent ML et al. (2011): Recent advances in our knowledge of the Myxozoa. J Euk Microbiol 48:395–413

이 좋지는 않겠지요? 이 반점은 단순한 점이 아니라 위에서 설명했던 점액포자충 중 쿠도아속(Genus *Kudoa*)에 속하는 점액포자충이 어류의 근육에 기생한 결과 만들어진 무수한 포자(spore)가 어류의 결합조직에 둘러싸여 만들어진 시스트(cyst)입니다. 즉, 시스트는 성숙한 포자로 가득 찬 주머니인 셈이죠. 때로는 여기에 멜라닌 색소가 침착되어 검게 보이기도 하니 더 눈에 잘 띄겠죠? 개수가 많지 않았을 때에는 눈에 잘 뜨이지 않아 무심코 지나친 경우가 대부분일 겁니다. 그리고 해산어의 근육에 기생하는 쿠도아속의 점액포자충 중에는 이러한 시스트를 형성하는 종 이외에 또 다른 영향을 주는 종들이 있습니다. 냉동된 생선 토막을 구입하여 해동시키면 흐물흐물해질 수가 있습니다. 상한 생선을 냉동하여 판매했다고 오해를 사기도 하는 경우인데요, 이는 근섬유세포 내에 기생하는 점액포자충이 숙주인 해산어류가 죽으면 단백질분해효소를 분비하여 근육을 융해시킨 결과, 육안으로 보았을 때에 해산어류의 근육이 젤리처럼 보이는 'Jelly meat' 현상 혹은 'Soft flesh' 현상을 유발하기 때문입니다. 숙주가 살아있을 때에는 아무런 영향도 주지 않지만, 숙주가 죽으면 점액포자충이 가지고 있는 단백질분해효소가 활동을 개시합니다. 따라서 냉동되어 있던 생선 토막을 해동시키면 이렇게 되는 경우가 있는 것입니다. 이 단백질분해효소의 특성 및 어떠한 경로로 단백질분해효소가 활동을 개시하는지는 아직 알려진 바가 없습니다. 쿠도아속 내에는 50여 종 이상이 알려져 있으며, 앞으로도 늘어날 가능성이 있습니다. 이들 쿠도아는 다양한 해산어류에 기생하며, 특히 상업적으로 중요한 어종에 감염하여 Jelly meat 현상을 일으키거나 근육 내에 시스트를 만드는 경우에는 경제적인 피해를 유발할 수 있으므로 문제가 됩니다.[17]이 중 가장 잘 알려진 것은 *Kudoa*

17) Moran JDW, Whitaker DJ, Kent ML (1999): A review of the myxosporean genus *Kudoa* Meglitsch, 1947, and its impact on the international aquaculture and commercial fisheries. Aquaculture 172: 163-196

*thyrsites*로서 주로 대서양연어에 기생하여 문제가 되지만 대서양연어 이외에도 30여 종 이상의 해산어류가 숙주로 알려져 있습니다(그림 7-14[18], 15[19]).

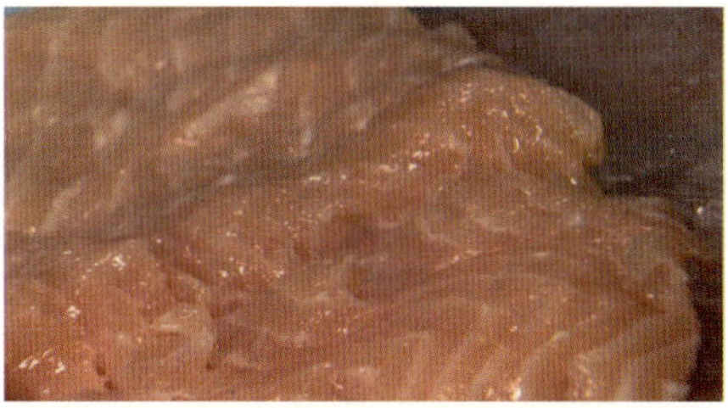

그림 7-14. 점액포자충 *Kudoa thyrsites*에 감염되어 Jelly meat 현상을 나타내는 대서양연어

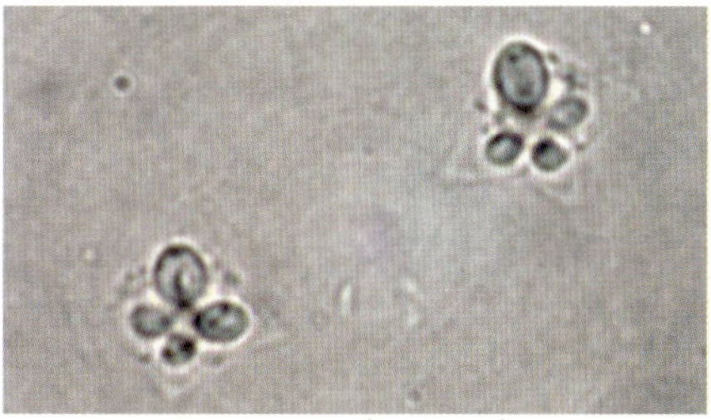

그림 7-15. *Kudoa thyrsites*의 성숙포자

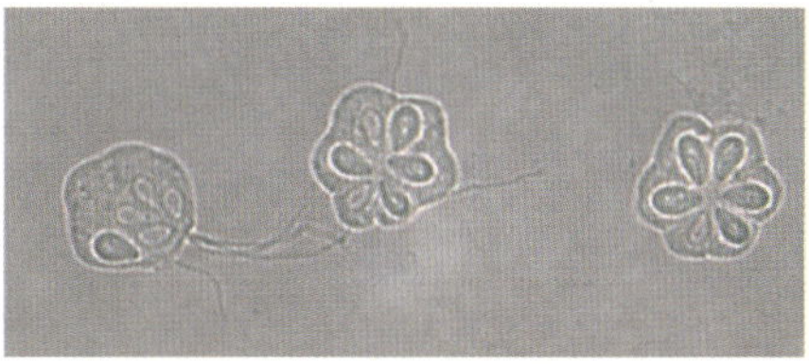

그림 7-16. *Kudoa septempunctata*의 성숙포자

이런 점액포자충이 근육 내에 기생하고 있는지는 숙주가 살아있을 때에는 전혀 알 수 없습니다. 바로 근육을 살펴봐야 하기 때문이죠. 그리고 만약 있다 하더라도 시스트의 개수가 매우 적으면 발견하지 못할 확률이 높습니다. 한편 Jelly meat 현상을 일으키는 점액포자충은 시스트를 형성하지 않으므로 감염되어 있는지는 육안으로 알 수 없습니다. 이들 점액포자충은 특정한 어종에서만 발견되는 것은 아니며 생활사도 알려져 있지 않아 예방 대책이 없습니다.

최근에는 이 점액포자충에 대해 알레르기 반응이나 소화기 증상을 일으키는 증례들이 알려져 있어 무시할 수만은 없는 기생충이긴 합니다만(그림 7-16), 이들이 사람에게 기생하여 사람의 근육 내에 시스트를 형성한다든지 Jelly meat 현상을

18) http://www.ctvnews.ca, http://www.ctvnews.ca/health/health-headlines/parasite-causing-problems-for-b-c-salmon-farmers-1.864627

19) K. Ogawa & K Hatai, New Atlas of Fish Diseases, 2006

일으키지는 않습니다. 그러나 상품가치가 떨어지므로 판매자 입장에서는 손해를 볼 수도 있겠네요.

니베린 조충

앞서 해산어류의 근육에서 보이는 쌀알 같은 흰색 반점에 관해 이야기했습니다. 대부분이 점액포자충일 가능성이 높지만 그렇지 않은 경우도 많이 있습니다. 어떤 경우일까요? 오징어를 사다가 손질을 할 때 내장을 살펴보면 흰색 밥알 같은 물체가 보입니다(그림 7-17). 크기도 반점보다는 꽤 큰 편이고 부피도 꽤 있어 보입니다. 많이 붙어 있을 때는 오징어 체표에도 박혀 있기도 합니다. 이것은 편형동물문(Phylum Platyhelminthes), 조충강(Class Cestoda)에 속하는 *Nybelinia surmenicola*라는 학명이 붙어 있는 조충의 유충입니다. 편의상 여기서는 니베린 조충이라고 하겠습니다. 크기나 모양 및 색깔이 밥알과 굉장히 비슷하게 생겼습니다. 냉동된 오징어를 해동시켜 손질할 때에는 이 조충이 죽어 있으므로 움직이지 않아 무심코 지나치게 마련이지만 살아있는 오징어나 죽은 지 얼마 안 된 오징어를 손질할 때에 이 니베린 조충이 가끔 꿈틀거려서 우리를 당황하게 합니다. 자세히 살펴보면 앞부분에서 기다란 더듬이 같은 것이 4개 나왔다 들어갔다 하면서 천천히 움직입니다. 오징어의 내장이나 근육(해부학적으로는 외투막입니다)에 박혀 있으며 오징어가 죽으면 내장에서 근육으로 천천히 이동하므로 눈에 띄는

그림 7-17. 오징어에서 발견되는 *Nybelinia surmenicola*

예도 있습니다. 횟집에서 오징어회를 주문하면 주방에서 오징어를 손질하여 가져오기 때문에 니베린 조충을 식탁에서 만날 기회는 매우 드물지만, 간혹 미처 발견하지 못한 것들이 그대로 식탁 위에서 발견되기도 하고, 오징어 낚시를 하여 야외에서 손질하여 오징어회를 먹을 때에 발견되기도 합니다.

니베린 조충은 오징어에서 가장 흔하게 발견되며 개체에 따라서 기생하고 있는 니베린 조충의 수는 천차만별입니다. 주로 오징어의 체강, 근육에서 많이 보입니다. 오징어 이외에 명태에서도 니베린 조충은 많이 발견되는 편입니다. 특히, 명태에서는 내장 주변의 근육에서도 종종 발견되며 일본에서는 명란젓의 원료가 되는 명태의 난소에서 발견되어 문제가 되기도 합니다. 명태 이외의 다른 해산어류의 내장 혹은 근육에서도 유사한 형태의 조충 유충이 발견되지만, 이들이 모두 니베린 조충인지 아닌지는 불확실합니다. 현미경으로 관찰하면 충체의 앞부분에 무수한 갈고리가 나란히 줄지어 붙어 있는 4개의 입술이 있으며 이 입술은 신축성이 있어 육안으로 보면 마치 더듬이처럼 보입니다.

니베린 조충의 생활사는 난바다곤쟁이(*Euphausia pacifica*. 우리가 흔히 크릴새우라고 알고 있는 동물성 플랑크톤입니다)를 제1 중간숙주, 오징어, 명태 등을 제2 중간숙주로 하여 최종적으로 악상어(*Lamna ditropis*)의 소화관 내에서 성충이 되는 것으로 알려져 있습니다만, 니베린 조충의 자세한 생활사, 병원성, 생태에 대해서는 거의 연구되어 있지 않습니다.[20]

생활사에서 알 수 있듯이 니베린 조충은 사람과는 인연이 없는 기생충이며 오징어를 손질할 때에 꼼꼼히 제거하면 됩니다. 드물게 오징어

20) Shimazu T (1975): A description of the adult of *Nybelinia surmenicola* with discussions on its life history (Cestoda: Tryphanorhyncha: Tentaculariidae). Bull Jpn Soc Sci Fish 41:823–830

그림 7-18. 꽁치에서 발견되는 구두충

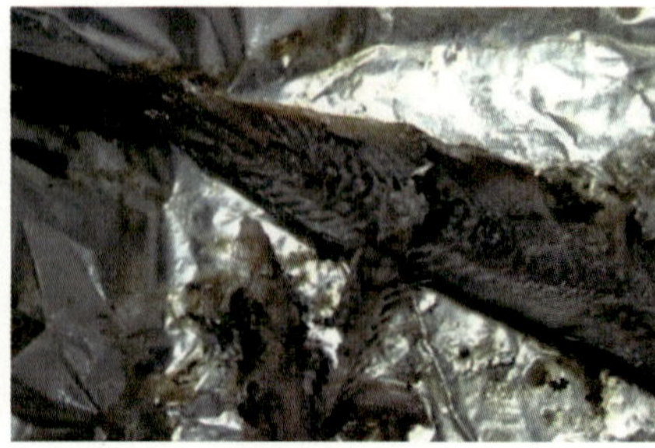

그림 7-19. 꽁치에서 발견되는 *Rhadinorhynchus selkirki*

회를 먹다가 이 니베린 조충이 입안에 들러붙거나 목구멍에 걸려 병원을 찾았던 증례가 일본에서 보고되어 있긴 합니다만 핀셋으로 간단히 떼어 낼 수 있습니다.[21)]

해산어류에 기생하는 다른 기생충

꽁치구이를 먹다가 꽁치 내장 속에서 붉은색 실과 같은 물체가 발견되는 경우가 있습니다. 수산시장에서 팔고 있는 신선한 생물 꽁치 중에서도 항문에 붉은색 실 모양을 한 물체가 매달려 있기도 하며 꽁치 통조림에서도 가끔 보입니다(그림 7-18, 19)[22)]. 이건 뭘까요?

구두충(acanthocephalans)이라는 동물군이 있습니다. 구두충문(Phylum Acanthocephala)에 속하며 척추동물의 소화관에 기생합니다. 종숙주의 대부분은 어류로 알려져 있으며 다양한 무척추동물(주로 옆새우류)이 중간숙주로 알려져 있습니다. 꽁치의 소화관에서 발견되는 것도 이 구두충문에 속하는 *Rhadinorhynchus selkirki*라는 학명을

21) Miyahara M et al. (2003): A Case of *Nybelinia surmenicola* Larva Found in the Oral Cavity. Memoirs of School of Health Sciences, Kyushu University, 2:91–94

22) http://www.fukushihoken.metro.tokyo.jp/shokuhin/musi/25.html

가진 구두충입니다. 꽁치 이외에 도미에서 *Longicollum pagrosomi*, 대구, 명태 등에서 *Echinorhynchus gadi* 라는 학명을 가진 구두충 등이 비교적 흔하게 발견됩니다.

그림 7-20. 꽁치에서 발견되는 *Pennella* sp. (사진제공: 국립수산과학원 김석렬 박사)

구두충은 어류 이외에 파충류, 조류나 포유류를 종숙주로 하는 구두충도 있지만, 사람을 종숙주로 하는 구두충은 보고된 적이 없습니다. 하지만 예를 들어 이들의 중간숙주가 되는 다양한 무척추동물(주로 곤충류입니다)을 날로 먹거나 혹은 신선한 어류를 내장과 함께 통째로 먹었을 때 드물게 사람에서 문제가 되기도 합니다. 일반적인 어류의 손질방법을 따르면 해산어류의 구두충이 식탁 위에 올라올 기회는 거의 없지만, 꽁치는 통째로 굽거나 통조림을 만들기 때문에 가끔 눈에 띄는 것입니다.

꽁치에서는 구두충 이외에도 체표에 붙어 있는 검붉은 색의 거머리처럼 생긴 물체가 종종 발견됩니다. 이는 갑각류의 일종으로서 절지동물문(Phylum Arthropoda), 갑각강(Class Crustacea), 대롱입요각목(Order Siphonostomatoida), 굴착벌레과(Family Pennellidae)에 속하는 *Pennella* sp.입니다(그림 7-20). 대개 유통과정 중에서 떨어져 나가므로 소비자에게 발견될 기회는 많지 않습니다.

맺음말

위에서 언급한 기생충 이외에도 해산어류에는 수많은 기생충이 있습니다. 우리가 각종 정보를 통해서 알게 되는 해산어류의 기생충은 식용으로 하는 어종의 기생충이 대부분이며 때로는 낚시로 잡은 해산어종에서 발견되기도 합니다. 하지만 지구상에 존재하는 해산어종 중 사람이 식용으로 하는 어종은 일부에 지나지 않으며, 일반 소비자가 발견하는 기생충은 대개 현미경의 도움 없이 육안으로 충분히 발견할 수 있는 크기임을 생각해 본다면 해산어류에는 우리가 아직 알지 못하는 기생충이 훨씬 더 많이 존재할 것입니다. 그러나 해산어류의 기생충에 대해 지나치게 민감하게 반응할 필요는 없습니다. 사실 사람이 해산어류를 완전히 익혀 먹거나 일단 충분히 냉동시킨 것을 해동하여 먹는다면 기생충이 살아 있는 채로 인체 내로 들어갈 가능성은 없습니다. 날로 먹거나 충분히 조리하지 않은 채로 해산어류를 먹는다면, 해산어류에 감염되어 있던 기생충이 인체 내로 들어갈 기회가 생기는 것입니다.

사람 이외의 동물을 종숙주로 하는 해산어류의 기생충 유충은 위와 같이 만일 인체 내로 침입하더라도 대부분은 곧 사멸합니다. 하지만 일부 기생충은 비록 성충이 되지는 않지만, 인체 내에서 일정 기간 생존하여 문제를 일으키기도 합니다. 비록 일부만이 인체 내에서 생존할 수 있다고 하더라도 안전한 먹거리에 관한 관심이 높아진 요즘, 해산어류의 기생충은 식품위생학적 관점에서 이물로서 문제를 일으킬 수 있습니다. 그러므로 해산어류의 기생충에 대해 올바른 정보를 가지고 있어야 문제 발생 시 신속하게 대처할 수 있습니다. 해산어류의 체표나 내장에 존재하는 기생충은 유통, 조리 과정 중에 저절로 떨어져 나가기도 하고, 손질 과정에서 제거되므로 소비자에게 발견될 확률은 매우 낮습니다. 근육에 존재하는 기생충은 직접 사람이 먹는 부위에 기생한다는 점에서 문제가 될 가능성이 있지만, 사람에게 감염하여 문제를 일으킬 수 있는 종은 극히 일부이며, 이 종들에 대해서는 대책이 알려져 있으므로 알려진 방법에 따라서 대처하면 됩니다. 또한, 시각적인 불쾌감을 주는 기생충들은 식탁 위에 오르기 전에 꼼꼼히 제거하면 됩니다.

머리말에서 이야기했듯이, 우리 식탁 위에 올라오는 해산어종은 변화하고 있습니다. 과거에는 보지 못했던 어종이 우리나라 연근해에서 잡혀 식탁 위에 올라오고 있으며, 다양한 수입산 해산어류가 식탁 위에 올라오고 있습니다. 이들에게 어떠한 기생충이 있는지는 아직 조사되어 있지 않기 때문에 알 수 없으며, 이는 연구자들의 몫이겠지요. 이들 기생충은 광대한 해양생태계에서 살아남아 자손을 퍼뜨리기 위해 기생이라는 쉽지 않은 생활방식을 택한 것이며, 사람에게 감염하여 나쁜 짓(?)을 하기 위해 해산어류의 체내에 숨어 있는 것은 아닙니다. 따라서 필요 이상으로 걱정할 필요는 없으며, 만일 발견하게 되면 위에 설명한 처리방법을 따르면 됩니다.

전문가의
Field Interview

국립수산과학원
서해수산연구소
해역산업과

연구사
김석렬

최근 수산물의 안전성과 위생관념이 강화되면서 수산생물에 공생 또는 기생하는 생물에 대한 관심도 또한 상승하고 있습니다. 특히, 많은 어종에 기생하는 '아니사키스'는 미디어 매체에서 자주 등장하여 이미 많은 소비자에게 '고래회충'으로 잘 알려져 있습니다. 그리고 '스쿠티카충'은 여러 양식생물에서 궤양 등을 일으켜 높은 폐사로 이어져 양식어가에 경제적 피해를 입히는 병원성 기생충으로 현재 국립수산과학원에서 백신 개발이 진행되고 있습니다. 또한, 꽃게 아가미에 부착하여 생활하는 따개비의 일종인 'Octolamis'는 가식부분이 아님에도 불구하고 시각적인 혐오감 때문에 자주 소비자들의 민원을 야기하는 공생생물입니다. 이에 국립수산과학원에서는 브로셔, 포스터 등을 제작·배포하여 수산물에서 발견되는 기생·공생생물에 대한 유해성 및 안전성에 대한 내용을 지속적으로 알리고 있습니다.

8장

식물 재난 미생물

Microbial threats for plant health

유엔식량농업기구(FAO)와 세계식량계획(WFP)에 의하면 2011~2013년 사이 전 세계 인구 중 약 8억 4천만 명 이상이 만성적인 영양실조 상태에 놓여있는 것으로 조사되었습니다(그림 8-1). 이 중 8억 명 정도는 개발도상국 국민으로서 안타깝게도 피해자는 대부분 어린아이로 밝혀졌습니다. 매년 약 2백6십만 명의 어린이가 기아로 사망하며, 생존한 아이의 15%는 충분한 음식을 섭취하지 못하여 저체중에 시달린다고 합니다.

이러한 상황에서 전 세계 인구는 2050년에는 90억 명에 도달할 것으로 예상되는데, 이들에게 필요한 식량의 양은 현재 생산하는 양보다 70~100% 정도 추가 증산해야만 합니다. 하지만 농작물생산성 향상에 필요한 비료와 물 같은 중요한 자원들이 한정되어 있고, 산업화, 세계화, 도시화, 지구온난화 등에 의해 농작물 생산에 적합한 토지도 줄어

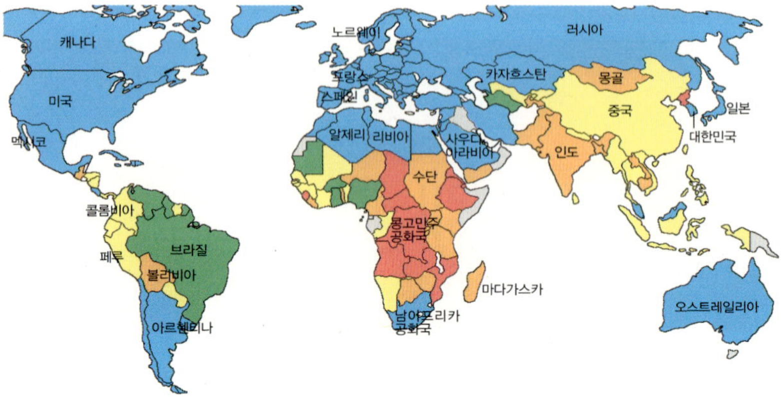

분류	1	2	3	4	5	
영양부족	5%미만	5~9%	10~19%	20~34%	35%이상	불완전한 데이터
설명	극도로 낮음	매우 낮음	적당히 낮음	적당히 높음	매우 높음	

그림 8-1. 세계 기아 지도, 아프리카와 아시아에 심각한 식량부족에 의한 기아 재난이 존재함(출처, World Food Programme)

들고 있는 것이 현실입니다.

또한, 해마다 늘어나고 있는 작물의 질병 또한 해결해야 할 큰 과제입니다. 이런 현실 속에서 인간의 충분한 먹거리를 확보할 방법은 무엇일까요? 그 답은 미생물입니다. 본 장에서는 식물의 생산량을 감소시키는 병원균은 무엇인가? 동물과 인간의 건강에 해를 주는 질병미생물이 식물 내에 존재하는가? 식물의 생산량 증가에 기여하는 미생물은 무엇인가? 또한, 이들 미생물은 왜 서로 다른 양면성을 보이는지에 대해 알아보도록 하겠습니다.

식물병이 인류에게 미치는 영향

역사적으로 식물병은 인류의 생존과 깊이 연관되어 있습니다. 대표적인 예로 1840년대 아일랜드에서는 서늘하고 습한 여름 날씨 때문에 주식이던 감자에 역병이 생겨 대기근이 발생하자 무려 150만 명이 굶어 죽었고, 이를 피하려고 같은 수의 인구가 신대륙인 미국으로 이주하였습니다. 현재 미국에 거주하는 대부분의 아일랜드인은 감자역병의 피해로 이주했던 선조의 후손입니다. 또한, 1943년에는 인도 벵갈지역에서 벼 깨씨무늬병이 창궐하여 흉작이 들자 쌀을 주식으로 삼던 약 150~300만 명의 인구가 굶어 죽기도 하였습니다.[1]

이처럼 식물에 생기는 여러 질병은 인류에 지대한 영향을 미치고 있습니다. 최근 산출한 자료에 의하면 2002년 가격을 기준으로 할 때 지구에서 얻을 수 있는 최고 작물생산 산출량은 15,000억 달러이나 실제 생산한 작물 산출량은 9,500억 달러로 5,500억 달러(최고 산출량의 36.5%)가 감소하였습니다. 그런데 이 중에서 식물병으로 인한 손실액은 최고 산출량의 14.1%인 2,200억 달러입니다. 게다가 이러한 손실은 지구의 이상 기온과 화석연료의 고갈로 인해 더욱 증가할 것으로 예측됩니다.

식물병원균과 식물의 방어기작

식물에 자생하는 대부분의 미생물은 식물과 토양에서 유기물의 분해자로 활동하며 작물의 생장에 도움을 주지만, 일부 미생물은 작물의 생장을 방해하고 수확량을 감소시킵니다. 그중에도 식물에 병을 일으키는 미생물들은 다양한 물질, 독소, 효소, 식물 호르몬 등을 생성하여 식물이 가지고 있는 기능을 억제하면서 식물로부터 영양분을 탈취합니다.

식물병원균은 식물로부터 영양분을 섭취하는 방법에 따라 크게 활물

1) G. N. Agrios, Plant Pathology 5th edition, Elsevier Academic Press, Singarpore (2005).

병원균(Biotrophs)과 사물병원균(Necrotrophs)으로 구분합니다. 활물병원균은 침입한 식물세포가 살아있는 상태에서 영양분을 섭취하지만, 사물병원균은 대량의 독소와 효소를 분비하여 주위의 식물세포를 사멸시켜 영양분을 섭취합니다. 살아있는 식물세포에서만 증식할 수 있는 대표적인 활물병원균으로는 모든 바이러스병, 세포벽이 없는 세균그룹인 phytoplasma (mollicutes), 그리고 녹병, 흰가루병, 노균병 등 곰팡이류가 있습니다(표 8-1).

식물에도 병원균으로부터 스스로를 방어하는 기작이 있습니다. 활물병원균에 대해서는 병원균이 침입한 세포와 그 주위 세포를 사멸(과민감반응, hypersensitive response)하여 병원균의 생장을 제한하는 방법을 사용합니다. 또한, 사물병원균에 대해서는 병원균이 생산하는 독소를 무독화하거나 독소와 효소의 작용점을 변화시키는 방법을 사용하여 방어합니다(표 8-1).

표 8-1. 식물로부터 영양분을 섭취하는 방법에 따른 식물병원균의 구분

		활물병원균	사물병원균
배지에서의 생육		대부분은 자라지 않음. 일부 살아있는 식물을 이용한 배지에서는 생육	잘 자람
독소 및 효소 생성량		극히 적음	다량 생산
침입 식물로부터 영양분 섭취 방법		살아있는 세포로부터 천천히 영양분을 탈취	침입한 세포로부터 떨어져 있는 세포를 사멸시켜서 영양분을 탈취
침입하는 식물종 범위		좁음	넓음
식물에 침입하는 방법		상처, 직접, 자연개구	상처, 자연개구
식물의 방어 방법		과민감반응(hypersensitive response)	독소 무독화 혹은 작용점을 변화시킴
주요 식물병원균	곰팡이	녹병, 노균병, 흰가루병	탄저병, 궤양병, 시듦병
	세균	Phytoplasma속	Erwinia, Pseudomonas 등
	바이러스	모든 바이러스병	없음

주요 식물병원균

식물에 심각한 피해를 주는 미생물은 곰팡이, 세균, 바이러스인데, 각 미생물을 구분하는 방법과 병원균의 종류, 그리고 인간의 건강에 어떠한 영향을 미치는지에 대해서 알아보겠습니다.

1. 식물병원 곰팡이(fungi)

식물에 발생하는 60% 이상의 병은 곰팡이에 의해 발생합니다. 대부분의 곰팡이는 영양기관(營養器官, vegetation)으로서 실 모양의 균사(菌絲, hyphae)와 증식기관(增殖器官, reproduction)의 역할을 하는 포자(胞子, spore)로 이루어진 타가영양 진핵미생물(heterotrophic eukaryotes)입니다.

가. 식물병원 곰팡이의 분류기준

식물에 병을 일으키는 주요 곰팡이는 생성하는 포자와 세포벽 구성성분에 따라 크게 5개 생물 문(phylum)으로 나눕니다. 식물병원 곰팡이병균의 가장 중요한 특징은 포자인데, 무성포자와 유성포자가 있습니다. 서로 다른 성의 균사가 융합하여 핵융합과 분열을 통해 생성된 포자는 유성포자이고, 핵융합 없이 체세포 분열에 의해 포자가 생성되는 것은 무성포자입니다. 식물병원 곰팡이 문의 명칭은 생성하는 유성포자의 이름과 동일한데, 자연상태에서 유성포자 생성이 드물거나 생성되지 않는 균들을 모아 불완전균류로 구분합니다(표 8-2).

나. 식물병원 곰팡이균을 구분하는 이유

식물병원 곰팡이균은 곰팡이가 형성하는 유성포자의 종류로 구분합

표 8-2. 주요 식물병원 곰팡이의 구분

문(Phylum)	세포벽 구성성분	무성포자	유성포자	균사 격벽	주요병
난균문 (Oomycota)	Cellulose, glucan	유주자	난포자	무격벽	노균병, 역병
접합균문 (Zygomycota)	Chitin, chitosan	포자낭포자	접합포자	무격벽	채소 무름병
자낭균문 (Ascomycota)	Chitin, glucan	분생포자	자낭포자	유격벽	흰가루병, 탄저병 등 다양한 식물병
불완전균류 (Deuteromycetes)	Chitin, glucan	분생포자	밝혀지지 않음	유격벽	잿빛곰팡이병 등 자낭균과 같은 종류의 다양한 식물병
담자균문 (Basidiomycota)	Chitin, glucan	분생포자	담자포자	유격벽	녹병, 붉은별무늬병, 깜부기병

니다. 유성포자는 특정한 조건(영양분 고갈, 자외선 조사)에서만 형성되며, 특징적인 포자가 광학현미경 하에서 관찰됩니다(표 8-2와 그림 8-2). 난균은 무성포자로 편모를 가진 유주자(zoospore)를 생성하고, 접합균은 포자주머니(포자낭) 안에 유주자가 없는 포자낭포자(sporangiospore)를 형성하는 것이 특징입니다. 나머지 병원균은 균사 위에 바로 노출된 다양한 모양의 분생포자를 형성합니다(표 8-2와 그림 8-2). 또한, 난균과 기타 곰팡이병균의 가장 큰 차이는 난균 세포벽은 다른 병원균에 존재하는 chitin없이 cellulose와 glucan으로만 구성되어 있다는 점입니다(표 8-2, 그림 8-2).

다. 포자에 따른 식물병 발생 차이

각 곰팡이가 생성하는 포자에 따라 식물병 발생 양상이 전혀 다릅니다. 예를 들어, 유주자를 형성하는 사물병원균인 감자역병균은 주로 습

그림 8-2. 주요 식물곰팡이병원균의 유성 및 무성포자의 모양과 일으키는 주요병

한 날씨에 물을 따라 이동하여 지역적으로 심각한 피해를 줍니다. 그러나 노출된 분생포자를 형성하는 활물병원균인 밀 녹병은 포자가 기류를 따라 이동합니다. 일례로 1999년 아프리카 우간다에서 발생한 밀 녹병(*Puccinia graminis* Ug99)은 기류를 타고 대륙 간을 이동하면서 전 세계적으로 피해를 주었습니다.

라. 곰팡이병균이 식물에 심각한 병을 일으키는 이유

전 세계적으로 심각한 피해를 주는 식물병은 주로 곰팡이병균에 의해서 발생합니다. 이러한 이유는 곰팡이가 가지고 있는 다음과 같은 특징 때문에 나타납니다.

① 한 개의 포자가 짧은 시간에 다수의 포자를 형성합니다. 심각한 피해를 주는 곰팡이병균은 1주일 정도면 한 개의 포자가 수만 개의 포자를 형성할 수 있을 정도로 단기간에 이루어집니다.

② 포자는 확산 속도가 빠른데, 일부 녹병과 같은 포자는 기류를 타고 수천 km를 이동할 수도 있습니다.

③ 사물병원 곰팡이균들은 독소(phytotoxins)와 효소(degrading enzymes)를 생성하여 식물을 단시간에 파괴하는 능력을 갖추고 있습니다.

④ 다른 세균이나 바이러스병균이 주로 상처나 자연개구만을 통해서 식물체에 침입하는 것과 달리, 식물병원 곰팡이는 식물체 표면에 포자가 발아하여 균사를 통해 식물체에 직접 침입하기도 합니다.

마. 주요 식물병원 곰팡이병

최근 식물병리학자들이 경제적 피해와 학문적 가치 등을 기준으로 설문 조사하여 식물병원 곰팡이 top 10을 선정하여 발표하였습니다(표 8-3)[2]. 1순위로 선정된 식물병원 곰팡이병균은 많은 개발도상국이 주식으로 하는 벼에 심각한 피해를 주는 자낭 곰팡이병균인 도열병(稻熱病, Blast)인데, 매년 약 10~30%의 벼 손실을 일으킵니다. 비록 top 10

2) Ralph Dean et al., (2012). "The top 10 fungal pathogens in molecular plant pathology". Molecular Plant Pathology 13, 414-430.

표 8-3. 식물병리학자들이 선정한 분자 식물병리학 분야의 식물곰팡이병 top 10

식물병원균 학명	작물병	비고
1. *Magnaporthe oryzae*	벼 도열병	매년 10~30% 수량감소
2. *Botrytis cinerea*	채소류 잿빛곰팡이병	경제적 피해 10억 파운드/매년
3. *Puccinia* spp.	녹병	절대활물병원균
4. *Fusarium graminearum*	맥류 붉은곰팡이병	균독소 생성에 의한 인축 피해
5. *Fusarium oxysporum*	채소류 시들음병	면역이 약한 사람 침입균
6. *Blumeria graminis*	맥류 흰가루병	농약내성균 출현
7. *Mycosphaerella graminicola*	밀 잎마름병	온난한 지역에서 밀 감소원인
8. *Colletotrichum* spp.	작물 탄저병	모든 과채류 침입
9. *Ustilago maydis*	작물 깜부기병	지역적인 대발생
10. *Melampsora lini*	아마 녹병	식물면역연구의 모델

리스트에는 없지만 난균 병원균 중 역병과 노균병 등도 우리나라의 많은 작물에 심각한 피해를 주고 있으며, 실제로 감자역병균은 전 세계적으로 매년 약 50억 달러의 피해를 주고 있습니다.

바. 식물병원균에 감염된 작물의 영향

일부 식물병원균들은 침입한 식물체 내에 균독소(mycotoxins)를 생성하여 사람이나 가축에 다양한 질병을 일으키기도 합니다(표 8-4). 유럽 중세의 암흑시대에 가난한 사람들의 주식이었던 호밀에 발생했던 맥각병(ergot)은 알칼로이드 lysergic acid diethylamide (LSD)를 생성하여 정맥을 수축시키고 기저(팔다리가 떨어지는 증상)를 일으켜 많은 사람이 사망하였다는 보고가 있습니다. 하지만 이들 알칼로이드 LSD는 소량을 투여하여 과다출혈을 정지시키거나, 산파의 출산에 이용되기도 하고, 1960년대 히피문화에서 환각제로 사용되기도 했습니다.

표 8-4. 식물병원균이 생산하는 균독소의 종류와 독성

독소 종류	독소 생산 식물병원균	주요 증상
Aflatoxin	*Aspergillus flavus* *A. paratiticus*	간암, 간장해, 출혈
Citrinin	*Penicillium citrinum* *P. expansum*	콩팥장해, 발암
Deoxynivalenol	*Fusarium graminearum*	음식거부, 구토
Fumonisin	*Fusarium moniliforme*	발암, 식도암, 말뇌백질 연화증
Lysergic acid diethylamide	*Claviceps purpurea*	맥각중독증, 괴저, 환각
Ochratoxin	*Aspergillus ochraceus*	간장해, 콩팥장애
Patulin	*Aspergillus clavatus* *Penicillium expansum*	뇌출혈, 폐출혈, 신경독소
Tenuazonic acid	*Alternaria alternata*	장출혈, 체중감소
Zearalenone	*Fusarium graminearum*	자궁난소비대

일부 곰팡이 균독소들은 발암물질로 작용하기도 하는데, 예를 들어, 옥수수 이삭에 썩음병을 일으키는 *Fusarium moniliforme*가 생성하는 fumominisin독소는 식도암 발병률을 높였다는 보고가 있습니다. 곰팡이가 핀 옥수수나 곡류를 많이 섭취하면 곰팡이가 생성하는 균독소에 의해 건강을 해칠 수 있으니 조심해야 합니다.

2. 식물병원 세균(細菌, Bacteria)

일반적으로 세균은 맨눈으로 볼 수 없는 1~2 μm 정도 크기의 단세포 원핵미생물입니다. 식물 관련 세균은 식물을 도와주기도 하고 병을 일으킬 수도 있는데, 이를 위해서는 식물체 1 g당 약 10^6 colony forming units (CFU, 집락형성단위) 이상의 세균이 존재해야 합니다.

곰팡이병은 병든 식물체 표면에 포자나 균사가 군집되어 있어 눈으

로 쉽게 관찰되지만 세균병의 경우는 병원균이 눈에 보이지 않는데, 심하게 감염된 식물조직 내에서 세균집단이 약 10^8~10^9 CFU/g에 도달하면, 일부 병원세균을 관찰할 수 있습니다.

건강한 조직과 병든 부분의 경계 부위나, 병든 줄기를 잘라 현미경 슬라이드에 물방울을 떨어뜨려 400-1,000×배율 하에서 관찰하면 병든 조직 내에 존재하고 있던 병원세균이 물방울로 흘러나오는 세균분출물(streaming or ooze)과 함께 나오는 것이 보이지만, 모든 식물세균병을 이와 같은 방법으로 관찰할 수 있는 것은 아닙니다.

식물병원 세균으로 인한 경제적 피해는 곰팡이병보다는 덜 심각하지만, 학문적으로 식물병원균이 식물에 어떻게 병을 일으키는지? 왜 같은 작물에서도 어떤 품종은 병이 들고 어떤 품종은 건강한지? 등에 대한 과학적인 의구심을 해결하는 데 주로 이용되고 있습니다.

가. 식물병원 세균의 구분

식물병원 세균은 세포벽의 구조에 따라 그람 양성균(gram positive bacteria)과 그람 음성균(gram negative bacterium)으로 구분하는데 대부분은 그람 음성균에 속합니다. 아래에 두 세균을 구분하는 방법을 소개하였습니다. 여기에 적용된 과학적 원리는 전통적인 그람 염색법의 원리를 이용한 것으로서 세포벽의 구조 차이를 이용한 것입니다. 즉, 3% 알칼리 용액인 KOH를 이용하는 방법과 펩티도글리칸층 합성을 억제하는 분자량이 큰 항생제인 vancomycin에 대한 감수성의 차이로 이들을 구분할 수 있습니다.

나. 주요 식물병원 세균병

그람 양성균과 그람 음성균 구분법

가. 그람 염색법(gram staining)

1884년 Christian Gram이 그람 염색법(Gram Staining)을 개발하였고, 그 이후로 세균을 두 개의 주요 분류군으로 나누는데, 그람 염색법을 자세히 설명하면 다음과 같습니다.

1. 세균을 슬라이드 glass에 고정한 다음, crystal violet 염색액으로 30초 동안 염색한 다음 물로 씻어낸다.
2. 그람 iodine 매염제로 1분간 처리한 다음 물로 씻어낸다.
3. 95% ethanol이나 acetone으로 10~30초간 세척하여 탈색하고 물로 재세척한다.
4. safranine염색액으로 30~60초간 염색한 다음 물로 씻어 말린 후 현미경으로 확인한다.

그람 염색법으로 세균을 염색하면 그람 양성균은 crytal violet 염색액(보라색)으로 염색되는 반면에, 그람 음성균은 safranine 염색액(분홍색)으로 염색됩니다.

이유: 이처럼 세균이 서로 다르게 염색되는 이유는 바로 두 균 세포벽의 구조적인 차이 때문입니다. 그람 양성균은 세포벽이 20~80 nm의 두꺼운 펩티도글리칸(peptidoglycan) 단일층이지만, 그람 음성균은 펩티도글리칸층이 2~7 nm로 얇고 그 바깥쪽에 다시 지질 이중층인 7~8 nm의 외막(outer membrane)이 존재합니다. 그람 양성균의 경우 펩티도글리칸층이 두꺼워서 알코올이 처리에 의해 탈수가 되면서 세포벽에 있는 구멍들이 폐쇄되고 탈색되지 않지만, 그람 음성 세균의 경우 펩티도글리칸층이 얇아서 알코올이 외막을 쉽게 통과하여 쉽게 탈색됩니다.

그람 염색법은 현미경이나 염색약이 필요하고 세균의 크기가 작아서 현미경으로도 관찰하기 어려우므로 세포벽의 구조적인 차이를 이용하여 손쉽게 구분하는 방법을 소개합니다.

나. 3% KOH를 이용하는 방법

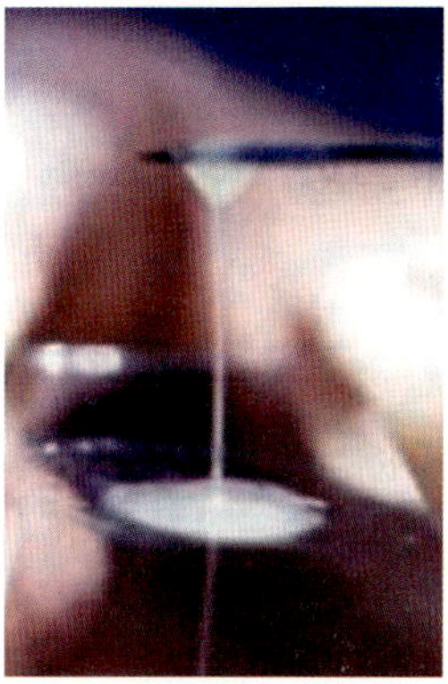

그림 8-3. 알카리 용액에 의해 그림 음성균의 세포벽이 파괴되어 점질물이 생성.

1. 유리 슬라이드 글라스 위에 3% KOH 용액을 떨어뜨린다.
2. 테스트하고자 하는 세균의 집락을 이쑤시개를 이용하여 떠낸 다음, KOH용액과 같이 섞으면서 현탁시킨다.
3. 약 30~60초 후에 현탁하고 있는 이쑤시개를 조심히 들어 올린다.

결과 판정: 그람 음성균은 이쑤시개에 실 모양의 점질물이 따라올라오나, 그람 양성균은 아무 반응이 일어나지 않습니다.

이유: 식물세포벽이 얇은 그람 음성균은 약 알칼리용액인 KOH에 의해 쉽게 파괴되어 세포 내 성분이 노출되어 점질성을 나타내지만(그림 8-3), 그람 양성균의 세포벽은 파괴되지 않습니다.

다. 세포벽 합성 억제 항생물질 vancomycin감수성에 의한 구분

1. 테스트하고자 하는 세균의 현탁액을 영양분이 충분한 고체 plate에 도말한다.
2. Vancomycin disc (5 μg)를 도말한 고체 배지 중앙에 배치하고, 항온기에서 배양한다.

결과 판정: 그람 양성균은 vancomycin disc주변에 생육하지 못하나, 그람 음성균은 영향을 받지 않습니다.

이유: Vancomycin ($C_{66}H_{75}C_{12}N_9O_{24}\cdot HCl = 1,485$)은 펩티도글리칸을 형성하는 항생물질로서 분자량이 커서 그람 음성균의 외막을 통과할 수 없으므로 그람 음성균은 영향을 받지 않습니다.

최근 식물병리학자들이 참여한 설문 조사에서 주요 식물병원 세균 Top 10종을 발표하였습니다(표 8-5)[3]. 그람 음성병원세균인 Xathomonas와 Pseudomonas속 균주들에는 병원형(pathovar)라는 용어로 분류됩니다. 이들 병원형는 동일 종 세균이지만 침입하는 식물의 종류가 다를 경우 명명합니다. 1위를 차지한 식물병원 세균도 *Pseudomonas syrinage* pathovars가 선정되었는데, 생리 생화학적으로 동일 종인 *P. syrinage*균주와는 서로 다른 식물체에 침입합니다.

표 8-5. 식물병리학자들이 선정한 분자 식물병리학 분야의 식물세균병 top 10

식물병원균 학명	작물병	비고
1. *Pseudomonas syringae* pathovars	다양한 식물병을 발생	다양한 독소를 생성하여 다양한 피해를 일으킴
2. *Ralstonia solanacearum*	세균성 시들음병 (풋마름병)	물관부에서 증식하면서 세포외 다당류를 생성하여 식물체가 시들게 함
3. *Agrobacterium tumefaciens*	과수 혹병	병원균의 일부 유전자가 식물의 염색체에 전이되어 식물 호르몬을 과다하게 생성하여 혹이 생김
4. *Xanthomonas oryzae* pv. *oryzae*	벼 흰잎마름병	독소 생성
5. *Xanthomonas campestris* pathovars	다양한 식물병	독소 생성
6. *Xanthomonas axonopodis* pv. *manihotis*	카사바 세균성잎마름병	독소 생성
7. *Erwinia amylovora*	과수 화상병	독소를 생성. 국내에 유입되지 않음. 주 핵심 검역병해
8. *Xylella fastidiosa*	포도 피어스병	물관부 서식균
9. *Dickeya* (dadantii and solani)	무 세균성 무름병	식물세포벽 분해효소 생성
10. *Pectobacterium carotovorum* (and *P. atroseptidcum*)	채소류 무름병	식물세포벽 분해효소 생성 pectinase

3) John Mansfield et al., (2012). "Top 10 pathogenic bacteria in molecular plant pathology". Molecular Plant Pathology 13, 614-620.

다. 식물병원 세균의 피해 양상

식물병원 세균도 다양한 방법으로 식물에 피해를 주며, 이들 병원균이 생산하는 물질이나 효소에 따라 식물에 나타나는 피해 양상도 다릅니다. 독소를 형성하여 식물의 조직을 괴사시키고, 물관부에 증식하면서 세포외 다당류(extracellular polysaccharide)가 물관부에 집적되어 물의 이동을 막아 식물이 시들게 하기도 합니다. 또한, 식물의 주성분인 pectin을 분해하는 pectinase를 다량 생성하여 식물이 물러지게 하거나, 병원균의 일부 DNA 조각을 식물세포에 전이시켜 다량의 식물 호르몬을 생성하게 함으로써 식물에 혹이 생기거나 비대해지도록 하는 등 다양한 증상을 시킵니다(표 8-5).

라. 식물병원 세균 여부를 확인하는 방법

식물병원 세균을 비기주(非寄主, nonhost) 식물인 담배에 접종하였을 때는 대부분 48시간 안에 접종된 식물조직 세포가 죽는 과민감반응(過敏感反應, hypersentive response)를 보이지만(그림 8-4), 식물에 병을 일으키지 못하는 대부분 식물 관련 미생물을 담배에 접종하였을 때는 이러한 과민감반응을 보이지 않습니다. 과민감반응은 식물이 식물병원균이 침입하는 것에 반응하여 병원균이 침입한 부위의 식물세포를 사멸시킴으로써 더는 병원균이 확산을 억제되는 것을 방어기작 중의 하나입니다. 과민감반응을 검정하는 식물로 그람 음성균은 담배(tobacco, *Nicotiana tabacum*)가 이용되고 있고, 그람 양성균의 경우는 분꽃(Four O'Clock, *Mirabilis jalapa*)을 주로 이용합니다.

대부분의 식물병원 세균은 어떻게 식물이 병이 들고 어떤 경우에 병이 들지 않는지에 대한 상호작용을 연구하는 데 많이 이용되고 있습니다. 그 이유는 세균이 곰팡이보다 유전자 조작이 쉽고 게놈의 크기도 작기 때문입니다. 식물병원 세균은 다른 식물병원균에 의해 발생하는 식물병의 발병기작이나 식물병 방제 방법을 연구하는 재료 등으로 다양한 분야에 이용되고 있습니다. 특히 최근 모델 식물인 애기장대(*Arabidopsis thaliana*)와 식물병원 세균을 이용한 연구로 병원균과 식물의 상호작용에 대한 많은 답을 얻고 있고, 이들 과학적 지식을 이용하여 병이 들지 않게 하는 다양한 방법이 활용되고 있습니다.

식물에 병을 일으키는 세균 여부를 확인하는 방법

식물병원 세균들은 비기주인 담배에 과민감반응을 유도합니다. 이러한 과민감반응을 이용하여 식물병원 세균인지를 확인할 수 있습니다. 과민감반응 검정법은 주로 담배를 이용하는데, 잎이 넓어 병원균을 식물조직 내에 쉽게 주입할 수 있기 때문입니다.

1. 세균을 일반배지에서 생육한다.
2. 생육시킨 세균을 회수하여 멸균수로 10^8~10^9 CFU/ml의 고농도로 현탁한다.
3. 주사바늘을 제거한 멸균한 주사기를 이용하여 세균현탁액을 식물조직 내에 주입한다.
4. 2일 이내에 주입한 조직의 세포가 죽는 증상이 보이는지 확인한다.

결과판정: 식물병원 세균은 담배에 과민감반응을 나타내어 2일 이내에 접종한 조직이 괴사하지만(그림 8-4), 식물에 병원성이 없는 미생물은 수일 후에 황색으로 변하거나 전혀 반응을 보이지 않습니다.

두 번째 방법으로 식물에 무름병을 일으키는 병원균의 경우, 감자절편을 이용하여 손쉽게 검정하는 방법도 이용됩니다.

1. 감자의 표면을 잘 씻은 후, 약 7 mm 두께로 절단하고 표면을 에탄올로 씻어 살균시킨 다음 멸균수로 씻어, 멸균수가 적셔져 있는 멸균된 filter paper를 바닥에 깐 멸균된 용기에 넣어 눈다.
2. 검정하기 위한 세균을 배지에서 생육한 다음 멸균수로 현탁하여 약 10^6 CFU/ml의 농도로 맞춘다.
3. 감자절편의 중앙에 멸균된 칼을 이용하여 조그만 구멍을 만든 후, 세균현탁액을 접종한다. 아무것도 처리하지 않은 대조구를 이용하여 오염 여부를 확인한다.
4. 약 30℃의 배양기에 2일 정도 배양한다.

결과판정: 식물 무름병균은 멸균된 주사기나 손으로 눌러보면 접종한 부위가 물러집니다(그림 8-5).

그림 8-4. 식물병원 세균에 의한 비기주식물인 담배에서의 과민감반응 괴사

그림 8-5. 무름병원세균 접종에 의한 감자절편의 무름증상

마. 식물병원 세균이 비기주인 담배에 과민감반응을 일으키는 이유

약 1,600여 종의 세균 중에서 80여 종의 식물병원 세균만이 기주가

아닌 살아있는 식물에 과민감반응을 유도합니다. 1980년에 다양한 식물병원 세균 중 담배에서 과민감반응을 형성하지 못하는 돌연변이주를 분리하여 유전자를 분석한 결과, 비기주에 과민감반응을 유도하고 기주식물에서는 질병을 일으키는 데 중요한 역할을 하는 25 kb 정도의 hypersensitive response and pathogenicity (*hrp*) 유전자들을 발견하였습니다. 이들 *hrp*유전자의 기능은 첫째, 비기주식물에 과민감반응을 일으키는 Harpin이라는 단백질을 만드는데, 이들 Harpin을 정제하여 식물병 예방제로 제품화하여 산업적으로 이용되기도 합니다(표 8–6). 두 번째 기능은 식물병원 세균들이 식물에 병을 일으키는 데 중요한 물질(병원성 인자)들을 세포 밖으로 분비시키는 통로와 같은 typeIII 분비통로를 만들어, Harpin과 같은 병원균이 생산하는 많은 단백질을 식물

표 8–6. 식물병원 세균의 산업적 활용

균명(Taxon)	기능(Function)
Agrobacterium radiobacter K84 and K1026	과수 뿌리혹병(근두암종병) 방제용 생물적 방제균
Agrobacterium sp. M4	콜레스테롤(cholesterol)을 분해하는 연구용 신약의 원료
Agrobacterium radiobacter J14	농업 제초제 Atrazine의 생분해
Agrobacterium tumefaciens	식물 형질전환 plasmid vector (genetic engineering)
Erwinia amylovora	식물의 저항성 유도제(elicitor)인 Harpin(제품명, Messenger)의 원료
Xanthomonas campestris pv. *campestris*	식의약품, 화장품에 사용되는 다당류인 Xanthan gum의 원료
Pseudomonas syringae	빙핵(ice nucleation)으로 작용하여 비교적 높은 온도에서 물을 얼림, 작물 서리피해의 원인, 인공눈, 인공비의 원료
Several plant associated bacteria	제한효소의 소스

로 전달하는 역할을 합니다.

식물병원 세균에는 다양한 분비체계(적어도 4개의 분비체계)가 존재합니다. III형 분비체계는 Harpin 이외에도 식물체에 병이 발생하는지 아닌지를 결정하는 effector의 통로로 이용됩니다. I형 분비체계로는 단백질분해효소(protease)가 분비되는데, 세균의 내막과 외막이 연결된 통로로 신호서열 없이 분비됩니다. 하지만 II형 분비체계로는 식물 및 동물병원세균 모두 병을 일으키는 데 중요한 관련 물질들이 분비되며, I형과 달리 세포질에서 주변질로 분리되고 난 후에 외막 밖으로 분비되는 2단계를 거칩니다. II형 분비체계를 통해 분비되는 물질은 N-말단에 신호서열이 존재하며, 세포 밖으로 분비되는 과정 중에 이들 신호서열이 절단됩니다. IV형 분비체계는 뿌리에 혹을 형성하는 *Agrobacterium tumefaciens*균주의 식물에 병을 일으키는 DNA조각(T-DNA, transfer DNA)을 식물조직 내에 분비할 때 사용하는 통로입니다.

바. 식물병원 세균의 활용분야

몇 가지 식물병원 세균은 산업분야에서도 다양하게 이용되고 있습니다. *Xanthomonas campestris*균들이 생산하는 세포외 다당류인 xanthan gum은 식의약이나 화장품의 원료로 이용되기도 하며(표 8-6), 일부 *Pseudomonas syringae*병원균들은 세균의 표면에 얼음격자 모양의 빙핵단백질(ice nucleation protein)이 존재하여 가을이나 초겨울에 작물에 서리 피해를 일으키기도 하지만 인공눈을 만드는 재료로도 이용될 수 있습니다. 작물에 뿌리혹을 형성하는 *Agrobacterium tumefaciens*균주가 병을 일으키는 혹 형성 플라스미드(tumorinducing plasmid)를 변형시켜 식물 형질전환 벡터로 이용하여 식물분자생물학의 태동과 형질전환 작물을 생산하는 중요한 재료로 활용되고 있습니다.

3. 식물병원 바이러스(virus)

700개 이상의 식물바이러스가 다양한 식물에 심각한 피해를 주고 있는데(표 8-7)[4), Barley yellow dwart viruses (BYDV)는 전 세계적으로 분포되어 밀, 보리, 귀리, 호밀, 쌀, 벼, 옥수수 등 150종 이상에 심각한 피해를 주고 있습니다. 식물바이러스의 명칭은 바이러스가 처음 분리된 기주와 증상을 합쳐서 명명한 것이 대부분인데, 세계 최초로 발

표 8-7. 식물병리학자들이 선정한 분자 식물병리학 분야 식물바이러스병 top 10

식물병원균 학명	작물병	비고
1. *Tobacco mosaic virus* (TMV)	모자이크병	두 과학자의 노벨상 수상
2. *Tomato spotted wilt virus* (TSWV)	반점위조병 (원형반점병)	10억 불 피해/미국(1994)
3. *Tomato yellow leaf curl virus* (TYLCV)	황화잎말림병	담배가루이 매개
4. *Cucumber mosaic virus* (CMV)	모자이크병	60% 멜론, 80% 고추 수량감소(스페인), 진딧물 매개
5. *Potato virus Y* (PVY)	모자이크병	진딧물 매개
6. *Cauliflower mosaic virus* (CaMV)	모자이크병	DNA 바이러스, 역전사효소
7. *African cassava mosaic virus* (ACMV)	모자이크병	19억 불 피해/아프리카(2005)
8. *Plum pox virus* (PPV)	윤문바이러스병 (곰보병)	과수 피해 100억 불/30년
9. *Brome mosaic virus* (BMV)	모자이크병	(+)RNA virus
10. *Potato virus X* (PVX)	모자이크병	RNA silencing vector로 이용

4) Karen-Beth G. Scholthof et al., (2011). "Top 10 plant viruses in molecular plant pathology". Molecular Plant Pathology 12, 938-954.

견된 담배 모자이크 바이러스(*Tobacco mosaic virus*)는 담배에서 모자이크 무늬를 형성하는 바이러스로 담배뿐만 아니라 다양한 식물에 침입합니다. 특히 개발도상국에서의 주식인 카사바에 발병하는 아프리카 카사바 모자이크 바이러스(*African cassava mosaic virus*, ACMV)와 동부 아프리카 카사바 모자이크 바이러스(*East African mosaic virus*, EACMV)는 거의 모든 우간다, 케냐, 탄자니아, 수단, 콩고 민주 공화국에 심각한 피해를 주고 있습니다.

튤립버블과 바이러스

그림 8-6. 튤립모자이크 바이러스에 감염된 튤립(가운데)와 건전한 튤립

거품경제의 원조는 1600년대에 일어난 네덜란드의 튤립 버블입니다. 중세 유럽 네덜란드에서는 바이러스에 감염된 튤립의 희소성 때문에 이것이 투기의 목적으로 이용되었습니다. 중세 동인도 회사와 식민지 등으로부터 엄청난 부를 얻게 된 부자들이 저택을 짓고 부를 과시하기 위해 튤립을 심어 이른바 부와 상류 사회의 상징이 되었는데, 그중 모자이크 바이러스에 감염된 튤립은 그림 8-6에서처럼 생육이 억제되기는 하지만 아름다운 색깔을 나타내어 매우 높은 가격에 거래되었다고 합니다. 튤립 버블이 최고조에 달했던 시기에는 튤립 구근 하나의 가격이 금이나 저택의 값과 맞먹는 수준까지 올랐지만, 후에 튤립의 투자가치가 떨어져 대폭락이 이어졌고, 이 후유증으로 한참 동안 경제공황에 시달렸다고 합니다.

가. 바이러스란?

각 바이러스 입자는 한 개 이상의 핵산(nucleic acid)과 단백질(capsid)로 구성되어 있고, 모양도 실 모양(사상), 구형, 정다면체 등 다양한 형태가 있습니다. 핵산도 단일가닥 RNA (single strand RNA), 단일가닥 DNA (single strand DNA), 이중가닥 DNA (double strand DNA)로 구성이 되어 있습니다. 하지만 과학자들이 바이러스를 생물로 취급하지 않는 이유는 생물의 기본 단위인 세포가 갖추어야 할 기본적인 특징(대사, 증식, 분화, 운동, 진화, 상호연락)을 가지고 있지 않기 때문입니다.

나. 바이러스 분류기준

바이러스는 형태와 구성하고 있는 핵산의 종류에 따라 나눕니다. 식물바이러스는 기계적 상처나 매개자에 의한 상처, 감염된 꽃가루 등에 의해 감염이 됩니다. 실제 자연상태에서는 곤충에 의한 전염이 가장 흔한데, 주로 미소 곤충이 바이러스를 매개하며 진딧물류, 매미충류, 멸구류, 총채벌레류 및 가루이류 등이 경제적으로 심각한 피해를 주는 바이러스병을 매개합니다. 따라서 식물바이러스병을 방제하는 방법은 주로 바이러스를 매개하는 매개충을 방제하는 방법이 가장 효율적인 방법으로 이용되고 있습니다.

인간과 동물에게 해를 주는 질병미생물

최근 신문이나 방송에서 채소와 과일을 섭취하여 생기는 식품 관련 질병에 관한 내용을 심심치 않게 보게 됩니다. 일부 식물병원 곰팡이에 감염된 곡류로 만든 빵이나 병원균이 생성하는 균독소에 오염된 식품이 사람의 건강에 심각한 영향을 미치는 것은 이미 앞에서 설명하였습니다. 하지만 외관상 아무 이상이 없는 채소나 과일을 식물체 표면에 생존하는 미생물들을 살균하지 않고 섭취했을 때 질병을 일으킬 수도 있습니다.

영국에서 조사한 바로는 약 6~10% 정도의 식품 관련 질병 발생이 샐러드 채소, 과일에 의해 발생한다고 합니다. 여러분이 레스토랑에 가서 주로 먹는 상추, 멜론, 새싹채소, 과일주스가 식품 관련 질병 건수가 가장 많은 농산물이었고, 다른 세균성장 질환 관련 식품으로는 토마토, 파슬리, 시금치, 당근, 배추, 샐러드용 당파가 있습니다. 특히 일본 사람들이 즐겨 먹는 무 새싹에 의해 1996년 한 해에만 약 6,000건이 보고되었는데, 세균성 장질환균인 *E. coli* O157:H7균주에 오염된 무 새싹 섭취에 의한 것이라는 보고도 있습니다.

국내에서는 정확한 자료가 없지만, 미국에서는 1990~2004에 신선채소와 과일을 통해 식품 관련 질환을 일으키는 미생물을 조사한 결과 *Salmonella enterica*(살모넬라중독균, 위소장염), *Escherichia coli* O157:H7(출혈성 대장염, 용혈성 요독증후균), *Listeria monocytogenes*(리스테리아증), *Shigella* spp.(세균성이질균, 소장관의 급성염증에 의한 설사병), *Campylobacter* spp.(위소장염균)가 주요 병원미생물로 밝혀졌습니다(표 8-8)[5].

병원성 대장균은 주로 신선 엽채소와 새싹채소에서 비율이 높았으며, *S. enterica*는 과일, 신선 엽채소, 새싹채소를 비롯한 다양한 신선 농산물 섭취에 의한 식품 관련 질환의 원인균임이 밝혀졌습니다. 단지 선진국에서만 조사된 자료이지만, 신선채소와 과일의 살균이 제대로

5) Maria T. Brandl (2006) "Fitness of human enteric pathogens on plants and implications for food safety" Annual Reviews of Phytopathology 44, 367-393.

표 8-8. 1990~2004년도 미국 내에서 신선 농산물별 식중독 발생 건수

농산물	*Salmonella enterica*	병원성 *Escherichi coli*	*Shigella* spp.	*Campylobacter* spp.
과일(주스포함)	32(76%)	8(19%)	1(2%)	1(2%)
신선 엽채소	8(30%)	13(48%)	3(11%)	3(11%)
새싹채소	9(60%)	6(40%)	0	0
총계	49	27	4	4

이루어지지 않고, 피해도 조사되지 않은 개발도상국에서는 주로 어린이들이 이러한 오염된 채소와 과일 섭취로 질병에 시달리거나 사망하고 있음을 쉽게 상상할 수 있을 것입니다.

인간에게 질병을 일으키는 병원균은 여러 경로를 통해서 오염될 수 있습니다. 퇴비(manure)는 동물의 분변이나 부산물을 자연에 환원하는 측면에서 비료 형태로 이용되고 있습니다. 병원미생물은 장기간 동물 분변에서 생존이 가능하므로 자연상태에서 인간 질병 병원균에 오염이 될 가능성이 높습니다. 또한, 식중독균으로 오염된 물을 식물에 관주하거나, 오염된 물을 농약에 현탁하여 살포할 때 식물이 오염되므로 깨끗한 물이 부족한 지역이나 생활폐수 등의 물을 이용하여 과일과 채소를 생산하는 곳이 이들 식중독균에 오염될 가능성이 높습니다.

생산량 증가에 기여 하는 미생물

식물은 미생물의 도움 없이 생존할 수 없는 영원한 동반 파트너입니다. 단지 어떤 파트너 미생물이 존재하느냐에 따라 식물의 건강과 생산량이 달라집니다. 특정 작물의 수확량은 지역별로 차이가 크고, 또한

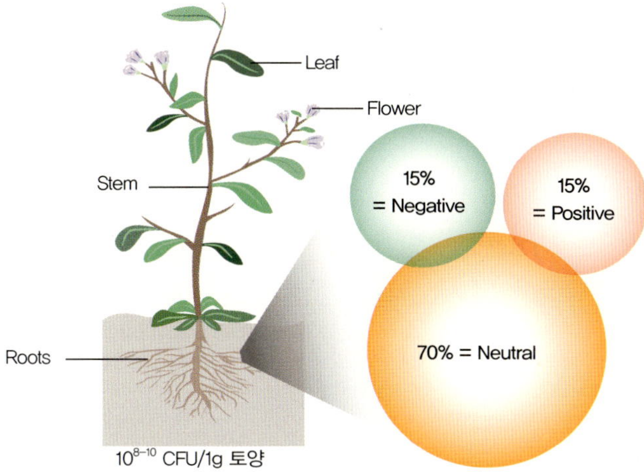

그림 8-7. 토양 미생물이 식물에 미치는 영향

같은 지역에서도 재배토양과 방법에 따라 차이가 생기는데, 왜 이렇게 비슷한 토양과 재배환경에서도 수확량에 차이가 있을까요? 그 차이는 각 식물체에 서식하고 있는 미생물이 달라서 미생물이 제공하는 서비스가 다르기 때문입니다. 식물에 유익한 서비를 제공하는 미생물, 식물에 해를 끼치는 미생물, 특별한 영향을 미치지 않은 미생물군으로 구분되는데(그림 8-7), 최근 연구에 의하면 토양에 존재하는 미생물 중 약 15% 정도는 식물에 이로운 균주들이, 15% 정도는 해를 끼치는 미생물이 존재한다고 합니다.

최근 미생물학자들이 식물 뿌리 부근에 서식하는 미생물(곰팡이, 세균, 바이러스)의 수를 추정하였습니다. 세균은 식물 뿌리와 주변 근권 토양 그램 당 최대 10^{10}이 존재하며(표 8-9)[6], 흙 1 g에 약 10,000종 이

6) Ann Reid and Shannon E. Greene. (2012). How microbes can help feed the world report on an American Academy of Microbiology Colloquium. The American Society for Microbiolgy. Washington DC.

표 8-9. 토양에 존재하는 주요 미생물에 대한 최근 추정치

	곰팡이	세균	바이러스
평균 균수/1g 토양	10^{6}	10^{8}	10^{9}
평균 생체량(g)/1g 토양	10^{-5}	10^{-4}	10^{-8}
평균 추정 유전자수/1g 토양	1.5×10^{8}	6.5×10^{7}	10^{7}
평균 유전자수/미생물	15,000	6,000	50

상이 존재한다고 합니다.

최근 발표된 논문에 의하면 멸균된 애기장대 종자를 서로 다른 흙에 파종하였을 때, 기존에 존재하고 있던 미생물들이 파종된 식물의 근권에 주요 서식균으로 우점하면서 식물 건강에 큰 영향을 미친다고 합니다. 하지만 식물체 내부에 서식하는 균들은 토양내 미생물분포와는 연관성이 떨어지고, 같은 식물 내부에는 토양에 상관없이 미생물들이 분리되었다고 합니다.[7)]

또한, 토양 내에 그램 당 10^{5}~10^{7} 곰팡이 세포가 존재하며(표 8-9), 식물 주위나 식물체 내부에 존재하는 곰팡이도 있는데 균근(Arbuscular mycorrhizae)은 육상식물 80%의 뿌리에 존재하면서 식물 뿌리가 도달하지 못하는 곳에서 인산을 흡수하기도 다양한 환경스트레스 하에서 식물이 생존하는 데 유익한 도움을 주는 것으로 알려져 있습니다.

기아로 고통받고 있는 아프리카에서 주식으로 이용되고 있는 카사바 재배에서 균근을 이용하여 비싼 인산비료를 대체하거나 식물이 환경스

7) Lundberg, D. Lebeis, S. et al. (2012). "Defining the core Arabidopsis thaliana root microsome "Nature 488, 86-90.

트레스로부터 생존하도록 돕는 다양한 시도가 진행 중이며, 머지않아 이러한 다양한 미생물이 식물재배에서 중요한 역할을 수행할 것으로 보입니다.

식물은 뿌리 주위에 미생물이 이용할 수 있는 광합성 산물, 즉 뿌리 분비물을 방출합니다. 식물은 광합성 산물의 약 25~30%를 뿌리 분비물로 방출한다고 알려져 있는데, 이러한 분비물을 미끼로 유익한 미생물들을 근권에 확보함으로써 스트레스나 병해충의 공격으로부터 자신을 보호하고 있다고 추정되고 있습니다.

미생물이 식물에 미치는 영향

작물의 건강과 생산성에 영향을 미치는 요소를 들라고 하면, 햇빛, 물, 적당한 온도, 그리고 비옥한 토양을 제일 먼저 떠올릴 것입니다. 그러나 자연상태에서, 이러한 요소가 식물이 생육하는 내내 제공되는 것은 불가능합니다. 이러한 요소 중 하나 이상이 제대로 제공되지 않은 환경에서 식물은 어떻게 살아남을 수 있습니까? 미국 옐로스톤 국립공원(Yellow Stone National Park)의 끓는 온천 주변의 토양에서도 식물이 잘 성장할 수 있는 이유는 무엇입니까? 어떻게 식물이 사막에서 살아남을 수 있습니까? 식물이 홍수가 난 후 수일 동안 물에 잠긴 환경하에서나 새만금과 같은 고염 상태의 간척지, 중금속에 오염된 토양이나 영양분이 거의 없는 환경에서도 살아남을 수 있는 이유는 무엇일까요? 우리 눈에 보이지는 않지만, 식물이 이러한 환경을 극복하는 데 도움을 주는 미생물군집(microbial communities) 때문입니다. 일부 미생물(질소고정균, 균근)이 식물의 건강에 기여하는 기작과 효능에 대해서

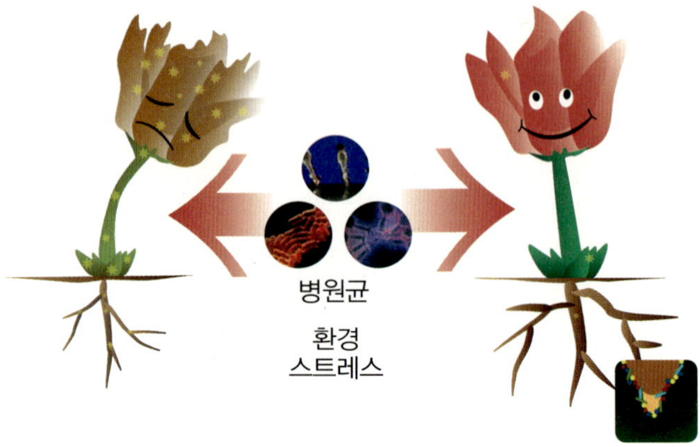

그림 8-8. 토양 미생물을 이용하여 식물 침입병원균과 환경스트레스에 내성을 유도함

는 잘 알려졌으나, 많은 미생물은 존재조차 밝혀져 있지 않으며, 최근 이러한 미생물군집의 중요성이 강조되면서 식물과 미생물의 상호작용에 대한 연구 관련 기술이 급속도로 향상되고 있습니다.

미생물은 식물의 생장에 필요한 영양분의 제공, 농작물의 풍미 증진, 식물에 영향을 미칠 수 있는 병해충 스트레스, 환경스트레스의 영향을 완화하는 역할을 합니다(그림 8-8).

1. 영양분 흡수와 미생물

식물은 물 뿐만 아니라, 질소, 인, 칼륨, 유황, 철 및 기타 미량원소가 필요한데, 이 중에서도 질소가 특히 중요하다보니 생산량을 증가시키기 위해서 과다한 질소 비료를 토양에 투입하여 작물이 비정상적으로 생장하고 병해충이 쉽게 발생할 뿐만 아니라 작물이 흡수하고 남는 양은 지하수로 스며들어 환경오염의 원인이 되었습니다. 최근 연구에 의하면 유럽에서만 질소 비료의 오염으로 인해 발생하는 경제적 손실이 연간 약 413조 원에 이르는 것으로 추정되었습니다.

영국 노팅엄대학 Edward Cocking 교수는 콩과 식물의 뿌리에 서식하면서 공기 중의 질소를 고정하여 제공하는 질소고정균에 착안하여 N-Fix 기술을 개발하였습니다. 개발한 'N-Fix' 기술은 모든 작물의 식물세포에 정착하여 질소고정을 하는 특이한 질소고정균을 사탕수수에서 발견하여 식물의 모든 세포가 공기 중의 질소를 고정할 수 있는 가능성을 제시하였습니다. 관련 연구진에 의하면 N-Fix 기술의 질소고정 효과는 실험실 수준에서 확인되었으며, 실제 작물 재배포장에서 진행하고 있는데, 이러한 기술이 2~3년 이내 실제 농업에 사용할 수 있을 것으로 예상한다고 합니다.[8)] 이 한 가지 미생물이 전 세계에서 문제 되고 있는 질소 비료 사용에 따른 환경 문제 해결 및 기아에 고통받고 있는 개발도상국의 식량부족문제 해결에 지대한 영향을 미칠 것입니다.

또한, 곰팡이와 세균은 식물이 충분한 인산을 얻을 수 있도록 도와줍니다. 세균은 유기산을 분비하여 토양에 존재하는 불용성 인산을 용해함으로써 식물이 인산을 흡수할 수 있도록 도와주며, 식물 뿌리와 공생하는 균근 곰팡이의 가늘고 긴 균사는 식물체 뿌리가 미치지 못하는 곳의 영양분을 제공합니다. 실제로 균근 곰팡이를 접종한 카사바 식물은 균근 곰팡이를 접종하지 않은 카사바 식물보다 10~20배 이상의 성장 차이를 보였습니다. 황, 칼륨, 철 등도 식물이 사용할 수 있는 형태로 변환해주거나, 식물에 제공하기도 하는데, 이러한 유용한 토양 미생물 군집을 최적화함으로써 작물생산과 환경오염 문제를 해결할 날도 머지않았습니다.

---

8) http://www.nottingham.ac.uk/news/pressreleases/2013/july/world-changing-technology-enables-crops-to-take-nitrogen-from-the-air-.aspx

2. 식물병 예방과 미생물

식물은 위에서 서술한 다양한 생물병원균, 박테리아, 곰팡이 및 바이러스병 뿐만 아니라, 곤충, 새, 그리고 초식 동물 등에 의해 생존을 위협받고 있는데, 미생물들이 식물이 이러한 위협에 저항할 수 있도록 도와주는 역할을 한다는 사실이 밝혀져 있습니다(그림 8-9).

토양에 서식하는 Pseudomonas속을 포함한 일부 그람 음성균과 Bacillus속 균을 포함한 일부 그람 양성균들은 2R,3R-butanediol, siderophore 등 다양한 물질들을 분비하여 식물이 병에 저항할 수 있는 능력을 갖추도록 돕는다고 합니다.

병원균이 아닌 미생물이 유도하는 이러한 저항성을 전신유도저항성(induced systermic resistance)이라고 하고, 실제 병원균이나 일부 저항성을 유도하는 물질(식물방어활성제)에 의해 유도되는 저항성을 전신획득저항성(systemic acquired resistance)이라고 하는데, 이러한 식물의 유도저항성은 인간의 면역과 비슷한 형태입니다.

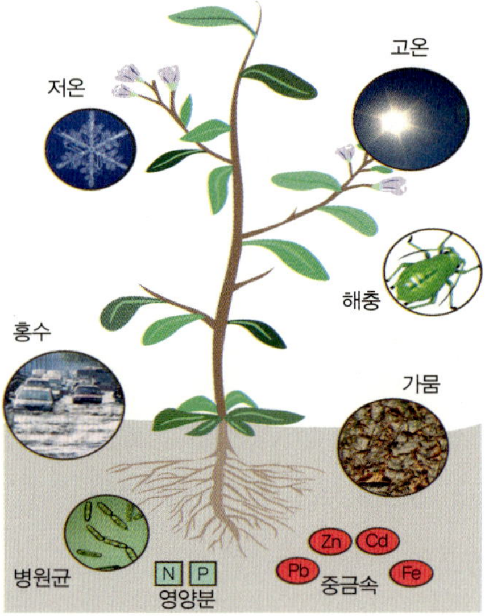

그림 8-9. 미생물을 활용하여 극복할 수 있는 식물의 환경스트레스와 병해충 스트레스

작물을 여러 해 재배하여도 식물병이 발병하지 않는 "발병억제토양(disease suppressive soil)"은 병이 발생하는 토양에는 존재하지 않는 일부 미생물을 보유하고 있다는 사실이 밝혀졌습니다. 같은 포장 내에서 발병억제토

양과 "발병유도토양(disease conducive soil)"의 미생물군집을 분석한 연구에 의하면 두 토양의 미생물 종류에는 큰 차이가 없었으나, Pseudomonadaceae, Burkholderiacease, Xanthomo-nadales, Acitnobacteria등 항균물질을 생산하는 일부 균주에 의해 식물병의 발병이 억제되었다고 합니다.[9]

3. 가뭄과 미생물

식물은 세포의 구조를 유지하고 광합성과 같은 생화학반응을 유도하기 위해 물이 필요합니다. 가뭄조건에서 식물은 기공을 폐쇄하여 물 손실을 제한하는데, 이렇게 하여 광합성에 필요한 적절한 온도를 조절하고 이산화탄소 흡수를 억제할 수 있습니다. 토양에 서식하고 있는 세균과 내생 곰팡이 중에는 수분 흡수의 효율성을 증가시키거나, 식물 뿌리의 성장과 형태를 변형시켜 스트레스를 해소하는 데 도움을 주는 미생물이 있다고 합니다(그림 8-10).

그림 8-10. 미생물이 식물 생장과 병해충 및 환경 스트레스 내성에 미치는 영향

9) Mendes, R., Kriijt, M., et al. 2011. Deciphering the rhizophere microbiome for disease-suppressive bacteria. Science 332, 1097-1100

4. 홍수와 미생물

식물은 생존과 생육을 위해 물이 있어야 하지만 과도한 물은 오히려 식물에 해롭습니다. 식물은 홍수와 같은 환경스트레스에 반응하여 자신을 보호하거나 방어하기 위해 에틸렌(ethylene)을 생산하지만, 이는 뿌리와 줄기의 생장을 억제합니다. 식물 호르몬인 에틸렌은 전구물질인 1-aminocyclopropane-1-caroxylate (ACC)가 산화되어 생성되는데, 일부 토양에 서식하는 세균 중에는 에틸렌 전구물질을 분해하는 ACC deaminase를 생성하여, 에틸렌 생산을 차단함으로써 홍수나 가뭄에서도 식물과 뿌리가 생장하는 것을 가능하게 도와주는 것들이 있습니다.

5. 염분과 미생물

새만금과 같이 소금 함량이 많은 토양에서는 삼투압의 원리로 식물체 세포에서 탈수가 일어나 생존하기 어렵습니다. 태평양 연안의 고염지역에서 자라고 있는 풀에서 분리한 내생 곰팡이는 나트륨 등의 양이온과 결합하는 extrapolysaccharide를 생성하여 식물체가 나트륨과 같은 염을 흡수하는 것을 방해한다고 알려져 있습니다. 또한, 일부 토양에 서식하는 일부 세균들이 분비하는 2R, 3R-butanediol이나 extrapolysaccharide가 아직 밝혀지지 않은 기작에 의해 식물이 고염에서도 생존할 수 있도록 돕는다고 밝혀져 있습니다(그림 8-10).

6. 오염된 토양과 미생물

토양 및 지하수의 중금속 오염은 식물의 이온 항상성(ionic homeostasis)을 방해하고, 산화 스트레스로 세포 손상을 일으킬 수 있습니다. 하지만 일부 세균은 금속의 독성을 감소시키고 금속 자체를 식물로부터 격리하거나 ACC deaminase를 통해 에틸렌의 농도를 감소시켜서 에틸렌 반응을 억제하여 식물의 성장을 도와줍니다.

7. 온도변화와 미생물

식물체의 모든 효소는 최적으로 발휘되는 온도 범위가 있는데, 식물의 단백질이나 효소가 불활성화되거나 변성되는 온도가 되면 식물에 심각한 피해를 초래할 수 있습니다. 실제 야간 온도가 1℃ 증가할 때, 쌀 생산량이 10% 줄어든다고 하며, 저온 또한 식물의 생장을 둔화시키고, 세포막에 손상을 줄 수도 있습니다. 일부 Burkholderia균을 포도나무에 접종하였을 때, 이유를 알 수는 없지만, 식물의 전해질 유출이 감소하였고, 광합성이 증가하였다는 보고가 있습니다.

8. 농산물의 맛과 미생물

미생물도 농산물의 맛에 영향을 줄 수 있습니다. 메틸영양세균인 *Methylobacterium extorquens*는 딸기의 맛을 증진하는 물질인 furanones라는 화학물질을 생산하여 딸기의 맛을 좋게 해줍니다. 이 furanones 중 하나인, 2,5-dimethyl-4-hydroxy-2H-furanone (DMHF)는 식물로 하여금 다양한 항균물질을 생성하게 하여 방어를 돕는 물질로도 알려져 있습니다.

맺음말

지구상에서 인간이 존재하는 한 풀어야 할 영원한 숙제이자 난제인 충분한 식량 확보에는 식물과 연관된 미생물이 중요한 역할을 수행하고 있습니다. 특히 지구의 인구가 기하급수적으로 증가하고 있고, 화석연료의 고갈, 지구의 기후변화로 충분한 식량 확보가 재난 수준 상태인 현 상황에서 눈에 보이지 않은 미생물의 가능성과 역할이 중요합니다. 특히 병원균과 식물의 상호작용에 대한 과학적인 지식은 생산성 향상에 도움을 줄 수 있을 뿐만 아니라, 식물에 유익한 미생물들을 이용하여 이들 병원균, 환경스트레스 등에 의한 작물의 수확량 감소를 완화해주고, 다양한 미생물에 대한 이해와 이들의 활용에 대한 새로운 작물재배법 개발에 도움을 주고 있습니다.

지금까지 잘 알려지지 않았던 토양 미생물군집의 다양성과 식물의 건강에 미치는 영향, 특히 환경에 영향을 주는 조건의 최소화와 화석연료 사용 최소화 조건에서 최적 식물 수확량을 생산할 수 있는 과학적인 지식이 동반되어야 합니다.

미생물 기반 작물생산성 증대 방안의 활용은 아직 초보단계이고, 아직 식물과 미생물 상호작용에서 식물에 존재하는 미생물군집이 건강에 미치는 영향에 대해서는 많이 밝혀지지 않았습니다. 식물에서 미생물군집의 다양성이 가능한가? 만약 이러한 미생물군집 다양성을 우리가 인위적으로 조절할 수 있다면, 이러한 변화는 식물의 건강이나 생산성 증진에 유익할까? 이러한 다양성은 대상 작물을 넘어 다양한 작물에 응용할 수 있는가? 이런 질문들은 앞으로 해결해야 할 과제입니다.

식물과 미생물 상호작용 네트워크에 대한 과학적인 연구는 이러한 질문에 대한 답을 줄 수 있으며, 식물과 미생물의 상호작용에 대한 지식이 축적되면 식물 미생물군집을 인위적으로 조작하여 작물생산성을 최적화할 수 있을 것입니다. 위대한 미생물학자인 Louis Pasteur의 "The role of the infinitely small in nature is infinitely large"라는 명언을 되새겨 봅니다.

9장
헬리코박터 파일로리균
Helicobacter pylori

헬리코박터 파일로리균은 1970년대 말 호주 왕립퍼스병원의 병리학자들이 위점막의 미세구조를 연구하던 중 우연히 위점액층에 처음 발견하였습니다. 발견 당시 이 나선형 모양의 세균은 위고유판에서는 발견되지 않아 위염과는 관련이 없는 것으로 추정되었습니다. 그러다 1981년에 이 병원의 병리학자인 와렌(J. R. Warren) 박사는 당시 내과 수련의이었던 마샬(B. Marshall)과 함께 이 세균과 다핵백혈구의 침윤과의 관계를 조사하기 위해 위점막에 나선균이 많은 환자를 관찰하였습니다. 그러던 중에 우연히 테트라사이클린을 투여한 환자에게서 날문방 위염이 치유된 사실을 알아내고는 그해 말 미생물학자인 굿윈(C. S. Goodwin) 박사에게 이 세균의 배양을 부탁하였습니다.

그 후 체계적인 연구를 위하여 1982년에 미생물학자인 피어만(Pearman) 박사를 중심으로 100개의 위생검체에 대한 그람 염색, 배양, 병리조직학적 검사를 계획하여 본격적인 위점막균 배양연구가 시작되었습니다. 그러나 먼저 수행한 34개의 생검체에서는 그람 염색으로 관찰된 6개를 포함하여 모두 다양한 조건으로 48시간 동안 배양하였으나 세균집락을 관찰하지 못하였습니다. 그러다 마침내 35번째 생검체에서 1 mm 직경의 무색 집락이 형성된 것을 발견하였는데 이는 35번째 생검체를 접종한 다음 날이 마치 부활절이어서 휴가 때문에 48시간이 아닌 5일 동안 배양한 결과였습니다. 결국, 성장 속도가 늦은 *H. pylori*는 우연한 기회에 배양에 성공하게 된 것입니다.[1)]

이러한 연구를 통해 위·십이지장 질환의 원인 인자를 발견한 공로로 Warren 박사와 Marshall 박사는 2005년도 노벨 의학생리학상을 수상하였습니다. *H. pylori*의 배양에서 연구기간에 부활절 휴가가 포함되어 있었다는 것은 행운입니다. 그러나 행운은 준비된 사람의 것입니다(Chance favours the prepared mind).

헬리코박터 파일로리의 명칭

헬리코박터는 세상에 알려진 이래로 그 분류가 여러 번 변경되었습니다. 처음에는 위장의 날문방(pylorus, 그림 9-1)에서 분리한 캄필로박터속 세균이라 하여 *Campylobacter pyloridis*로 발표하였으나 라틴어 문법을 따라 *C. pylori*로 명명되었습니다. 그 후 1989년에 미세구조, 16S rRNA 서열, 지방산 구성, 효소 생성능, 배양 특성,

1) Fung WP, Papadimitriou J. M., Matz L. R. (1979). Endoscoic, histological and ultrastructural correlations in chronic gastritis. Am J Gasteroenterol 71:269.
Warren JR. (1983). Unidentified curved bacilli on gastric epithelium in active chronic gastritis. Lancet i:1273.
Goodwin CS., Worsley BW. The *Helicobacter* genus: the history of *H. pylori* and taxonomy of current species. In: Goodwin C. S., Worsley B. W. ed. (1993). *Helcobacter pylori*: biology and clinical practice. Boca Raton

메칠화메나퀴논-6(methylated menaquinone-6)의 결핍 등을 기준으로 새로운 속명인 *Helicobacter*로 분류되었습니다.[2)]

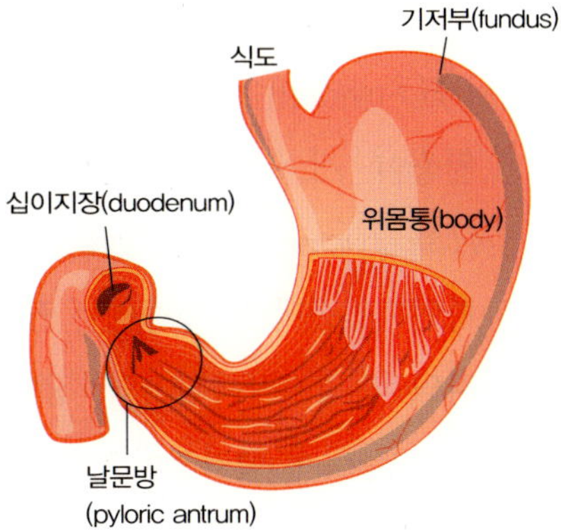

그림 9-1. 사람 위의 해부학적 구조

현재까지 알려진 바로는 16S rRNA 서열을 이용한 계통발생 분석법으로 분류한 다섯 번째 강(class)인 *Epsilonproteobacteria*에 *Campylobacterales* 목이 있고 여기에 *Campylobacteriaceae*, *Helicobacteriaceae* 및 *Nautiliaceae* 과가 분류되어 있습니다.[3)] 캄필로박테리아시아이 과에는 *Campylobacter*, *Arcobacter*, *Sulfurospillum* 속이 있고 헬리코박테라아이 과에는 *Helicobacter*, *Thiovulum*, *Wolinella* 속이 분류되어 있습니다. 여기서 캄필로박터와 헬리코박터 균종이 가장 흔히 분리되는 병원성 세균입니다. 이들 세균은 ① GC 비율이 낮고, ② 탄수화물을 산화 및 발효로 이용할 수 없고, ③ 미산소성(즉 낮은 산소 농도에서만 성장) 이거나 이산화탄소가 강화된 산소성인 나선형의 그람 음성 막대균으로 구성되어 있습니다.

2) Marshall BJ, Goodwin CS. (1987). Revised nomenclature of *Campylobacter pyloridis*. Jnt J Syst Bacteriol 37:68.
Romaiuk PJ, Zoltowska B, Trust TJ, Lane DJ, Olsen GJ, Pace NR, Stahl DA. (1987). *Campylobacter pylori*, the spiral bacterium associated with human gastritis is not a true Campylobacter sp. J Bacteriol 169: 2137-2141.
Goodwin CS, Amstrong JA, Chilvers T, et al. (1989). Transfer of *Campylobacter pylori* and *Campylobacter mustelae* to *Helicobacter* gen. nov. as *Helicobacter pylori* comb. nov. and *Helicobacter mustelae* comb. nov., respectively. Int J Sys Bacteriol 39:397-405.

3) 7. George M. Garrity ed. (2005). Bergey's Manual of Systemiatic Bacteriology. 2nd ed. Springer USA

Helicobacter 속 세균들

*H. pylori*는 사람의 위점막에서만 서식합니다. 다른 포유동물(예, 원숭이, 개, 고양이, 치타, 흰족제비, 생쥐, 시궁쥐)의 위에서는 다른 *Helicobacter* 균종이 분리됩니다. 또한, 장관에 서식하는 헬리코박터도 확인되었습니다. 그중에는 *H. fennelliae*이 있는데 이들 균종은 곧창자염, 곧창자잘룩창자염, 장염에 걸린 동성연애자에게서 분리됩니다. 따라서 현재 헬리코박터속 세균은 서식처를 기준으로 위헬리코박터(gastric Helicobacter)와 장간헬리코박터(enterohepatic Helicobacter)로 구분합니다.[4] 표 9-1에 나타낸 바와 같이 현재까지 위헬리코박터는 사람 위에 서식하는 *H. pylori*를 포함하여 포유동물에서 14균종이 알려져 있고 장간헬리코박터는 18균종으로 헬리코박터속에 32균종이 알려져 있습니다.[5]

*H. pylori*와 위점막

위내강에는 음식물을 통하여 들어오는 세균을 사멸시키는 것으로 알려져 있는 강산인 위액이 분비되어 있는데 *H. pylori*는 어떻게 위점막에 감염되어 서식할 수 있을까요?

위는 세균의 감염을 방어할 수 있는 위액과 점액층이라는 두 가지 방어벽이 있습니다. 위액은 위상피세포중 벽세포가 분비하는데 위액의 HCl 농도는 150 mM로 공복시 위내강의 pH는 1~2 상태입니다(그림 9-2). 음식물이 위내로 들어와 위내강의 pH가 올라가면 위액분비가 촉

4) 8. Solnick JV, Schauer DB. (2001). Emergence of diverse *Helicobacter* species in the pathogenesis of gastric and enterohepatic diseases. Clin Microbiol Rev. 14:59-97.

5) http://www.bacterio.net/n/*Helicobacter*.html
Haesebrouck et.al. (2009). Gastric *Helicobacters* in domestic animals and nonhuman primates and their significance for human health. Clin Microbiol Rev. 22:202-223

표 9-1. *Helicobacter* 속 세균의 분리동물, 서식처 및 관련 질환

세균학명	서식동물	서식처	분리시료	관련 질환
H. acinonychis	치타	위점막	위점막	위염
H. anseris	거위	장점막	대변	
H. aurati	시리안햄스터	위점막, 맹장점막		위염
H. baculiformis	고양이	위점막	위점막	
H. bilis	마우스	담즙, 간, 장	담즙, 간, 장	간염
H. bizzozeronii	개	위점막	위점막	
H. brantae	거위	장점막	대변	
H. canadensis	사람, 동물	위장관	대변	설사
H. canis	개	장관	대변	설사
H. cetorum	돌고래, 고래	위장관	위점막, 위액, 대변	위염
H. cholecystus	시리안햄스터	담낭	담낭점막	쓸개관섬유증, 중엽췌장염
H. cynogastricus	개	위점막	위점막	위염
H. equorum	말	장관	대변	
H. felis	고양이, 개	위점막	위점막	위염
H. fennelliae	사람	장관, 혈액	대변, 혈액	곧창자염, 곧창자 잘룩창자염, 장염
H. ganmani	마우스	장관	대변	
H. heilmannii	고양이	위점막	위점막점액	
H. hepaticus	마우스	간	간조직	만성 간염
H. marmotae	우드척, 고양이	간, 장관	간조직, 대변	원발성간암
H. mastomyrinus	마우스	간, 맹장, 장관	대변, 장점막, 간조직	
H. mesocricetorum	시리안햄스터	장관	대변, 장점막, 간조직	
H. muridarum	설치류	장관	장점막	
H. mustelae	페렛	위	위점막	
H. nemestrinae	막쿼크	위	위점막	
H. pametensis	조류, 돼지	장관	대변	
H. pullorum	조류, 사람	장관, 간	대변	위장염
H. pylori	사람	위점막	위점막	만성 위염, 위궤양, 위암
H. rodentium	마우스	장관	대변	
H. salomonis	애완견	위	위점막	
H. suis	돼지	위	위점막	위염, 위궤양
H. trogontum	랫트	대장	대장점막	
H. typhlonius	마우스	장관	대변	장관질환

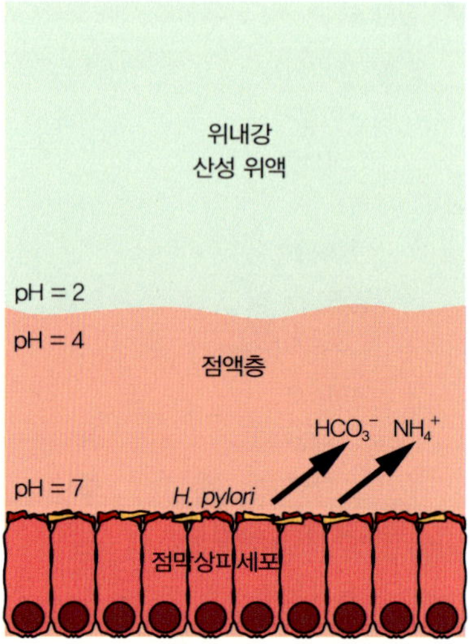

그림 9-2. 위점막에 감염된 *H. pylori*의 서식 위치
*H. pylori*는 점액층내에서 pH 7인 위상피세포 표면 근체에서 주로 서식한다. *H. pylori*는 혈장의 요소를 분해하여 탄산이온과 암모니움이온을 생성하여 점액층에서 노출될 수 있는 위액을 중화한다.

진되고 pH 2 이하가 되면 분비가 전면 중지됩니다. 또한, 점액은 점액세포가 분비하는데 위내강의 위액이 위상피세포에 접촉하지 않도록 0.5 mm의 두께로 점액층을 형성하여 위내강 전체를 둘러싸고 있어 위상피세포를 완벽히 보호하고 있습니다. 위점액층은 소수성인 점액으로 살리신산이나 에탄올 같은 화합물을 제외하고 수소이온과 같은 간단한 수용성 물질도 투과하기 어렵습니다. 예로 위액과 상피세포 사이의 수소이온의 농도가 약 3×10^6배 차이가 나지만 이를 차단할 수 있습니다.[6] 이러한 이유로 항균물질과 생체의 방어기전이 세균을 사멸시킬 농도로 위점액층에 존재하지 못하여 점액층에 있는 세균의 박멸이 어렵습니다. 따라서 음식물을 통해 들어오는 일반적인 세균은 위점액층을 뚫고 위점막에 감염되어 서식하지 못합니다. 그러나 *H. pylori*도 산성 조건에서는 생존하지 못하지만 위내강에서 접촉하는 위산을 중화시킬 수 있는 기구와 위점액층을 뚫고 들어갈 수 있는 구조로 되어 있습니다.

*H. pylori*의 관찰

*H. pylori*는 위점막 조직절편을 Warthin-Starry은 염색하거나 위

6) 이광호. (1997).*Helicobacter pylori* 감염의 세균학적 특성. 대한의사협회지 40:1154-1172

점막을 슬라이드에 도말한 다음 슬라이드를 직접 그람 염색해서 관찰할 수 있습니다(그림 9-3)[7]. 염색시 대조염색약인 사프라닌(safranin)에 대한 염색성이 낮아 항산성염색약인 카볼푸신을 사용해야 하며 그람 음성으로 만곡형 막대균으로 보입니다. 위점막 조직에서 이 세균은 상피세포의 표면과 위내강 사이에 있는 점액층 하부에서 위상피세포간 접착부에 붙어 서식합니다.

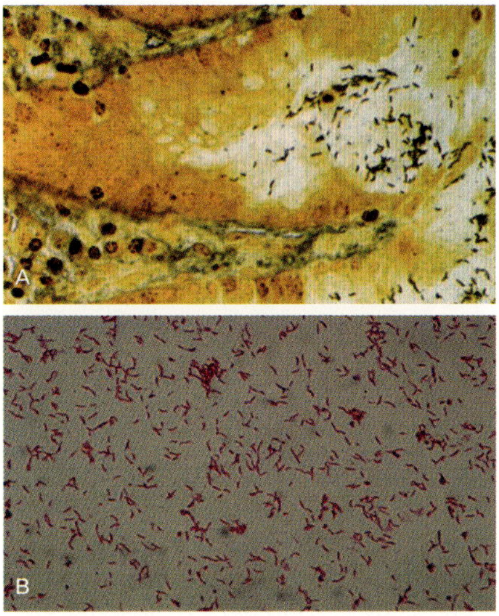

그림 9-3. *H. pylori*를 관찰하기 위해 감염된 위점막 생검체를 Warthin-Starry은염색(A)한 모양과 *H. pylori* 51을 24시간 인공배양하여 그람 염색하여 관찰한 모양(B)

배양초기에는 0.5~1.0 μm의 폭과 2~4 μm의 길이를 갖는 만곡형, 막대형 또는 U-자형 모양을 나타내며, 장기간 배양에서는 고리 모양을 보였다가 구형으로 됩니다.[8]

*H. pylori*의 특성

*H. pylori*의 특징적인 생화학적 성상은 요소가수분해효소를 매우 많이 가지고 있다는 점입니다. 그리고 메틸화메나퀴논-6과 같은 호흡성 퀴논(respiratory quinone)은 가지고 있지 않습니다. 또한, *H. pylori*의 세포벽은 일반적으로 다른 세균이 가지고 있지 않은 지방산을 갖고 있습니다. 편모는 그림 9-4와 같이 막으로 둘러싸여 있는 양극형 편

7) Dunn BE et.al. (1997) *Helicobacter pylori*. Clin Microbiol Rev. 10:720-741.
대한미생물학회편저. (2009). 의학미생물학 제6판. 서울. 대한민국

8) Harry LT Mobley et.al. (2001) *Helicobacter pylori* Physiology and Genetics. ASM Press. Washington, DC

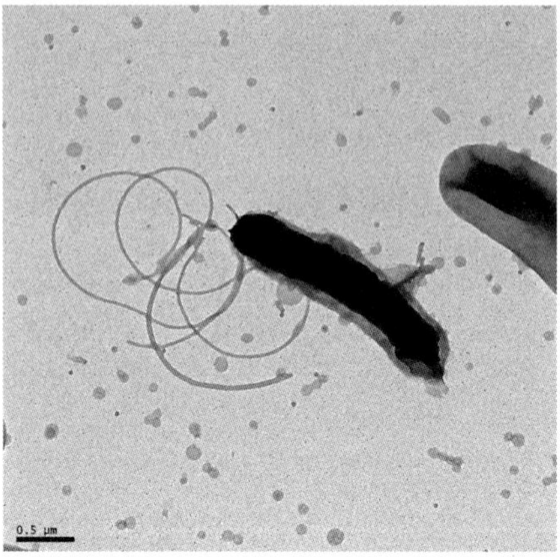

그림 9-4. *H. pylori* 51의 전자현미경사진
환자에서 처음 분리했을 때는 편모가 5개 이상의 다발을 보였으나 실험실에서 인공배양하면 이 사진과 같이 편모의 수가 줄어듦

모 타래를 가지고 있지만, 축사는 없습니다. 편모의 끝에는 발판모양의 구조물이 있습니다. 이러한 편모의 작용으로 위점액과 같은 점성이 높은 환경에서도 자유롭게 운동할 수 있는 강한 운동성을 가지고 있습니다. 강력한 요소분해효소의 다량 생산과 점액층내에서 중성 pH 환경 쪽으로 향한 활발한 운동성이 *H. pylori*가 위내강에서 생존하는데 주요한 인자입니다. 헬리코박터 대부분은 카탈라아제와 산화효소를 생산합니다.[9] *H. pylori*는 A지질, 핵심다당류 및 O측쇄로 구성된 지질다당체(LPS)를 갖고 있습니다. *H. pylori* 유전체는 균주에 따라서 1.6에서 1.7 Mb 염기쌍으로 이루어져 있고, 1,450에서 1,590개 정도의 단백에 대한 유전정보를 지니고 있습니다.[10] 균주 사이 유전자 변이가 다른 세균에 비하여 심합니다. 균주 특이 유전자가 6~7%에 이르고 이들이 집중적으로 모여 있는 plasticity 지역이 있습니다.[11]

---

9) 이광호. (1997).*Helicobacter pylori* 감염의 세균학적 특성. 대한의사협회지 40:1154-1172
Dunn BE et.al. (1997) *Helicobacter pylori*. Clin Microbiol Rev. 10:720-741.
대한미생물학회편저. (2009). 의학미생물학 제6판. 서울. 대한민국
Harry LT et.al. (2001) *Helicobacter pylori* Physiology and Genetics. ASM Press, Washington, DC

10) Marais A et.al. (1999). Metabolism and genetics of *Helicobacter pylori*: the genome era. Microbiol Mol Biol Rev. 63:642-674.

11) Doig P et.al. (1999). *Helicobacter pylori* physiology predicted from genomic comparison of two strains. Microbiol Mol Biol Rev. 63:675-707.

*H. pylori*의 배양 조건

*H. pylori*는 이산화탄소 강화가 필요한 세균으로 습도가 충분한 37°C의 10% CO_2를 포함하는 배양기에서 배양할 수 있습니다.[12] 전혈, 우혈청 알부민, 활성탄, 또한 디메칠베타사이크로덱스트린(dimethyl-β-cyclodextrin)을 포함하는 고형배지에서 자라며 최대 크기가 0.5 mm인 둥근 무색 집락을 형성합니다. 혼합가스(질소 85%, 산소 5%, 탄소 10%)에서 앞에 열거한 첨가 물질을 함유한 액체배지로 진탕하면서 배양할 수 있습니다. 최적 pH는 7.0~7.4이며 이 범위 밖의 산성과 알칼리에서는 자라지 않습니다. 복합당을 단일당으로 분해하지 못합니다. 일반적인 검사 방법으로는 포도당을 이용하지 않은 것으로 나타나나 해당과정과 TCA 회로를 이용한다. 또한, 발효경로로 아미노산을 대사할 수 있습니다.[13]

*H. pylori*의 위점막 감염

*H. pylori*가 위내강에 들어오면 세균 포면의 렉틴이 위점액층의 당지질과 선택적으로 결합하여 위점막에 감염됩니다. 점막에 감염되면 초기에는 세균의 산억제단백으로 위산생산을 차단하고 요소분해효소의 강력한 효소력으로 위산을 중화함으로써 감염이 촉진됩니다.[14] 감염후 강력한 편모운동으로 위점액을 파고 들어가 위점막을 덮고 있는 점액의 깊은 층에 존재하여 위점액 분비세포들과 가까운 곳에서 서식하며 위상피세포 표면에 도달합니다. 그 후 혈구응집소, 시알산결합

12) 윤희상 외 (1996). *Helicobacter pylori*의 미생물학. Medical Postgraduates 24:118-128

13) Doig P et.al. (1999). *Helicobacter pylori* physiology predicted from genomic comparison of two strains. Microbiol Mol Biol Rev. 63:675-707.

14) 이광호. (1997). *Helicobacter pylori* 감염의 세균학적 특성. 대한의사협회지 40:1154-1172
Kusters JG, van Vliet AH, Kuipers EJ. (2000). Pathogenesis of *Helicobacter pylori* infection. Clin Microbiol Rev. 9:449-490

부착소, Lewis 혈액형부착소와 같은 세균표면의 부착소를 통하여 위점막세포와 결합합니다.[15] *H. pylori*는 주로 위점막의 세포간 접합부에 달라붙어 있으나 대부분은 상피세포층을 투과하지 않습니다. 그러나 예외적으로 조직을 투과하는 세균도 관찰됩니다. 점액 내에서 편모의 운동성이 매우 높아 위점액층을 빠르게 움직여 점액층의 격자를 교란시킵니다. 위점막이라도 장형화생(intestinal metaplasia)이나 위축성 위염병변이 있는 위점막에서는 이 세균을 관찰할 수 없다. 이 세균은 과산소디스뮤타제 및 카탈라아제가 있어 세포의 사멸작용을 방해할 것으로 추정됩니다.

*H. pylori*에 감염증상

*H. pylori*는 사람의 위점막에만 감염되어 서식합니다. *H. pylori*는 한번 감염되면 위점막에 평생 서식합니다. *H. pylori* 감염의 특징은 위점막에 서식, 염증반응, 위산생산의 변화, 그리고 조직손상이며 그 결과 급·만성 위염, 위축성 위염, 위·십이지장궤양, 형성이상, B세포관련 림프암, 그리고 위암으로 진행합니다.[16]

*H. pylori*가 감염되면 이 세균의 요소분해효소가 체액의 요소를 분해하여 다량의 암모니움이온을 생산하여 세균 주위가 알카리성으로 변화하고 위점액층을 자유로이 유영함으로써 점액층 격자를 물리적으로 파괴합니다. 이로써 첫째, 위내강 내의 수소이온을 감지하는 날문방

---

15) Algood HM et.al. (2000) *Helicobacter pylori* persistence: an overview of interactions between *H. pylori* and host immune defenses. Clin Microbiol Rev. 19:597-613.
Dubreuil JD et.al. (2002) *Helicobacter pylori* interactions with host serum and extracellular matrix proteins: potential role in the infectious process. Microbiol Mol Biol Rev. 66:617-629

16) 이광호. (1997).*Helicobacter pylori* 감염의 세균학적 특성. 대한의사협회지 40:1154-1172
Kusters JG, van Vliet AH, Kuipers EJ. (2000). Pathogenesis of *Helicobacter pylori* infection. Clin Microbiol Rev. 9:449-490.

(pyloric antrum) 점막의 능력이 교란되어 위산분비를 항진시키고 둘째, 분비가 증가된 위내강 내의 염산이 점막층을 향하여 역류하면서 위 점액층과 상피세포층이 손상됩니다.[17]

위점막의 염증반응이 *H. pylori* 감염의 주된 병리현상입니다(그림 9-5)[18]. 균에 감염되면 위점막 고유판에 다형핵백혈구를 포함하는 염증세포의 침윤이 림프여포가 형성될 정도로 심하게 일어납니다. 염증세포의 침윤은 세균의 성분이 위상피세포의 IL-8 분비를 유도함으로써 촉발됩니다. *H. pylori*는 위점액층 또는 상피세포간 접합부에 서식하고 있어 숙주의 방어기전에 의하여 제거되지 않고 화학주성으로 면역세포와 염증세포를 지속적으로 자극합니다. 염증세포의 생리적 반응으로 호흡터짐(respiratory burst) 반응이 일어나고 그 결과로 과산소(superoxide) 음이온 및 수산화 라디칼과 단관체 산소(singlet oxygen) 등 활성산소 라디칼이 생성됩니다. 이 물질은 포식세포 내에서 세균을 죽이는 작용과 더불어 숙주세포에도 작용하여 숙주세포

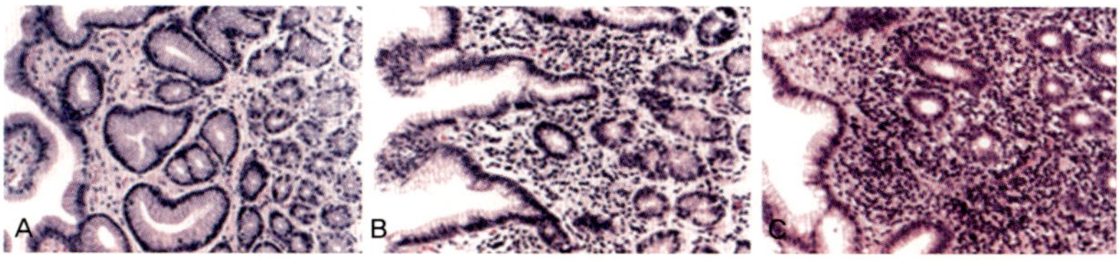

그림 9-5. 위점막의 헤마톡실린-에오신으로 염색하여 관찰한 위점막의 염증정도.
(A) 정상조직, (B) 중증도염증, (C) 심한 염증

17) 이광호. (1997).*Helicobacter pylori* 감염의 세균학적 특성. 대한의사협회지 40:1154-1172
Dunn BE, Cohen H, Blaser MJ. (1997) *Helicobacter pylori*. Clin Microbiol Rev. 10:720-741.

18) 조명제 외 (1996). *Helicobacter pylori* 감염에 의한 위암의 원인론. Medical Postgraduates 24:157-166
Youn HS, Ko GH, Chung MH, Lee WK, Cho MJ, Rhee KH. (1996). Pathogenesis and Prevention of Stomach Cancer. J Korean Med Sci 11:373-385

의 DNA 변형을 유도하는 내인성 돌연변이 유발물질로 작용합니다. 더구나 *H. pylori*는 감마글루타민 전달효소 생성능이 강하여 위점막의 활성산소에 대한 방어인자인 글루타티온을 분해합니다. 결국, 위점막 고유판에 아스콜빈산과 같은 활성산소 라디칼 제거물질의 농도가 낮아져 조직손상이 증폭됩니다. 따라서 숙주세포 DNA의 손상이 증가되고 축적됩니다.[19] 이와 더불어 *H. pylori*는 위산의 과분비를 유발하는 혈소판활성인자 생산을, 조직손상을 유발하는 산화질소합성효소 생산을, 그리고 위상피세포의 세포자멸사를 유도합니다. 분열 및 분화과정이 빠른 위샘의 간세포에 이러한 내인성 돌연변이 물질이 작용하여 세포의 분화능력을 소실시켜 위축성 위염을 일으킵니다. 또한, 분화기능에 작용하여 상피세포의 변화가 유발되고 위암으로 진행됩니다(그림 9-6).

이러한 발병기전이 진행하면서 동일 선상에서 위염에서 위암에 이르는 증상이 유발됩니다.

*H. pylori*에 대한 숙주의 면역반응

*H. pylori*가 위점막에 감염되면 세균세포의 항원에 대하여 숙주의 면역반응이 일어나 T세포의 반응이 일어나고 IgM, IgA, IgG 항체가 형성됩니다. 그러나 *H. pylori*가 서식하는 위치가 위점액층이기 때문에 숙주의 항체나 살해세포가 접근해서 제거할 수 없습니다. 이와 더불어 숙주의 위상피세포와 교차하는 항원을 가지고 있습니다. 대표적으로 지질다당체의 O 항원은 위점막의 Lewis항원과 교차반응합니다. 교차

19) Baik SC et.al. (1996). Increased oxidative DNA damage in *Helicobacter pylori*-infected human gastricmucosa. Cancer Res. 56:1279-1282.

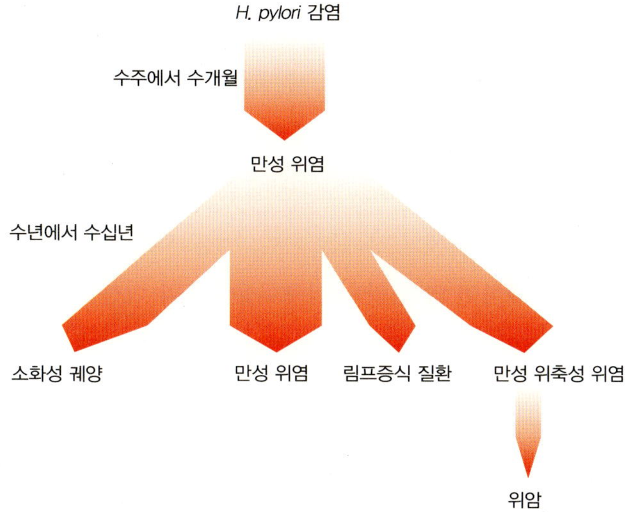

그림 9-6. *H. pylori* 감염으로 일어나는 위질환의 진행과정

반응항원은 세균의 감염 시 면역회피를 일으켜 초기 정착을 쉽게 일어날 수 있게 할 뿐만 아니라 나중에는 자가면역반응을 유발시킵니다.[20) 이러한 자가면역반응이 염증반응을 지속 그리고 증폭시키는 작용을 합니다. 지질다당질은 다른 그람 음성균과 구성이 같으나 A지질은 내독소력이 약합니다.

*H. pylori*가 감염되면 세균 항원에 대한 항체가 형성되나 감염된 세균을 제거하지 못합니다. 따라서 *H. pylori*는 위점막에 염증반응을 지속시키고 그 결과 주변조직의 DNA 손상이 축적되어 돌연변이가 유발되어 유전자발현의 변화가 일어납니다.[21)]

20) Algood HM et.al. (2000) *Helicobacter pylori* persistence: an overview of interactions between *H. pylori* and host immune defenses. Clin Microbiol Rev. 19:597-613

21) Baik SC et.al (1996). Increased oxidative DNA damage in *Helicobacter pylori*-infected human gastricmucosa. Cancer Res. 56:1279-1282.

H. pylori 의 세포성분

*H. pylori*는 효소활성이 강한 요소분해효소를 다량 생성합니다. 전체 세포단백의 약 6%가 이 효소로 현재까지 알려진 세균 중에서 가장 많이 생산하며 또한 요소에 대한 친화력이 높아 조직 내에 있는 낮은 농도의 요소를 충분히 분해할 수 있습니다. 이 효소는 체액으로부터 흘러나온 요소를 분해하여 많은 양의 암모니움이온과 이산화탄소를 생산합니다. *H. pylori*의 편모는 막으로 둘러싸여 있는 5~6개 편모로 된 단극형 또는 양극형 편모 타래를 가지고 있지만, 축사는 없습니다.[22] 대장균의 운동성이 저지되는 점도에 비해 20배 이상의 점도에서 운동성을 나타내고 있습니다. 이와 더불어 혈구응집소, 시알산결합 부착소 및 Lewis 혈액형부착소 등이 초기 감염에 중요하게 관여합니다.[23]

위점막 손상인자로 공포형성 세포독소, 단백분해효소, 지질 분해효소, 에탄올 가수분해효소, 그리고 인산지질 분해효소, 점액소 분해효소 및 감마 글루타민전달효소 등을 분비하여 위점막에 손상을 줄 것으로 추정하고 있습니다. 또한 세포독소관련유전자(cytotoxin–associated gene, CAG)라는 병원성섬(pathogenicity island, PAI)이 있으며 여기에 약 30개의 유전자가 모여 있습니다.[24] 이들 유전자가 암호화한 단백이 제4형분비계(type IV secretary system)를 만들어 *CagA* 단백을 위점막세포에 주입해 세포 내 인자와 반응하여 상피세포의 정상 세포뼈

22) 윤희상 et.al (1996). *Helicobacter pylori*의 미생물학. Medical Postgraduates 24:118–128
Kusters JG et.al (2000). Pathogenesis of *Helicobacter pylori* infection. Clin Microbiol Rev. 9:449–490.

23) Kusters JG et.al. (2000). Pathogenesis of *Helicobacter pylori* infection. Clin Microbiol Rev. 9:449–490.
Algood HM et.al. (2000) *Helicobacter pylori* persistence: an overview of interactions between *H. pylori* and host immune defenses. Clin Microbiol Rev. 19:597–613.

24) Wroblewski LE et.al. (2010) *Helicobacter pylori* and gastric cancer: factors that modulate disease risk. Clin Microbiol Rev. 23:713–739

대구조를 손상시키고 세포증식, 유사분열 그리고 베타카로틴 신호를 교란시키고 항암단백의 변이를 유발시켜 세포의 암화과정을 촉진하는 것으로 알려졌습니다.

*H. pylori*의 감염현황

일반적으로 개발도상국에서 보균율이 높은데 전체 인구의 70~90%가 보균자이고 대부분 10세 전에 감염됩니다. 반면에 미국과 같은 선진국은 정상 소아의 보균율은 상대적으로 낮으나 노령기는 약 45%로 증가합니다. 한국인은 5~6세 때 50%의 감염률을 나타내고 학교에 다니기 시작하면서 80~90%로 감염률이 증가하면서 그 후 전 연령에서 이와 같은 수준이 유지되고 있습니다.[25~26] 최근에는 소아의 감염률이 많이 감소하는 추세입니다.

위염, 위궤양 또는 십이지장궤양 환자의 70~100%가 *H. pylori*에 감염되어 있습니다. 선진국과 개발도상국 사이 보균율이 차이 나는 것은 공중위생의 수준 차이가 원인일 것으로 추정됩니다. 사람이 *H. pylori*의 주된 보균자입니다. 특별한 치료를 하지 않으면 감염상태가 평생 유지합니다. 전염은 대변-구강경로로 추정됩니다. 따라서 감염될 위험도는 공중위생이 향상됨으로써 떨어질 것입니다. *H. pylori* 감염은 소아시기에 결정됩니다. 연령에 따른 감염률의 변화는 연령이 높아짐에 따라 감염기회가 많아서라기보다 각 연령층 집단의 소아시기 감염률이 다르기 때문입니다.

---

25) Doig P et.al. (1999). *Helicobacter pylori* physiology predicted from genomic comparison of two strains. Microbiol Mol Biol Rev. 63:675-707.

26) Wroblewski LE et.al. (2010) *Helicobacter pylori* and gastric cancer: factors that modulate disease risk. Clin Microbiol Rev. 23:713-739

*H. pylori*의 감염증상

Helicobacter 균종은 서식하는 위치에 질병을 유발합니다. *H. pylori*는 위염을 장간헬리코박터 균종은 장염을 유발합니다. *H. pylori*는 소화불량, 급·만성 위염과 위축성 위염을 일으키고 위·십이지장궤양과 위암을 진행시킵니다. 만성 위염환자의 약 10~15%가 소화성 궤양이 일어납니다.

급성위염은 포만감, 오심, 구토, 저산증 등의 증상을 보이고 만성 위염으로 진행합니다. 만성 위염은 위산분비가 정상일 경우 날문방에 국한될 경우도 있고(B형 위염) 위산분비가 억제된 환자는 위전체(범형위염, pangastritis)로 확장될 수도 있습니다.

궤양은 몸통과 날문방 사이 접합부(위궤양) 또는 십이지장의 근위부(십이지장궤양)에 심한 염증반응이 일어난 자리에 생깁니다. 위궤양의 85%, 그리고 십이지장궤양의 95%가 *H. pylori* 감염이 원인입니다. *H. pylori*가 알려짐으로써 소화성 궤양의 치료와 예후가 완전히 바뀌었습니다.

만성 위염이 위암발생의 위험인자임은 일찍이 알려져 있었습니다. *H. pylori*가 감염된 인구집단은 감염되지 않은 인구집단에 비하여 위암 유발률이 6배 이상 높고, 몽골리안 저빌에 *H. pylori*를 감염시킨 결과 위염 및 위암이 유발됩니다. 또한, MALT B세포 림프종은 *H. pylori*를 치료하면 소실됩니다. 세계보건기구 산하 국제 종양연구국의 실행위원회에서 *H. pylori*는 발암유발원 제1군이라고 정의하였습니다. *H. pylori* 감염으로 정상위점막이 섬유화와 장형상피세포로 교체됩니다. 이러한 병리학적 변화는 환자에게 위암발생 위험도를 100배 증가시킵니다. 결국, 장형화생과 형성이상으로 진행하고 마지막에는 위암이 발생합니다. *cagA* 양성균주와 IL-1 생성이 많은 사람이 위암발생 고위험인자로 알려져 있습니다. 국내에서 분리되는 *H. pylori* 균주는 대부분 *cagA* 양성입니다. *H. pylori* 감염과 위 몸통 및 날문방 샘암종 사이에 관련성이 있으나 들문방의 샘암종과는 관련성이 없습니다(들문방 점막에는 *H. pylori*가 감염되지 않습니다). *H. pylori*의 감염으로 위점막에 림프양 조직이 침윤되는 환자중 일부가 B세포의 단클론성 집단으로 발전하고 위점막연관림프모양 B세포 림프종(MALT lymphoma)으로 진행합니다. 항균제를 투여하여 세균을 박멸하면 이 림프종은 사라집니다.

*H. fennelliae*는 위장염과 패혈증을 유발하는데 대부분 HIV바이러스가 감염된 동성연애자 남자로 면역부전환자에서 발생합니다. 아직 분류가 확정되지 않은 *Helicobacter* 균종 flexispira taxon 8이 연조직염을 동반한 균혈증과 Bruton X연계무감마글로부린혈증과 같은 면역부전환자에게 창상감염을 유발합니다.

H. pylori 감염진단

H. pylori 감염진단에는 크게 위내시경술로 위생검체를 채취하여 진단하는 침습적 방법과 위생검체 채취 없이 진단하는 비침습적 방법이 있습니다.[27]

(1) 직접 현미경검사

*H. pylori*는 위생검체의 조직학적 검사로 검출할 수 있습니다. 세균

27) Mégeraud F et.al. (2007) *Helicobacter pylori* detection and antimicrobial susceptibility testing. Clin Microbiol Rev. 20:280-322.

은 헤마톡실린-에오신 또는 그람 염색으로 관찰할 수 있지만 와틴-스타리(Warthin-Starry) 은염색이 가장 민감합니다. 적절한 품질의 생검체를 수집하여 숙달된 미생물학자가 진단하면 조직학적 검사법의 민감도와 특이도는 100%에 가까우며 진단할 수 있습니다. 이 방법은 침습성 진단으로 환자에게 신체적 경제적 부담을 주기 때문에 일반검사법으로 다른 진단법을 선호합니다. 대변시료의 현미경검사법은 신뢰성이 없습니다.

(2) 요소분해효소 검사

요소분해효소 검사법으로 *H. pylori* 검출을 가장 빨리할 수 있습니다. 요소분해효소활성은 위점막생검체 또는 세균을 분리한 다음 바로 측정할 수 있습니다. 세균에 생성한 다량의 요소분해효소는 2시간 이내에 알칼리성 부산물을 생성함으로써 이를 쉽게 검출할 수 있습니다. 생검체를 이용한 요소분해효소 검사법의 민감도는 75~95%로 다양하나 특이도는 100%에 가깝습니다. 따라서 양성반응은 활성감염의 명확한 증거입니다. 이 검사법은 현미경검사법과 마찬가지로 생검체를 이용하는 침습적 방법이기 때문에 한계가 있습니다.

(3) 배양 검사

*H. pylori*는 대변과 혈액시료에서 분리되지 않습니다. 세균배양법은 조직을 전혈, 혈청, 혈청활성탄, 또는 디메틸베타사이크로덱스트린을 첨가한 브루셀라배지 또는 Oxoid blood agar base No. 2 배지에 접종하고 100% 습기가 유지된 10% CO_2 배양기에서 3~5일 배양합니다. 배양시 오염균을 억제하기 위하여 날리딕산, 트리메토프림, 암포테리신 B,

반코마이신을 첨가하기도 합니다. 동정은 성장특성, 현미경적 형태, 요소분해효소, 산화효소, 그리고 카탈라아제 활성능을 검사하여 동정합니다. *H. pylori* 및 관련 세균의 일반성상은 표 9-2에 요약하였습니다.

표 9-2. *H. pylori*와 *H. fenneliae*의 일반성상

	H. pylori	*H. fenneliae*
산화효소	+	+
카탈라아제	+	+
질산염환원	−	−
요소분해효소	+	−
가수분해		
히퓨레이트	−	−
인독실아세테이트	−	+
성장여부		
25℃	−	−
37℃	+	+
42℃	−	−
1%글라이신에서		
성장	−	+
감수성		
세팔로틴	S	S
날리딕산	R	S

R, 내성; S, 민감

(4) 대변배출 항원검사법

대변으로 배출되는 *H. pylori*항원을 검색하는 다양한 다클론항체와 단클론 면역검사법이 개발되어 있으며 민감도와 특이도가 95% 이상입니다. 이 검사법은 비침습검사법으로 실시하기 편하고 저렴하여 현재 *H. pylori* 감염을 진단하거나 항균요법 후 치료를 확인하는데 널리 권장되고 있습니다.

(5) 혈청학적 검사법 및 기타 비침습적 진단법

혈청학적인 방법은 *H. pylori* 진단에 중요한 검색법으로 다양한 검사법이 시판되고 있습니다. 여러 효소면역검사법과 면역반점찍기법(immuno dot blot)이 사용되고 있습니다. 항원으로는 *H. pylori* 세포파쇄액과 *CagA*인 120 kDa 항원을 비롯하여 다양한 세균성분이 사용되고 있습니다. IgM 항체는 급속히 사라지지만, IgA와 IgG 항체는 감

염 후 일정 기간이 지난 다음 생성되고 세균이 치료되더라도 장기간 남아 과거 감염과 현증감염을 구분할 수 없어 항균요법 후 치료효과를 진단하는 데는 문제가 있습니다. 그리고 항체역가가 질환의 정도와 관련이 없습니다. 그러나 혈청학적 방법은 환자가 세균에 노출되었는가를 확인하는 데 유용한 방법으로 역학조사와 위질환 환자의 초기진단에 사용하고 있습니다.

비침습적 진단법으로 ^{13}C 표지 요소 호흡법, ^{14}C 표지 요소 호흡법이 사용되고 있고 현재 진행 중인 감염을 진단할 수 있습니다. 특히 항균요법 후 치료 판정에 사용됩니다.

H. pylori 감염치료

시험관 내에서 *H. pylori*는 아목시실린, 에리트로마이신, 클라리트로마이신, 테트라사이클린, 페니실린, 세팔로스포린, 메트로니다졸에 아주 잘 죽습니다.[28] 그러나 생체 내에서의 항균제에 의한 치료효과는 시험관내의 감수성 결과와 일치하지 않습니다. 그 이유는 이 세균의 서식처에 약물이 유효한 농도로 쉽게 도달하지 못하기 때문으로 추정됩니다. 궤양의 치료에는 창연(bismuth) 화합물 단독투여 또는 항균제와의 복합투여에 의한 궤양치료가 시메티딘 단독투여에 의한 치료보다 궤양 재발이 훨씬 적습니다. 창연은 위염, 소화성 궤양치료효과에 대한 논리적 이유 없이 서구에서 무처방 매매 약제로 과거 300년간 위염 치료약으로 사용되었습니다. 창연제제, 아목시실린 및 메트로니다졸과의 병용 치료로 치료 6개월 후 *H. pylori* 박멸률 성적은 40% 정도입니다. 위염 또는 소화성 궤양을 치료하는데 양성자 펌프

28) 대한미생물학회편저. (2009). 의학미생물학 제6판. 서울. 대한민국

억제제(예, 오메프라졸 또는 란소프라졸), 마클로라이드계 항생제(예, 클라리트로마이신) 및 베타락탐계 항생제(예, 아목시실린)를 병합하여 7~10일 투여하여 좋은 효과를 보고 있습니다. 여기에 창연제제를 첨가할 수 있습니다. 이 병합요법은 클라리트로마이신에 대한 내성균이 발생하여 치료에 실패하는 경우가 증가되고 있다. 메트로니다졸도 사용할 수 있으나 내성이 일반적이다. 사용하는 항생제로 치료되지 않으면 항생제감수성 검사를 해야 한다. *H. fennelliae*는 암피실린 또는 겐타마이신으로 치료할 수 있습니다. 현재 사용하고 있는 항균요법은 완치에는 한계가 있어 *H. pylori*에 대한 치료법은 더 연구되어야 할 주제입니다.

*H. pylori*의 감염예방

*H. pylori*의 감염경로는 구강, 대변 또는 구강, 구강경로로 추정됩니다. 상하수도시설, 수세식 변기 및 샤워시설의 보급, 용변 후 손 씻는 습관, 식생활 습관의 개선 등 청결한 위생적 생활의 정착이 시급합니다. *H. pylori*의 감염이 주로 소아시기에 일어나기 때문에 가족내에서 소아들의 생활위생을 개선하는 방안을 강구해야 합니다. 또한, 염증반응에 의한 숙주세포의 피해가 *H. pylori*의 중요한 병리현상이기 때문에 이를 방지하기 위하여 비타민 C의 복용, 신선한 채소, 과일 등 항산화제 함량이 높은 음식물 섭취를 권장하는 식생활 개선이 촉구됩니다.[29)]

29) Youn HS et.al. (2001) Gastric Histopathology versus vitamin C concentrations of shole blood, plasma and gastric juice in young healthy adults in Oxidative Sress and Digestive Diseases Yoshikawa T ed.Basel, Karger pp64-81

*H. pylori*의 백신

*H. pylori*에 대한 백신을 개발하기 위해 연구하고 있습니다. *H. pylori* 감염은 TH1 세포매개 염증반응을 강력히 유도한다고 알려져 있습니다. 실험적으로 TH1 세포를 자극하는 *H. pylori* 항원을 백신으로 실험동물에 주사하면 염증반응이 됩니다. 그러나 TH2 세포 반응을 유도하는 항원을 점막항원강화제와 병합하여 백신으로 실험동물에 주사하면 방어효과와 더불어 감염된 세균을 제거한다고 알려져 있습니다. 그러나 사람에게서 이러한 백신 효과는 알려지지 않고 있습니다.[30)]

맺음말

*H. pylori*는 위내강을 통하여 감염되어 위점막에 서식하는 세균입니다. 위점막은 위액의 살균력과 위점액층이라는 보호막이 있어 세균이 서식하기 어려운 환경입니다. 그러나 *H. pylori*는 위점막에 감염되어 위염, 위십이지장궤양, 그리고 위암에 이르는 대부분의 위질환을 유발합니다. 위질환 원인균이 밝혀지면서 위질환의 발병기전 규명를 비롯하여 관리 및 치료에 일대 전기를 맞이하였습니다. *H. pylori*가 감염되면 세균성분의 작용으로 위점액층과 위점막이 손상입고 위고유판에 염증이 유발됩니다. *H. pylori*는 위점막세포와 교차반응하는 항원을 갖고 있어 감염초기에는 면역을 회피시켜 세균의 정착이 촉진되고 나중에는 교차항원이 자가면역반응을 유도할 수 있습니다. 감염 후 면역반응을 비롯한 숙주의 방어기전이 작동되나 일부 세균성분으로 면역억제를 유도하여 위점막에 세균과 숙주 사이 균형이 이루어지면서 만성감염이 진행되고 이에 따라 만성염증이 수반됩니다. 대부분의 위질환은

30) 이광호. (1997). *Helicobacter pylori* 감염증. 감염병발생정보 8:13-16

*H. pylori*의 감염이 유발하는 만성염증의 결과입니다. 대부분의 위질환은 *H. pylori*를 예방하거나 박멸함으로써 치료할 수 있습니다. 그러나 *H. pylori*가 서식하는 위치가 숙주의 방어기전과 약물이 도달하기 어려운 위점액층이기 때문 현재 통용되고 있는 항균제와 백신기법으로는 효과적으로 퇴치하는데 한계가 있습니다. 대부분 소아시기에 감염되기 때문에 신생아를 비롯한 소아시기의 감염을 차단해야 합니다. 또한, 염증반응의 역기능을 중화시킬 수 있는 항산화 성분이 많이 함유된 식품과 제제의 꾸준한 섭취는 *H. pylori* 감염에 따른 질환을 현실적으로 예방하는 데 도움이 됩니다.

제 2부

재난 미생물 분석법

1장
미생물분류
Microbial taxonomy

가끔 신문기사에 휴대전화, 자동차 핸들, 핸드백 손잡이 등 우리가 생각지 못하던 곳에서 화장실 변기보다 더 많은 세균이 득실거린다는 조사 결과가 발표되곤 합니다. 핸드백 손잡이에서 변기보다 '양적으로' 더 많은 세균이 사는 것은 사실입니다. 그러나 양적으로 많은 것이 곧 '더 큰 위험'을 의미하는 것은 아닙니다. 이제껏 핸드백 손잡이에 사는 세균이 인간에게 질병을 일으킨 사례가 없었다면 앞으로도 그러한 일이 없을 가능성이 매우 높습니다.

대부분의 미생물은 지구에 공존하는 자연환경의 일부분입니다. 사실 세균을 비롯한 미생물은 위에 열거한 물건들에만 많은 것이 아니라 지구 어디에나 많이 있습니다. 지구상에는 $4-6\times10^{30}$개 이상의 미생물 세포가 존재하고, 그 양이 30~50억 톤에 이르는데 이는 전체 지구 생물체 총량(biomass)의 절반에 해당합니다.[1] 이 정도면 지구는 인간의

1) Whitman W. B. et al. (1998) "Prokaryotes: The unseen majority". Proceedings of the National Academy of Sciences of the United States of America 95,6578-6583

그림 1-1. 지구에 존재하는 수많은 미생물 중 알려진 미생물은 빙산의 일각에 불과

별이 아니라 미생물의 별이라고 하는 것이 맞습니다. 미생물은 그 양만 많은 것이 아니라 종류도 어마어마하게 많습니다. 과학자들은 지구에는 곰팡이 150만 종,[2] 원핵미생물(세균+고균) 1백만~10억 종을 비롯하여 무수히 많은 종류의 미생물이 존재하는 것으로 추정합니다. 그러나 이 중 현재까지 인간에게 발견되어 이름이 붙여진 미생물은 곰팡이 10만 종,[3] 원핵미생물 9천 종, 바이러스 2천 종, 원생생물 10만 종뿐입니다.[4-5] 그래서 미생물학자들은 우리가 미생물에 대해 알고 있는 바는 빙산의 일각에 불과하다고들 말합니다(그림 1-1).

미생물이 잘 발견되지 않은 이유

많은 미생물이 아직 알려지지 않은 이유는 바로 미생물의 난배양성

2) Hawksworth D. L. (2001) "The magnitude of fungal diversity: the 1.5 million species estimate revisited". Mycol Res 105,1422-1432
3) Pedros-Alio C. (2006) "Marine microbial diversity: can it be determined?". Trends Microbiol 14,257-263
4) Margulis L. et al. (1990) "Handbook of protoctista"(1st edn). Jones & Bartlett Publishers
5) Chapman A. D. (2009) "Numbers of living species in Australia and the world (2nd ed.). Canberra: Australian Biological Resources Study. pp. 1-80. ISBN 978 0 642 56861 8.

때문입니다. 미생물을 실험실 환경에서 인위적으로 만든 배양배지를 사용하여 키우는데 사실 그 배지조건에 적합한 일부만 자랄 뿐 나머지 99% 이상은 자라지 못합니다.[6] 난배양성 미생물들은 본래 살던 자연환경 조건과 같은 조건에서만 자라는 까다로운 미생물이기 때문에 키우기가 매우 어렵습니다. 일례로 바닷속에 가장 많이 사는 펠라지박터(Pelagibacter)라는 세균은 해양 원핵미생물의 3분의 1을 차지함에도 지난 100년간 미생물 배양연구 과정에서 한 번도 자라지 않아서 얼마 전까지 이 미생물이 지구상에 존재하는 것조차도 몰랐습니다. 이 미생물의 존재가 알려진 것은 바닷물 속 미생물 DNA들을 모아서 유전자 수준에서 분석한 2002년의 연구결과 덕분입니다.[7] 이처럼 우리가 여태까지 찾아내고 이름 붙인 미생물은 실제 지구에 사는 미생물의 몇 퍼센트 밖에 안됩니다. 앞으로 우리는 수백만에서 수억 종에 이르는 미생물을 더 찾아내야 합니다.

미생물의 분류기준

인간에게는 사물의 유사 특성을 묶어 구분할 수 있는 직관 능력이 있습니다. 그래서 그림 1-2처럼 여러 동물 종들이 섞여 있어도 이를 돼지, 쥐, 고양이로 쉽게 분류할 수 있습니다. 그런데 이 직관은 미생물에는 잘 먹혀들지 않습니다. 그림 1-2의 아랫부분에는 대장균 2균주, 탄저균 2균주, 유산균 2균주의 전자현미경사진들이 섞여 있습니다. 대장균, 탄저균, 유산균은 서로 완전히 다른 그룹으로 동물로 치자면 사람, 개구리, 닭 정도의 관계라고 생각하시면 됩니다. 자 이제, 여러분은 이

6) Torsvik V. et al. (1990) "High diversity in DNA of soil bacteria". Appl Environ Microb 56,782--787

7) Morris R. M. et al. (2002) "SAR11 clade dominates ocean surface bacterioplankton communities". Nature 420,806--81

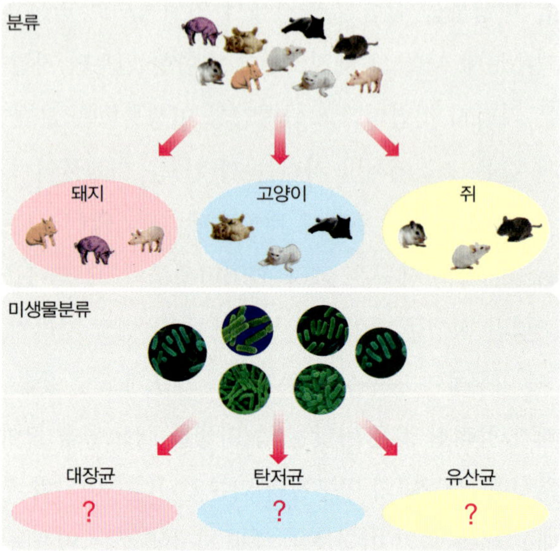

그림 1-2. 미생물은 형태적 특성으로는 분류하기 불가능함

처럼 다른 세 개의 세균그룹을 제대로 세 그룹으로 분류할 자신이 있으십니까? 이 세상 제일가는 분류학자라도 형태만 보고는 미생물을 분류할 수 없습니다. 사실 미생물은 생김새가 단순하고 형태의 종류도 많지 않습니다. 즉, 아무리 다양하다고 해봐야, 구형, 간상형, 나선형에서 크게 벗어나지 못합니다. 또한, 세균이나 바이러스 등 미생물의 절대다수가 성별이 없습니다. 성별이 없다는 것은 우리가 흔히 종의 기준으로 알고 있는 '유성생식이 가능한 그룹'이라는 규칙을 적용할 수 없다는 말입니다. 그럼 생김새도 단순하고 성별도 없는 미생물들은 도대체 어떻게 분류해야 할까요? 이번 장에서는 지구상에 존재하는 수백만 종의 미생물들을 어떻게 나누고 이름 붙이는지에 대해 알아보겠습니다. 또한, 이를 분석하는 방법들에 대해서도 살펴보겠습니다.

미생물분류학

분류학이란 생물계를 일정한 규칙에 따라 종, 속, 과, 목, 강, 문, 계 등의 단계로 정리하고, 이것들의 상호 관계나 계통 분화 등을 연구하는 학문을 말합니다. 즉, 분류학은 생물학의 지도를 그리는 기본적이고 중요한 학문입니다. 수백만 종에 달하는 미생물의 거대한 무리를 진화적 유연관계와 그로 인해 나타난 표현형의 특성에 따라 나눠 묶어주고 명명을 해줌으로써, 우리가 마주하는 미생물의 홍수 속에서 길을 잃지 않게 해줍니다. 또한, 분류학은 과거에 어떤 생물체가 존재했었고, 현재 얼마나 다양한 종들이 살고 있는지, 그리고 미래에 어떤 종류의 생물체가 출현할 것인지를 알려주는 생물종 족보를 제공함으로써, 생물학자들에게 연구대상과 연구방향을 설정하기 위한 기반 정보를 제공합니다. 예를 들어, 세균성 이질의 원인균인 쉬겔라(*Shigella*)를 연구할 때 쉬겔라가 대장균(*E. coli*)과 사실상 하나의 종으로 분류되어야 할 정도로 유사한 그룹이라는 분류학적 정보를 알고 있으면 이콜라이 연구결과를 참고하여 실험방법 등을 정할 수 있어 연구가 수월해집니다.

일반적으로 분류학이란 단어에서 풍기는 이미지는 아마도 고루하고 지루한 학문일 것 같습니다. 열심히 현미경을 들여다보며 생김새를 관찰하고, 그를 기준으로 미생물을 동정하고, 수많은 종의 이름과 특성을 달달 외워야 하는 재미없는 일이라 여겨지는 것 같습니다. 예전의 분류학에서 이것은 상당 부분 사실이었다고 할 수 있습니다. 즉, 과학기술이 충분히 발달하지 않았던 과거에는 미생물의 진화적 유연관계를 유전자 수준에서 확인할 수 없었고, 단지 겉으로 드러나는 간접 증거인 표현형질에만 의존하여 살펴볼 수밖에 없었기 때문에, 생김새와 생화학적 특성들에 기반하여 분류하고, 이 특성들을 기반으로 분류체계를 세

그림 1-3. 16S rRNA의 유전자 염기서열을 계통학적 분석에 도입한 Carl Woese 박사
(출처:http://www.igb.illinois.edu/about/archaea)

웠던 것입니다. 그러나 미생물분류학이 고루했던 것은 딱 1970~80년대까지입니다. 왜냐하면, 1977년 11월 1일 우즈 박사(Carl R. Woese, 미국, 분자계통학)와 폭스 박사(George E. Fox, 미국, 분자계통학)가 리보솜 RNA (ribosomal RNA, rRNA)를 이용한 원핵미생물 계통분류를 제안하면서[8] 미생물분류학은 일대 혁명을 거쳐 크게 진보하게 되었기 때문입니다. 사실 분자마커를 사용한 진화계통 연구는 이전부터 제안되었으나,[9] 우즈 박사가 리보솜 RNA 중 작은 소단위(small subunit)인 16S rRNA의 유전자 염기서열을 계통학적 분석에 도입함으로써 비로소 과학자들의 큰 주목을 받게 됩니다. 그의 분자계통학적 연구결과 지구상에 사는 생물들의 계통수(Tree of life)가 기존의 표현형을 바탕으로 알고 있던 바와 크게 다르며, 기존에 알려지지 않았던 제3의 생물체 그룹이 존재한다는 것이 밝혀짐으로써 과학계는 큰 충격을 받게 되었습니다. 그리고 그의 연구 이후 미생물분류학에서는 겉으로 보이는 표현형이나 생화학적 특성들보다, 유전자를 직접 분자수준에서 비교하여 유전적 유사도를 비교하는 분자계통학이 기본 연구방법으로 자리 잡았습니다. 우즈 박사는 얼마 전인 2012년 연말에 84세로 별세하였는데, 그가 미생물 및 진화학 연구에 기여한 바는 20세기 가장 위대한 생물학적 위업 중 하나라고 일컬어지고 있습니다(그림 1-3).

8) Woese C. R. et al. (1977) "Phylogenetic structure of the prokaryotic domain: the primary kingdoms". Proceedings of the National Academy of Sciences of the United States of America 74,5088-5090.
9) Zuckerka E. et al. (1965) "Molecules as documents of evolutionary history". J Theor Biol 8,357-366.

16S rRNA 유전자

Ribosome RNA (rRNA)는 단백질합성 기구인 리보솜(ribosome)의 구성성분입니다. 리보솜은 작은 소단위(30S)와 큰 소단위(50S)로 구성되어 있는데, 작은 소단위를 구성하는 데는 16S rRNA가 필요하고, 큰 소단위를 구성하는 데는 23S rRNA와 5S rRNA가 필요합니다(그림 1-4). 이들 세 가지 rRNA와 52개의 리보솜 단백질이 결합하여 하나의 완전한 리보솜을 만들게 됩니다. 세 rRNA는 DNA 상에 operon의 형태로 나란히 코딩되어 있습니다. 리보솜의 역할은 생물체의 생존에 너무나 중요하므로 리보솜을 코딩하고 있는 리보솜 유전자들은 세대가 지나도 크게 변이가 생기지 않고 잘 보존되어 있습니다. 생물체 탄생 후 오랜 세월에 거쳐 잘 보존되고, 그렇지만 서서히 변화해 왔으며, 모든 생물체가 공통으로 가지고 있는 리보솜이야말로 진화의 역사를 추적할 수 있는 최적의 유전물질 중의 하나입니다. 세 가지 rRNA 중 16S rRNA가 유독 주목을 받은 이유는 크기의 적절성 때문입니다. 5S의 유전자는 너무 짧아서(120 nt)

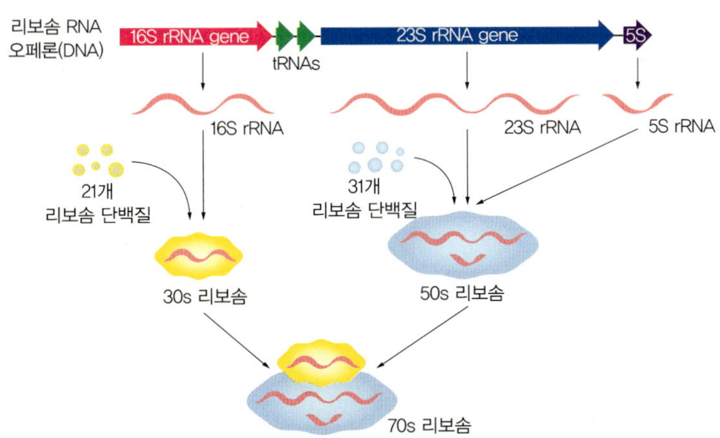

그림 1-4. 16S rRNA 유전자와 16S rRNA의 리보솜 구성성분으로서의 역할

내재된 정보의 양이 적고, 23S의 유전자는 너무 커서(2,906 nt) 염기서열 판독에 노력과 비용이 더 들기 때문에, 16S rRNA (1,542 nt)가 주목받게 된 것입니다.

그럼 이 16S rRNA 유전자의 염기서열은 어떻게 알아낼 수 있을까요? 균주에서 DNA를 추출한 후 16S rRNA 유전자에만 특이적으로 결합하는 프라이머(primer)를 사용하여 PCR을 통해 유전자를 증폭해냅니다. 증폭된 산물은 염기서열결정법을 사용하여 염기서열을 분석하게 됩니다. 16S rRNA가 분류의 표준 마커로 사용된 중요한 이유 중 하나는 공통프라이머(universal primer) 한 세트만 있으면 거의 모든 원핵미생물에 적용이 가능하다는 점입니다. 16S rRNA는 1,500개 정도의 염기서열로 이루어져 있는데 이 염기서열의 시작부위와 끝 부위가 원핵미생물 전반에 걸쳐 거의 동일합니다. 따라서 이 시작과 끝부위 공통프라이머인 27F (AGAGTTTGATCCTGGCTCAG)와 1492R (CGGTTACCTTGTTACGACTT)을 사용하면 전체 염기서열을 한 번에 증폭할 수 있습니다. 시작과 끝 부위 외에도 중간마다 이처럼 잘 보존된 구역들이 있는데, 실험의 목적에 따라 이 부분에 해당하는 프라이머를 사용할 수도 있습니다(그림 1-5). 이처럼 16S rRNA 유전자의 잘 보존된 염기서열 부위는 프라이머 제작에 활용하고, 그 외에 변이가 많이 보이는 구역들은 진화적 관계를 추정하는 정보로 활용됩니다.

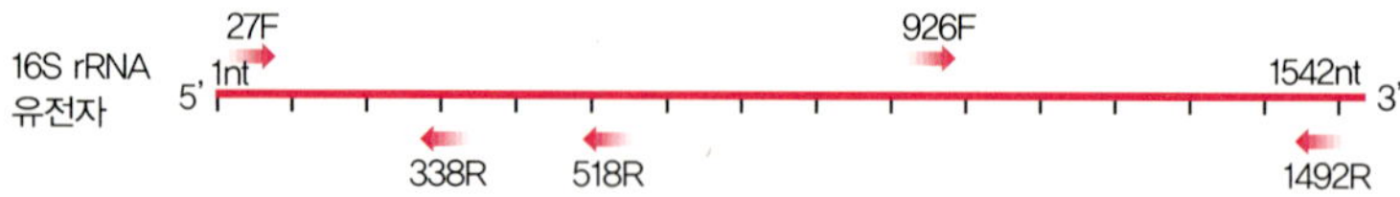

그림 1-5. 16S rRNA 유전자를 증폭하는데 사용되는 대표적인 공통프라이머

생물분류에서 최상위단계의 체계

우즈 박사는 16S rRNA를 사용한 분류학 연구를 통해 지구상의 생명체들이 세 개의 도메인(domain)으로 나누어진다는 사실을 처음으로 밝혀냈습니다.[1, 2, 10] 그가 밝혀낸 도메인이라는 것은 계층 분류체계에서 가장 상위단계의 분류군으로, 이전에 분류체계의 최상위 단위로 쓰이던 계(kingdom)보다 상위의 단위입니다. 우즈 전에 통용되던 5계 체제(5 kingdom system)에서는 생물은 동물계(kingdom Animalia), 식물계(kingdom Plantae), 균계(kingdom Fungi), 원생생물계(kingdom Protista), 원핵생물계(kingdom Monera)의 5개 계로 구분되었습니다. 그러나 그림 1-6의 생물계통수에서 보듯이, 리보솜 rRNA 유전자 염기서열을 기반으로 비교분석 했을 때, 기존의 원핵생물계에 하나로 묶여있던 세균과 고균(=고세균)은 사실 생물체 전체의 원시 공동조상으로부터 분지되어 완전히 서로 다르게 진화해 온 독립적인 그룹이며, 세

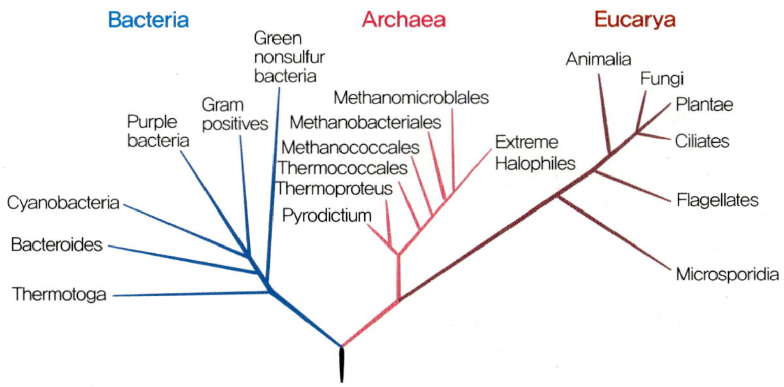

그림 1-6. 우즈 박사가 제안한 3개 도메인 체계

10) Woese C. R. et al. (1990) "Towards a natural system of organisms – proposal for the domains Archaea, Bacteria, and Eucarya". Proceedings of the National Academy of Sciences of the United States of America 87,4576-4579

균과 고균 간의 차이는 세균과 원핵생물 간의 차이만큼 크다는 것을 알 수 있었습니다. 그래서 우즈 박사는 이 결과를 바탕으로 세균(domain Bacteria), 고균(domain Archaea), 진핵생물(domain Eukarya)의 3개 도메인 체제를 확립하게 됩니다.

고균(Archaea, 고세균)

고균은 1977년 우즈 박사에 의해 처음 소개되었는데, 그는 이때 발견한 제3의 생물체 그룹을 Archaebacteria라 명했고[1], 후속 연구를 통해 Archaea라는 도메인을 제안하였습니다[2]. Archaea라는 단어는 그리스어로 archaios, 즉 '고대의' 또는 '원시의'라는 뜻을 가진 어원에서 유래하는데, 이 도메인에 이런 이름이 붙은 이유는 다음과 같습니다. 우즈 박사가 고균을 처음 발견했을 당시에 이 그룹에 묶이는 종들은 메탄생성균, 초호열성균 등으로 일반적인 세균이나 진핵생물이 살 수 없는 고온, 고압, 강산성, 강염기성, 고염도 등 극한 환경 등에 분포하는 것들로 구성되었습니다(그림 1-7, 8[11]). 오늘날에는 중온의 일반적인 환경 어디

그림 1-7. 고균이 처음 분리된 장소인 미 Yellowstone 국립공원 내의 Obsidian Pool (출처: www.nps.gov/)

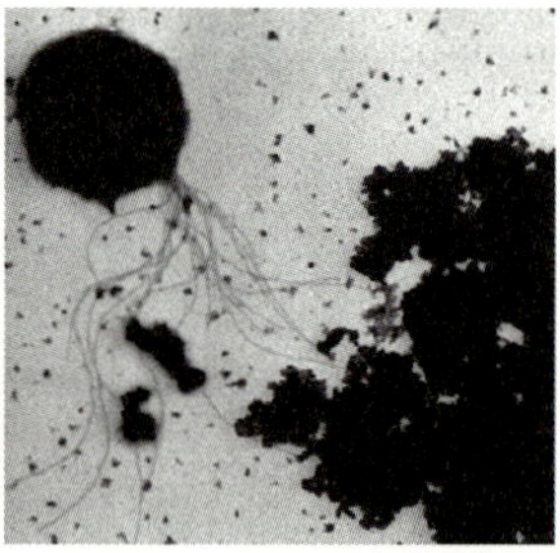

그림 1-8. 지구상 생명체 중 가장 높은 온도에서 사는 고균. 균주 이름은 strain 121로 130°C에서도 생존

11) Kashefi K. et al. (2003) "Extending the upper temperature limit for life", Science 301,934-934

에나 고균이 존재한다는 것이 밝혀졌으나, 당시에 발견된 종을 기준으로 보았을 때, 고균 그룹은 모두 원시지구의 환경이 남아있는 특수 환경에 맞추어 진화한 것으로 보였습니다. 따라서 이 그룹의 이름을 고세균이라고 지었던 것이지요. 그러나 초기에 제안되었던 Archaebacteria는 세균과 독립된 그룹을 분명히 하기 위해 이름이 Archaea로 바뀌었고 현재까지도 바뀐 이름으로 사용되고 있습니다. 이에 맞추어 한글명도 기존까지 써오던 '고세균'보다는 '고균'으로 바꾸어 쓰는 것이 타당하다는 의견이 미생물학계의 중론입니다. 따라서 이 책에서는 고균이라는 명칭을 사용하였습니다.

하나의 독립적인 도메인으로 인정받기 전까지 고균은 세균과 함께 모네라계로 묶여 있었습니다. 그만큼 표현형적으로는 구별이 잘 안 될 정도로 두 개 도메인이 비슷하다는 이야기이지요. 고균과 세균은 두 그룹 모두 세포의 크기가 수 마이크로미터 수준으로 작고, 핵막이 존재하지 않고, 염색체의 형태가 환으로 되어 있는 등 공통점이 참 많이 있습니다. 그럼 어떤 차이점들이 고균을 세균과 구분 지어 줄까요? 아래 표 1-1에서 보다시피, 고균은 단백질합성의 첫 번째 아미노산을 메티오닌으로 갖는 등 DNA

표 1-1. 세 개 도메인을 구분하는 특징들

<table>
<tr><th>특징</th><th>세균</th><th>고균</th><th>진핵생물</th></tr>
<tr><td>핵막</td><td colspan="2">없음</td><td>있음</td></tr>
<tr><td>염색체 형태</td><td colspan="2">환형</td><td>선형</td></tr>
<tr><td>mRNA 인트론</td><td colspan="2">거의 없음</td><td>있음</td></tr>
<tr><td>리보솜 크기</td><td colspan="2">70 S</td><td>80 S</td></tr>
<tr><td>오페론</td><td colspan="2">있음</td><td>없음</td></tr>
<tr><td>세포벽 펩티도글리칸</td><td>있음</td><td colspan="2">없음</td></tr>
<tr><td>단백질합성 개시</td><td>N-포르밀메티오닌</td><td colspan="2">메티오닌</td></tr>
<tr><td>DNA-히스톤 복합체</td><td>없음</td><td colspan="2">있음</td></tr>
<tr><td>RNA 중합효소</td><td>한 종류</td><td colspan="2">여러 종류</td></tr>
<tr><td>tRNA 인트론</td><td>거의 없음</td><td colspan="2">있음</td></tr>
<tr><td>세포막 지질 결합</td><td>에스터</td><td>에테르</td><td>에스터</td></tr>
<tr><td>tRNA에 T염기</td><td>있음</td><td>없음</td><td>있음</td></tr>
</table>

복제 및 단백질합성 기작이 세균보다는 진핵생물과 더 유사합니다. 또한, 세균과 진핵생물에 비해 고균만 다른 점들도 있습니다. 세포막의 지질 결합이 에테르 결합을 하고 있다는 점 등이 그렇습니다. 이러한 여러 특징을 함께 고려해보면 고균이 세균이나 진핵생물과 달리 독립적으로 진화해 왔다는 사실을 이해하기 좀 더 쉬울 것 같네요.

미생물 종(species)의 정의

생물을 분류할 때 가장 기본 단위는 종(species)입니다. 종이란 다른 그룹과 구별되는 특성이 있는 집단을 말하는데, 사실 명확하게 종의 정의를 내리기란 매우 어렵습니다. '이러이러한 것이 종이다'라고 정의하고 나면 항상 그에 예외적인 사례들이 발생하기 때문입니다. 그래서 현재까지 나온 종에 대한 정의만 스무 가지가 넘습니다.[12] 일반적으로 가장 잘 알려진 종의 정의는 메이어(Ernst Mayr)가 제안한 '다른 종과는 생식적으로 격리되어서 종 내에서만 교배를 통해 생식능력을 온전히 갖춘 자손을 생산할 수 있는 무리'일 것입니다. 많은 미생물이 성별이 없으며 무성생식을 하는데, 그럼 미생물들은 어떤 기준으로 종을 정의할 수 있을까요? 더구나 미생물들은 형태적 구분도 불가능한데 말이죠. 일반적으로 미생물이라 할 때는 원생생물, 곰팡이, 세균, 고균, 바이러스를 포함하는 육안으로 관찰이 힘든 작은 생물그룹들을 총칭하여 말합니다. 워낙 다양한 분류군을 아우르는 명칭이라, 그룹마다 종을 나누는 방식이 현저히 다릅니다. 이 장에서는 미생물의 대표주자 원핵미생물(세균, 고균)을 중심으로 종의 정의를 살펴보겠습니다.

12) Mayden R. L. (1999) "Consilience and a hierarchy of species concepts: Advances toward closure on the species puzzle". J Nematol 31,95–116

현재 성립되어 있는 종을 정의하려면, 조상으로부터 후손까지 이어져 내려온 수직적인 유전자의 전달 경로를 추적하여 유전자 특성이 확연히 달라지는 분지점을 찾는 것이 중요합니다. 그런데 원핵미생물에서는 이것이 그리 쉬운 일이 아닙니다. 이는 계통적으로 거리가 먼 서로 다른 종 사이에 유전물질을 주고받는 수평적 유전자 이동(horizontal gene transfer) 기작이 잘 발달해 있기 때문입니다. 이 수평적 유전자 이동은 몇 개의 유전자를 주고받는 수준도 있지만, 완전히 서로 상관없는 균주 사이에 유전체의 상당 부분을 성공적으로 건네주는 경우도 있기 때문에 문제를 어렵게 만듭니다. 이처럼 수평적인 유전물질 이동을 반영하여 옆의 그림 1-9와 같이 스파게티처럼 얽히고설킨 계통수를 주장하는 학자도 있습니다.[13)]

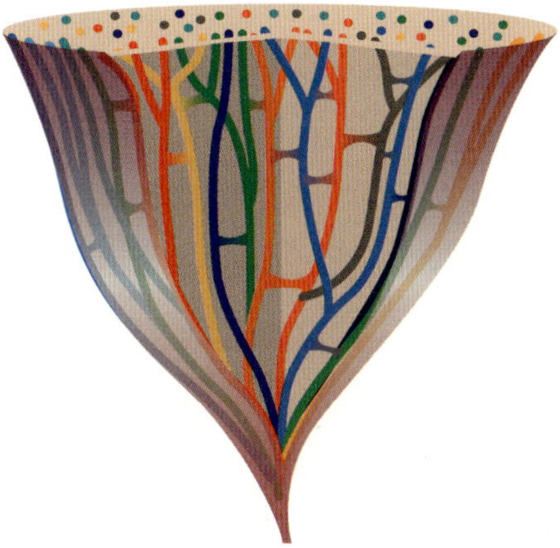

그림 1-9. 유전체 정보를 바탕으로 수평적 유전자 이동을 반영한 원핵미생물 계통수

성별이 없고, 형태가 단순하고, 수평적인 유전물질 교환이 활발한 점 등의 여러 가지 이유로 원핵미생물에서 종을 어떻게 정의해야 할지, 과연 원핵미생물에 종이라는 경계가 있기는 한 것인지 아직도 알지 못합니다. 이를 해결하기 위하여, 과학자들은 경험적 근거를 바탕으로 모든 원핵미생물에 범용적으로 적용 가능한 실용적인 종의 정의를 마련하고 종의 경계를 다음의 두 가지로 제시하였습니다.

13) Popa O. et al. (2011) "Trends and barriers to lateral gene transfer in prokaryotes". Curr Opin Microbiol 14,615-623

① 균주간의 DNA-DNA 혼성화율이 70% 이상이면 같은 종
② 균주간의 16S rRNA 유전자 염기서열 유사도가 97% 미만이면 다른 종

1987년, 국제원핵미생물분류위원회(International Committee on Systematic Prokaryotes)[14]는 회의를 열고 원핵미생물의 종을 DNA 혼성화 실험(DNA-DNA hybridization)에서 70% 이상의 혼성화도를 보이는 것으로 제안하게 됩니다.[15] DNA 혼성화 실험은 유전체의 상동성을 간접적으로 평가하는 방법입니다. 하필 70% 값을 사용하는 이유는 다음과 같습니다. DNA 혼성화 실험을 이미 알고 있던 미생물들에 적용해보니, 매우 가까운 균주 사이에서만 혼성화 반응이 일어나고 진화적 유연관계가 먼 균주 사이에는 전혀 반응이 일어나지 않는다는 것을 발견하였습니다. 표현형질들이 종을 분류하는데 모호한 경계를 제공했던 것에 비해, DNA 혼성화 실험의 결과는 매우 명확하게 가까운 종과 다른 종을 구분 지어 주었습니다. 그리고 기존에 여러 실험 데이터를 바탕으로 이미 종으로 묶인 그룹들을 이 실험에 적용해보니 평균적으로 한 종 내에서는 70% 이상의 혼성도를 보이는 사실을 발견하게 되었고,[16] 이것을 국제원핵미생물분류위원회에서 받아들여 DNA-DNA 혼성화율 70% 값을 종의 경계로 제시하여 오늘날까지 원핵미생물 종의 경계를 정하는 기준(gold standard)으로 쓰이고 있습니다. 그런데 DNA 혼성화 실험은 그간의 실험법들 중 유전체 간의 유사도를 가장 잘 반영한다는 장점이 있는 대신, 실험 자체가 까다롭고 비용도 많이 들며, 실험결과를 데이터베이스화하여 공유할 수 없고, 유연관계가 먼 종 사이에는 아예 적용할 수 없는 실험이라는 단점이 있었습니다.

14) http://www.the-icsp.org/
15) Wayne L. G. et al. (1987) "Report of the Ad-Hoc-Committee on reconciliation of approaches to bacterial systematics". Int J Syst Bacteriol 37,463-464
16) Schleifer K. H. et al. (1983) "Molecular systematics of prokaryotes". Annual review of microbiology 37,143-187

DNA-DNA 혼성화 실험(DNA-DNA hybridization)

DNA-DNA hybridization은 1969년에 개발된 실험법인데,[17] 우리말로는 DNA-DNA 혼성화 실험 또는 잡종화 실험이라고 할 수 있습니다. 이 실험은 비교하고자 하는 두 개 균주 간의 유전체 유사도를 간접적으로 측정하는 방법입니다. 아래 그림 1-10에서처럼 A라는 균주와 B균주의 유전체가 얼마나 비슷한지 알기 위해서 각각의 유전체 DNA를 추출합니다. DNA는 이중가닥으로 되어있는데, 이를 용액 상에서 높은 온도로 가열하면 이중가닥을 만들어주는 염기 사이의 상보적 수소결합이 끊어지면서 두 개의 단일가닥으로 분리됩니다. 이를 변성(denaturation)이라합니다. 이렇게 변성된 단일가닥의 DNA는 온도를 낮추어주면 다시 상보적인 염기서열을 찾아 이중가닥을 형성하게 되는데 이를 재결합(renaturation, reassociation)이라 합니다. 재결합 시에는 염기서열이 유사한 구간일수록 염기사이에 견고한 결합을 이루고, 반대로 염기서열에 차이가 크게 나

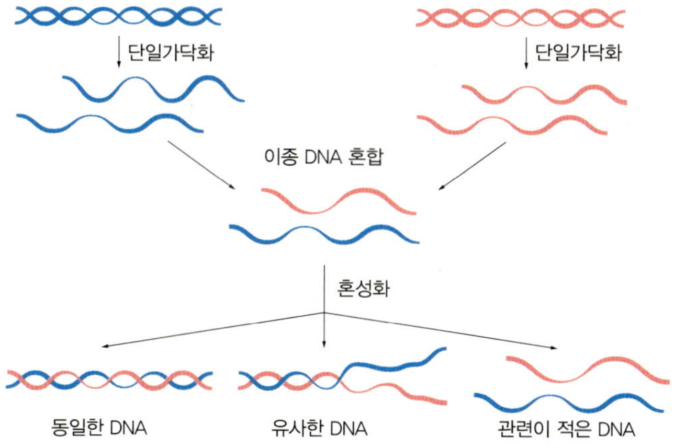

그림 1-10. DNA-DNA 혼성화 실험의 원리

17) Brenner D. J. et al. (1969) "Batch procedure for thermal elution of DNA from hydroxyapatite". Anal Biochem 28,447-459

는 구간은 서로 잘 붙지 않습니다. 따라서 균주 A의 단일가닥 DNA에 동일한 균주 A의 단일가닥 DNA를 섞어서 온도를 낮추면 대부분의 DNA가 제 짝을 찾아 재결합하여 이중가닥으로 바뀝니다. 그런데 균주 A의 DNA에 균주 B의 DNA를 섞어서 재결합반응을 시키면 두 균주 사이의 유전체 유사도에 따라 결합 비율이 달라집니다. 두 균주가 유사하면 재결합율이 높아지고, 차이가 좀 나는 균주라면 재결합률이 낮아지고, 아주 많이 다른 균주라면 아예 DNA 재결합이 일어나지 않습니다. 그래서 본래의 A균주 DNA가 스스로의 DNA에 재결합하는 비율에 비해 A와 B 사이의 재결합 비율을 상대적 백분위로 나타낸 것이 바로 DNA-DNA 혼성화율이 되는 것입니다.

재결합율을 측정하는 방법에는 아래와 같이 여러 가지 방법이 있습니다.

1. 분광광도법

이중가닥 DNA와 단일가닥 DNA가 260 nm 파장의 빛을 흡수하는 흡광도가 다르다는 것에 착안하여 분광광도계를 사용하여 재결합률을 측정하는 것입니다.[18] 비교하려는 두 가지 DNA를 모두 한 용액상에서 섞은 후 온도를 올려 변성시키고, 온도를 서서히 내려주면서 재결합이 시작되는데, 균주의 거리가 가까울수록 빨리 재결합이 완료되고, 멀수록 속도가 느립니다.

2. 멤브레인 고정법

한쪽 DNA를 나일론멤브레인에 고정시키고 여기에 비교하고자 하는 DNA를 결합시켜서 얼마나 붙는지 그 양을 측정하는 것입니다. 이때 probe DNA를 형광이나 방사선을 내는 물질로 표지(labelling)하여서, 이중가닥을 이룬 양만큼 신호가 커지는 것을 측정합니다.

18) De Ley J. et al. (1970) "The quantitative measurement of DNA hybridization from renaturation rates". European Journal of Biochemistry / FEBS 12,133-142

3. 마이크로플레이트법

이것은 멤브레인 고정법의 변형인데, DNA를 멤브레인에 붙이지 않고 마이크로플레이트 웰의 바닥에 붙여서 여기에서 재결합반응을 수행합니다.[19] Photobiotin으로 표식하기도 하고, 이중가닥에만 선택적으로 결합하는 사이버그린(SYBR Green I) 등과 같은 선택적 염색약을 첨가하여 형광 신호의 증감으로 재결합 양을 측정하기도 합니다. 이 방법의 장점은 DNA 양이 소량만 있어도 실험이 가능하다는 점입니다.

4. S1 nuclease법과 하이드로실아파타이트법

이 외에도 요즘에는 거의 쓰지 않는 방법이 두 가지 더 있는데, S1 nuclease법[20]과 하이드록실아파타이트 크로마토그래피(hydroxylapatite chromatography)법[16]입니다. 전자는 S1 nuclease가 단일가닥 DNA만 선택적으로 분해한다는 특징에 기반하여 재결합 양을 측정하는 것이고, 후자는 낮은 농도의 인산염 용액에서는 이중가닥 DNA만 선택적으로 하이드록실아파타이트에 부착하는 원리에 바탕을 둔 방법입니다.

5. 유전체 시퀀스 기반 ANI값

위의 DNA-DNA 혼성화 실험들은 실험이 까다롭고 비용과 노력이 많이 드는 단점이 있습니다. 그래서 최근에는 혼성화 실험을 대체한 유전체 기반 기술들이 등장하였습니다. 게놈시퀀싱을 통해 유전체 전체의 염기서열을 얻어낸 후, 비교하고자 하는 균주간의 유전체 염기서열 유사도를 직접 계산하는 방법입니다. ANI값(Average Nucleotide Identity)이라 불리

19) Ezaki T. et al. (1989) "Fluorometric deoxyribonucleic acid deoxyribonucleic acid hybridization in microdilution wells as an alternative to membrane-filter hybridization in which radioisotopes are used to determine genetic relatedness among bacterial strains". Int J Syst Bacteriol 39,224-229

20) Crosa J. H. et al. (1973) "Use of a single-strand specific nuclease for analysis of bacterial and plasmid deoxyribonucleic acid homoduplexes and heteroduplexes". J Bacteriol 115,904-911

는 이 값은 기존의 DNA 혼성화 실험결과와 비교해보니 그림 1-11처럼 선형적인 상관성을 보였는데, ANI 95~96% 정도가 DNA 혼성화율 70%에 해당되었으므로, 이 값을 종의 경계로 사용하고 있습니다. 즉, 유전체 사이의 염기서열 유사도가 평균적으로 95-96% 이상이 되면 같은 종으로 판단합니다.

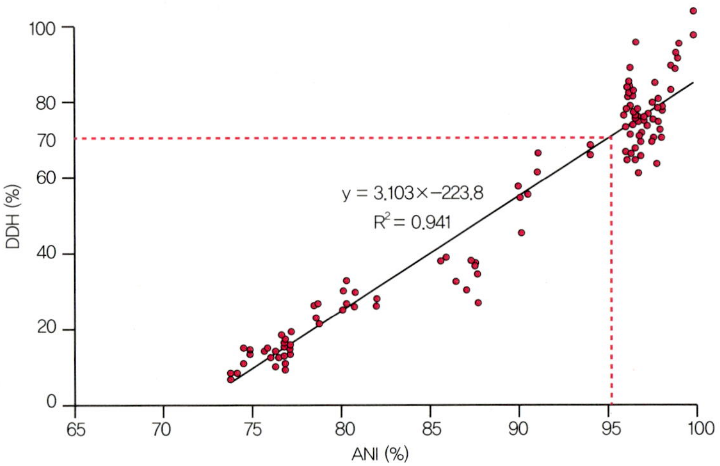

그림 1-11. ANI값과 DNA-DNA 혼성화율과의 상관관계 그래프
(Goris *et al*. (2007) IJSEM 57:81–91)

이후 16S rRNA에 의한 계통분류를 받아들인 분류학계는, DNA 혼성화법보다 훨씬 실험이 쉽고 빠르고 값싸며, 실험결과도 안정적이고 데이터베이스화하여 공유가 가능한 16S rRNA 유전자 염기서열을 기반으로 새로운 종 기준을 세우고자 했습니다. 그래서 16S rRNA 염기서열과 DNA 혼성화율의 상관관계를 그림 1-12와 같이 비교해 보았더니 불행히도 선형적인 상관관계를 보이지 않았습니다. 이는 16S rRNA가 유전체에 포함된 전체 유전자 중에서 가장 잘 보존된 유전자 중 하나이기

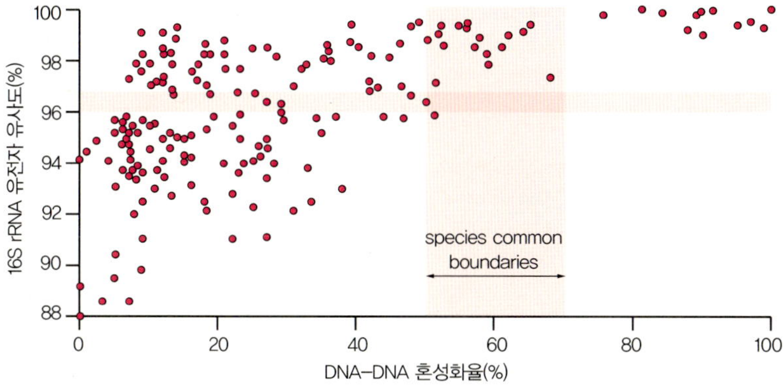

그림 1-12. DNA 혼성화율과 16S rRNA 유사도의 상관성

때문입니다. 16S rRNA는 균주의 생존에 매우 중요한 유전자이기 때문에 변이가 잘 생기지 않고 조상으로부터 후손까지 잘 보존되어 왔다는 말입니다. 이런 특성 때문에 16S rRNA는 속 수준까지의 동정에는 매우 유용하나, 종 수준의 동정에서는 해상도(resolution)가 떨어지는 단점이 있습니다. 그런데 선형적 상관성은 발견하지 못했지만, 16S rRNA 염기서열 유사도가 97% 미만인 균주들은 모두 DNA 혼성화율 또한 70% 미만이라는 사실을 확인하였습니다. 16S rRNA 유사도가 97% 이상이 될 때는 DNA 혼성화율이 10~100%까지 범위가 다양하였습니다. 그래서 과학자들은 다음과 같은 결론을 내리게 됩니다. 두 균주 간에 16S rRNA 염기서열이 3%를 초과하여 차이가 나면 서로 다른 종으로 구분하고, 차이가 3% 이하이면 같은 종일 수도 있고 아닐 수도 있다고 말입니다.[21) 22)] [23)] 그래서 만일 어떤 종인지 모르는 균주 X가 비교하고자 하는 균주와

21) Amann R. I. et al. (1992) "Diversity among fibrobacter isolates – towards a phylogenetic classification". Syst Appl Microbiol 15,23-31

22) Devereux R. et al. (1990) "Diversity and origin of Desulfo*vibrio* species – phylogenetic definition of a family". J Bacteriol 172,3609-3619

23) Stackebrandt E. et al. (1994) "Taxonomic note: a place for DNA-DNA reassociation and 16S rRNA sequence analysis in the present species definition in bacteriology" Int. J. Syst. Bacteriol. 44, 846-849.

97% 이상의 유사도를 보였다면, 두 종이 정말 동일 종인지 확인하기 위하여 DNA 혼성화 실험을 수행해야 합니다. 즉 16S rRNA 유사도는 다른 종인지 확인하는 데 쓰이고, 같은 종인지 최종적으로 확인하기 위해서는 DNA 혼성화율 70% 이상을 보여야 확실한 동정이 마무리됩니다.

표준균주란?

원핵미생물 종의 기준을 이해하려면 표준균주(type strain) 개념을 알아야 합니다. 학급에 학우들을 대표하는 반장이 있듯이, 표준균주란 종에 속하는 여러 균주 중 반장에 해당하는 균주라고 생각하면 쉽습니다. 어떤 과학자가 새로운 세균 무리를 발견하고 이들을 새로운 종으로 지정하려면, 그 과학자는 그 무리의 대표가 될 표준균주를 먼저 선정하여야 합니다. 일단 표준균주로 선정된 균주는 앞으로 이 종을 대표해서 이 종의 이름을 보유하고, 종의 경계를 설정하는 구심점으로 작용합니다. 대개 가장 처음 연구된 균주가 표준균주로 지정됩니다. 이후 새로운 균주가 발견되면 표준균주와 비교해 보아서 DNA 혼성화율이 70% 이상 되면 같은 종으로 동정됩니다. 즉, 종이라는 카테고리 안에는 표준균주를 중심으로 조금씩 특성이 다른 여러 개의 균주가 포함되는 것입니다.

새로운 미생물의 명명

자, 이제 우리는 원핵미생물 종을 가름하는 기준을 확실히 숙지하였습니다. 여러분은 미지의 미생물을 동정하기 위해서 미생물의 DNA만 있으면 됩니다. 그런데 16S rRNA와 DNA 혼성화율을 바탕으로 동정하였더니, 이제까지 알려진 어느 종과도 일치가 안 된다면 어떻게 하시겠습니까? 여러분은 바로 이제껏 밝혀지지 않았던 99%의 미생물 중 하나를 발견하신 셈이 됩니다. 이 미생물의 특성을 좀 더 자세히 연구해서 새로운 종의 지위를 부여하고 그게 걸맞은 이름을 붙여줘야 할 차례입니다. 이런 시구가 있지요. '내가 그의 이름을 불러 주기 전에는 그는 다만 하나의 몸짓에 지나지 않았다. 내가 그의 이름을 불러 주었을 때, 그는 나에게로 와서 꽃이 되었다.' 미생물도 마찬가지입니다. 아무리 특성이 잘 연구된 독립적인 그룹이라고 해도 이름을 붙여주지 않으면 그 그룹은 새로운 종으로 인정받지 못합니다. 그럼 원핵미생물의 이름은 어떤 규칙을 따라 정하게 될까요? 원핵미생물 명명(nomenclature)은 기본적으로는 린네(Carl Linnaeus)가 제안한 이명법을 따릅니다. 생물의 속명(generic name)과 종명(specific epithet)을 나란히 쓰되, 라틴어 문법에 맞추어야 하고, 이탤릭체로 표기합니다. 우리말로 '종명'이라 번역하기 때문에 오해가 좀 있는데, 영어로는 specific epithet, 즉 종명형용어라고 말합니다. 속(genus)까지는 고유명사를 부여하지만, 종명에는 그 종(species)을 묘사하는 형용사를 붙여줍니다. 그래서 영어에서 사람 이름의 첫 글자를 대문자로 쓰듯이 속명은 항상 첫 글자를 대문자로 쓰지만, 종명은 그렇지 않은 것입니다. 따라서 속명은 단독으로 사용할 수 있지만, 종명은 항상 앞에 속명과 함께 기술되어야만 쓸 수 있습니다. 마찬가지로, 속명은 다른 분류군과 중복되지 않는 고유한 명사를 써야 하고, 종명은 같은 속에 속하지 않으면 이 속 저 속에 중복해서 쓸 수 있습니다. 대장균의 예를 들어보겠습니다. 대장균의 학명은 *Escherichia coli*입니다. 속명인 *Escherichia*는 미생물학자 *Escherich*의 이름을 따서 라틴어화 시킨 고유명사입니다. coli는 라틴어로 대장을 뜻하는 colum의 형용사형으로 '대장의(of the colon)'라는 형용사입니다. 따라서 대장균의 이름 *Escherichia coli*는 '대장에 사는 에쉐리키아'라는 뜻을 가지게 되는 것이지요. 마찬가지로 황색포도상구균의 학명인 *Staphylococcus aureus*도 aureus가 라틴어로 'golden'이라는 형용사이므로, 그 이름의 뜻은 '금빛 포도상구균'이 되는 것이지요.

원핵미생물의 명명 관리

원핵미생물의 명명 관리는 이를 관장하는 국제위원회와 법전이 따로 마련되어 있어서, 굉장히 엄격하고 체계적으로 관리되고 있습니다. 명명에 관한 법전은 'International Code of Nomenclature of Bacteria'이고 줄여서 'Bacteriological Code'라고 부릅니다.[24] 국제원핵미생물분류위원회(International Committee on Systematic Prokaryotes, ICSP)[25]가 이 법전에 따라 세균과 고균의 이름을 관리하는 일원화된 기구이지요. 이 위원회에서는 원핵미생물의 명명 규칙을 결정하고, 명명을 감독하고, 법전을 개정하는 일 등을 맡아서 합니다.

여러분이 신종의 이름을 짓고 이를 공식적으로 인정받고 싶으면, 예외 없이 이 위원회에 보고하고 승인을 받아야 합니다. 현재 알려진 원핵미생물 종수가 곰팡이에 비해 훨씬 적은 데는 다음과 같은 사연이 있습니다. 예전에는 표현형에 기반하여 미생물을 분류하다 보니 분류가 중구난방으로 진행되어, 한 세균그룹에 저마다 다른 학자가 저마다 다른 이름을 붙여주는 일이 허다하였고, 균주 보관도 한 연구실 수준에서 이루어지다 보니 종을 연구했던 학자가 은퇴하거나 죽으면 그 균주도 후대에 전해지지 않고 사라져 버리는 경우가 많았습니다. 그래서 1980년 1월 1일 국제원핵미생물분류위원회는 이전에 체계 없이 관리되던 원핵미생물의 종명을 싹 정리하게 됩니다. 중복된 이름은 하나로 정리하고, 균주가 사라진 종들은 이름을 삭제하는 식으로 말이

24) Lapage S.P. et al. (1992) "International Code of Nomenclature of Bacteria Bacteriological Code, 1990 Revision". ASM Press, Washington, D.C.

25) http://www.the-icsp.org/

지요. 그리고 이 정리를 거쳐 1980년 당시에 최종적으로 남은 종명들을 'Approved Lists of Names'라는 이름으로 출간하고 공표하였습니다. 이날 이후 이 리스트에 이름이 올라간 종들만이 공식적인 종으로 인정받았기 때문에, 이날을 원핵미생물분류학사에 있어서 새로운 시작일이라 할 수 있습니다. 이 전에 수만 종에 이르던 원핵미생물 종은 이날 2,500여 종으로 줄어들게 된 것이죠. 그러나 이때 뼈를 깎는 노력으로 정리한 덕에 현재 원핵미생물의 분류시스템이 체계적이고 선진적으로 발전할 기틀이 완성된 셈입니다. 당시 2,500여 종에 지나지 않던 종의 수는 불과 30년 만에 9천 종까지 늘어났습니다. 국제원핵미생물분류위원회는 지금도 계속 종의 이름을 관리하고 있는데, 신종이 보고되면 그 이름을 매달 출간하는 Notification list와 Validation list에 실어서 공표해줍니다. Notification list는 원핵미생물분류학회에서 편찬하는 저널(International Journal of Systematic and Evolutionary Microbiology)에 직접 신종을 보고하였을 때, Validation list는 기타 저널에 신종을 보고한 후 위원회측에 신종 인증을 신청하였을 때 실어줍니다. 그런데 위원회가 판단하기에 공식적으로 인정이 곤란한 균주는 이 리스트에 올려주지 않기 때문에, 그런 종들의 이름은 논문에 출간되고 신종으로 제안은 되었으나 '무효한 이름(invalid name)'이라 하여, 공식적으로는 종명으로 인정받지 못하며, 굳이 그 이름을 사용해야 한다면 이름 양옆에 따옴표를 붙여서 "*Pseudomonas denitrificans*"와 같이 무효한 이름임을 표기해야 합니다.

한 종에 속하는 서로 다른 균주들의 구분법

원핵미생물의 종을 칭할 때는 이명법에 따른 이름을 쓴다고 했습니다. 그런데 앞에서 읽으셨다시피 원핵미생물의 종 경계 내에는 표준균주를 중심으로 그와 유사한 여러 균주가 포함되는데, 여기서 균주(strain)란 하나의 세포(single cell)에서 증식하여서 유전적으로 완전히 동일한 군집(population)을 말합니다. 유전인자 중 일부에 변이가 생긴다면 그때부터 그 변이 세포는 모세포와 다른 독립적인 균주가 되는 것이지요(그림 1-13). 이렇게 유전적으로 동일한 집단인 균주는 각각 고유한 균주명(designation)을 붙여줍니다. 이 균주명을 정하는 데는 특별한 규칙은 없고, 처음 연구하여 보고하는 사람이 숫자와 영문자의 조합 안에서 마음대로 정할 수 있습니다. 결핵균인 *Mycobacterium tuberculosis*에는 여러 개의 균주가 알려져 있는데, 균주 명칭이 210, 02_1987, CTRI-2 등으로 다양합니다. 이 균주의 명칭으로만 균주를 칭할 때는 앞에 strain을 붙여서 strain 210 또는 strain CTRI-2 라고 부르면 되겠지요. 종 이름까지 다 써서 부르고 싶으면, strain을 빼고 *Mycobacterium tuberculosis* CTRI-2 라고 쓰면 됩니다. 각 종의 표준균주는 매우 중요하기 때문에 특별히 표

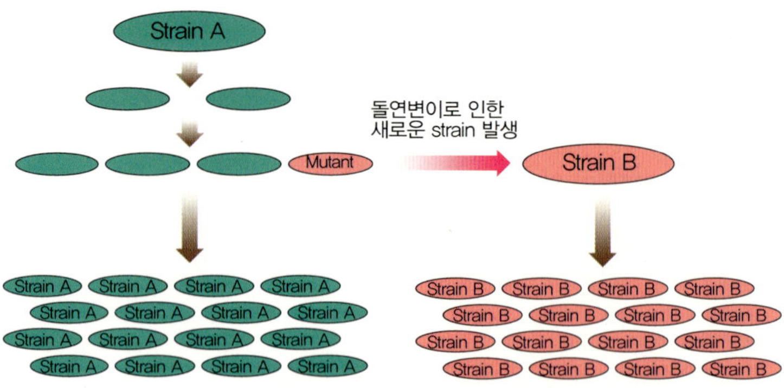

그림 1-13. 원핵미생물의 균주(strain) 개념

기를 해주는데, 균주 명칭 뒤에 위첨자로 영문 대문자 T를 붙입니다. 따라서 *Mycobacterium tuberculosis*의 표준균주 H37Rv을 나타내려면 strain H37Rv^{T} 또는 *Mycobacterium tuberculosis* H37Rv^{T} 라고 하면 되는 것이지요.

균주센터(Culture Collection)

균주센터(Culture Collection) 또는 생물자원센터(Biological Resource Center)는 미생물을 비롯한 생물자원을 연구자로부터 기탁받아 영구히 관리 및 보존하는 한편, 다른 연구자들이 필요한 경우 적법한 절차를 거쳐 균주를 분양하여 줌으로써 보존자원을 활용할 수 있게 해주는 기능을 하고 있습니다. 2013년 현재 전 세계적으로 70개국에 648개의 균주센터가 존재하며, 종 보유 균주 수는 세균 1백만 점, 곰팡이 70만 점, 바이러스 4만 점으로 알려졌습니다. 이 중 우리나라에는 KCTC와 KACC를 비롯한 21개의 균주센터가 등록되어 있고, 보유 균주 수는 15만 점으로서 미국, 일본, 브라질, 중국, 인도에 이어 6위를 점하고 있습니다. 전 세계 균주센터에 대한 상세한 정보는 세계미생물데이터센터(WFCC-MIRCEN World Data Centre for Microorganisms) 홈페이지에서 확인할 수 있습니다(http://www.wdcm.org).

표 1-2. 주요 미생물 균주센터 정보

약칭	국가	명칭	홈페이지
KACC	한국	농업유전자원정보센터	http://www.genebank.go.kr/
KCTC	한국	한국생명공학연구원 미생물자원센터	http://kctc.kribb.re.kr/
ATCC	미국	American Type Culture Collection	http://www.atcc.org/
DSMZ	독일	German Collection of Microorganisms	http://www.dsmz.de/
JCM	일본	Japan Collection of Microorganisms	http://www.jcm.riken.jp/
BCCM	벨기에	Belgian Coordinated Collections of Microorganisms	http://bccm.belspo.be/
CIP	프랑스	Collection de L'Institut Pasteur	http://www.crbip.pasteur.fr/

새로운 미생물 종의 입증

자, 여러분은 원핵미생물의 DNA를 사용해서 미지의 미생물을 동정할 수 있고, 신종을 찾아내어 새로운 이름도 붙여줄 수 있게 되었습니다. 그러면 신종을 발견하고 이름을 붙이는 것만으로 새로운 종을 인정받을 수 있을까요? 아닙니다. 아직 두 가지의 일이 더 남았습니다. 한 가지는 신종으로 등록하고자 하는 균주를 균주센터에 기탁하여 보관시키는 일이고, 다른 한 가지는 종의 형질을 기술하여 논문으로 출간하는 일입니다.

먼저 균주기탁에 대해 살펴보겠습니다. 원핵미생물이 종의 지위를 인정받으려면 균주가 영구히 보존되어야 하고 다른 과학자들이 연구에 사용할 수 있도록 공유되어야 합니다. 내가 분리한 균주를 내 실험실에서만 보관하면 후에 내가 연구를 그만두거나 죽었을 때 균주가 소실되게 됩니다. 이러한 문제를 해결하기 위해서 공공의 목적으로 설립된 균주센터(Culture collection) 또는 생물자원센터(Biological Resource Center)들이 존재합니다. 국제원핵미생물학회는 적어도 서로 다른 국가에 있는 2곳 이상의 균주센터에 균주를 기탁하였을 때에만 종의 지위를 인정해줍니다. 이는 전쟁이나 천재지변으로 인해 균주센터의 자원이 소실되는 사태에 대비하기 위함입니다. 조선 시대에 왕조실록을 4개 지방의 사고에 중복하여 보관한 것과 같은 이유입니다. 또한, 이렇게 기탁된 종은 적법한 실험실 환경을 갖춘 연구자 누구에게나 분양할 수 있어야 합니다. 여러분이 발견한 신종을 기탁하고자 하면 원하는 균주센터를 정하여 기탁신청서와 함께 균주를 보내면 됩니다. 그러면 균주센터에서는 자체적인 동정을 시행하여 균주 품질을 검사한 후, 균주를 장기 보관하기 위한 저장분(stock)을 만듭니다. 장기 보관을 위해 균주를 동결건조시키기도 하고, −80℃ 이하의 초저온 냉동고에 보관하기도 합니다. 물론 정기적으로 균주의 보존 상태와 생존능력 검사를 하는 것도 균주센터의 일입니다. 그러니 일단 균주센터에 기탁을 마쳤다면, 여러분은 이제 이 균주가 죽어서 소실되지 않을까 하는 걱정은 잊으셔도 되는 것이지요.

이제 새로운 종을 발견하였음을 논문으로 출간해서 학계의 인정을 받는 일만 남았습니다. 신종을 보고할 때는 다른 사람들이 이 종을 동정할 때 실용적인 방법으로 정확하게 동정할 수 있도록 종에 대한 충분한 정보를 제공해야 할 의무가 있습니다. 또 원핵미생물 종의 특성상 종에 속하는 균주간의 다양성이 크기 때문에, 가능한 한 표준균주를 비롯한 여러 개의 균주를 함께 아울러 비교 실험을 하는 것이 바람직합니다. 16S rRNA 유전자와 DNA 혼성화 법이 유전자/유전체 수준에서 종을 훌륭히 정의하고는 있지만, 실험에는 언제나 실험오차가 있을 수 있고, 아주 드물게 16S rRNA 오페론도 수평적 유전자 이동(horizontal gene transfer)의 영향을 받는 경우도 보고되었기 때문에 신종을 제안할 때는 유전체적/표현형적 특성을 포괄적으로 연구하여 확실히 이 그룹이 다른 종들과 차이가 있는 새로운 종이라는 사실을 다방면으로 입증하여야 합니다. 이를 위해서 현재 기술 수준에서 가능한 한 많은 미생물 특성들을 총체적으로 연구하여야 하는데 이를 다상적 분류라고 합니다.[26) 27)] 다상적 분류를 위해 필요한 실험은 아래 그림 1-14에서처럼 크게 유전체적 특성과 표현형적 특성으로 나뉠 수 있습니다. 이제부터는 다상적 분류를 위해 필요한 실험들을 구체적으로 살펴보겠습니다.

---

26) Colwell R. R. (1970) "Polyphasic taxonomy of the genus *vibrio*: numerical taxonomy of *Vibrio cholerae, Vibrio parahaemolyticus*, and related *Vibrio* species". J Bacteriol 104,410-433

27) Vandamme P. et al. (1996) "Polyphasic taxonomy, a consensus approach to bacterial systematics". Microbiol Rev 60,407-438

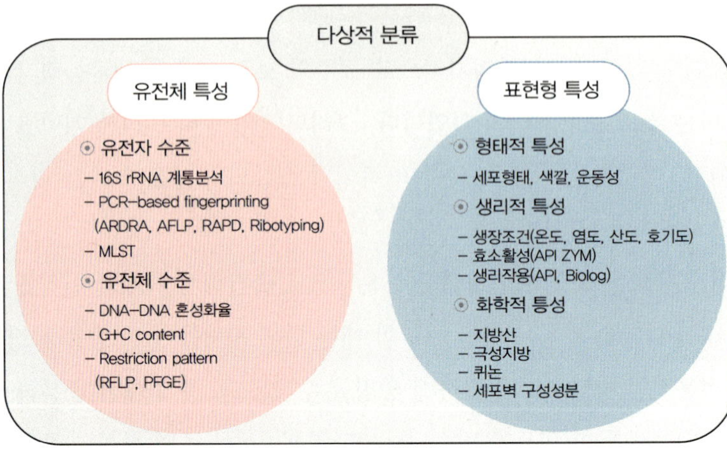

그림 1-14. 원핵미생물 종 기술을 위한 다상적 분류체계의 범위

1. 유전체적 특성(Genomic information)

가. 16S rRNA 계통분석

우리가 미지의 미생물로부터 16S rRNA 유전자를 얻었다면, 먼저 이 균주가 어느 종이나 속에 속하는지 대략적인 동정이 필요합니다. 16S rRNA 유전자는 원핵미생물분류를 위해 가장 중요한 정보이기 때문에, 원핵미생물 표준균주의 대부분에 대해 유전자 염기서열이 알려졌습니다. 알려진 표준균주 염기서열들에 미지의 염기서열을 비교해 보아서 가장 유사한 그룹을 찾아내야 하는데, 일반적으로 생물학 연구에 널리 쓰이는 데이터베이스인 NCBI[28]와 BLAST 검색을 사용할 수도 있지만, 원핵미생물의 16S rRNA만 모아서 잘 정리해 둔 데이터베이스인 EzTaxon,[29] RDP,[30] Silva,[31] Greengenes[32] 등을 활용하면 검색의 정확

28) http://www.ncbi.nlm.nih.gov
29) http://eztaxon-e.ezbiocloud.net
30) http://rdp.cme.msu.edu
31) http://www.arb-silva.de
32) http://greengenes.lbl.gov

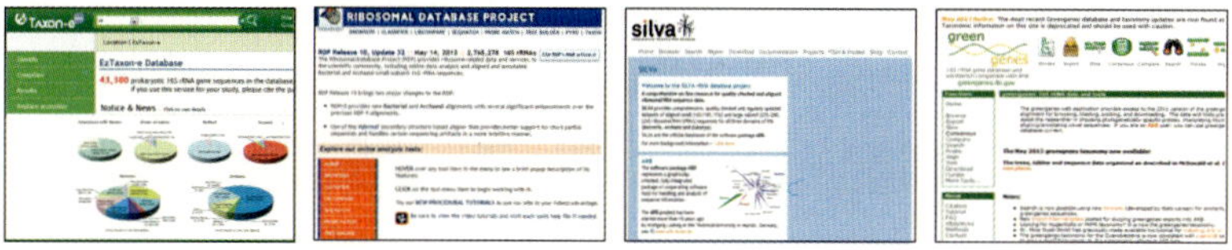

그림 1-15. 16S rRNA 유전자 염기서열을 모아서 정리해 둔 데이터베이스

도가 높아집니다(그림 1-15).

검색을 통해 대략적인 분류군을 추정하고, 관련 균주들의 유전자 염기서열을 확보했다면 이제 계통분석(phylogenetic analysis)을 수행할 차례입니다. 현존하는 생물들의 진화경로를 추적하고 그를 바탕으로 서로의 관련성을 알고자 하는 것을 계통분석, 특히 유전자 염기서열이나 단백질 아미노산 서열을 사용하는 것을 분자계통분석이라고 하지요. 분자계통분석을 위해서는 먼저 염기서열을 정렬(alignment)해야 하는데, 이는 두 개 이상의 염기서열을 서로 비교하여 상동성 있는 부위를 찾는 작업입니다. 쉽게 말하면, 조상으로부터 공통적으로 물려받은 염기서열끼리 같은 위치에서 상호 비교가 될 수 있도록 줄을 맞추어 주는 것입니다. 염기서열이 잘 맞지 않는 부분에는 빈 간격(gap)을 주기도 합니다. 그림 1-16에 균주 A, B, C의 염기서열이 정렬에 의해 최대한 많은 염기가 서로 매치될 수 있게 배열된 것을 볼 수 있습니다. 정렬을 도와주는 프로그램으로 CLUSTAL,[33] jPHYDIT,[34] MAFFT,[35] Muscle[36] 등이 있습니다.

33) Higgins D. G. et al. (1988) "Clustal - a package for performing multiple sequence alignment on a microcomputer". Gene 73,237-244

34) Jeon Y. S. et al. (2005) "jPHYDIT: a JAVA-based integrated environment for molecular phylogeny of ribosomal RNA sequences". Bioinformatics 21,3171-3173

35) Katoh K. et al. (2002) "MAFFT: a novel method for rapid multiple sequence alignment based on fast Fourier transform". Nucleic Acids Res 30,3059-3066

36) Edgar R. C. (2004) "MUSCLE: multiple sequence alignment with high accuracy and high throughput". Nucleic Acids Res 32,1792-1797

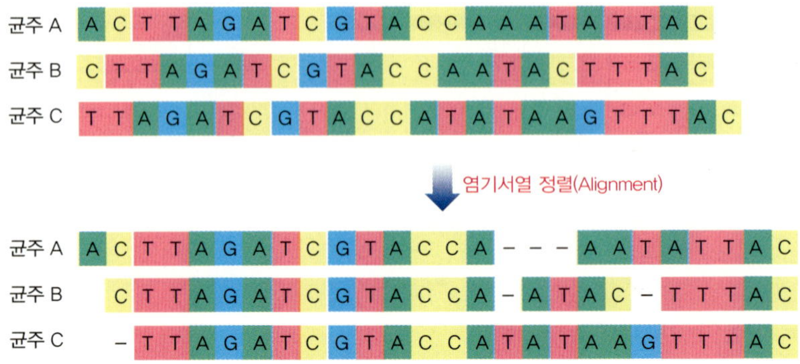

그림 1-16. 염기서열 정렬 모식도

정렬이 완료되었으면, 이제 이를 바탕으로 계통수(phylogenetic tree)를 추정합니다. 계통수를 그리는 데는 몇 가지 방법이 있습니다. 먼저 distance matrix에 기반하여 계통수를 그리는 방법이 있는데, neighbor-joining, UPGMA 등이 여기에 속합니다. 여기서 distance란 정렬된 서열들을 서로서로 비교하여 얻어진 염기서열 유사도입니다. 생물체의 n개의 염기서열을 비교하면 n×n 개의 값을 갖는 distance matrix가 얻어지고, 이를 바탕으로 전체 분지 길이가 가장 짧은 계통수를 산출해 내는 방법입니다(그림 1-17). Maximum parsimony법도 있는데, 균주 간에 차이를 보이는 염기 싸이트만 추출하여 이렇게 변이가 생기게 된 여러 경로 중에서, 전체 염기서열 변화 횟수가 가장 작은 계통수를 찾아내는 방법입니다. Maximum likelihood는 n개의 생물체를 가지고 그릴 수 있는 가능한 모든 계통수 형태 중에서 주어진 진화의 가정을 만족할 가능성이 가장 높은 계통수를 찾아냅니다. 먼저 각 염기 싸이트 별로 가능한 모든 진화경로를 그려보고 이들 각각의 가능성을 계산하여 합산하고, 이렇게 합산된 각 염기 싸이트의 가능성을 모두 곱하여 최종적으로 한 개 계통수의 가능성을 판단하게 되므로, 모든

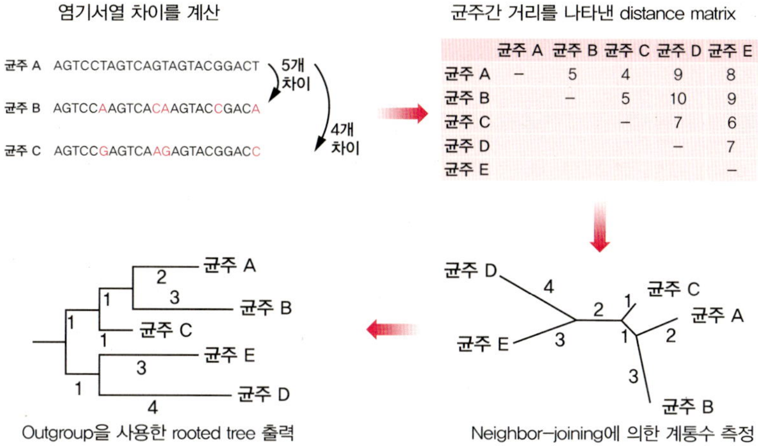

그림 1-17. 염기서열 간의 거리(distance)에 기반한 계통수 추정 과정의 모식도

가능한 계통수에 대해 이 계산을 하려면 계산량이 무척 많아지게 됩니다. 위의 계통수 추정 방법들은 각각 다른 진화 모델을 가정한 알고리즘을 바탕으로 작동합니다. 따라서 어느 방법으로 계통수를 추정하느냐에 따라 계통수 모양이 조금씩 달라지는 것이 일반적입니다. 우리는 현존 생물들이 어떻게 진화해 왔는지 추정은 할 수 있지만, 진짜로 그 계통수의 경로대로 진화해 왔는지는 확신할 수 없습니다. 따라서 계통수에는 정답이란 것이 없습니다. 연구대상 생물체의 진화적 경향을 가장 잘 반영하는 계통분석법을 택하여 추정하는 것이 우리가 할 수 있는 최선이지요. 계통수 추정에 많이 쓰이는 프로그램은 MEGA,[37] PAUP,[38] PHYLIP[39] 등이 있습니다.

37) Tamura K. et al. (2011) "MEGA5: molecular evolutionary genetics analysis using maximum likelihood, evolutionary distance, and maximum parsimony methods". Mol Biol Evol 28,2731–2739

38) Swofford D. L. (2003) "PAUP*. Phylogenetic Analysis Using Parsimony (*and Other Methods). Version 4. Sinauer Associates, Sunderland, Massachusetts.

39) Felsenstein J. (1981) "Evolutionary trees from DNA-sequences – a Maximum-Likelihood Approach". J Mol Evol 17,368–376

나. DNA G+C content

G+C content는 유전체 염기서열에 A, T, G, C 중에 G와 C가 차지하는 비율을 말합니다. 과거 유전체 정보를 직접 알 수 없었던 시대에는 이 수치의 차이를 보고 균주 간의 거리를 간접적으로 추정했던 것이지요. 원핵미생물 종류마다 이 값이 차이가 있는데, 20~80 mol% 수준으로 알려져 있습니다. 대장균의 G+C content는 기억하기 좋게도 50 mol% 이고, 흙의 고유한 냄새를 만드는 장본인인 방선균은 73 mol%를 보입니다. 이 G+C content는 종 내의 균주 간에는 5% 이내에 차이가 나고, 속 내의 서로 다른 종 간에는 10% 이내의 차이가 나는 것이 일반적입니다. G+C content를 측정하기 위한 실험은 크게 두 가지가 있습니다. T_m법과 HPLC법[40]입니다. T_m이란 melting temperature의 약자로 DNA 이중가닥이 고온에 의해 단일가닥으로 떨어지게 되는 온도를 의미하며, melting이 50% 진행되었을 때의 온도를 T_m으로 정의합니다. 그림 1-18의 좌측과 같이 이중가닥이 단일가닥으로 분리되면서 260 nm 파장에 대한 흡광도가 증가하게 되는데, 온도를 서서히 올려주면서 흡광도 변화를 측정하면 T_m을 결정할 수 있습니다. 이 T_m은 균주 내에 G와 C의 상보적 결합이 많을수록 높아지게 되므로, G+C content를 알고 있는 표준균주의 T_m과 비교하여 미지의 DNA의 G+C content를 계산합니다. HPLC법은 DNA를 nuclease P1이라는 효소를 사용해서 monomer로 분해한 후, 그 결과 얻어진 산물인 dA, dT, dG, dC의 혼합물을 그림 1-18의 우측과 같이 HPLC를 사용하여 분리하고, 각 피크의 면적을 통해 네 개 염기의 비율을 계산하는 방법입니다. 최근에는 게놈시퀀싱을 통해 염기서열 상에서 직접 비율을 계산할 수 있

40) Mesbah M. et al. (1989) "Precise measurement of the G+C Content of deoxyribonucleic-acid by high-performance liquid-chromatography". Int J Syst Bacteriol 39,159-167

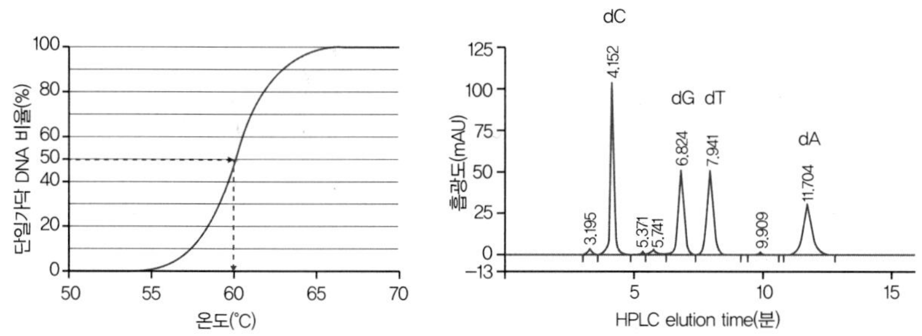

그림 1-18. G+C content 측정을 위한 T_m법과 HPLC법

으므로, 이 실험을 생략할 수 있습니다.

다. DNA fingerprinting

DNA fingerprinting은 유전체와 유전체 사이의 관계를 대략적으로 확인해 볼 때 쓰는 방법으로, 한 종에 속하는 여러 균주 사이의 차이점을 확인할 때 주로 사용합니다. 유전체를 통째로, 또는 DNA를 제한효소 등으로 잘라서 조각화 한 후, 또는 임의의 프라이머를 사용해서 무작위로 증폭시킨 산물 등을 전기영동으로 분리하여 다양한 밴드패턴이 나타나는 것으로 균주 간의 차이를 확인합니다(그림 1-19). 전체 유전체의 조각 양상을 보는 Restriction pattern법에는 RFLP (Restriction Fragment Length Polymorphism), PFGE (Pulsed Field Gel Electrophoresis) 등이 있고, 특정 유전자만 증폭하여 그 양상을 보는 PCR-based DNA fingerprinting법에는 ARDRA (Amplified Ribosomal DNA Restriction Analysis), AFLP (Amplified Fragment Length Polymorphism), RAPD (Random Amplified Polymorphic DNA), Ribotyping 등이 있습니다.

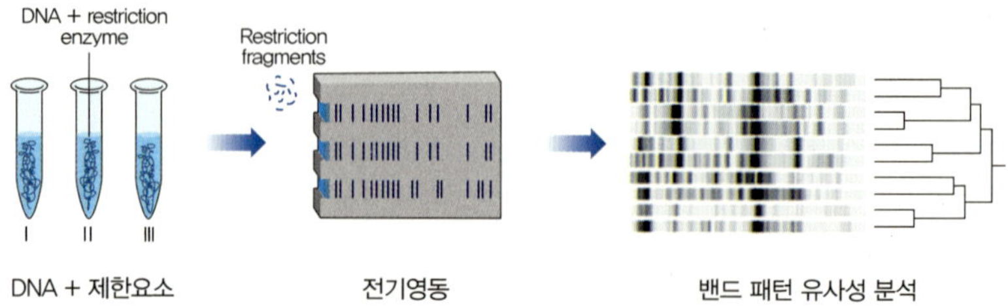

그림 1-19. DNA finger printing의 원리

2. 표현형적 특성(Phenotypic characteristics)

표현형질은 분명 유전형질의 발현 결과로, 우리가 진화적 연관성을 추정할 때 좋은 근거자료가 됩니다. 그러나 우리가 관찰할 수 있는 표현형질은 수많은 유전형질 중 아주 일부에 지나지 않기 때문에 표현형질에만 의존하여 분류하는 데는 큰 한계가 있습니다. 따라서 유전체 특성에 따라 분류군의 위치를 파악한 후 이를 뒷받침하는 데이터로 사용하는 것이 바람직합니다. 또한, 유전체 상에 잠재된 형질들이 표현형으로 나타나는 것은 생물체가 처한 생존 환경이나 생물체 자체의 연령이나 발생 단계 등에 크게 영향을 받습니다. 따라서 표현형적 특성을 알아내려면 가능한 다양한 형질을 최대한 표준화된 실험 조건에서 관찰하는 것이 중요합니다.

가. 형태적 특성(Visible characteristics)

형태적 특성은 세포형태와 콜로니 형태를 모두 관찰해야 합니다. 콜로니 모양, 콜로니 색깔, 세포의 모양(그림 1-20), 크기, 내생포자(endospore) 형성여부, 내포물, 편모, 운동성 여부 및 그람 염색(Gram-staining) 등 다양한 염색약에 의한 염색반응을 조사합니다.

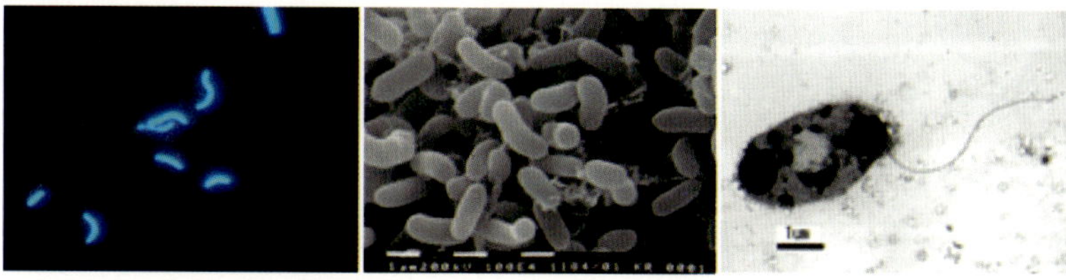

그림 1-20. 형광현미경, 주사전자현미경, 투과전자현미경을 사용한 세포형태 관찰

나. 생리적 특성(Physiological characteristics)

미생물을 배지에서 키우면서 나타나는 생리적, 대사적 특징들을 관찰하는 것입니다. 일반적으로 탄소 및 질소원, 에너지원, 발효산물, 영양형태(자가영양, 독립영양 등), 최적 생장조건(온도, 염도, 산도, 호기도), 이차 대사산물, 항생제 감수성, 효소활성 등을 조사합니다. 여러 개의 실험을 하나의 kit로 간소화시킨 상업적 제품(API, Biolog, Vitek 등)을 사용할 수도 있는데(그림 1-21), 이런 제품은 임상검체에서 흔히 발견되는 세균을 동정하기 위해 개발된 제품이므로 환경에서 분리된 미지의 미생물에 적용할 때는 검사결과의 해석을 신중히 해야 하고, 추가적인 실험으로 결과의 정확성을 높여야 합니다.

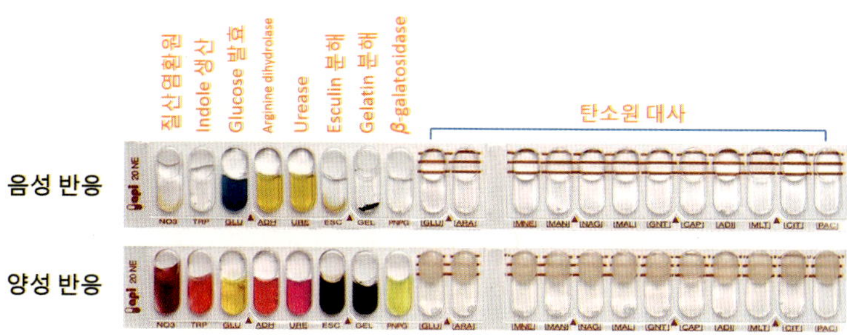

그림 1-21. API 20NE를 사용한 생리적 특성 검사의 예

다. 화학적 특성(Chemotaxonomic characteristics)

세포의 화학적 구성성분 차이를 바탕으로 균주를 분류하는 것을 화학분류라고 하는데, 세포 내 지방질, 폴리아민, 세포벽 성분 등을 분석합니다. 지방은 지방산, 퀴논, 극성지방, 그리고 마이콜릭산(mycolic acids)의 네 가지 종류로 나누어 분석합니다(그림 1-22).

① 지방산(Fatty acids)

지방산은 세포막의 극성지방(polar lipid)이나 지질성 다당류(lipopolysaccharide)의 주요 구성성분입니다. 이 지방산을 구성하는 탄

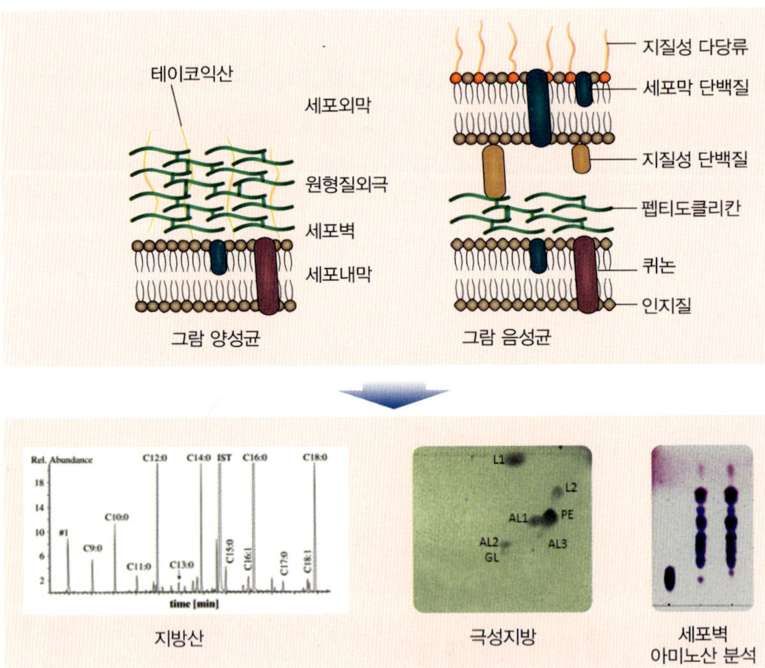

그림 1-22. 그람 양성균과 음성균의 세포막/세포벽 구성과 화학분류적 실험결과 예시

소사슬의 길이(8~26개 탄소로 다양), 불포화 정도, 분지 유무, 링구조 유무 등에 따라 다양한 구조를 보입니다. 균주를 높은 온도에서 키우면 긴 사슬의 지방산을 생산해서 세포막 안전성을 높이는데, 이 때문에 지방산은 배양 조건에 의해 특성이 달라지는 맹점이 있습니다. 정확한 분석을 위해서는 표준 조건에서 배양하는 것은 물론, 세포의 생장단계를 균질화하는 것이 중요합니다. 분석을 위해서는 지방산을 메틸에스테르화(methyl ester) 시킨 후 가스크로마토그래피로 분석하는데, MIDI사의 상용화된 기기와 데이터베이스를 일반적으로 많이 사용합니다.

② **마이콜릭산**(Mycolic acids)

마이코박테리움(Mycobacterium)을 비롯한 몇몇 세균그룹은 탄소사슬이 24~90개에 이르는 분자량이 상당히 큰 지방산을 세포벽에 포함하고 있습니다. 이 때문에 세포벽이 왁스화되고 물질 투과가 어려운 장벽으로 바뀝니다. 이 때문에 이 그룹에 속하는 균들은 항산성염색(acid fast staining)에 반응하고 그람 염색에서는 음성반응을 보입니다.

③ **극성지방**(Polar lipids)

세포막은 양친매성의 극성지방으로 이루어집니다. 이 극성지방은 친수성의 head group과 두 개의 소수성 지방산 사슬이 연결되어 구성됩니다. 가장 일반적인 극성지방은 인지질(phospholipids)이고, 그 외에 당지질(glycolipids)와 아미노산아미드(amino acid amides)가 있습니다. 인지질에는 다양한 종류가 있는데, phosphatidylethanolamine (PE), phosphatidylglycerol (PG), diphosphatidylglycerol (DPG)는 광범위한 분류군에서 발견되고, phosphatidylcholine (PC), phosphatidylserine (PS), phosphatidylinositol (PI), phosphatidylinositol mannosides (PIM)은 특별한 그룹들에서만 발견됩니다. 극성지방은 유기용매로 추출한 후 TLC로 분석하는 것이 일반적입니다.

④ 퀴논(Isoprenoid quinones)

퀴논은 세포막에 존재하며 전자전달계에 중요한 역할을 하므로 모든 호기성 세균을 비롯하여 대부분의 원핵미생물에서 발견됩니다. 구조에 따라 몇 가지로 나뉘는데, 원핵미생물에서는 유비퀴논(ubiquinones)과 메나퀴논(menaquinones)이 주요하게 발견됩니다. 퀴논을 구성하는 폴리프레닐(polyprenyl) 곁사슬의 길이가 1~14 isoprene unit으로 다양하고, 포화 정도도 다양하여 이에 따라 퀴논의 타입이 다양하게 존재합니다. 하나의 균주가 한가지 타입의 퀴논을 가지는 경우도 있고, 여러 가지 타입을 가지는 경우도 있습니다. 퀴논을 유기용매로 추출한 후 역상TLC (reverse-phase TLC)나 HPLC로 분석합니다.

⑤ 세포벽 구성성분(Cell wall composition)

세균의 세포벽을 구성하는 주요 성분인 펩티도글리칸(peptido-glycan, murein)은 아미노당(amino-sugar)를 근간(backbone)으로 여기에 테트라펩타이드(tetrapeptide) 사슬이 연결된 형태입니다. 하나의 근간과 다른 근간은 이 테트라펩타이트 사슬 사이에 교차결합(cross-link)을 통해 그물처럼 연결됩니다. 근간은 구조가 대개 동일한데 비해, 그람 양성균의 경우 교차결합을 이루는 부분이 분류군에 따라 큰 차이를 보입니다. 따라서 세포벽의 당과 아미노산 성분을 분석하여 속이나 종에 따라 독특한 펩티도글리칸 유형을 확인할 수 있습니다. 세포나 세포벽을 산분해하여 크로마토그래피로 분석하는 것이 일반적입니다.

맺음말

이제까지 우리는 지구상에 얼마나 다양하고 많은 미생물이 존재하는지, 미생물의 특성상 종의 정의를 내리는 것이 얼마나 어려운 일인지 알아보았습니다. 그리고 원핵미생물을 중심으로 실용적 종의 정의를 알아보았고, 어떻게 하면 세균이나 고균을 분류할 수 있는지를 유전체적/표현형적 측면에서 살펴보았습니다. 80년대 이전만 하더라도 기술적인 한계로, 진화적 유연관계를 유전자 수준에서 비교하는 것이 어려웠으므로 표현형질에 의존한 분류가 주가 되었습니다. 그러나 칼 우즈(Carl Woese) 박사의 16S rRNA 유전자 도입으로 미생물분류학은 크게 진보하여 오늘날의 분자기반 분류체계를 확립하기에 이르렀습니다. 그런데 최근 차세대염기서열분석법의 개발 덕분에 게놈시퀀싱이 개별 연구실 수준에서 가능한 실험이 됨으로써, 미생물분류학은 제2의 도약기를 맞이하고 있습니다. 원핵미생물 종의 정의를 위해 필요한 핵심 실험인 DNA-DNA 혼성화 실험은 유전체 염기서열 비교로 대체할 수 있고, G+C content도 유전체 염기서열만 알면 실험하지 않고 참값을 알아낼 수 있습니다. 또한, strain 수준에서 차이를 보기 위해 수행하는 DNA fingerprinting 실험들도 유전체 정보만 있으면 컴퓨터 상에서(in silico) 간단한 프로그램만 돌리면 결과를 얻을 수 있습니다. 예전에는 16S rRNA 유전자 한 개에 대해서만 계통수를 추정하였지만, 유전체 정보가 있으면 균주들에 공통적으로 보존된 핵심유전체(core-genome)을 바탕으로 수십~수천 개 유전자에 대한 계통수도 얻을 수 있습니다. 현재는 유전체 정보가 몇 가지의 실험이 대체된 수준이지만, 머지않은 미래에 유전체 정보를 바탕으로 미생물분류학은 또 한 번의 패러다임 변화를 맞이하게 될 것입니다.

전문가의
Field Interview

서울대학교 생명과학부
(주) 천랩
교수/대표이사 천종식

세균의 동정으로 위한 데이터베이스

최근 20년간 수백만 개의 세균 16S rRNA 유전자 염기서열이 해독되어 Genbank라고 불리는 공공 데이터베이스에 공유되어 있습니다. 정확한 세균의 동정은 표준균주와의 염기서열 비교가 중요한데, 공공 데이터베이스에는 그 자료가 정확히 정리되어 있지 않아서 연구자들이 많은 어려움이 있었습니다. 그래서 제 연구실에서는 많은 연구자들이 정확한 세균의 동정을 편하게 할 수 있도록, EzTaxon이라고 부르는 데이터베이스를 만들고, 이를 전 세계에 공개했습니다(www.ezbiocloud.net). 수천 명의 연구자와 병원에서 매일 이 웹사이트를 통해 분리된 세균을 동정하고 있고, 이 사이트의 관련 논문은 미생물학분야 상위 0.01%에 해당하는 1,600회를 기록하고 있습니다. 미생물은 유전적으로 상당히 달라도, 그 형태나 생리적인 특징은 비슷할 수 있습니다. 유전자 서열 분석을 이용한 미생물학은 이런 단점을 보완해줄 수 있습니다.

2장 현미경과 미생물
Microscopes and microorganisms

너무 작아서 육안으로는 볼 수 없는 아주 작은 생물을 일반적으로 미생물이라고 합니다. 예를 들어 세균의 크기는 대략 1~5 μm이고 생물 세포 대부분은 10~100 μm 정도 크기입니다.

육안과 확대경

그림 2-1에서와같이 물체에서 나오는 빛은 1차로 눈의 가장 바깥쪽 표면인 각막에 의해 모여져 동공을 통과한 뒤 수정체에 의해 굴절되어 망막에 상으로 맺힙니다. 이때 홍채가 동공의 크기를 변화시켜 투과되는 빛의 양을 조절합니다. 또한, 수정체 양 끝에 있는 모양체는 수정체의 두께와 모양을 조절하여 물체의 상이 망막에 정확히 맺힐 수 있도록 합니다. 따라서 물체가 가까이 있든 멀리 있든 선명하게 볼 수 있습니

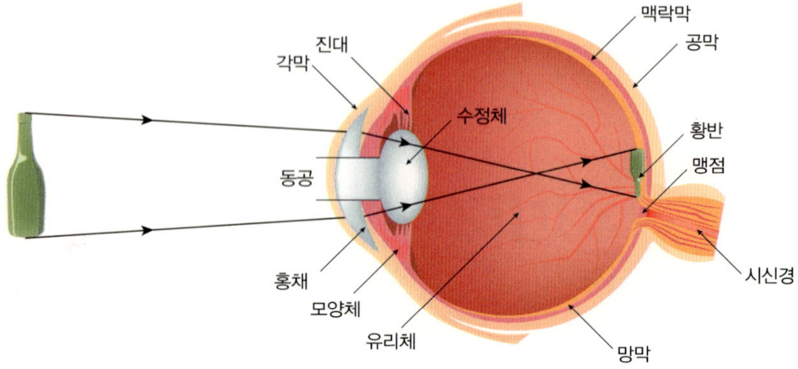

그림 2-1. 눈의 구조와 상 맺힘

다. 망막에는 광수용세포인 간상세포와 원추세포가 있는데 이들이 빛의 이미지를 생체 내 전기적 신호로 바꾸어서 사람이 물체를 인지할 수 있게 됩니다. 사람들은 보통 어떤 물체를 자세히 보려면 물체에 가깝게 다가갑니다. 당연히 물체가 가까이 있을수록 더욱 세세히 볼 수 있습니다. 하지만 모양체의 물리적 한계에 의해 물체가 가까이 있다고 해서 반드시 더 잘 보이는 것은 아닙니다. 즉 사람의 눈이 피로하지 않고 물체를 볼 수 있는 최단 거리가 있는데 이를 명시거리(明視距離, visual range)라 합니다. 건강한 성인의 명시거리는 평균적으로 약 25 cm입니다. 이 거리에서 눈이 구분해 낼 수 있는 두 점의 거리는 대략 80 μm 정도이므로 이보다 작은 것은 맨눈으로 구분해 낼 수 없습니다. 하지만 사람들은 이러한 점을 극복하기 위해 10세기경부터 곡면체 유리의 특성을 이용하기 시작했습니다. 그 예로 책 위에 곡면체의 유리를 올려놓아 작은 글씨를 확대해서 보았는데 이를 확대경이라고 합니다.

그럼 왜 확대경을 이용하면 맨눈으로 봤을 때보다 더 작은 물체를 구분할 수 있을까요? 하지만 앞서 설명한 것처럼 명시거리보다 더 가까이 간다고 해서 물체를 더 세밀히 볼 수 없기 때문에 결국 물체 자체의 크기를 키워야 하지만 실제로 물체의 크기를 키울 수 없기는 때문에 렌즈 등을 이용하여 빛을 굴절시켜서 마치 물체를 확대한 것처럼 만들 수 있습니다. 그림 2-2와 같이 실제 물체를 렌즈의 초점거리 안에 두면 굴절된 빛이 확대한 물체에서 나오는데 이는 실제로는 존재하지 않는 이미지이므로 허상이라 합니다. 이 확대된 이미지를 최적의 해상도로 볼 수 있게 명시거리에 놓고 봅니다. 일반적으로 확대경을 이용하면 사물의 상을 대략 2~6배 정도 확대할 수 있기 때문에 이와 같은 배율로 해상도를 좋게 만들 수 있습니다.

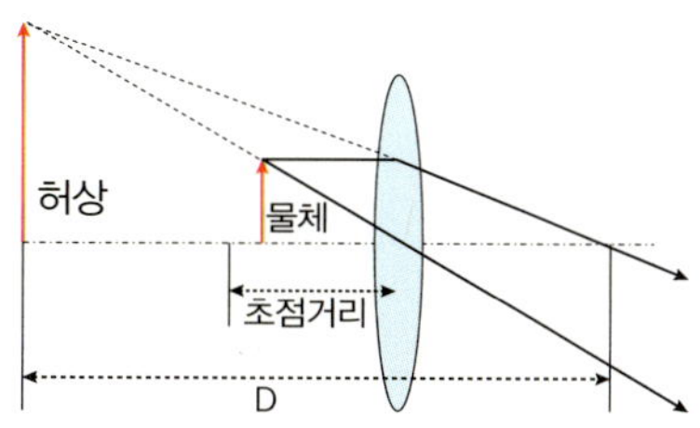

그림 2-2. 확대경의 원리

배율과 해상도

우리가 보려는 물체의 면은 무수한 점이 2차원적으로 합쳐진 것으로 생각할 수 있습니다. 그림 2-3과 같이 최초 점에서 사방으로 나오는 빛을 렌즈를 이용하여 한 점에 모을 수 있는데 이렇게 모인 점이 최초 점의 이미지 점이 됩니다. 그렇다면 이 이미지 점은 최초 점과 모든 면에서 동일할까요? 최초 점에서 나오는 모든 방향의 빛은 그 점의 형태 정보를 담고 있습니다. 따라서 만약 나오

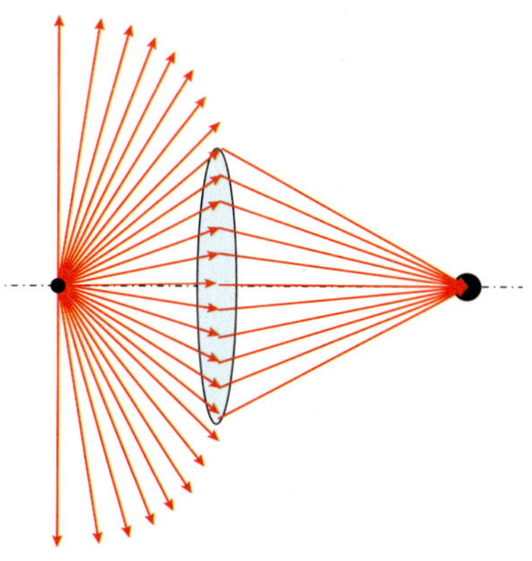
그림 2-3. 렌즈가 클수록 물체와 가까울수록 많은 빛을 모을 수 있다.

는 빛 중 일부만 이미지 점으로 모인다면 이는 최초 점의 형태와 다를 수밖에 없습니다.

다시 말해서, 최초 점에서 나오는 모든 방향의 빛을 더 많이 모으면 모을수록 원래 형태에 가까운 점의 상을 만들 수 있습니다. 결국, 사방으로 퍼져 나가는 빛을 좀 더 많이 모으려면 렌즈가 물체와 가까울수록, 그리고 렌즈의 크기가 클수록 가능해집니다. 이처럼 빛이 더 많이 모일수록 더욱더 작은 이미지 점을 만들 수 있으며 결국 점과 점 사이를 더 잘 구분할 수 있게 됩니다. 이러한 사실에 근거하여 렌즈의 크기와 렌즈와 물체와의 거리를 알면 식별할 수 있는 점 사이의 거리 d를 알 수 있는데 이를 수식으로 나타내면 다음과 같습니다.

$$d = 0.61 \times \frac{\lambda}{\sin\theta}, \quad \theta = \tan^{-1}\left(\frac{r}{f}\right)$$

여기서 f는 렌즈와 물체와의 거리, r은 렌즈의 반지름, λ는 빛의 파장입니다. 예를 들어 반지름이 20 mm인 렌즈를 가지고 물체와의 거리가 100 mm 떨어진 곳에서 파장 550 nm(녹색광)의 빛을 모으면 대략 1.5 μm를 구분할 수 있는 초점을 만들 수 있습니다. $\sin\theta$는 최대가 1이므로 공기 중에서 파장 550 nm로 대략 0.33 μm 까지 분해할 수 있습니다. 특히 해상도는 파장의 길이가 짧을수록 좋아지므로 가시광선 중 파장이 가장 짧은 보라색 광(약 400 nm)을 쓰면 최대 0.25 μm 까지 분해할 수 있습니다. 정리하면 물체를 크게 키워서 세세히 보려면 배율도 커야 하지만 확대된 물체를 이루는 이미지 점들도 잘 맺혀야 해상도도 같이 좋아집니다.

현미경

그림 2-4. Anton Van Leeuwenhoek의 현미경

그림 2-5. Anton Van Leeuwenhoek

현미경(顯微鏡)은 인간의 육안으로 관찰할 수 없는 미세한 물체나 미생물의 상을 확대함으로써 그들을 관찰할 수 있도록 하는 렌즈 시스템입니다. 현미경 초창기 역사의 대표적인 인물로는 17세기 네덜란드의 현미경학자이자 박물학자였던 레이우엔훅(Anton Van Leeuwenhoek)이 있습니다. 렌즈 연마기술에 능통한 그는 초점거리를 짧게 하고 렌즈표면을 잘 연마하여 배율과 해상도가 200배 이상인 작은 렌즈를 만들었습니다. 그리고 그림 2-4와 같이 물체를 렌즈 바로 앞에 가까이 놓을 수 있는 장치까지 만들어 그동안 맨눈으로는 볼 수 없었던 박테리아 등을 최초로 관찰하였습니다. 이러한 그의 업적을 기려 레이우엔훅은 미생물학의 아버지, 최초의 미생물학자로 알려졌습니다(그림 2-5).

1. 광학현미경

레이우엔훅이 사용한 것처럼 초점거리가 매우 짧은 렌즈를 잘 가공하면 높은 배율과 해상도를 구할 수 있습니다. 그렇다면 혹시 이보다 좀 더 효율적으로 높은 배율과 해상도를 구하는 방법은 없을까요? 사실 이미 레이우엔훅 이전부터 여러 개의 렌즈를 사용하여 사물을 효율적으로 확대하려는 시도가 있었습니다. 다시 말해서 확대경으로 물체를 확대하기 전에 다른 렌즈를 이용하여 먼저 물체를 확대한 후 이 이미지를 다시 확대경으로 재확대하면 결국 전체 확대 배율은 각 렌즈 배

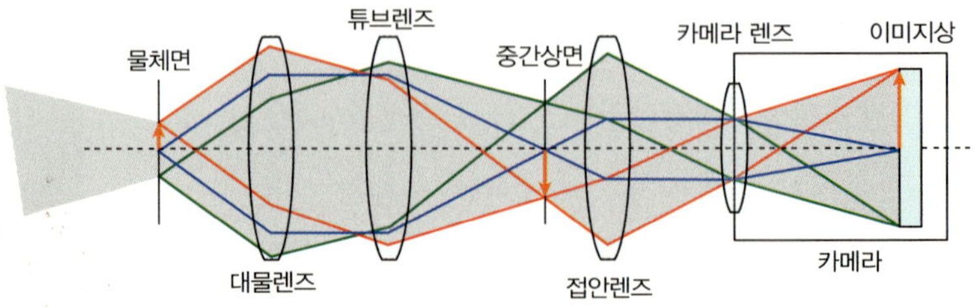

그림 2-6. 두 번의 확대를 이용한 현대적 현미경의 구조

율의 곱이 되고 확대의 부담도 분산시킬 수 있어 매우 효율적으로 확대 상을 관찰할 수 있습니다. 그림 2-6에 나타낸 것과 같이 물체에 가까운 첫 번째 렌즈(대물렌즈)와 두 번째 렌즈(튜브렌즈)를 통해 확대된 중간상을 맺을 수 있습니다. 그 후 확대경과 같이 눈과 가까운 렌즈, 즉 접안렌즈(세 번째 렌즈)를 이용하여 중간상을 한 번 더 확대한 후 눈으로 바로 관찰할 수도 있고 다른 렌즈(네 번째 렌즈)를 추가하여 카메라에 이미지가 맺히도록 할 수 있습니다. 이런 렌즈의 배열형태는 오늘날 미생물이나 세포를 관찰하는 데 이용되는 광학현미경의 일반적인 내부 구조입니다.

현미경에서 고해상도와 고배율에 이상적인 렌즈는 그림 2-7(A)와 같이 모든 빛을 한 점에 모을 수 있는 렌즈입니다. 하지만 그림 2-7(B)와 같이 일반적인 구면 렌즈는 빛이 중심축에서 많이 벗어날수록 더 짧게 모입니다. 이런 오차를 구면수차라고 합니다. 또한, 빛이 비스듬하게 들어오면 그림 2-7(C)와 같이 렌즈의 윗부분과 아랫부분에 의해 굴절 정도가 달라져서 생기는 코마(coma)수차가 생기고, 그림 2-7(D)와 같이 빛이 렌즈의 윗부분과 아랫부분을 통과해서 모이는 초점과 렌즈의 왼쪽 부분과 오른쪽 부분을 통과해서 모이는 초점의 위치가 달라지는 비점수차도 발생합니다. 그 외에도 그림 2-7(E)와 같이 파장이 각

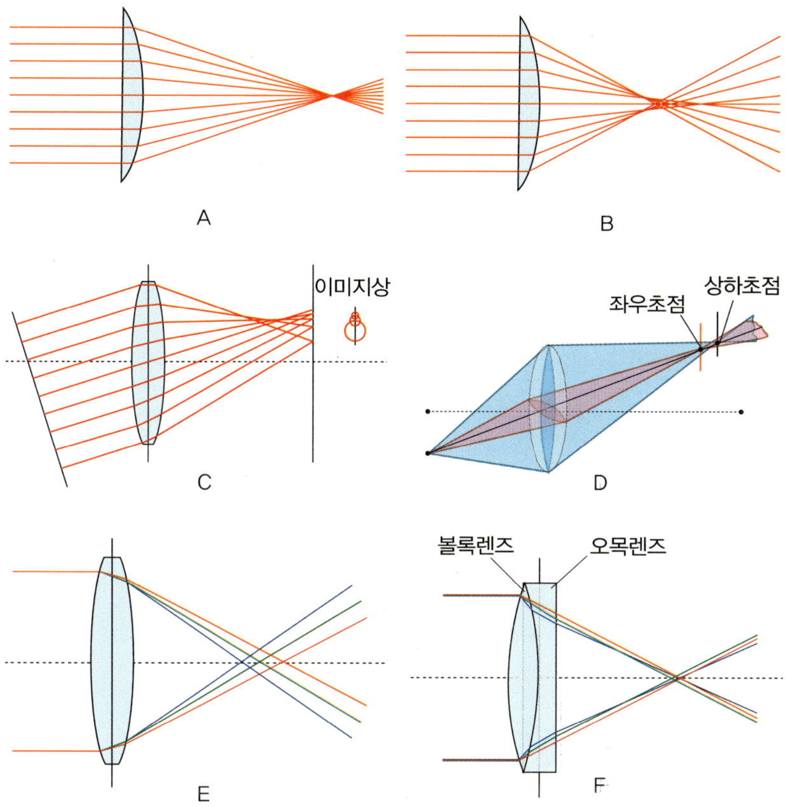

그림 2-7. (A) 모든 빛을 한 점에 모을 수 있는 이상적 렌즈
(B) 구면수차, (C) 코마수차, (D) 비점수차, (E) 색수차, (F) 색수차 보정

기 다른 빛들이 입사하면 굴절률이 달라 퍼지게 되는데, 이처럼 빛의 색깔에 따라 초점이 달라지는 수차를 색수차라고 합니다. 이미 18세기에 그림 2-7(F)와 같이 물질이 다른 볼록렌즈와 오목렌즈를 합쳐 색수차를 줄이는 기술이 개발되었습니다.

이런 수차들은 렌즈의 구경이 클수록 초점거리가 짧을수록, 즉 θ가 커질수록 많이 발생합니다. 일반 카메라 렌즈에서 조리개의 구멍 크기

그림 2-8. Joseph Jackson Lister와 그의 현미경

가 얼마인지 나타내는 조리개값 f-number는 θ와 다음과 같이 연관되어 있습니다.

$$\text{f-number} = \frac{1}{2 \times \sin(\theta)}$$

이를 통해 f-number가 작을수록 빛이 더 많이 통과하는 밝은 렌즈임을 알 수 있습니다.

f-number가 작은 고성능 카메라는 위에서 언급한 여러 수차를 보정 하기 위해 렌즈를 여러 개 사용하는데, 이 경우 한 개의 렌즈를 사용할 때보다 렌즈 각각에 가해지는 굴절의 부담이 적어져 전체 수차 발생량이 떨어집니다. 또한, 설계 시 각각의 렌즈의 두께와 곡률 그리고 거리를 최적화하면 각 렌즈에서 발생하는 수차를 서로 보정 할 수 있습니다. 이러한 이유로 고해상도 현미경일수록 사용하는 렌즈가 많아지고 설계가 복잡해지면서 가격도 비싸집니다.

참고로 수차를 줄이기 위해 곡률이 낮은 여러 개의 렌즈를 사용하는 등 높은 배율과 해상도를 구현하는 현미경은 1830년 리스터(Joseph Jackson Lister)에 의해 다양하게 연구 되었습니다(그림 2-8).

가. 위상차현미경

지금껏 소개한 현미경들은 햇빛이나 인공 광원을 시료에 조사한 후 시료에 흡수되거나 반사되어 나오는 빛의 형상을 렌즈로 모아 확대하는 기술이었습니다. 그렇다면 반사나 흡수로 형상을 만드는 방법 외에 빛의 다른 성질을 이용한 현미경은 없을까요? 20세기에 들어서 현미경 기술의 르네상스가 도래합니다. 이시기에 다양하고 새로운 개념의 현미경 기술이 많이 소개되는데 그 대표적인 예로 위상차현미경이 있습니다. 위상차현미경은 세포처럼 두께가 얇은 투명한 표본에 빛을 투과한 후 세포 내 여러 물질에서 발생하는 빛의 공간적 위상 변화 분포를 명암의 분포로 나타내는 현미경입니다.

진공상태를 제외하고 매질을 통과하는 빛의 투과 양과 위상은 매질의 성질에 따라 변합니다. 즉, 투과되는 빛의 양적 변화는 매질에 의한 산란이나 반사, 흡수 때문에 나타나고 위상의 변화는 매질의 굴절률 차이로 나타납니다. 사람의 눈과 카메라는 파장에 따른 빛의 양만을 감지할 뿐 위상 변화는 감지하지 못합니다. 따라서 위상 변화를 알기 위해서는 특별한 장치가 필요합니다.

특히 세포와 같이 얇고 투명한 매질은 빛의 양적 변화가 적기 때문에 충분한 이미지상의 대비를 얻기 위해서는 반드시 위상 변화를 감지해야 합니다.

위상차현미경의 기본원리를 나타낸 그림 2-9에서처럼 링 모양의 필터(filter)와 집광 렌즈를 이용하면 표본에 링 모양의 빛을 조사할 수 있습니다. 그러면 표본 내 다양한 굴절률 차이에 의해 일부 산란된 빛(그림 2-9에서 노란색)과 굴절 없이 바로 투과한 빛(빨간색)이 보통 λ/4로 위상차가 발생합니다.

그 후 바로 투과한 빛(그림 2-9에서 빨간색)은 −90° 위상판에 의해 추가적으로 λ/4 즉 90°의 위상 지연이 생기는데 그 결과 굴절한 빛과 투과한 빛 사이에는 대략 λ/2 즉 180°의 위상차가 발생합니다. 결국, 두 빛은 카메라에서 만나면서 상쇄간섭을 겪게 되는데 이 때

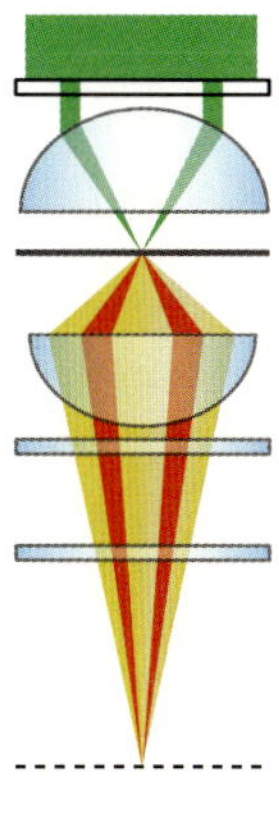

그림 2-9. 위상차현미경의 개념도

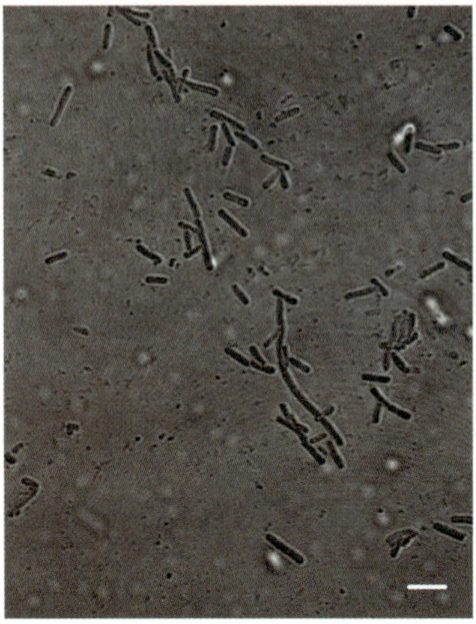

그림 2-10. 박테리아의 위상차현미경 이미지 bar: 2 μm

문에 형상이 명암으로 처리됩니다. 그림 2-10은 박테리아의 위상차현미경사진입니다.[1)]

위상차현미경은 1932년 네덜란드의 물리학자 제르니케(Fritz Zernike)가 투명한 생체 표본연구를 위해 처음 발명하였습니다. 그는 이 업적으로 1953년 노벨 물리학상을 받았습니다.

빛의 간섭성질은 빛이 전자기파의 한 부분이며 입자의 성질 외에도 파동의 성질을 가지고 있다는 결정적인 증거가 됩니다.

빛의 위상(Phase)과 간섭(Interference)

빛은 그림 2-11에서와같이 파장의 길이에 따라 감마선, 엑스선, 자외선, 가시광선, 적외선, 전파 등으로 구분합니다. 일반적으로 이 중에서 자외선, 가시광선, 적외선만을 빛이라 하는데 빛은 전장과 자장이 서로 에너지를 주고받으며 파동모양으로 진행하는 전자기파의 일종입니다.

따라서 빛에는 위상이 존재하며 수학적으로는 삼각함수로 나타낼 수 있습니다. 간단히 1차원 공간에서의 파동을 수학적으로 기술하여 봅시다. 파동이 공간 x에서 시간 t에 따라 전파한다면 이를 다음과 같이 나타낼 수 있습니다.

$$\psi(x,t) = A\sin(kx - \omega t)$$

1) In-Tae Cha, Seong Woon Roh, So-Jeong Kim, Hee-Ji Hong, Hae-Won Lee, Wan-Taek Lim and Sung-Keun Rhee (2013) Desulfotomaculum tongense sp. nov., a moderately thermophilic sulfate-reducing bacterium isolated from a hydrothermal vent sediment collected from the Tofua Arc in the Tonga Trench. Antonie Van Leeuwenhoek. Published online (DOI 10.1007/s10482-013-0040-0).

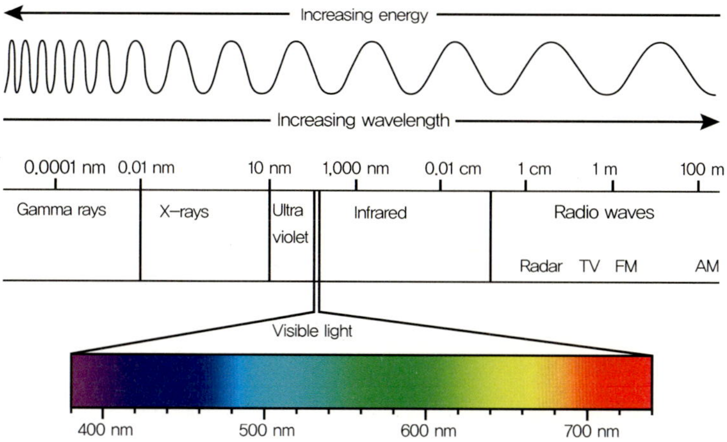

그림 2-11. 파장 길이에 따른 전자기파의 분류

여기서 Ψ는 빛의 파동함수이며 A는 파동의 크기이며, k는 전파상수, ω는 각주파수, 즉 전파상수는 파동에서 단위 길이당 위상의 변화 값이고 각주파수는 단위 시간당 위상의 변화 값을 나타냅니다. 전파상수와 각주파수는 각각 공간적 주기 λ와 시간적 주기 τ로 정의할 수 있습니다. 빛의 위상과 관련된 중요한 파라미터(parameter) 값들을 표 2-1에 정리하였습니다.

간섭(interference, 干涉)이란 둘 또는 그 이상의 파동이 같은 공간상에 있을 때 합쳐진 전체 크기가 파동의 위상차에 따라 보강하거나 상쇄되는 현상입니다. 당연히 빛도 파동이기 때문에 이러한 간섭이 나타납니

표 2-1. 빛의 파동을 기술할 때 쓰이는 위상관련 값들

위상관련 상수	시간적 영역	공간적 영역	
		진공내($n_0 = 1$)	물질내(n)
주기 (Period)	τ	λ_0	λ
각주파수 (Angular frequency)	$\omega = 2\pi/\tau = 2\pi f$ f: frequency	$k_0 = 2\pi/\lambda_0$	$k = 2\pi/\lambda$

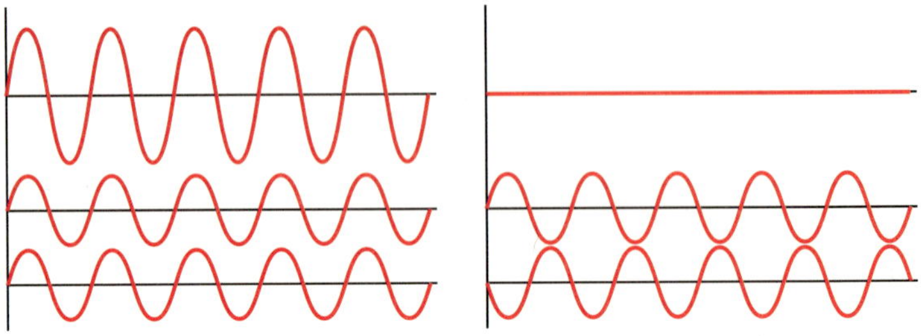

그림 2-12. 보강간섭과 상쇄간섭의 예

다. 그림 2-12와 같이 두 파동의 위상차가 없을 때는 완전 보강이 일어나고 두 파동의 위상차가 180°일 때는 완전 상쇄가 일어납니다.

1803년 영국의 물리학자 토머스 영(Thomas Young)은 빛의 간섭현상을 실험적으로 설명하였습니다. 그림 2-13과 같이 두 개의 슬릿(Slit)에 태양 빛을 비추자 각각의 슬릿에서 나오는 두 빛은 간섭무늬를 만들어 내었습니다. 토머스 영은 이 실험을 통하여 빛의 간섭개념을 처음으로 증명하였습니다. 그림 2-14는 실제 두 슬릿을 이용하여 만든 간섭무늬입니다. 오늘날에는 초정밀 계측기, 위상차 이미징, 광 간섭 단층 촬영기 등 많은 부분에서 빛의 간섭현상이 활용되고 있습니다.

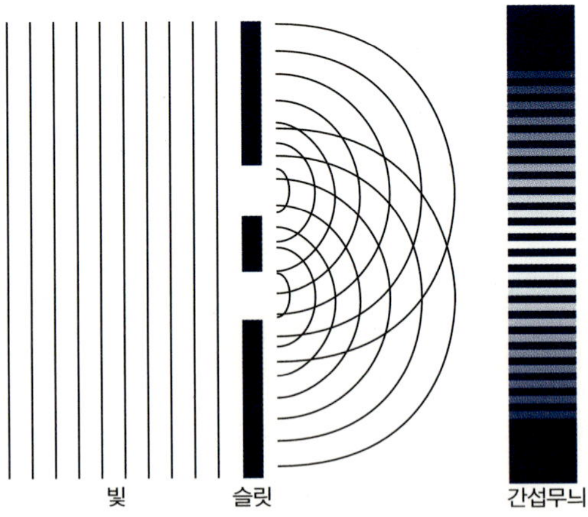

그림 2-13. 토마스 영의 간섭실험의 개념도

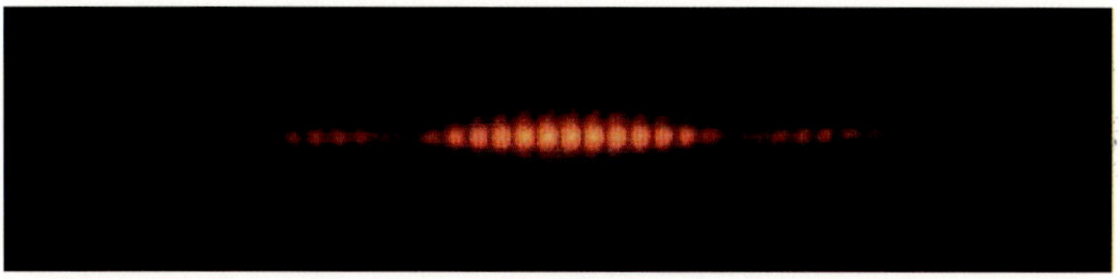

그림 2-14. 두 슬릿을 이용하여 만든 실제 간섭무늬

나. 형광현미경

그럼 빛의 위상 차이를 이용하는 기술 외에 다른 방법은 없을까요? 우선 물질을 빛으로 자극하여 물질의 고유한 파장의 빛, 즉 형광이 나오는 현상을 이용하는 방법이 있습니다. 형광을 이용하는 모든 광학현미경을 가리켜 형광현미경이라고 합니다. 형광물질은 특정 파장의 빛을 흡수하여 그보다 긴 파장의 빛을 발산하는데 이때 특수 필터를 이용하면 발산된 파장만 카메라로 검출하여 시료 내 특정 형광물질의 분포를 형상화할 수 있습니다. 따라서 이와 같은 방식으로 시료 내 여러 형광물질의 분포를 합치면 시료의 다양한 형광 특성을 담은 형상을 구할 수 있습니다.

흔히 사용하는 형광현미경은 그림 2-15와 같이 광원과 필터(filter)를 이용하여 흡수가 잘 일어나는 특정 파장의 빛을 시료에 조사합니다.

그럼 시료에 형광을 만든 후에 남은 빛은 어떻게 될까요? 이런 빛이 계속 카메라에 들어가면 결국 형광신호 검출을 방해합니다. 따라서 이런 형광 후 남은 빛을 투과시켜 없애기 위해 그림 2-15와 같이 빛을 조사하는 대물렌즈와 형광을 유도하는 대물렌즈를 같은 방향, 즉 하나의 대물렌즈로 사용합니다. 이런 형태의 형광현미경을 에피(epi) 형광현미

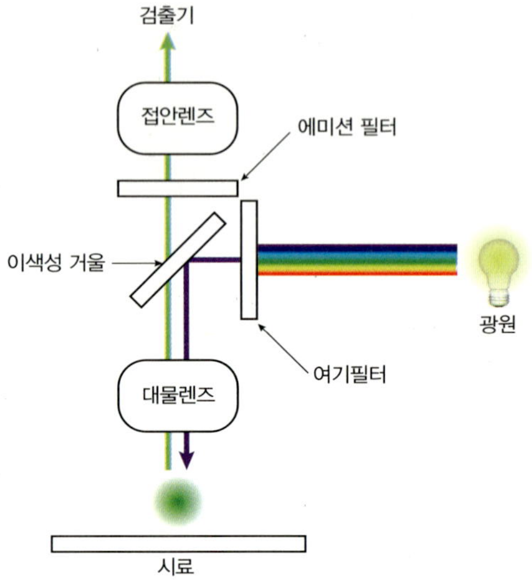

그림 2-15. 형광현미경의 개념도

경이라고 합니다.

조사되는 빛 중 시료에서 직접 반사되는 일부 빛은 그림 2-15에서 보이는 에미션(Emission) 필터를 이용하여 막을 수 있습니다. 이 필터를 이용하면 검출되는 신호 대부분이 원하는 형광으로 이루어져 형광현미경의 신호 감도가 높아집니다.

그림 2-15의 이색성(dichroic) 거울은 특정 파장보다 짧은 파장은 반사하고, 긴 파장은 투과시키는 필터기능이 있습니다. 에피 형광현미경에서는 이색성 거울을 이용하여 서로 다른 파장의 빛을 분리하여 관찰하고자 하는 형광만을 높은 감도로 검출하는 데 활용됩니다.

일반적인 형광현미경은 시료 내 조사되는 경로에 있는 모든 부분에서 형광이 발행하기 때문에 모든 깊이의 형광분포가 겹쳐서 2차원적으로 보입니다. 따라서 이렇게 겹쳐서 보이면 층층별로 구분하기 어렵습니다.

다. 공초점 현미경

1956년 미국 과학자 마빈 민스키(Marvin Minsky)는 시료를 3차원적으로 형상화할 수 있는 일명 공초점 현미경(共焦點顯微鏡, confocal microscope)의 개발을 제안하였습니다. 공초점 현미경은 조사하는 빛을 시료 내 한 점에 초점 시킨 후 그림 2-16과 같이 카메라 앞부분의 작은 핀홀(pinhole)을 이용하여 특정 초점면 밖에서 반사하거나 산란하여 오는 빛이 통과하지 못하도록 합니다. 이때 핀홀의 위치가 조사되는 빛의 초점과 대응하는 지점이어서 공초점이라는 이름이 붙여졌습니다. 공초점 현미경은 특정 깊이에서 오는 빛만을 감지하기 때문에 시료의

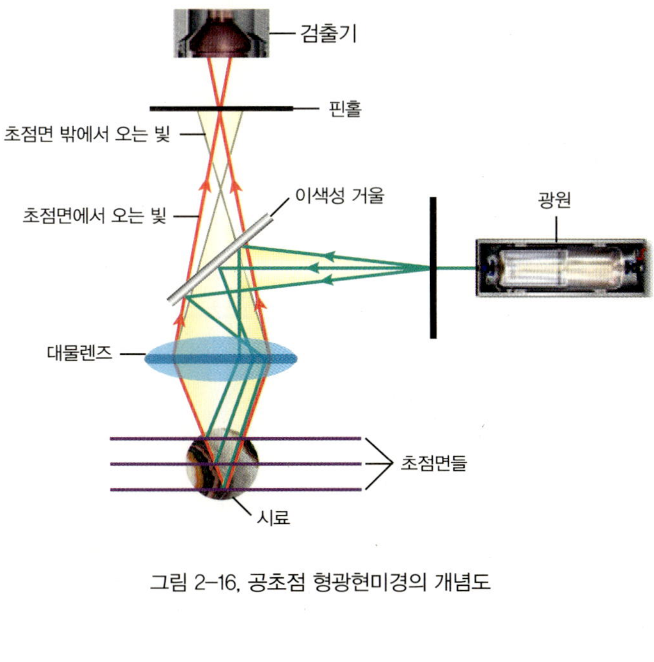

그림 2-16. 공초점 형광현미경의 개념도

깊이 방향으로도 해상도를 가질 수 있게 됩니다. 공초점 현미경과 형광 현미경이 합쳐져서 3차원이 가능한 형광현미경이 가능하게 됩니다.

라. 투포톤(two photon) 형광현미경

공초점 현미경 외에도 깊이 방향으로 형광을 구분하는 방법은 또 있습니다.

일반 형광현미경이나 공초점 형광현미경은 형광되는 빛의 파장보다 짧은 파장의 빛을 시료에 조사하여 형광 시킵니다. 일반적으로 파장이 짧을수록 에너지가 크므로 큰 에너지의 빛이 형광물질에 들어가면 에너지가 작은 긴 파장의 빛이 나오는 것입니다. 그러나 투포톤(two photon) 형광현미경은 긴 파장의 빛으로 시료를 자극하여 짧은 형광을 발생시킬 수 있습니다.

그림 2-17에서와같이 투포톤 형광현미경에서는 시료 내 특정 점에 긴 파장의 빛, 즉 낮은 에너지의 포톤(photon)을 강하게 조사하면 확률적으로 두 개의 포톤이 형광물질에 동시에 흡수되는 현상이 일어납

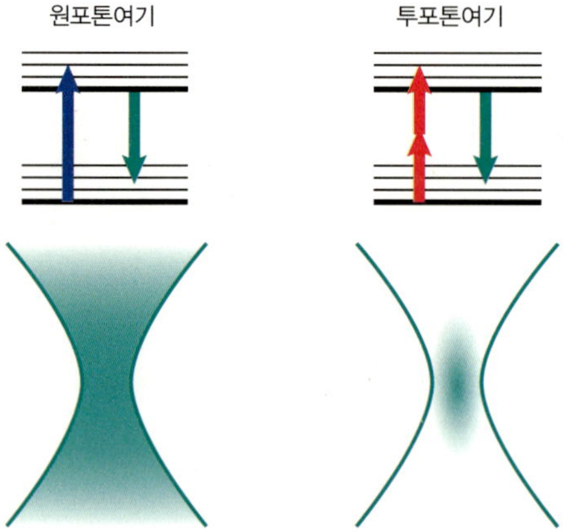

그림 2-17. 긴 파장의 빛이 강하게 자극되는 초점에서만 형광발생

니다. 따라서 형광보다 긴 파장의 빛임에도 강한 세기의 빛이 조사되는 부분에서는 형광이 발생할 수 있습니다. 이런 현상을 투포톤 흡수 현상이라 하는데 이를 이용한 형광현미경을 투포톤 형광현미경이라고 합니다.

투포톤 흡수 확률을 높이기 위하여 조사되는 빛에너지를 시간적, 공간적으로 집중시킬 필요가 있습니다. f-number가 낮은 대물렌즈를 쓰면 공간적으로 한 점에 많은 에너지를 모아줄 수 있고, 시간적으로는 펄스레이저를 사용하여 순간적으로 강한 빛이 초점에 맺히도록 합니다. 즉 시료 내 초점이 맺혀진 부분에서만 투포톤 흡수현상이 일어나 형광이 발생합니다. 따라서 공초점 현미경에서와 같은 핀홀 없이도 특정 초점면에서 오는 형광신호만 감지할 수 있습니다. 게다가 조사되는 빛의 파장이 길수록 시료 내 산란이 적어 빛이 시료 깊은 곳까지 도달할 수 있어 공초점 현미경보다 더 깊은 위치의 형광상도 구현할 수 있습니다.

공초점 방법이나 투포톤 방법은 모두 시료 전체에 빛을 조사하는 것이 아니라 시료 내 특정한 한 점에만 조사하기 때문에 2차원적 혹은 3차원적 상을 얻기 위해서는 빛의 스캐닝(scanning)이 필요합니다. 그림 2-18은 투포톤 형광현미경을 이용하여 얻은 결핵균 사진이며, 그림 2-19(A)는 위상차현미경만으로, 그리고 그림 2-19(B)는 투포톤과 위상차현미경으로 얻은 이미지를 겹친 사진입니다.[2)]

그림 2-18. 결핵균의 투포톤 이미지

위상차현미경은 미생물의 형태를, 형

2) 한국기초과학지원연구원 춘천센터

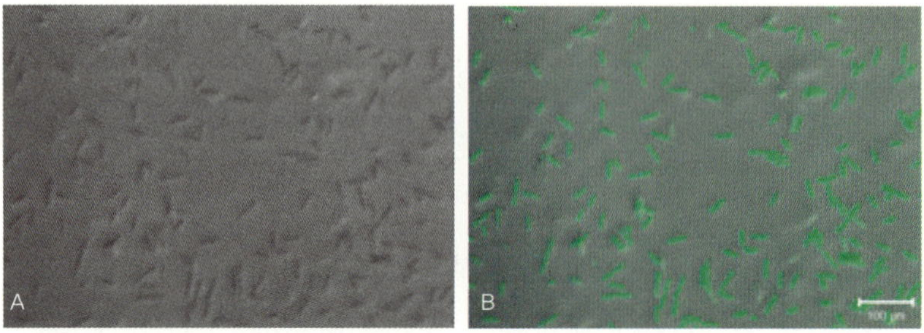

그림 2-19. (A) 결핵균의 위상차현미경 이미지와 (B) 투포톤 이미지와 위상차현미경을 겹친 이미지 bar: 100 μm

광현미경은 미생물 내 각각의 특정 형광물질의 분포를 알 수 있기 때문에 자주 상호보완적으로 겹쳐서 사용합니다.

발광(Luminescence)과 형광(Fluorescence)

발광이란 특정 물질을 전기적 에너지, 생화학적 에너지, 광 에너지 등으로 자극하면 특정 파장대의 빛이 나오는 현상입니다. 형광은 이러한 발광의 한 종류입니다.

전기적 발광

반도체 등의 물질 내 전자와 홀을 외부 전자장이나 전류로 재결합시킬 때 빛이 발산되는 현상입니다. 예로서 LED (light-emitting diode)와 같은 발광 다이오드가 있습니다.

생물학적 발광

살아있는 생물체에 의해 빛이 발산되는 현상입니다. 미생물, 균류나 반딧불과 같은 곤충류, 특히 해양생물 등에서 광범위하게 일어납니다. 이런 생물체는 발광효소를 생성하는데 효소가 산소와 반응하여 빛을 발생합니다. 그림 2-20은 반딧불이 발광하는 모습입니다.

그림 2-20. 발광하는 반딧물

열적 발광

광물 같은 결정질 물질 중에 전자기파 에너지로 여기하고 열을 가하면 빛을 내는 경우입니다.

광적 발광

빛을 흡수하여 다른 파장대의 빛을 발산하는 현상입니다. 광적 발광에는 형광과 인광이 있습니다. 형광은 빛을 제거하면 즉시 발광이 없어지지만, 인광은 빛을 제거한 후에도 장시간 빛을 발합니다.

형광 현상은 그림 2-21에서와같이 원자나 분자의 전자 에너지 상태가 빛 흡수를 통해 바닥상태(ground state)에서 들뜬 상태(exited state)로 여기 된 후 특정 파장대의 빛을 발산하면서 다시 바닥상태로 떨어지는 것을 말합니다.

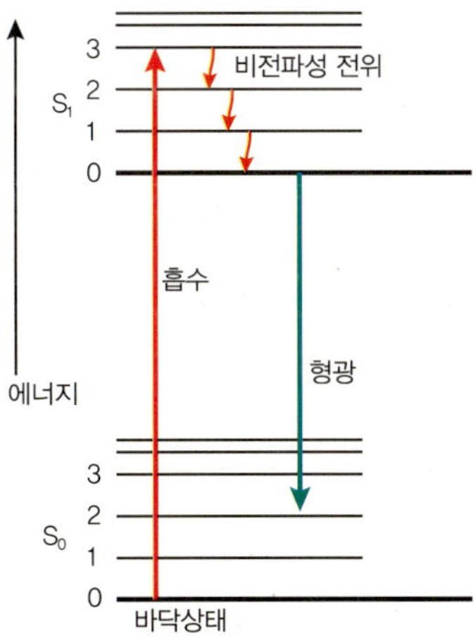

그림 2-21. 형광발생시 전자의 에너지 상태

오늘날에는 다양한 인공 형광물질이 개발되어 생물학 연구에 이용되고 있습니다. 그러나 인공 형광물질은 독성이 강하여 살아있는 세포 연구에는 적당하지 않습니다. 대신 살아있는 세포 연구에는 자연 형광 물질인 해파리의 녹색 형광 단백질(green fluorescent protein; GFP)의 여러 GFP 변이체를 사용합니다.

2. 전자현미경

지금까지 미생물 연구에 많이 쓰이는 광학현미경에 대해서 알아보았습니다. 앞에서 살펴본 바와 같이 광학현미경으로 얻을 수 있는 최대 해상도는 대략 200 nm 정도입니다. 하지만 바이러스와 같이 아주 작거나, 세균의 내부구조를 관찰하기 위해서는 이 정도의 해상도로는 매우 부족한데 이는 광학현미경에서 쓰이는 가시광선 파장의 길이로 말미암은 한계 때문입니다. 비록 파장이 더 짧은 자외선을 이용하여 해상도를 2배 정도 더 좋게 만들 수는 있지만, 이 경우에도 대략 100 nm 이하로 내려가기는 불가능합니다. 그럼 빛 대신에 무엇을 쓰면 해상도를 극적으로 향상할 수 있을까요? 1931년 독일의 물리학자 에른스트 루스카(Ernst Ruska)는 전자를 진공에서 가속하여 빛의 파장보다 수백에서 수천 배 짧은 파장을 만들어 물질을 원자수준으로 볼 수 있는 전자현미경의 초기모델을 최초로 발명하였습니다. 결국, 그는 전자현미경 발명의 과학적 업적을 인정받아 1986년 노벨 물리학상을 받았습니다.

전자현미경은 작동원리에 따라 크게 투과전자현미경(transmission electron microscope, TEM)과 주사전자현미경(scanning electron microscope, SEM)으로 분류합니다.

가. 투과전자현미경(transmission electron microscope, TEM)

투과전자현미경은 매우 얇은 시료를 투과하는 전자들이 시료에 의해 변하는 것을 형상화하는 기술입니다. 가열된 텅스텐 필라멘트가 전자를 발생하면 전자석으로 만든 자석 렌즈로 방출된 전자빔을 모아 시료로 보냅니다. 전자는 자장을 통과할 때 힘을 받아 굴절하기 때문에

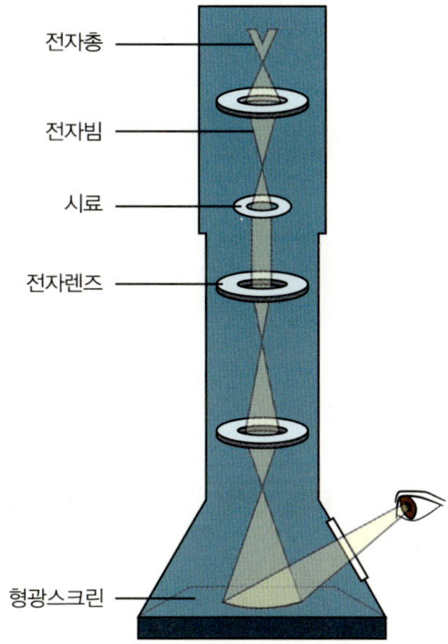

그림 2-22. 투과전자현미경의 개념도

전자빔을 모으기 위하여 그림 2-22과 같이 도넛 모양의 전자석, 즉 전자렌즈가 이용됩니다. 전자빔은 시료를 투과하면서 밀도가 높은 부분은 산란이 많이 일어나고 낮은 부분은 전자가 많이 투과하므로 이때 얻어지는 대비로 상을 만듭니다. 이렇게 만들어진 상은 형광스크린을 통해 가시화하여 우리가 볼 수 있습니다. 전자빔이 흐르는 동안에는 공기분자와의 방해를 없애야 하므로 전자현미경 전체를 진공상태로 만듭니다.

나. 주사전자현미경(scanning electron microscope, SEM)

주사전자현미경(scanning electron microscope, SEM)은 시료에 한 점으로 초점이 맞춰진 전자빔을 스캐닝(scanning)하여 상을 구하는 현

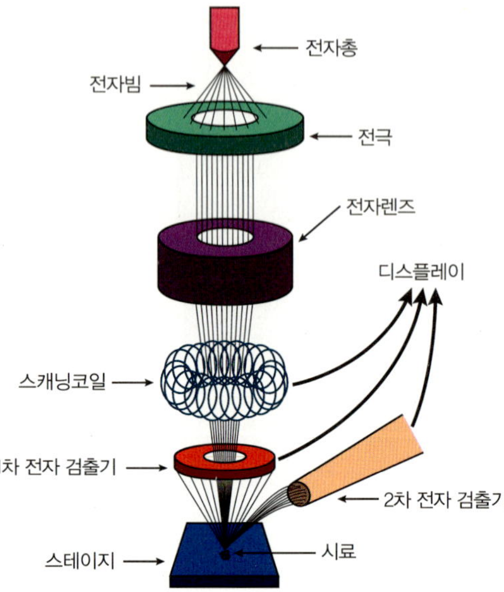

그림 2-23. 주사전자현미경의 개념도

미경입니다. 주사전자현미경은 입사한 전자들과 시료표면의 원자들이 반응하여 원자들이 방출하는 2차 전자를 검출하여 시료표면을 1 nm 해상도 이상으로 얻을 수 있습니다. 즉 시료의 평평한 부분과 기울어진 부분에 따라 방출되는 2차 전자의 수가 달라지는 원리를 이용하여 시료의 표면 기울기를 형상화합니다. 수증기나 가스와 같은 공기 중의 분자들은 전자빔을 급속히 약화시킵니다. 따라서 시료에서 나올 수 있는 물 분자 등을 차단하기 위해 미리 시료를 건조 또는 동결시켜서 사용합니다. 일반적인 주사전자현미경은 표면에 전하가 쌓이는 것을 막기 위해 시료표면에 금속막 처리를 합니다. 그림 2-23에서와같이 스캐닝 코일을 이용해서 전자빔을 시료의 표면 전체에 주사합니다. 전자빔에 의해 초점이 맺히면 시료표면에 있는 원자는 2차 전자를 방출하며, 방출된 전자는 검출기에 의해 수집됩니다.

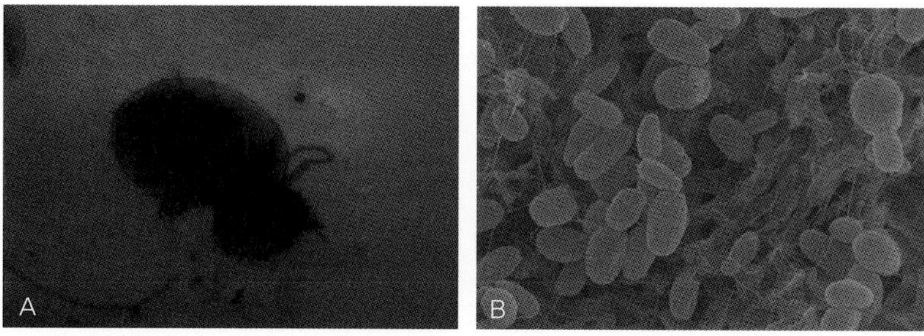

그림 2-24. 박테리아의 (A) 투과전자현미경, (B) 주사전자현미경 이미지

그림 2-25. 고세균의 주사전자현미경 이미지

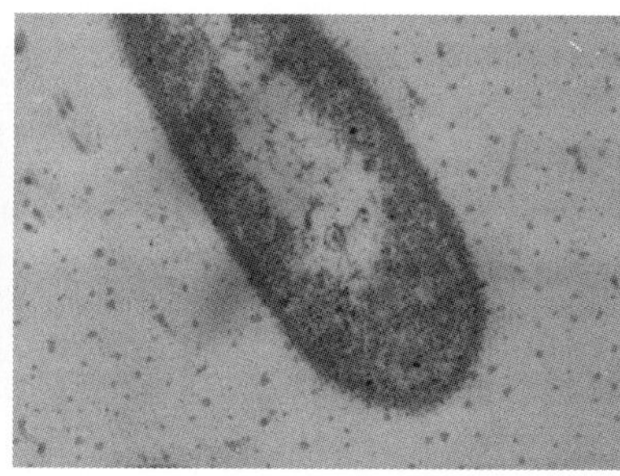

그림 2-26. 박테리아의 투과전자현미경 이미지

주사전자현미경은 처음 개발된 이후 꾸준한 기술적 보완을 거쳐 이미 1980년대에 시료를 건조하거나 금속막을 씌우지 않고도 상을 구할 수 있는 생태적(environmental) 주사전자현미경이 개발되어 미생물을 있는 그대로 관찰할 수 있게 되었습니다. 그림 2-24(A)는 박테리아의 투고전자현미경사진, (B)는 주사전자현미경사진입니다.[3] 그림 2-25는 고세균의 주사전자현미경사진이며,[4] 그림 2-26은 좀 더 확대된 박테

3) Hae-Won Lee, Seong Woon Roh, Na-Ri Shin, Jina Lee, Tae Woong Whon, Mi-Ja Jung, Ji-Hyun Yun, Min-Soo Kim, Dong-Wook Hyun, Daekyung Kim and Jin-Woo Bae (2013) Blastopirellula cremea sp. nov., isolated from a dead ark clam. Int. J. Syst. Evol. Microbiol. 63(6):2314-2319.

4) In-Tae Cha, Ui-Gi Min, So-Jeong Kim, Kyung June Yim, Seong Woon Roh and Sung-Keun Rhee (2013) Methanomethylovorans uponensis sp. nov., a methylotrophic methanogen isolated from wetland sediment. Antonie Van Leeuwenhoek. Published online (DOI 10.1007/s10482-013-0020-4).

리아의 투과전자현미경사진입니다.[5)]

맺음말

미생물학이나 세포학은 현미경의 발명과 함께 시작되었다고 해도 과언이 아닙니다. 영국과학자 로버트 훅(Robert Hooke)은 1660년대 교육을 위해 육안으로 보이지 않는 마이크로 세계를 현미경으로 관찰 묘사한 책 마이크로그래피아(Micrographia)를 최초로 출간하였습니다. 그는 현미경을 이용해서 코르크(Cork) 조각으로부터 격자형태의 구조를 발견하고 이를 셀(Cell)이라고 명명하였으며, 그 후 다른 과학자들에 의해 비슷한 구조가 모든 생물체에서 발견됨에 따라 이를 셀, 즉 세포라고 말하기 시작했습니다. 17세기 레이우엔훅은 직접 제작한 렌즈를 이용하여 원형세포, 박테리아 등 다양한 미생물을 발견하였습니다. 이렇듯 육안으로 볼 수 없는 미지의 세계에 대한 인간의 호기심은 현미경을 만들어 내었으며, 인류는 현미경을 이용하여 그동안 알 수 없었던 미생물들을 연구했습니다. 그 후에도 미생물 연구 중에 생겨나는 필요에 의해서 새로운 현미경들은 끊임없이 개발됐으며, 그 예로 위상차현미경은 이전에 개발된 일반 광학현미경으로 볼 수 없었던 살아있는 미생물과 세포의 움직임과 형태를 관찰할 수 있었으며, 형광현미경은 미생물이나 세포 내의 특정단백질의 구성과 반응, 신호전달 등 생화학적 연구의 새장을 열었습니다. 나노급의 해상도를 가지는 전자현미경의 발명은 미생물이나 단일 세포 내의 작은 기관 혹은 바이러스들에

5) In-Tae Cha, Seong Woon Roh, So-Jeong Kim, Hee-Ji Hong, Hae-Won Lee, Wan-Taek Lim and Sung-Keun Rhee (2013) Desulfotomaculum tongense sp. nov., a moderately thermophilic sulfate-reducing bacterium isolated from a hydrothermal vent sediment collected from the Tofua Arc in the Tonga Trench. Antonie Van Leeuwenhoek. Published online (DOI 10.1007/s10482-013-0040-0).

대한 연구를 더욱더 활발하게 하였습니다. 여기에서 소개한 현미경들은 역사적으로 대표적인 것들이며, 각각의 현미경으로부터 파생된 다양한 형태와 기능의 현미경들이 무수히 개발되었습니다. 현재에도 새로운 기능의 현미경이 개발되고 있으며, 한 예로 팜(PALM, Photo-Activated Localization Microscopy), 스톰(STORM, STochastic Optical Reconstruction Microscopy) 이나 스테드(STED, STimulated Emission Depletion)와 같은 세포의 생화학적 관찰이 가능한 광학현미경이면서도 전자현미경급의 해상도를 가지는 슈퍼레졸루션(Super-resolution) 현미경이 개발되었습니다. 이처럼 인간은 새로운 도구들을 계속 개발하고 이용해서 지금까지 몰랐던 사실들을 하나씩 밝혀내 가고 있습니다.

전문가의

Field Interview

경희대학교
생물학과
미생물생태학연구실
교수
배진우

미생물생태학은 토양·해양·폐수·담수·공기·식품·동식물 및 인간의 장내 등 지구상에 존재하는 다양한 미생물의 환경과학적 응용, 생태 및 분류를 연구하는 학문입니다. 특히 생태학적 연구로서는 특정 지구 환경에 어떠한 미생물이 살고 있으며, 미생물군집 사이에 어떤 영향을 주고받으며, 환경 및 인간에게는 어떤 영향을 주고받는지를 연구합니다. 이와 더불어 본 실험실에서는 이 지구상의 미생물 자원을 보다 다양하게 확보하기 위해 특정 환경에서 신규 미생물을 분리하고, 주사 및 투과전자현미경, 공초점레이저현미경, 형광현미경 장비를 활용하여 분리된 신규 미생물에 대한 분류학적 연구(명명·동정·분류)를 수행하고 있습니다.

3장
단백질과 미생물
Proteins and microorganisms

우리 몸에서 일상생활을 영위할 수 있도록 도와주는 물질은 무엇일까요? 여러 물질을 떠올릴 수 있겠지만, 정답은 바로 단백질입니다. 분명 '단백질'이란 단어에 고개를 갸우뚱거리는 사람도 있을 것입니다. 왜냐면 단백질 하면 맛있는 음식이 떠오르기 때문이지요. 그러나 분명한 것은 단백질은 인간이 생활할 수 있도록 몸속 다양한 곳에서 수많은 기능을 정확히 수행하고 있다는 것입니다. 그럼 이에 대해 좀 더 자세히 알아보기로 하겠습니다.

먼저 단백질(Protein)이란 단어는 그리스어 'proteios'에서 온 것으로 이는 '첫 번째'라는 뜻입니다. 단백질이 얼마나 중요했으면 사람들이 이에 '첫 번째'라는 이름을 붙였을까요. 단백질은 20개의 아미노산으로 이루어져 있습니다. 아미노산은 단백질의 기본 구성단위인데 만약 이를 구슬이라고 생각한다면 단백질은 그 구슬들을 꿰어 뭉친 3차

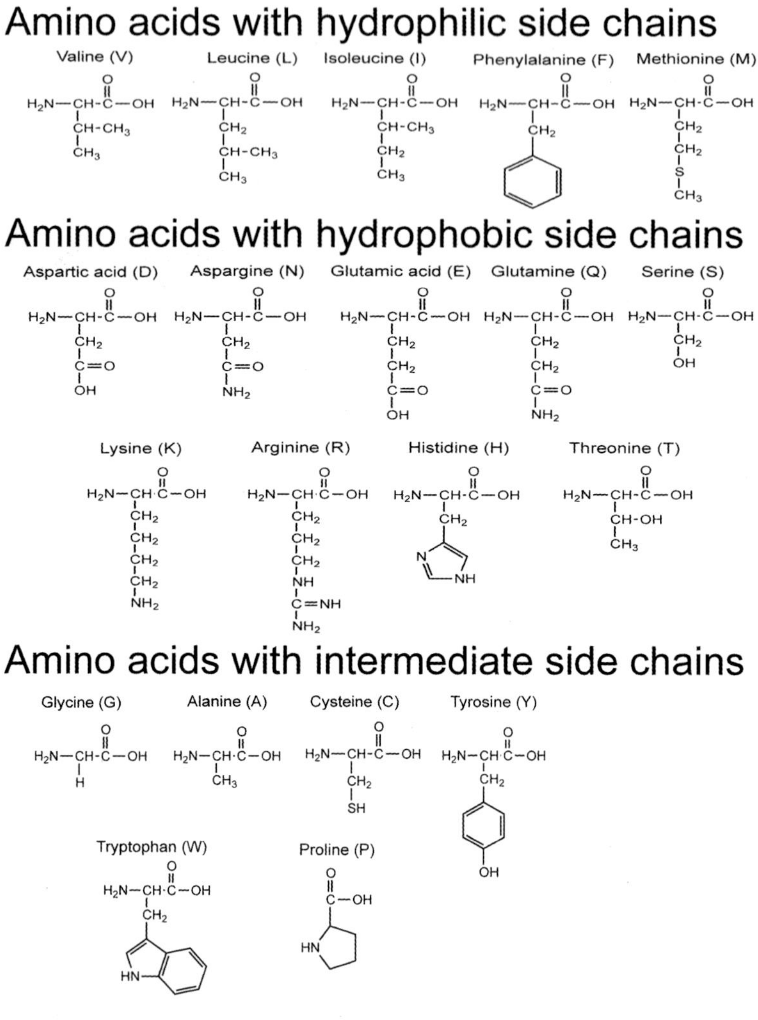

그림 3-1. 20개 아미노산의 성질에 따른 분류

원적인 모양을 이루고 있습니다. 그림 3-1은 구슬로 표현한 아미노산들입니다.[1)]

1) Berg, J.M., Tymoczko, J. L., Stryer, L. Biochemistry 7th Ed. (2012), H.W. Freedman and Company

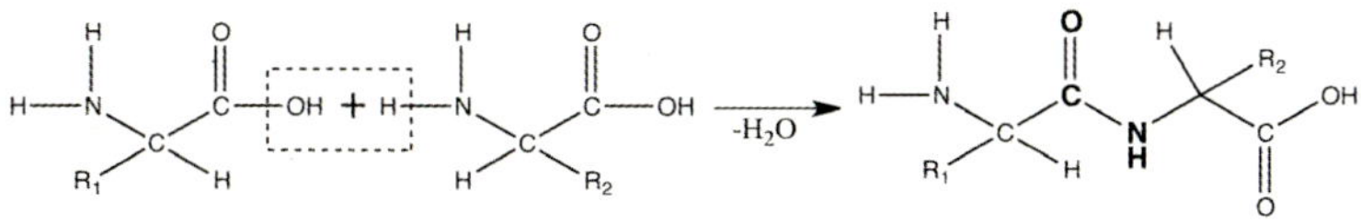

그림 3-2. 아미노산의 탈수축합반응으로 펩타이드 결합을 형성함

펩타이드 결합

아미노산과 아미노산은 탈수축합(脫水縮合)이 특징인 펩타이드 결합(공유결합)으로 서로 연결되어 있습니다. 이는 결합 할 때 물 분자가 빠지면서 결합한다는 뜻입니다(그림 3-2). 그래서 두 개의 아미노산이 연결될 때는 물 분자 하나가 빠져나가(탈수반응)고 세 개의 아미노산이 연결될 때에는 두 개의 물 분자가 빠져나갑니다. 참고로 펩타이드 결합과는 달리 물 한 분자가 들어가 연결된 아미노산을 떨어뜨리는 반응을 가수분해(加水分解)라고 합니다.

단백질 결합

단백질이 뭉치는 방법에는 수소결합, 반데르발스 힘, 그리고 이온결합 등이 있는데, 먼저 아미노산 사슬(polypeptide)은 수소결합(hydrogen bond)이라는 힘으로 뭉칩니다. 불소(F), 산소(O), 질소(N)와 같이 큰 전기음성도를 가진 원자가 수소 원자와 직접 결합하면 분자의 극성이 매우 커집니다. 그래서 수소 원자가 가지고 있는 전자를 강하게 끌어당겨서 결국 수소 원자는 전하가 부족한 상태가 됩니다. 그러면 수소 원자는 부족한 전하를 채워 안정된 구조를 만들려고 다시 인접한 원자의 전자를 끌어당기면서 분자 간의 인력이 매우 강해지는

데 이를 수소결합이라 합니다. 수소결합의 대표적인 예로는 물(H_2O)이 있습니다. 수소결합을 하는 분자들은 상대적으로 끓는점이 높아집니다. 끓는다는 것은 곧 액체가 기체가 되는 것이므로 이를 위해서는 수소결합의 힘을 이겨내야 하는 이때 필요한 에너지는 외부에서 가해져야 합니다.

아미노산 사슬(Polypeptide)은 또한 반데르발스 힘에 의해서도 뭉칩니다. 반데르발스 힘은 분자로 이루어진 입자와 그 주위에 있는 다른 입자 사이에 작용하는 힘의 총칭으로서 결국 분자와 분자 사이에 작용하는 인력을 말합니다. 이 힘은 종이와 종이가 서로 넓은 면을 맞대고 있을 때도 작용합니다. 반데르발스 힘을 다른 말로는 소수성 상호작용이라고도 합니다. 소수성(疏水性), 친수성(親水性)이라는 말이 많이 나오는데 이는 말 그대로 물을 싫어하는 성질과 물을 좋아하는 성질을 표현한 것입니다. 물은 생명체에서 매우 중요한 역할을 맡고 있으며, 어떤 물질의 성질을 이야기할 때 물과 성질이 가까운지 그렇지 않은지가 매우 중요한 기준이 되어 왔습니다.

또 다른 힘으로는 이온결합이 있습니다. 이온결합은 양의 전하를 가지는 양이온과 음의 전하를 가지는 음이온 사이의 정전기적인 인력을 말합니다. 예를 들어, 아미노산 중의 하나인 라이신의 잔가지의 말단에 위치한 $-NH^{3+}$와 글루타민산의 잔가지 말단의 $-COO^{-}$가 상호간의 이온결합을 형성하는 것을 한 예로 볼 수 있습니다.

아미노산 사슬은 이러한 힘들의 합으로 꼬이고 접혀 결국 일정 모양을 가지는 3차원 구조를 형성하게 됩니다. 그리고 이러한 덩어리들(단백질)은 생명체가 각자의 특이한 역할을 위한 경이적인 일을 하고 있습니다.

DNA

단백질은 어디서 어떻게 만들어지는지 답하기 위해서는 먼저 DNA에 대해 알아볼 필요가 있습니다. DNA는 핵산(nucleic acid)의 한 종류입니다. 핵산은 리보핵산(ribonucleic acid)과 디옥시리보핵산(deoxyribonucleic acid)으로 나뉩니다. 여러분이 상식적으로 알고 있듯이 DNA는 부모님에게서 물려받은 유전물질입니다. 따라서 DNA는 여러 아미노산이 어떠한 순서로 펩타이드 결합을 할지에 대한 정보를 가지고 있습니다. 그리고 DNA 역시 이러한 정보를 특정한 분자들이 연속적으로 연결된 상태인 유전자서열로 가지고 있기에 결과적으로 이러한 DNA의 염기서열에 의해서 단백질 구조가 결정된다고 할 수 있습니다.

핵산은 뉴클레오티드(nucleotide)라는 분자 덩어리들로 이루어져 있습니다. 뉴클레오티드는 그림 3-3과 같이 세 부분으로 구성되어 있는데 첫 번째 부분은 인산기(phosphate group), 두 번째는 오탄당(탄소를 5개 가지고 있는 sugar라는 뜻), 세 번째는 질소염기(nitrogenous bases)로 이루어져 있습니다.

이중 질소염기는 아데닌(adenine, A), 티민(thymin, T), 시토신(cytosine, C), 구아닌(guanine, G)으로 이루어져 있고 이들의 화학적인 구조는 그림 3-4와 같습니다.

앞에서 설명한 펩타이드 결합으로 구슬과 구슬이 연결되듯이 뉴클레오티드도 탈수과정을 통해 구슬

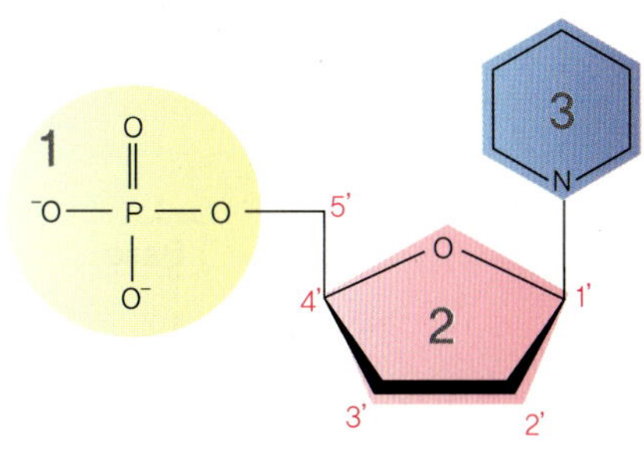

그림 3-3. 핵산의 전체적인 구조

들과 결합하는데 한 개의 뉴클레오티드의 인산기가 구슬의 당과 결합하여 마치 진주 목걸이와 같은 형태를 이룹니다.

즉, 그림 3-5에서와같이 구슬과 구슬이 꿰어져 당-인산-당-인산-당-인산의 순으로 이어지는 뼈대를 형성합니다.

DNA는 두 가닥의 폴리뉴클레오티드가 서로 감겨 있는데 이를 유명한 이중나선구조라 합니다. 뉴클레오티드 수백, 수천 개가 연결된 폴리뉴클레오티드가 만들어지고, DNA사슬 두 가닥이 서로 쌍을 이루

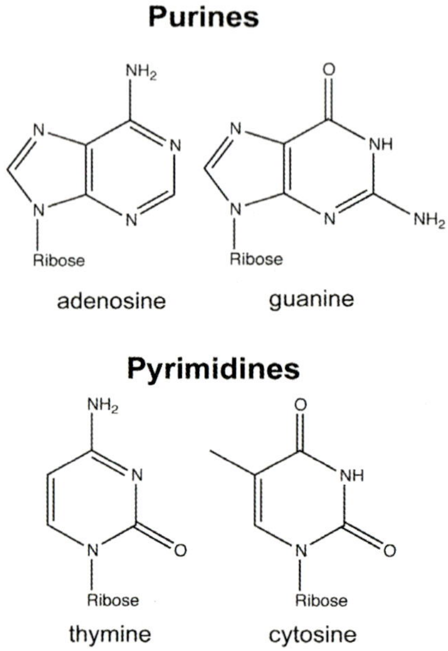

그림 3-4. DNA 질소염기의 화학적 구조

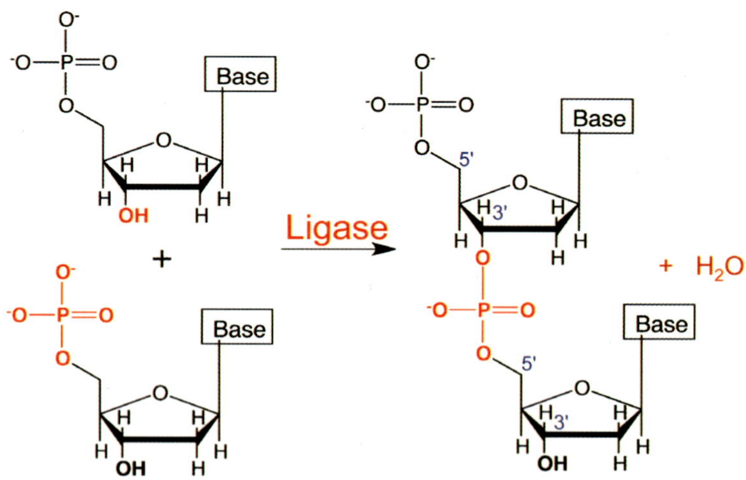

그림 3-5. 폴리뉴클레오타이드의 형성

라이너스 폴링(Rinus Pauling) 박사와 나선구조

1937년 중국과 일본 사이의 중일전쟁으로 일본이 우리나라를 군사기지화하고 민족말살정책을 펴고 있을 때 태평양 건너 미국에서는 화학자 라이너스 폴링(Rinus Pauling) 박사에 의해 단백질 구조를 밝히기 위한 연구가 시작되었습니다.

단백질의 3차원 구조를 연구한 그는 1948년 단백질의 2차 구조인 알파나선구조와 병풍 구조를 발견하였고 1951년에는 단백질의 삼중나선 구조를 처음으로 규명하기도 하였습니다.

이후 미국의 제임스 왓슨(James Watson)과 영국의 프란시스 크릭(Francis Crick)에 의해 DNA는 이중 나선구조라는 점이 입증되었습니다.

특이하게도 라이너스 폴링 박사는 노벨화학상은 물론 반핵운동으로 노벨 평화상을 받았습니다.

어 수소결합으로 이중나선구조를 이룹니다. 이처럼 꼬이고 꼬여 좁은 공간에 많은 정보를 저장하도록 설계된 것을 유전자(gene)라 부르며 이러한 유전자는 뉴클레오티드의 서열이 단백질의 구조를 결정하는 정보로 작용하게 됩니다.

핵산이라는 언어(language)는 마치 개별 알파벳이 모여 'LOVE'나 'PLAY' 같은 의미 있는 단어를 만들어 내는 것과 같습니다. 즉, 배열의 순서가 결국 정보가 되는 것입니다. DNA의 경우 서로 다른 알파벳(A, T, G, C)으로 이루어져 있으며 RNA의 경우 DNA의 T가 U로 바뀐 것 말고는 DNA와 유사합니다. 이러한 DNA 정보를 바탕으로 RNA가 만들어지며 RNA 정보를 바탕으로 아미노산이 연결되어 최종적으로 단백질이 만들어집니다. 이 경이로운 일이 어떻게 이루어지는지 더 자세히 알아보도록 하지요.

코돈(codon)

생명체는 최대한의 단순한 조합으로도 복잡한 일을 할 수 있도록 만들어졌습니다. 그 예로 아미노산 20종이 배치 순서에 따라 전혀 다른 기능을 하는 단백질로 만들어지는 것입니다. 또한, DNA 정보로부터 mRNA가 전사(transcription)되어 3개의 염기조를 만들어 유전정보의 단위로 사용됩니다. 이 유전정보의 조합도 염기들이 3개씩 짝을 지어 조합을 만들어 냄으로써 단순한 정보들을 최대한 활용하여 점차 복잡한 것으로 확장해 나가는 것을 볼 수 있습니다. 페닐알라닌(Phe)은 3개의 UUU로 이루어진 mRNA의 조합으로 생성되며, AUG는 메티오닌(Met)를 만들어 내는 정보로 사용됩니다. 같은 방법으로 3개씩 짝을 지은 염기들은 아미노산을 합성하는 일을 하게 됩니다. DNA 염기서열 TAC가 있다면 이에 상응하는 RNA 코돈 AUG가 만들어지게 되며 이는 아미노산으로 메티오닌(methionine)을 만들어 내는 것입니다. 단순한 생명체(박테리아, 세균 등)에서 복잡한 생명체(동물, 식물 등)에 이르기까지 모든 생물은 유전암호를 공통으로 사용합니다. RNA 코돈 CCG는 어디서나 프롤린(Pro)을 만들어 내는 유전정보입니다. 서로 다른 개체 간 이처럼 유전적 단어가 일치하는 것은 같은 개념으로 창조되었다고 생각할 수 있습니다.

전사(transcription)

한자어 전사(傳寫)의 뜻과 음은 전할 전, 베낄 사입니다. 즉 전해진 정보를 베낀다는 뜻으로 DNA 정보를 풀어 베끼는 작업을 한다는 것입니다. DNA는 유전정보를 안전하게 꽁꽁 묶어 두는 구조로 만들어져 있기 때문에 이로부터 단백질을 만들기 위해서는 반드시 이 구조를 풀어내는 단계가 필요합니다. 이렇게 유전정보를 베끼는 작업은 세포의 핵 속에서 이루어지며 핵이 없는 원핵세포는 세포질에서 이루어집니다.

전사를 단계별로 나타내면 먼저 DNA의 염기쌍 간의 수소결합이 깨지면서 DNA가 풀리게 됩니다. 이때 모든 DNA가 풀리는 것이 아니라 단지 필요한 부분의 이중 결합만 풀어지면서, 새로 결합하는 RNA의 뉴클레오티드는 DNA 염기와 상보적인 쌍을 이루게 됩니다. 따라서 DNA는 RNA를 만들어 내는 틀이 되는 데 이때 관여하는 것이 RNA 중합효소(RNA polymerase, 그림 3-6)입니다. 이는 마치 주물에 쇳물을 부어 큰 종이나 작은 부품을 만드는 것과 유사한 작업이 이루어지는 있는 것과 같습니다.

DNA에는 RNA 중합효소가 어디서부터 작업을 시작하고 끝내는지에 대한 정보도 포함되어 있습니다. 이때 시작하는 부분을 개시 코돈(codon)이라고 합니다. DNA 서열 정보로 RNA 서열을 만들어 내는 이 효소는 모든 종류의 RNA를 만들어 낼 뿐만 아니라 잘 못 만든 것을 교정하기도 합니다. 개시 코돈 앞부분에는 프로모터(promoter)라는 염기 부분이 있는데 RNA 중합효소가 이를 먼저 인식하여 달라붙도록 도와줍니다. 세균에는 RNA 중합효소가 한 종류가 있지만, 진핵생물에는 세종류가 있습니다. RNA 중합효소(polymerase)는 화학반응

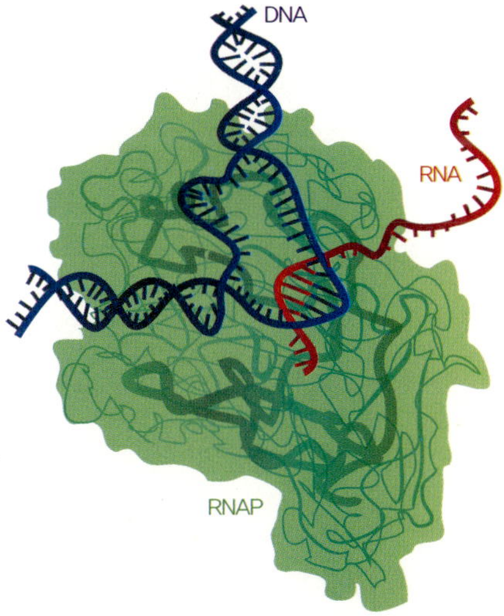

그림 3-6. RNA polymerase와 핵산의 구조

이 일어나도록 도와주는 역할을 하는데 Mg^{2+} 이온이 그 활성 부위에 존재하며 원활한 작업을 수행하도록 도와줍니다. 그다음으로 DNA와 결합하여 완전히 전사된 RNA는 중합효소로부터 떨어져 나와 다음 단계인 아미노산으로의 변환을 기다립니다.

전사조절

전사를 조절한다는 의미는 앞서 기술한 바와 같이 특정 효소의 발현이 필요하다는 뜻입니다. 만일 세포 내에서 세포증식, 억제, 방어 등의 특정 신호가 나오면 그에 따른 다양한 효소(단백질)들을 생산하기 시작합니다. 이러한 효소 중에서 개시 단계의 효소들은 특정 DNA와 결합하여 전사를 시작하는데, 이를 전사조절 단백질(transcriptional regualtor)이라 하며 대표적으로 징크핑거 전사인자(zinc finger transcriptonal factor)가 있습니다. 척추동물을 포함한 고등동물에서 약 3%의 유전자가 징크핑거 전사인자로 발현하는 것으로 보아 많은 역할을 수행하는 단백질임은 분명합니다.[2)]

징크핑거 전사인자는 DNA와 직접 결합을 형성하는데 주로 단백질 내에 존재하는 징크핑거 도메인(zinc finger domain)을 통하여 결합을 이룹니다. '징크핑거'라는 명칭은 도메인의 전체적인 구조가 마치 주먹을 쥐고 있는 손가락의 모습과 비슷하여 지어진 이름입니다. 징크핑거 단백질은 단백질 내의 특정 염기가 금속이온인 아연(Zinc) 이온과의 배위 결합(coordination)을 형성하여 징크핑거 단백질만의 특이한 구조를 이룹니다. 이러한 징크핑거 도메인은, 아연이온이 시스테인(Cysteine) 또는 히스티딘(Histidine) 리간드의 조합으로 배위 결합을

2) Laity, J. H., Lee, B. M., & Wright, P. E., Current Opinion in Structural Biology (2001), 11, 39-46

이루고 있습니다.

각각의 징크핑거 단백질은 한두 개의 징크핑커 도메인을 포함하고 있지만, 많게는 열 개가 넘는 징크핑거 도메인을 포함하는 경우도 있습니다. 징크핑거 도메인은 DNA와 선택적으로 결합하는데, 대부분 수소 결합에 의한 강력한 결합을 이룹니다. 요약하자면, 징크핑거 도메인은 DNA와 특정하게 결합하고, 징크핑거 단백질의 다른 부분은 전사에 필요한 효소들과 또 다른 결합을 이룬다는 것입니다.

이처럼, 징크핑거 단백질은 DNA와 결합을 이루는 동시에 전사에 필수적인 단백질과도 결합하는 특성 때문에 대표적인 전사조절 물질로 불립니다. 그림 3-7에서 볼 수 있듯이 각 도메인은 아연이온과의 결합을 통하여 ββα의 2차 구조적 특성을 나타내고 있으며, 3개의 징크핑거 도메인이 특정 DNA와 결합하고 있음을 확인할 수 있습니다. 회색 볼은 아연이온을 나타내는 것으로서 이 경우 2개의 시스테인과 2개의 히스티딘이 금속이온과 결합하였는데 전체적으로 구슬(아연이온)을 쥐고 있는 손 모양을 이루고 있습니다. 최근 연구결과에 따르면 징크핑거 단백질은 DNA뿐만 아니라 RNA, 단백질, 지질과 결합을 이루어 생체 내에서 특정한 기능을 수행하는 것으로 알려져 있습니다.

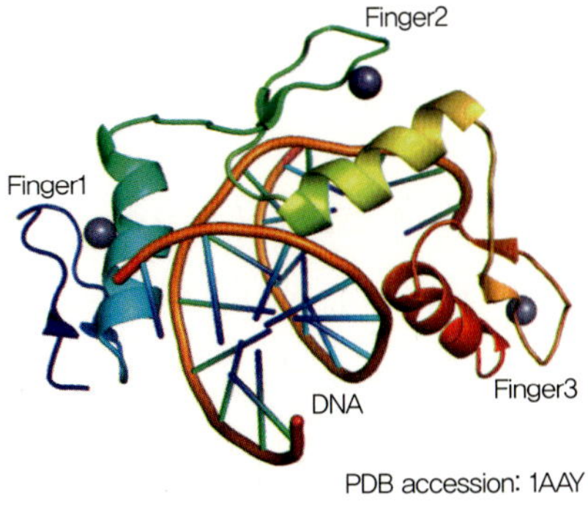

그림 3-7. 징크핑거 단백질과 DNA의 결합구조

전사된 mRNA

드디어 단백질이 만들어지는 마지막 단계까지 왔습니다. 세포에서 전사과정을 통해 만들어진 mRNA는 핵이 있으면 핵에서 만들어진다고 하였습니다. 그러나 단백질이 만들어지는 곳은 핵의 바깥쪽에 있는 세포질이어서 생성된 mRNA는 핵막을 가로질러 세포질로 이동해야 합니다. 이 이동은 그리 단순하지 않습니다. 먼저 핵공복합체(Nuclear Pore Complex)[3]라는 큰 단백질 구조물을 통과한 후에 이동을 도와주는 여러 종류의 단백질들과 뭉쳐져서 특이한 구조물을 만들어 냅니다. 이처럼 단백질은 단독으로 일을 수행할 뿐만 아니라 여러 단백질이 뭉쳐서 새로운 기능을 만들어 냅니다. 그러니 단백질이 부리는 다양한 재주를 파헤치는 일은 그 끝을 모를 정도로 무궁무진합니다.

여러 복잡한 단계를 거쳐 세포질로 넘어온 mRNA들은 이제 단백질을 만들기 위한 언어(Language)가 됩니다. 여기서 무슨 준비가 더 필요하냐고요? 이제 세포는 세 글자로 된 핵산의 언어(codon)를 단백질을 만드는 아미노산의 언어로 바꿔어야 하는데 여기서 이를 도와주는 tRNA가 필요합니다.

세포질 속에는 이미 20개의 아미노산 구슬이 존재합니다. 아미노산 중에는 세포가 다른 대사과정을 통해 만들어 낸 것도 있고 음식으로부터 혈액을 타고 전달된 것도 있습니다. mRNA는 배열된 염기서열로는 곧바로 해당 아미노산을 끌어당길 수 없으므로 이때 tRNA가 이를 도와줍니다. 단일가닥으로 이루어져 있는 tRNA는 수소결합에 의한 3차원 구조로 되어 있으며 mRNA를 인식하는 부분과 아미노산을 붙이는 부분이 있습니다. 마지막으로 mRNA와 tRNA의 기능을 조절하면서 아미노산 구슬들을 꿰는 일은 세포의 소기관인 리보좀에서 담당하여 단백질을 만들어 내는 것입니다.

3) Transport of Macromolecules and Viruses, Advanced Drug Delivery Reviews, Volume 34, Issue 1, 5 October 1998, Pages 51-64

단백질의 구조와 기능의 연관성

단백질의 구조는 단백질의 기능과 직접적인 연관이 있습니다. 따라서 그 구조를 이해하는 것은 곧 단백질의 기능을 이해하는 것이므로, 단백질의 기능은 바로 단백질의 구조적 특성에 의해 결정된다고 할 수 있습니다. 촉매적인 기능뿐 아니라, 산소를 저장하고 운반하는 기능, 전자(electrons)나 다른 보조인자(cofactor)를 이동시키고, 세포를 분해하며, 외부의 자극이나 위험으로부터 지켜내는 등의 많은 기능이 단백질의 구조적 특성에 의해서 결정된다고 할 수 있습니다.

이에 대한 예로 헤모글로빈과 미오글로빈을 들 수 있습니다. 산소 운반을 담당하는 헤모글로빈(hemoglobin)은 4개의 폴리펩타이드 사슬이 결합한 구조로 산소 분자 한 개가 첫 번째 폴리펩타이드와 결합하여 나머지 사슬의 산소와의 결합 능력을 촉진하는 협동적(cooperative)인 성격을 보입니다. 그 결과 산소의 운반량을 증가시킬 수가 있습니다. 이와는 다르게 단일 폴리펩타이드로만 이루어져 있는 미오글로빈(myoglobin)은 그 구조상 산소를 운반하기보다 저장하는데 더욱 적합하도록 설계되 있습니다.

과학자들은 단백질의 구조를 1차에서 4차까지 분류하여 이야기하고 있습니다.

1차 구조(primary structure)는 펩타이드 결합(peptide bond) 혹은 아마이드(amide) 결합으로 이루어진 선형(linear) 구조입니다. 즉, 20개의 아미노산을 아마이드 말단(N-terminus)에서부터 카르복실기 말단(C-terminus)까지 배열한 순서입니다. 단백질은 기본적으로 선형 중합체에서 시작하므로 구조 및 기능 분석에 가장 기본이 되는 것이 바로 아미노산의 서열(sequence)이라 할 수 있습니다. 이러한 기본적인 아미노산 서열이 3차 구조를 결정하는 출발점이기도 합니다.

2차 구조(secondary structure)의 기본은 α-나선구조(α-helix) 및 β 가닥(β strand)입니다. α-나선구조의 경우 펩타이드 결합에 참여하는 카르보닐(C=O)기가 그다음 네 번째에 있는 아미노산의 N-H와 수소 결합을 형성하여 나선구조를 보입니다. β 가닥은 옆으로 분포되어 있으며, 여러 개의 β 가닥들이 모여있는 경우 병풍 구조를 보이는 특성이 있습니다.

3차 구조(tertiary structure)를 통해 한 개의 폴리펩타이드에서 발현된 단백질의 구조를 이해할 수 있습니다. 즉 공간상에서의 전체적인 아미노산 배열과 구조를 이해하여 소단위체(subunit)에서 발생하는 생화학적 기작에 대한 많은 정보를 얻을 수 있습니다. 간단한 예로 소수성(hydrophobic) 아미노산 잔기들(side chains)은 일반적으로 단백질의 내부로 향하는 특성을 보이며, 친수성(hydrophilic) 잔기들은 외부로 배열되어 열역학적으로 안정한 형태를 취합니다. 3차 구조를 통하여 단백질의 잔기 각각의 위치 및 공간적인 배열 등에 대한 정보를 얻으면 많은 부분을 분석 및 유추할 수 있습니다. 단백질의 3차 구조 이해에는 NMR(핵자기공명)이나 X선 결정학(X-ray crystallography)이 이용되고 있으며 현재까지 그 기술이 지속해서 발전하고 있습니다.

한 개 이상의 소단위체들이 모여서 특정한 기능을 갖는 단백질의 다중합체를 4차 구조(tertiary structure)라고 합니다. 여러 개의 단백질들(소단위체)이 모여서 특정한 기능을 보이는 경우가 많은데, 심지어 수십 개의 소단위체로 구성된 단백질도 존재합니다. 결국, 단백질의 4차 구조를 이해하면 단백질과 기질 사이의 반응 메커니즘을 규명할 수 있습니다.

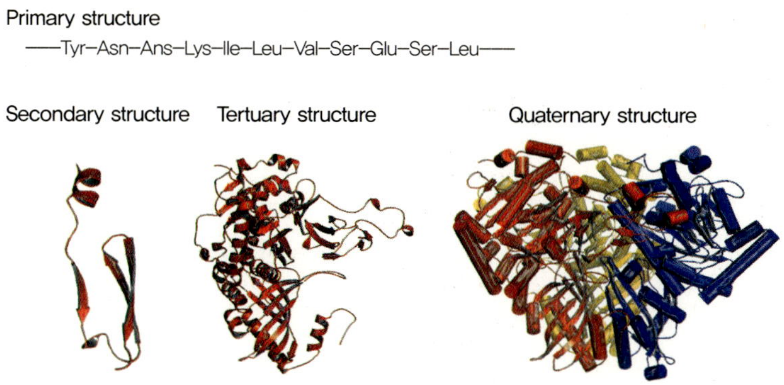

그림 3-8. 단백질의 구조는 1차 구조에서 4차 구조로 분류함 (PDB accession: 1NDO)

그림 3-8은 나프탈렌에 하이드록실기를 첨가해주는 나프탈렌하이드록시화 효소(Naphthalene hydroxylase)의 구조를 1차에서 4차까지 그림으로 설명하였습니다.[4] 1차 구조는 아미노산의 순서를 나타내었고, 2차 구조는 3개의 β 가닥과 1개의 나선구조로 이루어져 있으며, 3차 및 4차 구조에서는 3개의 단백질 전구체(protomer)들이 서로 상호 결합을 이루어 산화-환원 효소(oxydoreductase)로서의 기능을 수행할 수 있다는 것을 확인할 수 있습니다.

이처럼 1차에서 4차까지의 단백질 구조는 단백질의 성질과 기능적 작용을 이해하는 데 있어 많은 정보를 제공합니다. 단백질 내에 위치한 소단위체들의 상호작용(interaction)이나 다른 단백질과의 결합, 보조인자가 결합하는 위치 등에 대한 구조적 정보로 단백질의 기능을 더욱 더 정확히 이해하고 분석할 수 있습니다. 이제 독자분들께서는 단백질을 설명할 때 왜 그렇게 많은 그림을 사용하려 했는지 이해하시겠죠?

4) Kauppi, B., Lee, K., Carredano, E., Parales, R.E., Gibson, D. T., Eklund, H., Ramaswamy, S., Structure (1998), 6, 571–586

신약개발과 단백질

신약개발에서 효소를 이용한 체내 대사 활동 및 세포 신호 전달 체계의 조절은 오랫동안 연구자들에게 흥미 있는 관심거리였습니다. 하지만 단백질의 특성상 많은 난관을 내재하고 있는 것도 사실입니다.

기존의 작은 분자량(small molecule) 기준의 화학물질에 비해 효소는 매우 큰 분자량을 가지고 있으며 그 구조적, 기능적 특성도 매우 복잡하고 다양합니다. 게다가 이런 복잡하고 불안정한 단백질을 제대로 만들어 인체 내에 투여하는 것이나 투여 후 인체 내에서의 약리 작용을 이해하는 것 모두 결코 쉬운 일이 아닙니다. 특히 인위적으로 추출하고 정제한효소는 그 특성에 따라 용해도 및 안정성 등에 문제가 있기 때문에 단백질을 기초로 한 신약의 제재 및 판매는 반드시 복잡한 승인과정을 통해 생체 내에 존재하는 단백질과 동일한 기작에 의하여 부작용 없이 진행됨을 증명해야만 합니다.

단백질을 이용한 신약개발은 호르몬 및 효소, 면역 단백질, 백신, 그리고 치료용 항체(therapeutic antibody)로 크게 4가지 분야에 집중되고 있습니다. 그림 3-9에서 보는 바와 같이 인슐린(Insulin)은 가장 오랫동안 이용한 단백질 제제 중 하나입니다. 인슐린은 체내 혈당 조절에 필수적인 효소로써 이를 분해하지 못하는 제1형 당뇨환자에게는 유일한 치료 방법이 됨은 물론 인슐린 저항성을 보이는 제2형 당뇨환자 치료에도 널리 이용되고 있

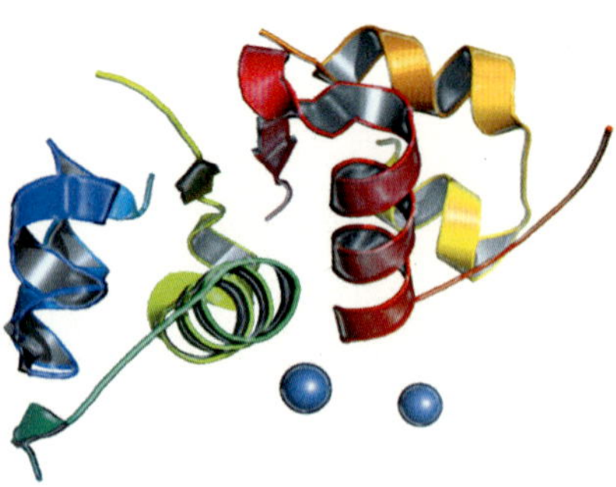

그림 3-9. 인슐린의 구조(PDB accession: 4F4T)

습니다.

이후 과학자들은 단백질의 특성을 이용한 항암제 개발에 노력하였습니다. 일반 항암제는 암세포는 물론 건강한 세포까지 공격하는 단점이 있습니다. 이러한 단점을 극복하기 위해서 단백질을 구성하는 아미노산의 구조와 비슷한 물질을 합성하여, 원하는 암세포와의 선택적 결합을 형성하는 전달물질(shuttle)을 찾으려는 노력이 진행 중입니다. 항암제와 같이 세포 사멸을 유도할 수 있는 단백질 신약은 기존의 화학요법(chemotherapy)이 갖는 비선택적 약물 전달의 부작용을 현저히 완화할 수 있을 것으로 기대하고 있습니다.

2000년도를 전후해서는 단백질 신약은 암뿐만 아니라 여러 질병 치료에 많이 이용되고 있습니다. 일례로 진행성 류마티스 관절염(arthritis) 치료에 이용되는 휴미라(Humira)는 항체로 이루어진 신약으로 염증 현상(inflammation)을 유발하는 TNF-α (Tumor necrosis factor-α) receptor와 결합하여 사이토카인(cytokines)의 TNF-α receptor를 비활성화시킴으로써 염증 signal을 차단하는 역할을 합니다.

이처럼 체내의 신진대사 조절을 단백질을 이용하여 치료하려는 노력은 계속 진행되고 있고 그 전망 역시 매우 밝다고 할 수 있습니다. 또한, 신약 특허가 만료되는 시점에 맞춰 단백질 약물을 생산하려는 바이오시밀러(biosimilar) 개발에 대한 투자 역시 활발히 이루어지고 있습니다.

바이러스와 단백질

바이러스의 형태는 매우 다양하나 단순하게 말하면 단백질 껍질로 둘러싸인 RNA 또는 DNA입니다. 즉, 바이러스는 단백질로 집을 짓고 있는 RNA나 DNA라고 생각하면 됩니다. 참고로 그림 3-10은 넙

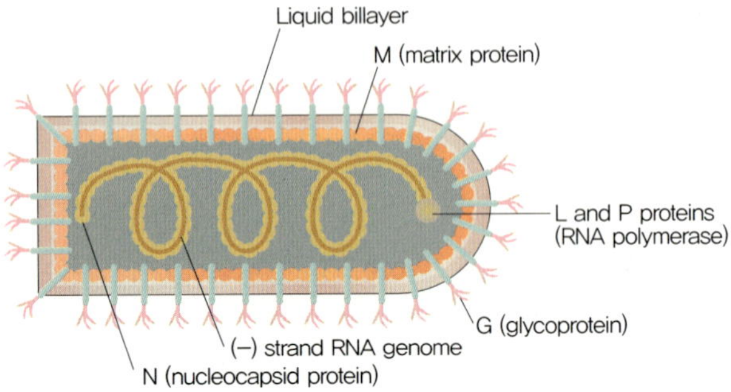

그림 3-10. 넙치 폐사 바이러스(VHSV)의 구조

치를 대량폐사시키는 VHSV[5]입니다. VHSV는 Viral hemorrhagic septicemia virus의 약자로서 바이러스성 출형성 패혈증이라고 합니다. 이 바이러스에 걸리면 넙치가 장기 출혈로 폐사하는 데 그 증세가 사람이 걸리는 뎅기 바이러스(dengue virus)와 유사합니다.

그럼 바이러스가 증식하는 단계를 살펴보겠습니다. 바이러스는 혼자서 복제하지 못하고 숙주세포의 도움을 받아야 합니다. 따라서 숙주세포를 만난 바이러스는 외피막에 있는 단백질을 숙주세포의 세포막 단백질에 접촉합니다. 이후 숙주세포의 세포질로 들어가서 새로운 단백질합성에 필요한 mRNA를 만들고 이를 새로운 바이러스 RNA 합성을 위한 틀로 이용합니다. 그 뒤 새로 만들어진 단백질 껍질들이 축구공처럼 모여 RNA를 둘러싸고 숙주세포에서 빠져나옵니다. 결국, 바이러스는 숙주세포의 단백질합성 시스템을 마치 자기 것인 양 이용하고 나중에는 그 에너지를 모두 소진한 후 숙주세포를 빠져나갑니다.

한가지 재미난 사실은 세포가 건강하지 못할 때 스스로 이겨내기 위해 양을 늘리는 단백질들이 있습니다. 바이러스는 이러한 단백질의 양

5) http://www.virology.ws/2007/04/16/vhsv-a-deadly-virus-of-fish/

이 증가됨을 이용하여 세포가 방어막이 약해진 것을 알아차리는 것입니다. 또한, 이때 세포에서 증가하는 단백질을 이용하여 세포 안으로 침투하는 성질이 있답니다. 모든 바이러스가 그러는 것은 아니지만, 바이러스와 단백질들의 움직임을 관찰하여 항바이러스제의 개발에 응용하려고 노력하는 분들이 많이 있습니다.

또 따른 바이러스를 보자면 인간면역 결핍바이러스 Human immunodeficiency virus (HIV)가 있습니다. 유명한 AIDS를 유발하는 바이러스입니다. 레트로바이러스(retrovirus)의 일종인 HIV는 두 개의 외가닥 RNA가 몇몇 단백질과 함께 숙주(host)로 침투하고 역전사 단백질(reserve transcriptase)을 이용하여 개체 증식에 필요한 DNA를 생성하면서 개체수를 늘립니다. 이러한 바이러스의 침투에서도 단백질의 역할은 필수 불가결한 요소로 작용합니다. HIV에는 RNA를 DNA로 역전사시켜주는 역전사 단백질, RNA를 감싸주며 단단한 결합을 이루고 있는 캡시드 단백질(capsid), 역전사되어 있는 DNA를 감염된 세포의 DNA와 결합시키는 인티그라아제(intergrase) 그리고 새로 형성된 단백질이 활성을 갖도록 도와주는 HIV 단백질분해효소(protease) 등의 단백질들이 존재합니다. 이 중 한 단백질이라도 제대로 그 역할을 수행하지 못하면 HIV의 증식은 전혀 이루어질 수 없습니다.

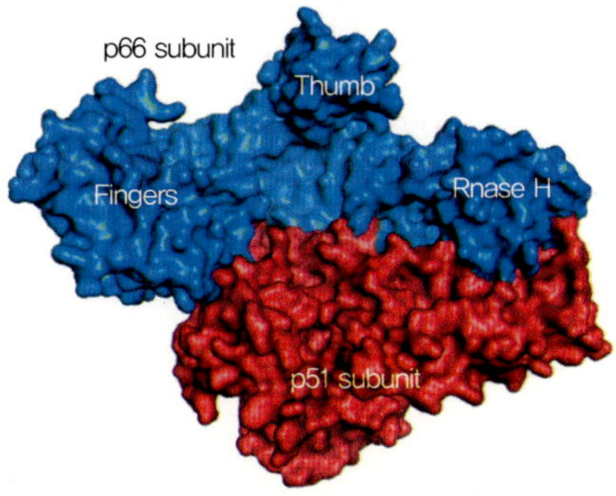

그림 3-11. HIV 역전사 단백질의 구조(PDB accession: 1REV)

그림 3-11에서 보는 바와 같이 역전사효소는 P66(그림 파란색 소단위체)과 P51(그림 빨간색 소단위체)의

소단위체를 포함하는 이형 이합체(Heterodimer)의 구조로 되어 있습니다.[6] P66 소단위체는 DNA 중합효소의 성격과 RNA 분해라는 두 가지 기능을 동시에 수행합니다. 다시 말해서 RNA로부터 DNA로 역전사를 시키는 동시에 DNA-RNA 혼성체(DNA-RNA heteroduplex)에 존재하는 RNA를 분해(RNase H, P66 소단위체의 오른쪽)시킵니다. 이처럼 단백질의 기능은 정해진 시간과 정확한 위치에서 수행되도록 이미 약속되어 있어서 그렇지 못한 경우에는 바이러스도 제대로 된 기능을 할 수 없습니다.

이미 언급한 바와 같이 바이러스는 일반적으로 숙주로 이동하여 자신과 같은 DNA를 복제합니다. 바이러스 안쪽에는 RNA 또는 DNA 및 단백질들로 이루어져 있고, 이것들은 바깥쪽의 캡시드에 의해 둘러싸여 있습니다. HIV를 예방하기 위해서는 다른 질병예방과 같이 백신을 이용하는 것이 가장 효율적인 방안이라 할 수 있으나 그 변이의 생성이 매우 다양하여 지금까지 개발된 백신은 없는 상태입니다. 현재까지 이용되고 있는 AIDS 치료제로는 역전사효소 저해제(nucleoside/nucleotide reverse transcriptase inhibitors, NRTIs 혹은 NtRTIs), 비역전사효소 저해제(non-nucleoside reverse transcriptase inhibitors, NNRTIs), 단백질분해효소 저해제(protease inhibitors) 등이 있으며 이러한 치료제들은 사실상 그 공격 목표를 단백질에 두고 있습니다.

먼저 역전사효소 저해제의 경우, HIV에서 숙주세포로 침투한 RNA가 역전사를 통하여 이중가닥의 DNA로 변환되는 과정을 저해시키는 역할을 합니다. 이 치료제는 DNA 중합효소(polymerases)에서 RNA가 DNA로 변환되는 길을 가로막고 역전사 경로를 차단하는 역할을 합니

6) Ren, J., Esnouf, R., Hopkins, A., Ross, C., Jones, Y., Stammers, D., Stuart, D. Structure (1995), 3, 915-926

다. 결론적으로 치료제가 역전사 단백질과 결합하는 것이므로 AIDS 치료제도 그 목표를 효소로 정하는 것입니다. 뉴클레오사이드 역전사효소 저해제(NRTIs)와 뉴클레오타이드 역전사효소 억제제의 작용 기작은 매우 비슷한 것으로 알려져 있습니다. 두 경우 모두 Deoxy 뉴클레오타이드의 유도체로서 바이러스가 생산한 DNA를 저해하려는 것입니다. 이 유도체들은 같이 3'-하이드록시기가 존재하지 않아 다음에 올 뉴클레오타이드가 유도체와 5'→3' phophodiester 결합을 이룰 수 없도록 만들어줍니다.

이에 반하여 비역전사효소 저해제(NNRTIs)는 다른 기작을 보이고 있습니다. 역전사효소의 P66 소단위체 내 DNA 중합 역할을 하는 부분은 마치 사람의 손과 비슷한 모양이어서 엄지(thumb)라 불리는 부분과 나머지 손가락(fingers)이라 불리는 부분으로 나뉩니다. 이 부분은 바이러스성 DNA를 합성하기 위한 역전사효소의 적절한 운동성을 차단해줍니다.

HIV의 생활주기에서 몇몇 단백질의 존재는 그 구조 및 기작에 있어서 매우 중요한 부분입니다. 특히, 다중합 펩타이드의 전구체(polypeptide precursors)는 작용 가능한 단백질이 되려면 반드시 단백질분해효소(HIV Protease)가 있어야 합니다. HIV 분해효소 억제제는 펩타이드와 같은 화학 구조로 구성되어 있어, 바이러스 내에 존재하는 아스파틸 분해효소(aspartyl protease)의 기작을 저해시키는 역할을 합니다.

HIV의 예를 통해서 바이러스 증식에서도 단백질의 작용은 매우 중요하다는 점을 알 수 있습니다. 또한, 이러한 병리현상을 막을 수 있는 치료제들은 그 목표가 단백질의 기작을 방해하는 것임을 확인하였습니다.

프로테오믹스(Proteomics)

먼저 프로테오믹스(Proteomics)에서 '오믹스(Omics)'라는 용어부터 알아보겠습니다. 오믹스는 생명체를 네트워크로 인식하고 그 네트워크 구성물 간의 상호작용이나 새로운 행동을 주로 연구하는 학문으로서 지노믹스(genomics)라는 유전체학이 등장하면서 많이 사용되었습니다. 여기서 지노믹스는 gene(유전자) + ome(총체를 뜻하는 라틴어 어미) + ics(학문을 뜻하는 라틴어 어미)가 합쳐진 용어로서 세포 내 유전자 전체를 연구하는 학문입니다.

그동안 질량분석기나 크로마토그래피 등의 생물학적 분석기법의 눈부신 발달로 유전자 염기서열을 대량으로 분석할 수 있을 뿐만 아니라 단백질, 대사체 등을 빠른 대량 분석이 가능해졌습니다. 이에 대한 대표적인 예로 인간게놈프로젝트(human genome project)가 있습니다. 이 프로젝트는 약 30억 개나 되는 인간의 뉴클레오티드 염기쌍의 서열을 모두 밝히는 연구로서 2000년 6월에 그 결과가 발표되었습니다. 이 프로젝트에는 미국, 영국, 일본, 독일, 프랑스의 공동연구진이 참여하였고 Celera Genomics라는 민간 법인이 후원하였습니다. 여기서 염기쌍 서열을 안다는 것은 곧 특정 아미노산 서열의 단백질 생성을 예측할 수 있다는 것을 의미합니다.

이후 프로테오믹스의 중요성이 매우 커졌습니다. 프로테오믹스(Proteomics)는 Protein(단백질) + ome + ics 입니다. 즉, 특정 유전체에서 특정 조건에 의해 만들어지는 단백질의 양이나 구조 등을 빠르게 그리고 대량으로 분석하여 생명현상의 반응을 총체적으로 연구하는 학문입니다. 이를 통해 각각의 유전자에 의해 발현되는 단백질의 기능에 대한 이해가 높아지면서, 생명현상을 규명할 수 있고 신약개발에 도움을 줄 수 있게 됩니다.

질량분석기법과 단백질

질량분석기의 역사는 1886년 독일의 물리학자 골드슈타인(Eugen Goldstein)이 전하를 띈 기체분자가 저압 조건에서는 양극에서 음극으로 이동하는 양극선을 발견하면서부터 시작하였습니다. 이후 작은 물질의 무게를 정확히 재기 위한 질량분석기는 지속적으로 발전하게 됩니다.

1950년대부터 과학자들의 관심은 작은 분자를 분석하는 것[7]보다는 점차 큰 분자를 분석하는 것으로 바뀌었습니다. 왜냐하면, 사람들의 생활을 보다 윤택하게 도와줄 폴리머나 단백질 등은 대부분 큰 분자들이기 때문입니다. 그 결과 우리가 현재 입고 생활하는 데 있어 폴리머의 도움을 받지 않는 것이 거의 없을 정도입니다. 또한, 단백질을 연구하여 질병을 진단하거나 치료에 필요한 약제 개발 등으로 큰 혜택을 보고 있습니다.

그러나 1970년도 후반까지도 단백질과 같은 생체 고분자의 질량을 얻을 수 있는 기술은 전기영동, 크로마토그래피, 또는 초원심 분리와 같은 분석 기술뿐이었습니다. 그러나 이러한 방법들은 분석오차가 매우 컸습니다. 위와 같은 한계를 극복하기 위한 좋은 방법은 질량분석기법을 도입하는 것이었습니다. 사실 질량분석기로 물질의 무게를 정확히 측정하기 위해서는 물질을 이온으로 만들어야 하는데 결코 쉬운 일이 아니었습니다. 그러다 미국 코먼웰스대학교(Commonwealth University)의 펜 박사는 ESI[8] (Electrospray Ionization)를, 일본

7) 작은 분자의 질량분석을 위해 사용된 전자충격 이온화(EI, electron impact ionization)기술과 암모니아 혹은 메탄과 반응시켜 이온을 얻는 화학적 이온화(CI, chemical ionization) 기술은 분석되는 분자들이 기체 상태로 전환되어야만 분석할 수 있었으며, 대다수가 단분자 수준의 작은 물질들만 측정할 수 있었다.

8) http://www.lamondlab.com/MSResource/LCMS/MassSpectrometry/electrosprayIonisation.php.

시마즈의 다나카 고이치 박사는 MALDI (Matrix Assisted Laser Desorption Ionization)[9]라는 고분자물질을 이온화시키는 방법을 개발하여 마침내 생물체의 단백질을 질량분석기로 연구하는 길이 열리게 되었습니다. 이러한 성과에 힘입어 그들 모두는 2002년도에 노벨화학상을 받았습니다.

전자분무 이온화(ESI) 방법은 말 그대로 고전압에서는 스프레이 현상이 일어나 작은 물방울을 만드는 것입니다. 펩타이드가 H^+를 받아 양이온이 될 수 있도록 만들어주기 위해 액체크로마토그래피에 흘려주는 용매로 보통 산성 용매를 사용합니다. 처음에 만들어진 물방울은 서로 반발하여 점점 더 작은 물방울이 되는데 이는 플러스극과 플러스극이 만나면 서로 밀어내는 원리와 같습니다. 또한, 질량분석기 앞쪽에는 작은 물방울들을 최대한 빨리 이온으로 만들기 위해 헤어드라이어처럼 질소가스를 불어 줍니다. 그렇게 되면 질량분석기 안쪽으로는 이온만 들어가게 됩니다. 참고로 ESI 방법은 대기 중에서 이온이 만들어집니다. 그렇다면 이온이 어떻게 질량분석기 안쪽으로 빨려 들어갈까요? 그것은 질량분석기 내부를 고진공상태로 유지하고 있어서 가능합니다. 또 하나는 펩타이드가 수소이온을 받아들여 양이온이 만들어지면 질량분석기 앞쪽(orifice)에서 마이너스극을 걸어주어 이온의 흐르는 방향을 잡아줍니다(그림 3-12).

MALDI (Matrix-assisted laser desorption-ionization)는 질량분석기가 아닌 이온화시키는 방법을 말합니다(그림 3-13). MALDI는 분자량이 비교적 큰 단백질과 같은 시료와 혼합결정을 이루게 한 후, 이온화를 시키는 방법입니다. 일반적으로 분자량이 크며, 열에 취약한 단백

9) http://biopedia.org/index.php/MALDI-TOF-MS. Matrix라고 말하는 것은 하나의 물질이 아니며 레이저의 에너지를 받아 분석하고자 하는 analyte에게 에너지를 전달할 수 있는 산성을 띨 수 있게 하는 물질을 말합니다. 보통 α-cinapinic acid, dihydroxy benzoic acid 등을 사용합니다.

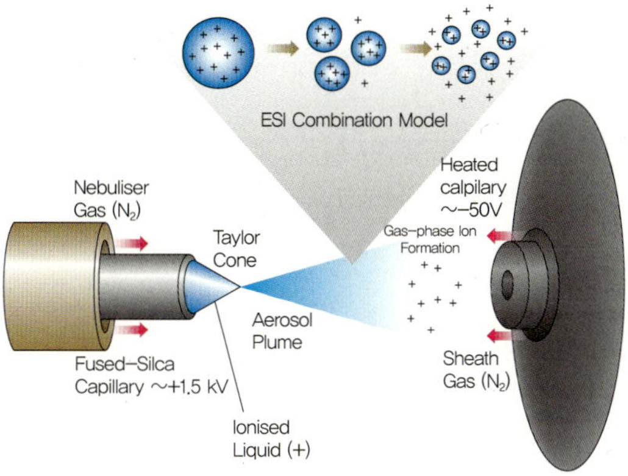

그림 3-12. 전자분무 이온화(ESI) 방법

체에 적용되는 기법입니다. 간혹 질량분석을 말디(MALDI) 를 써서 분석했다는 표현을 쓰시는 분들이 계시는데 이는 잘못된 표현으로 말디-토프 질량분석기(MALDI-TOF)로 분석했다고 해야 합니다.

정확한 질량값을 얻기 위한 노력으로 다양한 이온화 방법이 개발되었고, 최근에는 하이브리드 질량분석 장비들이 많이 고안되고 있습니다. 또한, 이온화 방법뿐만 아니라 이온화된 펩타이드를 빠르게 선택하고 그 아미노산의 배열순서를 파악하기 위해 에너지를 가하여 조각들을 만들어 저장하는 방법 등이 지속해서 개발되고 있습니다. 그래서 더욱 복잡한 단백질 혼합물을 분석하는 데 큰 도움이 되고 있습니다.

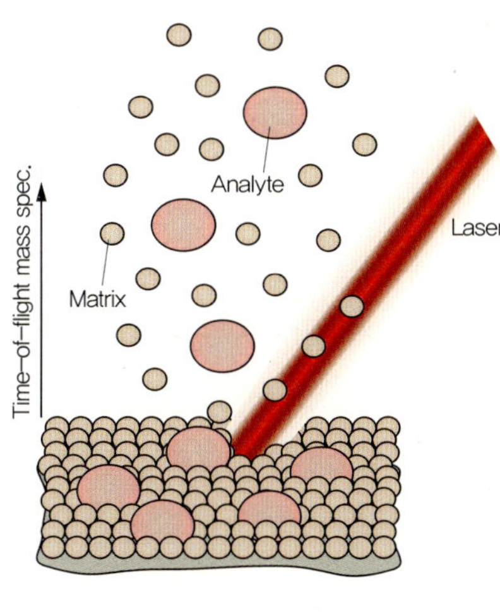

그림 3-13. MALDI 이온화 방법

복잡한 단백질 혼합물을 분석할 때 사용하는 nano-LC

단백질을 분석하는 방법은 크게 top-down 방식과 bottom-up 방식이 있습니다. 질량값을 매우 정확히 얻으면 어떤 원소(예, 탄소, 수소, 질소 등)가 몇 개 조합되어 있는지 알 수 있습니다. 이를 활용하여 단백질 자체의 질량값을 측정하여 연구하는 방법을 top-down 방식이라고 합니다. 하지만 최근 연구자들이 주로 사용하는 방법은 top-down 방식이 아닌 bottom-up 방식입니다.

Bottom-up 방식은 먼저 연구할 시료를 선정합니다. 만일 대량폐사를 일으켜 사회적 문제가 되고 있는 VHS 바이러스에 감염된 넙치(광어) 몸속에서 어떤 일이 일어나는지 알고 싶다면 먼저 넙치의 각 장기에서 단백질을 추출하여 검사합니다. 추출한 단백질은 여러 가지 방법[10]으로 깨끗하게 처리하는데 이후 트립신이라는 효소를 이용하여 단백질을 펩타이드 조각으로 자릅니다. 이때 트립신은 규칙적으로 단백질의 라이신과 아르기닌을 선택적으로 자르는데 만일 다른 효소[11]를 사용하면 다른 위치가 잘립니다. 이러한 특성을 이용하여 검사 목적에 따라 효소를 선택할 수 있습니다. 또한, 단백질은 효소뿐만 아니라 화학반응[12]으로도 펩타이드를 만들 수 있습니다. 단백질에 1,000개의 혼합물이 있다면 하나의 단백질로부터 최소 10개의 펩타이드를 생성하여 총 10,000개의 펩타이드가 만들어집니다(그림 3-14).

이제 펩타이드를 분석할 차례인데 앞에서 설명한 대로 이온으로 만들어야 분석할 수 있습니다. 하지만 10,000개나 되는 펩타이드를 한

10) 투석(Dialysis)으로 저분자 물질을 제거하거나 1D SDS-PAGE Gel로 저분자 물질을 제거합니다. 또한, Tube-gel이라는 방법을 활용합니다.

11) Chymotrypsin 은 페닐알라닌, 트립토판, 티로신, 류신을 AspN은 아스파르트산 위치를 잘라냅니다. 이 이외에도 단백질 분석에 활용되는 효소가 많이 있습니다.

12) CNBr (cyanogen bromide)은 산성조건에서 메티오닌 위치를 자른다.

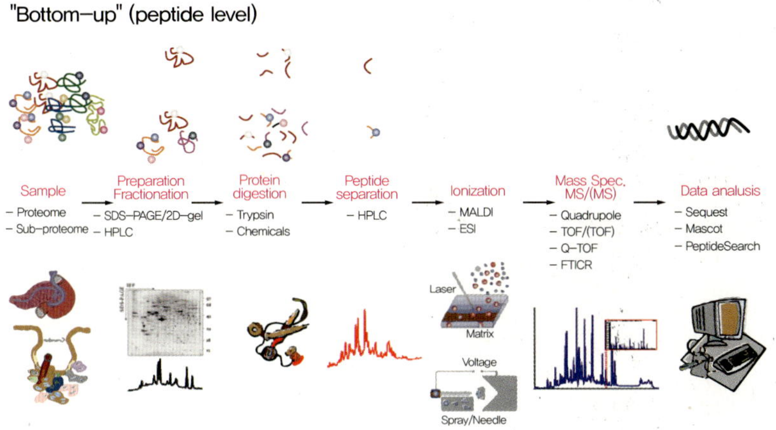

그림 3-14. Bottom-up 방식의 단백질 질량분석법

꺼번에 이온화시켜 분석할 수 없습니다. 왜냐하면, 이 중에는 이온화 효율이 높은 것과 낮은 것이 혼재되어 있기 때문입니다. 시료 간 단백질의 양적 변화는 펩타이드에서 관찰된 세기를 비교하여 구하는데 동일한 에너지 하에서 펩타이드간 이온화 효율이 다르면 그 결과가 틀릴 수 있습니다. 즉 이온화 효율이 낮은 펩타이드는 비록 그 양이 많더라도 이온화 효율이 높은 펩타이드가 더 크게 관찰될 수 있습니다. 또한, 양이 매우 적은 펩타이드의 신호는 다른 펩타이드에 묻혀 버릴 수도 있습니다.

그렇다면 펩타이드를 잘 분리해서 이온화시키는 곳까지 전달해주는 장치가 있으면 큰 도움이 되겠지요. 그런 장치가 바로 액체 크로마토그래피(Liquid Chromatography, LC)입니다. 액체 크로마토그래피(그림 3-15)는 용매의 이동을 기계적으로 빠르게 하여 고감도의 검출기로 성분을 분석하는 기기인데 용액에 녹아있는 물질이 재질(충진재)

그림 3-15. 나노액체크로마토그래피와 질량분석기

을 통과하면서 서로 다른 물질들이 분리됩니다.

다시 말해서 펩타이드 혼합물들은 그 물리/화학적 성질이 비슷하므로 더욱 잘 분리 할 수 있는 조건을 마련해 주어야 합니다. 초등학교 때 분필이나 종이에 검정 사인펜으로 점을 찍고 물이 스미도록 세워두면 색깔별로 분리되는 것을 한 번쯤은 해 보았을 것입니다. 액체 크로마토그래피는 이러한 원리로 혼합물을 보다 효율적으로 분리하는 장치입니다. 그리고 펩타이드 혼합물을 더욱 잘 분리하려면 펩타이드 혼합물을 구경이 작은 충진재에 통과시켜 매우 천천히 흐르게 해야 합니다. 액체는 충진재를 보통 분당 250~400 nL로 흐르기 때문에 이를 나노 LC라고 부릅니다. 이렇게 분리된 펩타이드들은 분리된 순서대로 이온화가 되어 질량분석기 안으로 들어가게 됩니다. 그림 3-15는 나노 액체크로마토그래피 장치입니다.[13)]

분리된 펩타이드로 어떻게 단백질을 찾아낼까?

분리되어 들어간 펩타이드들은 먼저 질량값이 기록됩니다. 설명하기 쉽도록 TSQR이라는 펩타이드가 있다고 합시다. 아참! 아미노산을 알파벳으로 나타내는 걸 설명하지 않았군요. T는 트레오닌, S는 세린, Q는 글루타민, R은 아르기닌입니다. 그 외에 아미노산은 인터넷에

13) 한국기초과학지원연구원 생명과학연구부의 Synapt HDMS QTOF 질량분석기

"amino acid one letter code"라고 넣으면 모두 다 찾을 수 있습니다. TSQR의 질량값[14]은 490.25입니다. 그러면 QSTR의 질량값은[15] 얼마일까요? 맞습니다. 똑같이 490.25입니다. 아미노산의 배열순서가 다르면 다른 단백질에서 나온 펩타이드입니다. 즉, 단백질을 찾기 위해서는 펩타이드의 질량값[16]과 함께 배열순서를 알아야 합니다. 그럼 어떻게 배열순서를 알 수 있을까요? 여기에는 펩타이드를 쪼개는 방법을 사용합니다. 가장 많이 사용하는 CID법(Collision Induced Dissociation)은 아르곤과 같은 중성가스와 펩타이드가 충돌하면 펩타이드는 규칙성을 가지고 쪼개지는데 펩타이드 별로 적당한 충돌 에너지가 있어서 쪼개진 모양을 분석하면 펩타이드의 서열을 알 수 있습니다. 물론 펩타이드를 쪼개는 방법에는 CID법 외에도 여러 가지가 있습니다.[17]

쪼개진 결과로 어떤 단백질인지를 확인하기 위해서는 NCBI (National Center for Biological Information, http://www.ncbi.nlm.nih.gov/) 등에 있는 단백질 데이터베이스나 자체 제작한 단백질 데이터베이스를 이용합니다. 특히 NCBI에 있는 단백질 데이터베이스는 지속해서 그 내용이 갱신되고 있으며 무료로 사용할 수 있습니다. 2013년 9월 현재 사람(homo sapiens)의 단백질은 9,950,815개가 있습니다. 나노-LC와 질량분석기를 이용하여 얻은 펩타이드의 배열순서와 질량값을 단백질을 찾아주는 프로그램[18]에 입력합니다. NCBI의 데이터베이스는 입력한 단백질을 프로그램상에서 가상적인 효소분해를 통하여

14) http://web.expasy.org/peptide_mass/를 활용하여 질량값을 계산해보세요.

15) nominal mass: 동위원소 중 가장 가벼운 동위원소 질량의 정수 값만을 취하여 산출된 질량 값.
monoisotopic mass: 동위원소중 가장 가벼운 질량만을 고려하여 산출된 질량 값.
chemical mass: 동위원소의 존재 비율(빈도 %)까지 고려한 평균 질량 값.

16) 펩타이드 질량 지문추적법(peptide mass fingerprinting)은 대상 단백질을 효소로 특이 위치별로 절단 후 발생되는 절편들의 질량분석을 통하여 펩타이드나 단백질을 분석하는 방법입니다. 이는 인간의 지문이 개인마다 다르게 보존되어 있어 범죄 발생 시 지문 인식을 통하여 용의자를 추적하는 방법과 매우 유사하여 이름 붙여진 방법이다.

17) ETD (electron transfer dissociation), ECD (electron capture dissociation) 등

18) MASCOT (http://www.matrixscience.com), PLGS (http://www.waters.com) 등

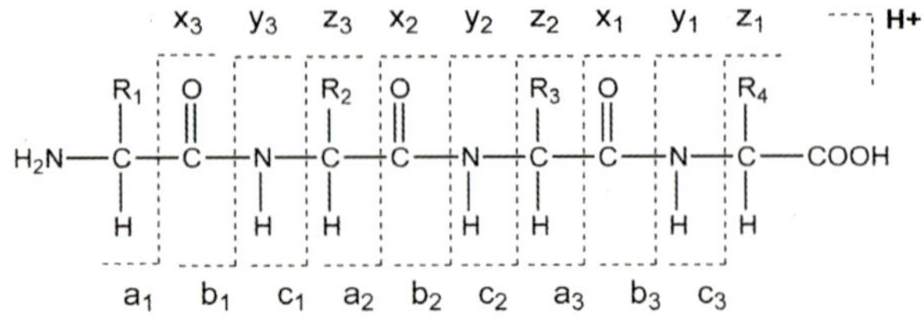

그림 3-16. 펩타이드를 쪼갠 조각들은 단백질의 정보를 제공함

예상되는 질량값을 제공해주고, 각각의 펩타이드들을 쪼개어 얻은 조각[19]과 맞추어 예상되는 단백질을 사용자에게 수치를 추천해줍니다. 그림 3-16은 펩타이드를 쪼갠(MS/MS fragmentation) 조각들을 표시한 것이며 이러한 정보를 이용하여 펩타이드를 구성하고 있는 아미노산의 순서를 확인하게 됩니다.

만약 양성자(H^+)가 N-말단 쪽(아래 그림의 왼쪽)에 있으면 각각 결합이 끊어진 펩타이드 단편들은 우선적으로 N-말단 방향부터 순서대로 an, bn, cn이라 하고, 만약 양성자가 C-말단 쪽에 있으면 마찬가지로 각각 xn, yn, zn으로 부릅니다. 전체적으로 이들 이온을 일컫는 용어로는 전자는 "N-말단 이온", 후자는 "C-말단 이온"이라 부릅니다.

데이터베이스에 존재하는 많은 종류의 단백질 중 어떤 단백질이 존재하고 그 단백질이 비교하고자 하는 그룹과의 양적인 변화가 어떠한지를 계산하기 위해서는 성능이 좋은 컴퓨터가 필요합니다.

단백질의 양을 상대 비교하는 방법

때에 따라 2개 또는 그 이상의 단백질이 발현되는 양의 차이를 알고

19) http://www.epigeneticsandchromatin.com

싶을 때가 있습니다. 이에 대한 예로 어떤 바이러스가 세포에 감염되었는데 감염 시작부터 12시간 간격으로 사흘 동안 무슨 일이 일어나는지 알아보려고 합니다. 이 경우 시간에 맞추어 감염시킨 각각의

세포에서 단백질을 추출하여 검사합니다. 이때 추출한 단백질은 여러 방법을 사용하여 그 양을 비교합니다. 먼저 폴리아크릴아마이드로 만든 말랑말랑한 젤리 같은 젤에 단백질을 통과시키면 분자량이 작은 것이 그림 3-17[20]과 같이 아랫부분에서 맨 처음 관찰되고 좀 더 큰 것이 차례대로 나와 분리되는데 이를 1D-SDS-PAGE 젤법이라 합니다.

그러나 1D-SDS-PAGE 젤법만으로는 단백질이 충분히 분리되지 않습니다. 그래서 2D-SDS-PAGE 젤(2차원 전기영동)을 이용하여 더욱 정확히 분리합니다. 즉, 1차원 전기영동젤이 단백질의 크기별로 분리했다면 2차원 전기영동법(그림 3-18[21])은 단백질의 등전점과 분자량으로 두 번 분리하게 됩니다. 특히 2차원 전기영동법은 숙련도가 요구되는

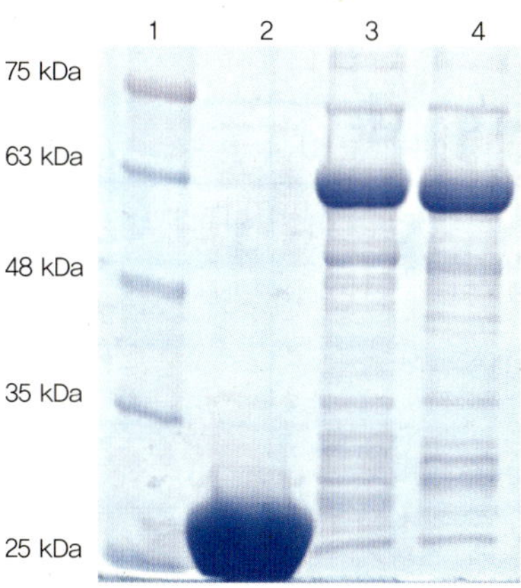

그림 3-17. 1D-SDS-PAGE 젤, 단백질 크기에 따라 분리됨

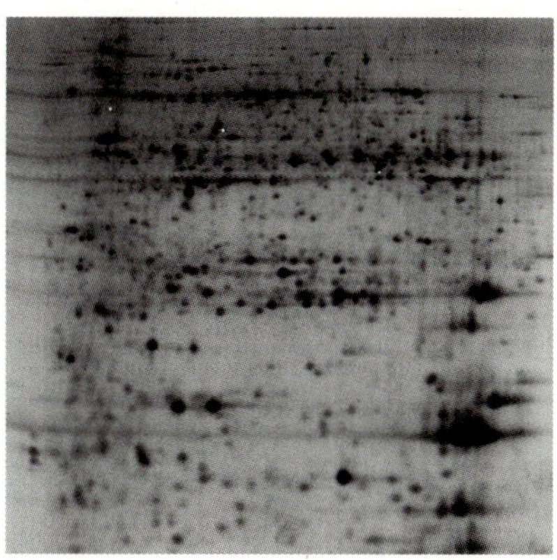

그림 3-18. 2D-SDS-PAGE Gel법은 단백질을 등전점과 크기로 분리함

20) 전남대학교 조경오 교수님 제공
21) 한국기과학지원연구원 생명과학연구부 제공

방법으로서 연구자에 따라 숙달되기까지 짧게는 수개월에서 길게는 수년이 걸리기도 합니다. 그래서 연구자들 사이에 우스갯소리로 석사학위 끝나고 졸업할 때 되면 이미지가 잘 나온다고 합니다.

이후 추출한 단백질을 눈으로 확인하는 방법을 사용합니다. 이때 흔히 silver나 Coomassie Brilliant Blue라는 시약을 이용하여 단백질을 염색합니다. 특히 Coomassie Brilliant Blue로는 단백질을 푸른색으로 염색할 수 있습니다. 단백질의 양이 많으면 단백질이 검출된 부분의 색깔[22]도 진할 뿐 아니라 크기도 커지는데 이를 이용하여 양을 비교합니다. 그리고 추출한 단백질의 좌우 이미지를 비교할 때는 이미지 보정 소프트웨어를 이용하기도 합니다.

Commassie 염색법의 단점으로는 적은 양으로 존재하는 단백질은 색깔이 나타나지 않는 것입니다. 그러나 적은 양의 단백질이 중요한 의미를 나타낼 때가 더 많습니다. 이러한 이유로 연구자들은 적은 양의 단백질을 염색하기 위해 sypro ruby 등을 사용하는 데 형광스캐너를 이용해야만 보이는 cy3, cy5 등의 물질을 이용합니다.

그런데 이렇게 염색한 수많은 점은 단백질을 의미하지만, 한 개의 점에 하나의 단백질만 존재한다고 단정할 수 없습니다. 이 때문에 젤 하나하나를 오려내어 전처리과정을 거친 후에 질량분석기(예: MALDI-TOF/TOF 나 ESI-QTOF)로 분석합니다.

단백질의 정량분석과 젤 이용

젤을 사용하지 않고 단백질을 정량하는 방법에는 대표적으로 액체크로마토그래피법이 있습니다. 앞서 설명해 드린 바와 같이 효소나 화

22) Densitio meter라고 하는 프로그램 등을 이용하여 비교하고자 하는 점들의 크기와 진한 정도를 수치화하여 양을 비교할 수 있습니다.

학적 처리방법을 이용하여 단백질에서 자른 펩타이드 혼합물은 이온 상태에서 질량분석기로 들어가 그 질량값이 기록된다고 하였습니다. 특정 펩타이드는 액체 크로마토그래피에서 분리되어 특정 시간대에 피크로 나타나게 됩니다. 그것을 머무름 시간(retention time)이라고 합니다. 결국, 수많은 펩타이드는 저마다의 화학적 성질에 맞는 머무름 시간에 의해 질량값이 측정됩니다. 그리고 질량값이 측정될 때 그 피크의 세기도 함께 기록됩니다. 같은 종류의 펩타이드라면 그 양이 증가함에 따라 측정되는 세기(intensity)도 함께 증가하는 것이 관찰됩니다. 물론 이온이 만들어질 때 다른 펩타이드에게 방해받지 않는다는 조건에서만 해당됩니다. 이러한 방식으로 수천 개 단백질의 상대적인 양을 계산할 수 있습니다. 이러한 방법을 펩타이드에 어떠한 화학적인 방법으로도 태그(tag)를 붙이지 않는다고 하여 label-free 방법이라고 합니다.

그럼 그림 3-19에서 나타낸 젤그림의 예를 보여 드리겠습니다.[23] 이 그림의 가로축은 머무름 시간을 나타냅니다. 그리고 세로축은 질량/전

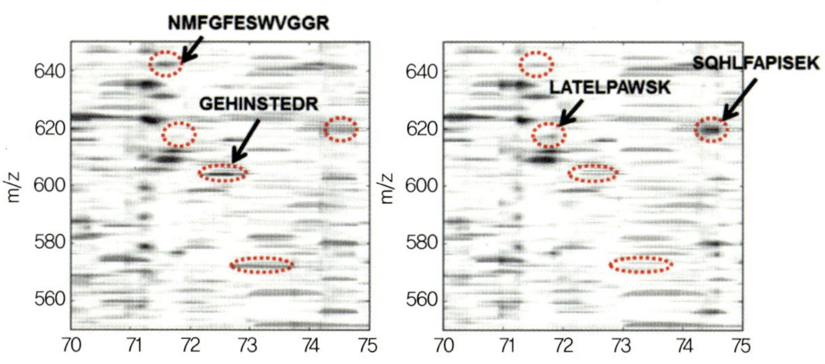

그림 3-19. LC-MS를 이용한 펩타이드 분리

23) The yeast resource center, http://depts.washington.edu/yeastrc/pages/ms.html

하를 나타냅니다. 다시 말씀드리지만, 질량분석기로 관찰되는 값은 항상 m/z로 관찰됩니다. 만일 질량값이 1,000인 물질이 2가로 관찰된다면 500 m/z로 관찰되는 것입니다. 2가라는 의미는 펩타이드가 이온이 될 때 수소 양이온(H^+) 또는 나트륨 양이온(Na^+) 등이 2개 붙었다는 의미입니다.

그림 3-19는 마치 지도상에서 등고선을 표현한 것처럼 액체 크로마토그래피로 분리된 펩타이드의 피크를 나타낸 것으로서 각 선은 하나의 분리된 펩타이드를 뜻합니다. 이 그림은 분리한 펩타이드의 왼쪽과 오른쪽을 비교한 것입니다. 여기서 SQHLFAPISEK라는 펩타이드가 왼쪽은 적은 반면 오른쪽은 많이 있지요? 이런 방법으로 각각의 펩타이드의 양을 측정할 수 있습니다.

돌돔을 감염시키는 바이러스 중에 이리도라는 것이 있습니다. 돌돔에서 이 바이러스를 분리할 때 이 바이러스에 내성이 있는 돌돔과 내성이 없는 돌돔이 있다고 가정하여 분석할 수 있습니다. 만약 이들 신장 조직의 단백질 변화를 보고 싶다면 신장조직에서 단백질을 추출하여 전처리합니다. 여기서 전처리라는 것은 단백질을 펩타이드 상태로 잘라 놓은 것으로서 질량분석기로 분석할 수 있는 상태를 말합니다. 이 펩타이드 혼합물들은 두 개의 세트로 구성되어 있습니다. 한 세트는 기본적으로 3번씩 LC-MS 분석을 하게 되는데, 그 이유는 통계적으로 문제가 없도록 하려는 것입니다. 이때 각각 단백질에서 잘린 펩타이드들은 머무름 시간, 질량값, 크기 등의 값이 기록되는데 이렇게 되면 총 6번의 LC-MS 분석을 마치게 됩니다. 양쪽 데이터 중 머무름 시간, 질량값이 같은 것은 같은 펩타이드로 보고 그 크기를 비교하여 수치로 나타냅니다. 그리고 같은 단백질로부터 나왔다고 계산되는 다른 펩타이드들도 같은 방법으로 비교하게 됩니다. 그러면 펩타이드의 양적인 차이의 평균이 단백질의 상대적인 양 즉, 1.72 ± 0.15 등으로 계산되게 됩니다. 그러면 A 세트보다 B 세트의 a1 단백질의 양은 1.72배 많은 것으로 인식합니다. 그러면 왜 이 단백질이 양이 많아질까요? 그리고 이 단백질은 무슨 기능을 하며 양이 함께 증가하는 다른 단백질하고 무슨 관계가 있으며 공통점은 무엇일까요? 또한, 다른 연구자들도 이와 비슷한 것을 확인하였을까요? 결국, 과학자는 분석한 결과를 단서 삼아 이러한 의문점을 풀어나가기 시작합니다.

물론, 돌돔은 우리가 맛있게 먹기는 하지만 아직 유전자 정보가 다 밝혀져 있지 않았습니다. 따라서 질병 치료 등을 목적으로 단백질 정보를 모두 분석하기 위해서는 게놈분석과 같은 많은 노력이 더 필요합니다.

그렇다면 화학적인 태그(tag)를 붙이는 방법은 어떤가요? 태그는 질량값을 정확히 알고 있는 물질을 펩타이드에 붙이는 것입니다. 물론 이온화되는 양상이 같아야 하므로 화학적인 성질측면에서는 태그를 포함한 단백질과 포함하지 않은 단백질은 같은 물질입니다. 이들은 대게 그들의 중성자 개수가 달라 질량값이 다른 것을 이용합니다. 여러 가지 태그가 있습니다만 iTRAQ라는 물질은 구조가 재미있어 소개합니다. 이 물질은 펩타이드 중 라이신의 아민과 반응하게 되어 있습니다. 그리고 펩타이드의 서열을 알기 위해 질량분석기 내부에서는 에너지를 가하여 이를 쪼갠다고 했습니다. 이때 펩타이드가 쪼깨지면서 iTRAQ도 함께 쪼깨지게(fragmentation)됩니다. 그림 3-20에서 보면 iTRAQ 114, 115, 116, 117이 있지요? 이것은 깨져서 나온 질량값을 의미합니다. 하지만 깨지기 전에는 질량값이 모두가 다 같게 디자인되어 있습니다. 그러므로 펩타이드에 붙어서 질량값을 얻을 때는 같은 질량값을 나

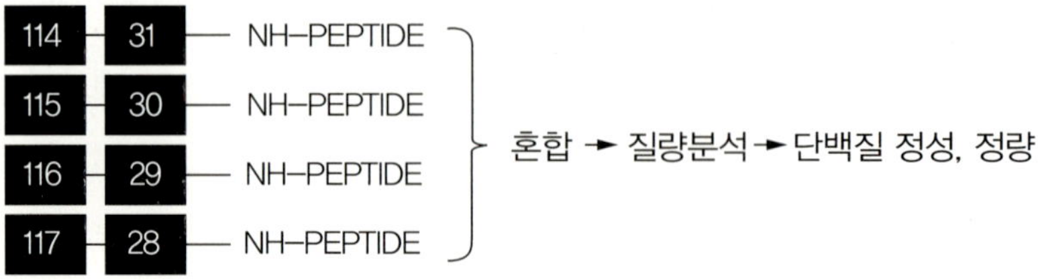

그림 3-20. iTRAQ를 이용한 단백질의 정성, 정량

타내고, 동시에 이 물질도 함께 깨져서 어떤 샘플로부터 온 것인지를 말해줍니다. 그림 3-20은 4가지 조건에서 단백질의 양이 어떻게 변하는지 확인하는 실험입니다. 펩타이드로 모두 만든 다음 iTRAQ 물질을 각각에 반응시킵니다. 이후 4가지 샘플을 모두 하나로 합칩니다. 왜 합칠 수 있을까요? 질량값은 같도록 붙여 놓았지만 깨질 때는 어디서 온 것인지 알 수 있기 때문입니다.

세포 또는 조직에서 단백질을 추출하는 방법

단백질은 체액, 배양액, 세포 및 조직 등에 풍부하게 존재합니다. 단백질을 분리하는 방법은 분리하고자 하는 단백질이 무엇인가에 따라서 매우 다양합니다. 그러나 무엇보다 단백질이 세포막에 존재하는지 세포질에 존재하는지에 따라서, 또 단백질의 성질에 따라서 적당한 방법을 선택하는 것이 중요합니다. 보통 세포막에 존재하는 단백질은 물에 잘 녹지 않습니다. 왜냐하면, 세포막은 소수성의 지질 이중막(lipid bilayer)로 이루어져 있어서 이곳에 잘 위치해 있으려면 물에 잘 녹으면 안 됩니다. 유유상종(類類相從)이라는 말이 있듯이 물에 잘 녹지 않게 설계된 단백질들은 소수성 잔기를 가진 아미노산들로 구성된 부분이 많아 지질층에 안정하게 박혀있을 수 있습니다.

세포질(cytosol)은 끈적끈적한 물질로서 영양분의 분해와 단백질의 합성이 시작되는 세포소기관들을 둘러싸고 있는 세포의 수용성, 즉 물에 잘 녹는 부분을 의미합니다. 세포골격이라고 부르는 망상구조는 세포질에 널리 퍼져 있으며 소기관들을 제자리에 고정하여 세포의 골격을 유지하게 합니다. 세포질은 각 소기관의 수송체로부터 단백질이 방출되고 반입되는 과정을 제공해주는 장소로서 세포 내의 신호를 주고받는 데에 중요한 역할을 담당합니다. 바이러스와 같은 외부 자극으로부터 세포의 생명현상을 이해하려고 할 때에는 특정 소기관의 단백질 변화보다는 이처럼 세포질에서 광범위하게 방출되는 단백질들의 움직임을 파악하고 이해하는 것이 더 좋은 방법이라 할 수 있겠습니다. 세포나 조직 내에 존재하는 단백질을 추출하기 위해, 우선적으로 세포와 세포소기관에서 단백질을 방출시켜야 합니다. 완충용액에 유리 균질기(glass homogenizer), 믹서(mixer), 초고속 균질기(polytron homogenizer), 초음파 분쇄기(sonicator) 등을 이용하여 세포를 물리적으로 으깨어 균질화(homogenization)시키고, 원심분리하여 수용성과 소수성 물질을 분리하는 물리적인 방법이 있습니다.

원심분리는 강한 회전력을 이용하여 액체에 녹아 있는 물질 및 용해되지 않은 물질을 분리하는 것입니다. 화학적 방법으로 효소와 계면활성 용액인 세포용해 용액(lysis buffer)을 처리하여 지질막을 깨뜨리고 막단백질과 같은 물에 잘 녹지 않는 단백질을 녹입니다. 세포용해 용액(Lysis buffer)을 사용할 때에는 각 실험 목적에 따라 계면활성제(detergent)의 특성을 파악하고, 세포 내의 단백질 구조를 파괴하는지 아니면 유지하는지를 반드시 확인하고 사용해야 합니다. 계면활성제는 친수성 부분의 전하 여부에 따라 이온성과 비이온성 계면활성제로 나누어집니다. 이온성의 경우 음이온, 양이온, 또는 두 가지를 모두 가진 것인지로 구분됩니다. 계면활성제는 세포막과 매우 비슷하게 물과 기름 양쪽 모두에 녹는 성질을 가지고 있기 때문에 막에 쉽게 침투할 수 있으며 단일층을 가진 미셀(micelle)을 형성하여 지질막을 파괴하는 원리를 지니고 있습니다. 미셀은 비누가 때를 둘러싸서 물에 잘 녹는 부분이 바깥으로, 물에 잘 녹지 않는 부분이 안쪽으로 배열하는 알고 있다면 쉽게 이해할 수 있습니다. 단백질을 뽑아낸 후, 전기영동이 목적이면 SDS (sodium dodecyl sulfate)와 같은 음이온성 계면활성제를 처리하여 세포를 용해(lysis)하는 변성조건(denaturing conditions)을 사용합니다. SDS와 같은 강력한 이온성 계면활성제는 세포막을 쉽게 분산시키지만 모든 단백질의 3차원 구조를 파괴하는 성질을 가지는 특성이 있습니다. 효소활성 측정, 단백질 정제, 단백질 상호작용 관찰 등과 같이 단백질 3차원 구조를 유지하여 그 활성을 알아보려는 경우에는 비이온성 계면활성제인 Triton X-100, NP-40, Brij 35, Tween 20, octyl β-glucoside (OG) 등을 사용하여 비변성조건(non-denaturing conditions)을 이용합니다.

Triton X-100이나 NP-40은 매우 약한 계면활성제로서 세포막만 살짝 터트릴 때 사용하며, 특정 농도에서는 같은 막인데도 핵막은 못 터트리는 특징이 있습니다. 또한, Tween 20은 단백질에 그다지 영향을 주지 않기 때문에 웨스턴 블롯(western blot) 등에서 세척용액으로 사용하거나 항체 희석용액으로 많이 사용됩니다. 식물세포나 이스트와 같은 단단한 세포벽을 갖고 있을 때는 강력한 파괴력을 지니는 양이온성 계면활성제인 CHAPS[24]를 사용합니다. 그렇다면 파괴력의 강도

24) http://en.wikipedia.org/wiki/CHAPS_detergent

의 기준은 무엇일까요? 그 강도는 보통 임계미셀농도(critical micelle concentration, CMC)[25] 등에 의해 결정되는데, 이는 micelle이 형성 가능한 농도를 말하며 CMC 이상의 농도에서 단백질을 파괴합니다. 그래서 CMC가 매우 낮은 비이온성들은 단백질의 파괴에 영향을 주지 않고 지질막만 파괴하고, CMC가 높은 이온성들은 많은 농도를 사용하면 단백질이 파괴됩니다.

맺음말

회로 많이 먹는 광어가 넙치인데 학명은 Paralichthys olivaceus 입니다. 넙치가 폐사하는 원인은 여러 가지가 있습니다만 우선 바이러스 이야기만 해보죠. 넙치는 VHSV (viral haemorrhagic septicemia virus)에 걸리면 일단 어린 넙치들은 거의 죽습니다. 하지만 치어들은 마리당 가격이 얼마 되지 않아 피해액으로도 산정이 잘되지 않습니다. 넙치는 대개 1~2년 정도 자란 것만 식품으로 사용되는데 이것들은 감염되면 약 30% 정도만 죽습니다. VHSV는 우리나라에서 2001년 처음 감염이 보고된 후부터 경북 및 제주도에서 꾸준히 그 피해 사례가 늘어나고 있습니다. 특히 수온이 내려가는 겨울철에 피해가 커집니다. 2006년부터 2008년까지 바이러스성 패혈증에 의한 피해액은 연간 약 70억 원 정도입니다. 하지만 앞서 말한 대로 치어 값은 매우 미미하나 치어가 없다면 큰 물고기를 어떻게 생산할 수 있겠습니까? 그 점에서 본다면 그 피해는 매우 큰 것입니다. 넙치는 수온이 15℃ 정도에서 바이러스성 패혈증에 쉽게 걸립니다. 재미난 사실은 수온이 20℃에서는 감염을 시키고 싶어도 절대 감염되지 않습니다. 신기하지요? 돌돔은 이와 반대로 20°

25) http://en.wikipedia.org/wiki/Critical_micelle_concentration

C의 수온에서 이리도 바이러스에 감염되지만 15°C에서는 감염되지 않습니다. 단백질 분석연구는 이러한 관찰에서 시작됩니다. 왜 20°C 수온에서는 넙치가 VHSV에 감염되지 않을까? 20°C 일 때의 몸 상태를 만들어 준다면 겨울철 집단 폐사를 막을 방법을 찾을 수 있지 않을까? 라는 생각을 여러분도 하실 수 있게 됩니다.

넙치 양식장은 약 80%가 수온이 높은 제주도 남단 및 남해안에 분포하고 있습니다. 그 이유는, 수온이 높으면 높을수록 VHSV에 대해 안전하기 때문입니다. 하지만 우리나라는 4계절이 있어서 어쩔 수 없이 바닷물 온도가 내려가는 시기가 있으니 우리는 이를 대비 하지 않을 수 없습니다.

수온이 20°C일 때 넙치의 몸 상태를 연구하면 어떨까요? "몸 상태"를 알기 위해서는 단백질의 양적 변화를 관찰하여 정보를 모은다면 어떨까요? 앞서 살펴본 프로테오믹스 연구를 해야겠군요. 이러한 결과들은 어떻게 하면 넙치가 대량폐사를 막을까? 어민들이 많은 자금을 투자하고 큰 손실을 보지 않을 수 있을까? 안전한 식품은 어떻게 만들어 낼까? 라는 의문들을 풀어나가는 실마리가 될 것입니다.

| 찾아보기 |

ㄱ

ㄴ

ㄷ

ㄹ

ㅁ

ㅂ

ㅅ

ㅇ

ㅈ

ㅊ

ㅋ

ㅌ

ㅍ

ㅎ

기타

| INDEX |

E

F–G

H

I

J–L

M

N

O

P

R

S

T

V–Z